ICBM,
그리고 한반도

ICBM, 그리고 한반도
북한과 한반도 주변 열강의 탄도탄

2012년 5월 14일 초판 1쇄 발행
지은이 정규수

펴낸이 이원중 교정 박미경 디자인 정애경
펴낸곳 지성사 출판등록일 1993년 12월 9일 등록번호 제10 - 916호
주소 (121 - 829) 서울시 마포구 상수동 337 - 4 전화 (02) 335 - 5494 ~ 5 팩스 (02) 335 - 5496
홈페이지 www.jisungsa.co.kr 블로그 blog.naver.com / jisungsabook 이메일 jisungsa@hanmail.net
편집주간 김명희 편집팀 김찬 디자인팀 정애경

ⓒ 정규수 2012

ISBN 978 - 89 - 7889 - 254 - 4 (93550)

잘못된 책은 바꾸어드립니다. 책값은 뒤표지에 있습니다.

이 도서의 국립중앙도서관 출판시도서목록(CIP)은 e-CIP 홈페이지(http://www.nl.go.kr/ecip)와 국가자료공동목록
시스템(http://www.nl.go.kr/kolisnet)에서 이용하실 수 있습니다. (CIP제어번호:CIP2012002069)

ICBM,

Intercontinental Ballistic Missile : 대륙간탄도미사일

그리고 한반도

북한과 한반도 주변 열강의 탄도탄 | 정규수 지음

지성사

머리말

    2009년 '은하2호'에 이어 2012년 4월 북한은 또다시 '은하3호'를 발사하였다. 은하2호와 은하3호는 액체로켓 ICBM에 사용되는 급유 후 장기 저장이 가능한 추진제를 사용하는 것으로 알려졌고, 로켓을 ICBM 궤도로 발사하든 위성 궤도로 발사하든 비행 성능을 확인하는 데는 별 차이가 없기 때문에 은하2호와 은하3호의 발사는 ICBM 개발을 위한 비행시험으로 판단할 수밖에 없다. 비록 실패에 그쳤다고는 하지만 미사일 개발은 수많은 실패와 실험을 거치면서 개발되는 것임을 감안할 때 은하2호와 은하3호의 발사는 북한이 미국 본토까지 도달할 수 있는 탄도탄을 개발하고자 하는 강력한 의지와 기술 현황을 보여주는 것이다.

    국가 간의 관계는 어제의 동지가 오늘의 적으로, 어제의 적이 오늘의 동지로 변할 수 있다는 것이 역사의 가르침이다. 따라서 자국에 치명적인 무기를 보유한 국가가 등장하면, 그 국가를 자국 탄도탄의 잠정적 표적으로 분류하는 것이 오늘날의 전략 분석 개념이다. 북한의 탄도탄 사거리가 증가함에 따라 북한은 그 사거리에 들게 되는 중국, 일본, 러시아 그리고 미국 등 강대국들의 전략 탄도탄에 가상표적이 되는 것을 피할 수 없다. 좁디좁은 한반도의 일부가 전략무기들의 가상표적이 된다는 것은 한반도 전체가 위험해진다는 뜻이기도 하다. 북한 탄도탄의 개발은 단순히 북한의 국방력 증가라는 차원에서가 아니라 북한을 잠정적 표적으로 삼는 국가들의 전략, 나아가서는 아시아 태평양 지역

의 패권을 둘러싼 갈등 구조까지 포함하고 있어 종합적으로 통찰해야
한다.

　한반도 안정에 직접적인 영향력을 행사할 수 있는 중국, 미국 그리
고 러시아는 모두 핵탄도탄과 막강한 재래식 전력을 보유한 절대적인
군사 강국들이다. 북한은 2006년과 2009년 2회에 걸쳐 핵실험을 단행
하였으며, 300~4000km를 '커버' 할 수 있는 각종 탄도탄을 이미 보유
했을 뿐만 아니라 ICBM을 보유하기 위해 계속 노력하고 있다. 한반도
의 또 다른 이웃인 일본은 아직 탄도탄이나 핵을 보유하고 있지는 않지
만, 국가의 안위가 걸린 절실한 필요성이 생긴다면 단기간 내에 핵 강
국으로 도약할 수 있는 모든 '인프라'를 갖추고 있는 국가다.

　미국은 냉전 기간 동안 소련을 견제하기 위해 유지해야 했던 막강
한 핵전력을 러시아와의 협력을 통해 대폭 감축함으로써 예산과 인
적·물적 자원에 여유가 생겼으며, 이 여유 자원을 군의 현대화 작업에
투입하였다. 특히 몇 차례에 걸친 전쟁을 통해 재래식 국지전에서 승리
하는 데 별 소용이 없었던 핵무기 대신 실제로 전쟁을 승리로 이끌 수
있는 초정밀 재래식 무기의 개발에 주력하게 된다. 소련이 와해된 지
20년이 지난 지금 미군은 초정밀 재래식 유도무기로 무장하고 실시간
으로 전장을 통합 운용하는 능력을 보유한 21세기형 전력으로 다시 태
어나고 있다. 실시간으로 통제하는 초정밀 재래식 전력이 핵부기의 확
전(擴戰) 억지력과 합쳐질 때 상승 작용이 엄청나다는 것은 쉽게 상상

할 수 있다.

막강한 위력을 자랑하던 이라크의 공군과 탱크 부대가 현대식 무기 앞에 너무나도 쉽게 무너지는 충격적인 상황을 목격한 중국 역시 전쟁에서 실제로 사용 가능한 초정밀 재래식 무기의 필요성을 절실하게 느꼈다. 1996년 이후 막대한 자금과 노력을 투입하여 핵전력을 현대화했으며, 동시에 재래식 무기의 현대화에도 심혈을 기울였다. 대만을 통합하는 데 방해가 되는 미국 함대를 견제하려면 핵무기가 아니라 미국과 대등한 현대화된 재래식 무기 시스템이 절대적으로 필요하다는 사실을 깨달은 것이다. 군사과학기술이 가지는 자체의 '모멘텀'과 막강한 경제력이 이를 뒷받침할 수 있게 됨에 따라 중국은 서태평양뿐만 아니라 더 넓은 영역에서 군사적 영향력을 행사할 수 있는 21세기형 군사력을 구축하는 데 나선 듯하다.

중국은 현재 본토에서 1500km 내에 있는 서태평양 상의 고정표적과 이동표적을 공격할 수 있는 각종 대지(對地)·대함(對艦)용 초정밀 탄도탄과 순항미사일을 보유하고 있다. 그동안 대만에 비해서도 열세했던 공군력을 증강하고 현대화하기 위해 중국은 부단한 노력을 기울여왔다. 미국의 F-22에 버금가는 스텔스 전폭기 J-20을 자체 개발하여 비행시험 중에 있고, 러시아에서 수호이-27 계열 전투기 126기를 이미 도입하였다. 또한 러시아의 주력기인 수호이-27 전투기를 역설계하여 J-11을 생산하고 있고, Su-30MKK를 J-15이라는 함재기로 생산하고

있다. 미국 공군이 F-15C 400여 기와 F-15E 200여 기를 보유하고 있
는 현실을 감안하면 머지않아 중국은 현대식 전투기의 수적인 면에서
도 미국에 육박할 것으로 보인다. 중국이 보유한 J-15B의 성능이 F-15
와 유사한 점을 고려하면 적어도 서태평양 상에서는 머지않아 미국과
중국 간의 전투기 전력 균형이 '패리티(Parity)'에 근접할 수 있다는 현
실을 부인할 수 없다.

　　2009년도 현재 미국은 53척의 공격용 핵잠수함(그중 31척은 태평양에
배치)을 보유하고 있는 데 반해 중국은 60척을 갖고 있다. 미국이 공격
용 잠수함 수를 계속 줄여온 반면 중국은 러시아로부터 최신형 디젤 잠
수함을 도입하는 한편 자국 내에서도 빠른 속도로 잠수함을 건조하고
있다. 중국은 2002년에서 2004년 사이에만 13척의 공격용 잠수함을 건
조했다. 서태평양에서 중국의 재래식 전력 증가는 여기에서 그치지 않
는다. 1998년 우크라이나에서 '바략(Varyag)'라는 6만 7500t급 항공모
함을 고철로 수입하여 중국 최초의 항공모함으로 개조하는 작업을 추진
해왔으며, 그 작업도 거의 끝나 지금은 시험항해 중에 있다.

　　이와 같은 중국의 재래식 전력의 가파른 증강과 현대화는 미국뿐
만 아니라 서태평양 주변국들을 불안하게 하고 있다. 중국은 이미 서태
평양 지역에서 미국의 해군 및 공군력과 비등한 재래식 전력을 구축하
려는 목표를 적어도 '하드웨어' 상으로는 거의 달성해가고 있는 것으
로 보인다. 세계 제2위의 경제력과 이 경제력에 의해 추진되는 중국의

군사과학기술 개발은 앞으로 범세계적인 세력 균형 관계에도 지대한 영향을 줄 것이라 판단된다. 중국의 급속한 군사력 팽창에 대응하는 조치로 미국은 대서양에 집중했던 탄도탄 잠수함 작전을 태평양 중심으로 전환하였고, 현재 8척의 '트라이던트 II(Trident II)' 전략 잠수함이 워싱턴 주의 키트샙(Kitsap)에 기지를 두고 태평양에서 활동하고 있다. 미국 탄도탄잠수함 '패트롤(Patrol)'의 3분의 2가 태평양에서 활동하는 것만 봐도 미국의 전략적 관심이 대서양에서 태평양으로 옮겨왔다는 것을 알 수 있다.

서태평양에서 미국의 재래식 전력이 중국에 견제당하기 시작하는 상황에서 북한의 핵실험과 탄도탄 전력 증강은 우리에게 많은 생각을 하게 한다. 최근 들어 우리에게 심각한 위협과 불안 요소로 등장한 북한과 한반도 주변국들의 탄도탄 전력을 분석해 우리가 처해있는 상황을 있는 그대로 전달하고자 필자는 이 책을 썼다. 책의 내용을 이해하기 위해 탄도탄에 대한 사전 지식이 필요한 것은 아니다. 우리의 생존과 직접 관련이 있는 주변국의 탄도탄에 관심이 있는 독자라면 어렵지 않게 읽을 수 있을 것이다. 그러나 제5장에서 기술한 북한의 '은하2호' 발사체와 '대포동2호'에 대한 분석과, 분석에 필요한 수식을 정리한 부록 A와 부록 B는 어느 정도 전문 지식을 필요로 하는 사항이지만 분석 과정에 흥미가 없는 독자라면 분석 결과로 건너뛰어도 무방하다고 생각한다. 탄도탄의 역사적 배경과 기술적인 사항은 이 책의 자매편으로 준비하고 있는 『ICBM, 악마의 유혹』을 참조하면 도움이 될 것이다. 우리나라가 현대화된 군사력을 구축하면 한반도 주변국들 사이에 군비 경쟁이 일어난다는 주장도 있지만, 우리가 자위 수단을 강구하든 안 하든 상관없이 그들의 군비 현대화는 어차피 '풀 스피드'로 진행 중이므로 더 이상 빠르게 만들 방법도 없다.

필자는 이 책이 동북아시아 또는 서태평양의 세력 균형과 역내 각국의 군사 외교 전략을 연구하는 독자들에게 도움이 되기를 희망한다.

지은이 정규수

차례

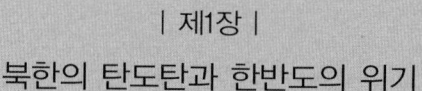

| 제1장 |

북한의 탄도탄과 한반도의 위기

1
북한의 탄도탄과 새로운 냉전 속의 한반도

국경 너머에서 불시에 날아들어 도시를 초토화할 수 있는 탄도탄은 국가의 생존을 위태롭게 하며, 설사 그것이 재래식 탄두를 탑재한 탄도탄이라고 해도 국민들을 공황 상태로 몰고 갈 수 있다. 교전 당사국이 보유한 어떠한 종류의 탄도탄도 국가 안보에 치명적이기 때문에 탄도탄은 안보 전략에서 매우 중요한 위치를 차지한다. 특히 핵탄두를 탑재하는 미사일은 한 나라를 파괴할 능력을 가진 궁극의 무기이며 마지막 무기다.

1980년대 중반 북한이 남한의 대부분을 커버할 수 있는 화성5호라는 이름의 스커드-B(Scud-B) 파생형을 양산할 수 있는 기반을 갖추고 화성5호의 사거리(사정거리) 연장형인 화성6호(Scud-C)를 개발하면서 우리나라는 탄도탄의 위험 속으로 서서히 빠져들었다. 1990년대 초 북한이 핵 개발을 진행한다는 사실이 알려지기 전까지만 해도 아무도 스커드의 존재를 심각하게 생각하지 않았다. 그러나 핵 개발 소식과 함께

1993년 5월 사거리가 1000km에 이르는 '노동' 미사일이 등장하였고, 1998년 8월 31일 '대포동(대포동1호)'을 시험 발사하면서 북한의 미사일은 세계적인 관심사로 떠올랐다.[1] 노동 미사일은 일본을 공격권에 두고 있으며, 중거리 미사일 '무수단(구소련의 잠수함 발사용 탄도탄 R-27의 사거리 연장형)'은 괌을 사거리에 두고, 대포동2호 대륙간탄도탄은 미국 본토를 공격권 내에 두기 위해 개발하고 있다.

사실 북한이 스커드를 개발하기 이전에도 우리나라는 중국의 단거리와 중거리 탄도탄의 사거리 안에 들어 있었고, 특히 DF-2 등 중국 미사일의 표적으로 지정되어 있었을 것이다. 북한의 미사일 사거리가 일본, 심지어 미국 본토에까지 이르고 핵탄두를 탑재할 가능성이 보이면서 위협을 받는 당사국인 한국, 일본 그리고 미국은 물론 북한 미사일의 사정권 내에 들어가게 된 중국과 러시아도 긴장할 수밖에 없을 것이다. 자칫 좁디좁은 한반도가 핵 강국들의 탄도탄 표적으로 지정되는 결과를 초래하지 않을까 자못 염려스럽다. 따라서 우리의 생존과 관련된 탄도탄 문제는 북한의 탄도탄뿐만 아니라 미국과 러시아, 중국의 탄도탄, 그리고 더 나아가 언제라도 탄도탄을 개발할 능력이 있는 일본과도 밀접하게 서로 연관되어 있다.

북한의 경우 화성5호로 개명한 스커드-B의 최소사거리는 약 50km,[2] 최대사거리는 300km이며, 반응시간은 60분으로 추정한다.[3] 즉 화성5호는 발사지점에서 50km 이상 300km 이내에 있는 표적만 공격

---

[1] '노동'이나 '대포동'은 북한에서 붙인 이름이 아니고, 편의상 각 미사일을 처음으로 관측한 곳의 지명을 따서 붙인 이름이다.

[2] Iranian Shahab-1 / North Korean Scud-B,
http://www.globalsecurity.org/wmd/world/iran/shahab-1-specs.htm.

[3] SS-1C Scud-B, http://www.fas.org/nuke/guide/russia/theater/r-11.htm.

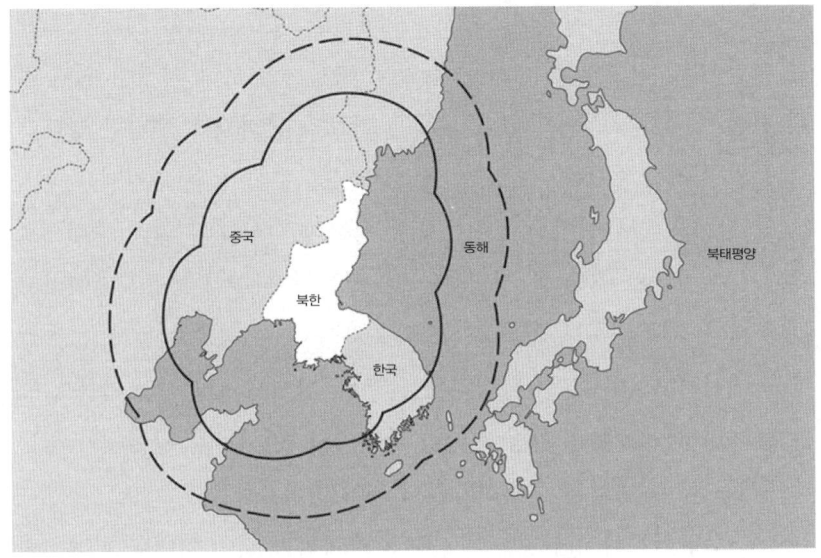

그림 1-1_ 북한의 단거리 미사일인 화성5호와 화성6호의 사정권에 들어가는 영역 [미국 국방부]

할 수 있다는 뜻이다. 화성5호를 휴전선 근방에 배치하면 남한의 3분의 2 이상을 사거리 안에 둘 수 있지만, 휴전선에서 50km 이내 지역은 공격이 여의치 않을 것이기에 화성5호는 휴전선에서 10~50km 후방지역에 배치할 것으로 보인다. 한반도 전역과 제주도를 포함한 도서 지역을 커버하려면 최대사거리가 500~600km에 달하는 미사일이 필수적이다. 이러한 목적으로 개발한 미사일이 바로 화성6호로 알려진 스커드-B의 발전형이다. 화성6호를 휴전선에서 50km 북쪽에 배치할 경우 제주도를 포함한 우리나라 전체가 사거리 내에 들어가게 된다. 〈그림 1-1〉은 북한의 국경에 배치한 화성5호와 화성6호가 커버할 수 있는 영역을 보여주고 있다.

미사일의 반응시간이 60분이라는 것은 발사 명령을 수신한 후 미사일이 이륙할 때까지 걸리는 시간이 최소한 60분이라는 뜻이다. 반응시간은 통상적 수준의 준비 태세에서 명령을 받았을 때를 기준으로 재는 시간이고, 최고의 경계 수준에 있을 때에는 이보다 시간이 훨씬 적게 걸릴 수 있다. 스커드-B의 몸체는 연료와 산화제를 주입한 상태에서는 먼 거리를 이동할 수 없다. 발사 명령을 수신한 후 추진제를 주입하고, 가까운 발사지점으로 이동하여 이동식 발사대에 의해 수직으로 세워지고 자이로(Gyro)를 정렬하는 데 필요한 시간이 반응시간이라고 보면 된다. 이동식 미사일인 화성5호나 화성6호의 경우 이동하고, 추진제를 주입하고, 자이로를 정렬하는 시간은, 상대에게 발견될 확률도 높고 공격당하기도 쉬운 가장 취약한 시간이다. 미사일을 방어해야 하는 측에서는 이 시간 동안 발견하고 공격해야 한다.

그러나 이동식 미사일을 발견하여 파괴하는 것이 얼마나 어려운지는 역사적 사실이 잘 말해주고 있다. 제2차 세계대전 중에 V-2를 파괴하기 위해 수행한 '크로스보 작전(Operation Crossbow)'에서도 이동식 V-2를 색출해 폭파하는 노력은 거의 무위로 끝났으며,[4] 제공권을 완전히 장악한 걸프전에서도 전투기가 파괴한 스커드는 별로 없었다는 점에서 알 수 있듯 이동식 미사일을 파괴하는 것은 쉽지 않다.[5]

'화성'의 사거리가 짧은 관계로 비행 중에 도달하는 최고 고도 또한 80~90km로 낮아 지역방어 시스템 THAAD나 SM-3 같은 고고도용으로 개발한 대탄도탄미사일로는 요격할 수가 없다. 즉 우리를 표적으로 화성5호와 화성6호를 발사하는 경우 이를 사전에 찾아내 방어하

---

[4] 크로스보 작전(Operation Crossbow)은 1943년 독일의 V-1, V-2 같은 장거리 무기 시스템의 연구 · 개발 · 생산 · 운송 및 사용을 저지하기 위해 미국과 영국이 추진한 군사작전명이다.
[5] 걸프전에서는 특수부대를 이라크 후방에 침투시켜 공군 전폭기와 합동작전을 펼쳤지만, 이동식 발사대 파괴는 별로 성공적이지 못했다. 파괴된 발사대 대부분은 위장해놓은 가짜 스커드 발사대로 판명되었다.

기란 쉽지 않은 일이며, 탄두가 거의 목표 상공에 도달한 후에야 저고 도용 요격미사일로 방어를 시도할 수 있기 때문에 우리의 어려움은 더욱 크다고 할 수 있다.[6]

한반도에서 전쟁이 재발한다면 일본은 군수 지원 기지로, 괌은 미군의 전략 기지로 운용될 것이기에 북한은 이들을 표적으로 삼는 미사일이 필요했을 것이다. 사거리가 1000km 이상인 노동 미사일과 사거리가 2000km에 달하는 사거리 연장형 노동A1은 일본 본토와 오키나와 등을 목표로 개발된 것으로 보인다. 노동 미사일의 최소사거리 안에 한반도 남단과 제주도가 포함되므로 우리에게 직접적인 위협이 될 수도 있지만, 이러한 목적으로 사용하기에는 그리 효율적인 무기 시스템은 아니다. 사거리가 3500km 이상으로 추정되는 무수단은 괌을 표적 삼아 개발됐고, 대포동2호는 미국 본토를 표적 삼아 개발되고 있다. 무수단이나 대포동2호의 최소사거리는 우리나라 영토를 벗어날 것이기에 우리에게 직접 물리적 타격을 가할 수 있는 시스템은 아니다. 이 미사일들은 괌과 미국 본토를 사거리 안에 둠으로써 재발할지도 모를 한반도 전쟁에서 미국의 참전 의지를 꺾기 위해 개발 중인 것으로 보인다. 물론 북한의 의도대로 한국과 일본, 미국은 각각 두 종류의 북한 탄도탄에 의해 위협을 받는 상황에 놓이게 된 것은 사실이다. 〈그림 1-2〉를 보면 중국과 러시아는 북한이 보유한 모든 탄도탄의 사거리 안에 놓여 있음을 알 수 있다. 이는 북한 탄도탄의 위협이 한국과 일본, 미국에만 미치는 것이 아니라 중국과 러시아 역시 더 큰 위협에 놓일 가능성을 내포하고 있다. 미사일의 사거리는 동서남북을 가리지 않기 때문이

---

[6] Report to Congress on Theater Defense Architecture Options for the Asia-Pacific Region, http://www.dod.gov/pubs/tmd050499.pdf.

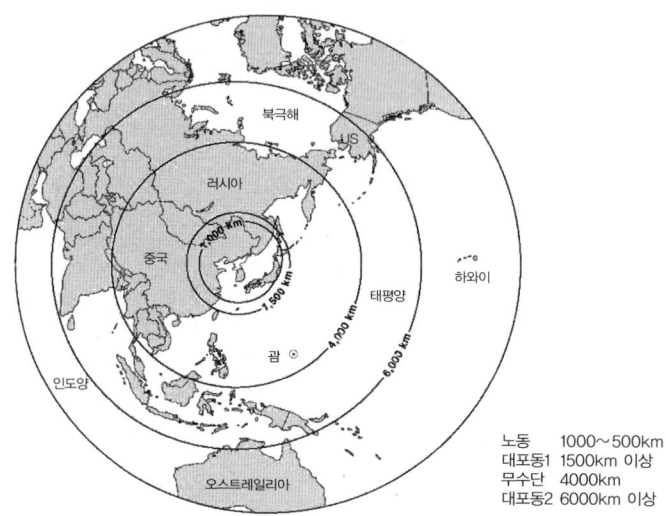

북극해
러시아
US
중국
하와이
태평양
인도양
괌 ⊙
오스트레일리아

노동   1000~500km
대포동1 1500km 이상
무수단 4000km
대포동2 6000km 이상

그림 1-2_ 북한의 장거리 탄도탄들이 도달 가능한 영역을 표시한 지도 [미국 국방부]

다. 물론 북한이 이러한 상황을 의도하고 탄도탄을 개발했다거나, 북한
이 지금 당장 중국이나 러시아에 위협이 된다는 의미는 아니다.

당면한 위협 분석에 근거를 두는 '위협기반전략(Threat Based
Strategy)' 개념에서 보면 북한은 중국이나 러시아에 지금 당장 위협이
되는 것은 아니지만, '능력기반전략(Capability Based Strategy)' 개념에서
생각하면 자국에 도달할 수 있는 타국의 전략무기는 분명히 미래의 위
협이 될 수도 있기 때문에 대책을 강구할 수밖에 없다. 능력기반전략이
란 장차 어느 나라와 싸워야 할지는 몰라도 어떠한 무기를 상대해야 할
지는 미리 예측하여 대비하는 전략을 의미한다.[7] 핵 강국들의 전략 수

---

[7] "Quadrennial Defense Review Report 2001", p.13.

20

립 원칙은 현재 당면한 위협에 대처하고, 지금 당장은 위협이 되지 않더라도 언젠가는 위협이 될 가능성에 대처한다는 것이다. 자국을 사거리 안에 두는 치명적 무기를 보유했거나 보유하게 될 국가나 단체는 일단 가상 위협으로 간주하고 이에 대한 대책을 강구하는 것이 능력기반 전략의 기본 개념이다.

북한이 개발하는 탄도탄의 사거리가 길어질수록 북한의 탄도탄에 대응하여 한반도를 겨냥하는 탄도탄의 수도 증가할 것으로 예측할 수 있다. 영원한 적도, 영원한 친구도 없는 것이 국제 관계이고, 자국의 안보를 타국의 약속과 아량에만 맡겨둘 수는 없기 때문이다. 우호 관계와 적대 관계 사이를 오락가락하던 중국과 구소련의 관계를 생각해보면 쉽게 이해가 간다. 북한 탄도탄의 사정권에 들게 되는 미국, 일본, 러시아와 중국의 전략도 이러한 상황에 맞춰 재조정될 수밖에 없다. 따라서 북한이 핵과 장거리 탄도탄을 보유하고자 하는 한 한반도는 범세계적인 핵탄도탄의 그늘에서 벗어날 수 없는 것이 현실이다. 물론 일본은 현재 탄도탄을 보유하고 있지 않지만, 단거리 탄도탄에서 ICBM에 이르는 모든 종류의 고체로켓 탄도탄을 개발할 수 있는 능력은 세계 최정상급이라고 판단한다.

우리나라에 직접적 위협이 되는 것은 화성5호와 화성6호이지만, 유사시 미국의 개입을 저지할 목적으로 개발된 노동, 무수단 그리고 대포동2호는 미국뿐만 아니라 러시아, 일본, 중국에도 심각한 영향을 미치는 것이 현실이다. 따라서 우리의 생존과 관련된 탄도탄 문제는 직접적 관련이 있는 북한의 탄도탄뿐만 아니라 아직도 전 세계 전략무기의 95%를 차지하고 있는 미국과 러시아 그리고 중국의 탄도탄과도 밀접하게 연관되어 있다. 좁디좁은 한반도가 핵 강국들의 탄도탄 표적이 되는 것은 심히 염려스러운 상황이다. 이러한 까닭에 우리는 미국, 러시아, 중국과 북한이 현재 보유한 탄도탄의 능력을 검토하고, 특히 한반도 정세를 좌우할 수 있는 미국과 중국의 최첨단 재래식 탄도탄 개발 방향을 면밀히 검토할 필요가 있다.

2
궁극의 전략무기: 탄도탄

탄도탄이란?

탄도탄에 대한 기술적 배경을 먼저 간단히 소개함으로써 앞으로 탄도탄에 대한 설명과 분석을 이해하는 데 도움이 되고자 한다. 탄도탄 (Ballistic Missile)은 탄도(Ballistic Trajectory)와 미사일(Missile)이라는 두 단어가 합쳐진 복합명사다. 탄도란 탄환이 총포를 떠나 목표에 맞을 때까지 날아가며 그리는 자유낙하 궤도(Free-fall Trajectory)를 의미하며, 탄도탄에 붙은 탄도라는 수식어는 미사일이 따라가는 궤도가 탄환과 같이 중력과 초기 속도 및 초기 위치에 의해 완전히 결정된다는 것을 직접 묘사하고 있다.[8] 반면 미사일이라는 단어는 라틴어의 '보내다'라는 동사 '미테레(Mittere)'에서 유래했지만, 현대 군사용어에서 미사일이라는 명사는 자체 동력을 가지고 표적으로 유도되는 무기라는 뜻으로 쓰이고 있다. 따라서 탄도탄은 멀리 있는 표적을 맞추기 위해 자체 동력

을 이용하여 표적을 맞출 수 있는 속도로 가속한 후 표적을 향해 자유
낙하하는 무기를 뜻한다.

엄밀히 구분하면 탄도탄은 '유도 탄도탄'과 '무유도 탄도탄'으로
나눌 수 있다. '어네스트존(Honest John)',[9] '프로그(FROG)'[10] 등은 로켓
에 의해 추진되지만 별다른 유도장치를 갖고 있지 않기 때문에 이러한
탄도탄은 '자유로켓(Free Rocket)' 또는 간단히 '로켓(Rocket)'이라고 부
른다. 이에 반해 우리가 관심을 갖는 대포동2호는 유도 탄도탄이다. 관
습적으로 우리는 유도 탄도탄을 그냥 '탄도탄'이라고도 한다.

언뜻 '유도(Guidance)', '탄도(Ballistic)' 그리고 자체 동력을 가졌음
을 내포하는 '미사일'이라는 단어는 서로 배타적인 것처럼 보인다. 그
러나 탄도탄의 비행 구간은 탄도탄의 연소종료시점을 전후하여 동력비
행 구간과 탄도비행 구간으로 자연스럽게 나누어지며, 이 두 구간은 겹
치지 않는다. 동력비행이란 로켓모터에 의해 탄도탄이 추진되어 가속
운동을 하는 것을 말하며, 동력비행 중에 그리는 미사일의 궤도를 동력
비행 궤도 또는 동력비행 구간이라고 부른다. 탄도비행 구간이란 다른
말로 자유낙하 비행 구간이라고도 하며, 탄도비행 중에는 중력 외에 어
떠한 힘도 비행체에 미치지 않는다. 탄도는 완전히 중력과 탄도비행 시
작점의 위치와 시작점에서의 속도(속력과 각도)에 의해 결정된다. 로켓

---

[8] 무한히 넓고 중력이 일정하게 밑으로 향하는 편평 지구(Flat Earth)의 개념에서 보면 우리가
잘 알고 있는 포물선 궤도가 되지만, 지구가 유한한 크기를 가지고 중력이 지구 중심에서 탄
환까지 거리의 역제곱에 비례한다는 것을 고려하면 자유낙하 궤도는 타원 궤도가 된다.
[9] 30km의 사거리를 가지는 무유도 고체로켓에 'Honest John'이라는 이름을 붙인 사람은, 베
른헤르 폰 브라운(Wernher von Braun) 팀을 미국으로 데려온 '페이퍼클립 작전(Operation
Paperclip)'을 지휘한 홀거 토프토이(Holger Toftoy) 중령(나중에는 소장)이다.
[10] FROG는 'Free Rocket Over Ground'의 머리글자를 따서 붙인 이름이다.

의 마지막 단의 엔진이 연소종료되는 지점이 바로 탄도비행의 시작점이다. 탄도탄은 동력비행 구간에서만 유도될 수 있기 때문에 '유도'와 '탄도' 그리고 '미사일'이라는 단어들이 서로 모순되는 것이 아님을 알 수 있다. 더구나 ICBM의 경우 동력비행 구간은 탄도비행 구간에 비해 시간상으로는 10~15% 내외, 거리상으로는 5% 미만이다. ICBM의 탄두는 비행 구간의 대부분을 자유낙하 궤도를 따라 움직이므로 우리는 유도장치가 작동하는 동력비행 구간이 있다는 것을 무시하고 그냥 탄도탄이라고 부르는 것이다. 서구 세계에서는 탄도미사일이라고 불리는 무기가 러시아(구소련)에서는 간단히 '로켓'이라고 불리는 것도 기억해 둘 필요가 있다.

인간이 만든 탄도탄 중 가장 오래된 탄도탄은 원시인이 던졌을 돌이 아닌가 생각한다. 대물리학자 아이작 뉴턴(Isaac Newton)[11]이 운동방정식과 중력방정식을 발견하기 훨씬 전에도 인간은 물체 속도가 빠를수록 멀리 날아간다는 것을 경험을 통해 알고 있었다. 멀리 던지기 위해서는 물체를 빠른 속도로 던지는 방법을 찾아야 했다. 처음에는 돌을 던졌으나, 그 후 돌을 던지는 대신 창을 던지는 것으로 바뀌었다. 이는 모두 인간의 근력에서 나오는 힘으로 가속되며, 창은 다시 활시위의 탄력을 받아 더 빠른 속도로 날 수 있는 화살로 바뀌었다. 그러나 근력이나 도구의 한계로 인해 물체 속도는 원천적으로 제한될 수밖에 없었다.

〈표 1-1〉에 요약한 바와 같이 투창 선수가 던지는 속도는 대략 18m/s 정도이고, 최고로 빠른 투수의 공도 46m/s로 그리 빠르지 않다. 그러나 활이나 골프채 같은 도구의 도움을 받으면 속도는 좀 더 늘어나

---

[11] Isaac Newton, http://en.wikipedia.org/wiki/Isaac_Newton.

표 1-1_ 근력에 근거한 최대속도와 최대사거리의 관계

	투창	야구공	양궁 화살	골프공	석궁 화살
최대속도(m/s)	18	46	67	80	108
최대사거리(m, 진공)	33	216	458	653	1200

양궁 화살의 경우 67m/s에 이르고, 일류 골프 선수의 드라이브 샷은 이 보다 좀 더 빠른 80m/s 정도 된다. 화약의 힘을 빌리지 않고 낼 수 있는 가장 빠른 속도는 석궁 화살의 108m/s가 아닌가 생각한다. 이러한 근력이나 간단한 도구에 의한 미사일은 추진장약으로 발사되는 총과 대포로 급격히 대체되었고, 최대속도도 1~1.6km/s로 늘어나게 되었다.

만약 지표면이 진공이었다면 최대사거리도 100~260km로 늘어났을 것이다.[12]

'뉴턴의 대포(Newton's Cannon)'라고 부르는 〈그림 1-3〉은 달이 지구를 도는 것은 달이 지구를 향해 계속 떨어지는 것이지만, 회전하고 있기 때문에 지표면에 닿지 않고 지구 주위를 돌게 되는 것을 설명하기 위해 그린 것이다.

지표면의 높은 곳에서 발사한 탄환의 속도가 빨라짐에 따라 지표면에 탄환이 떨어지기 전에 비행한 거리가 점차 늘어나 결국은 땅에 떨어지지 않고 영원히 지구 주위를 돌게 되며, 속도가 더욱 빨라지면 지구인력을 벗어나게 된다는 것을 보여주는 그림이다.[13]

달도, 사과도 지구 중심으로 떨어지지만 달은 지표면에 수평 방향 속도가 타원 궤도를 그릴 만큼 큰 반면 사과는 수평 방향 속도가 0이기 때문에 지구 중심 방향인 수직으로 떨어지는 것을 보여주고 있다. 지표

---

12 실제로는 공기의 마찰이 상당히 커서 사거리는 이보다 훨씬 짧다.
13 Newton's Cannon, http://commons.wikimedia.org/wiki/File:Newton_Cannon.svg.

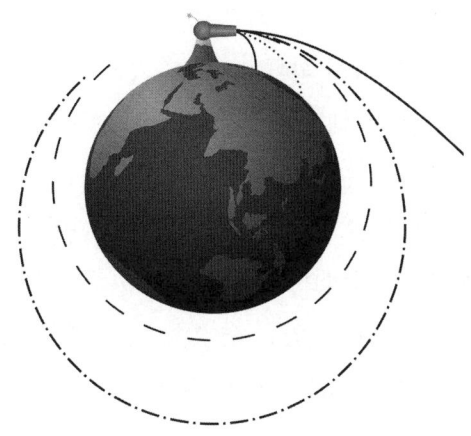

그림 1-3_ 뉴턴의 대포'로 불리는 그림이다. [위키 백과]

면 위에 세운 높은 장대 끝에서 수평 방향으로 대포를 발사하면 포탄은
수직 방향으로 $9.8m/s^2$로 가속되며 떨어지지만, 동시에 수평 방향으로
초속도를 가지고 운동한다. 이 두 가지 독립적 운동의 결과는 지구의
중심을 하나의 초점으로 가지는 타원운동으로 나타난다. 국지 수평면
에 대해 일정한 각도와 속도로 발사된 포탄이 지표면에 충돌했을 때 장
대 밑에서 충돌지점까지 지표면을 따라 잰 거리를 사거리라고 하며, 사
거리는 장대의 높이(고도)와 발사될 때의 속도(속력과 국지 수평면에 대한
각도)에 의해 결정된다. 실제로 사거리는 포탄이 발사될 때 포신과 수평
면이 이루는 각도에도 민감하지만, 최대사거리는 포구 속도가 크면 클
수록 커진다. 즉 긴 사거리를 얻기 위해서는 높은 포구 속도가 필수적
이다. 고도와 발사 방향이 일정할 때 포탄의 초기 속력이 빨라질수록
사거리는 증가하기 시작하여 초기 속력이 수평 방향으로 7.8km/s 근방
에 도달하면 사거리는 2만 km에 이르며, 속도가 더 빨라지면 포탄은
지면에 닿지 않고 원 궤도를 그리며 지구 둘레를 도는 인공위성이 된

다. 물론 지구가 완벽한 구이고 지구 주위에는 운동을 방해하는 공기가 없는 이상적인 경우일 때의 이야기다.

　추진장약을 이용한 대포 포탄의 최대속도는 현실적으로 1.8km/s를 넘기 힘들기 때문에 수백 또는 수천 km 밖으로 물체를 쏘아 보내기 위해서는 더 빠른 속도를 낼 수 있는 방법을 찾아야 했다. 이러한 요구에 적합한 고속 추진 방법으로 등장한 것이 로켓모터이다.[14] 1단으로 구성된 로켓이 연소종료 후 얻을 수 있는 속도 증분 델타 $v(\Delta v)$는 콘스탄틴 치올콥스키(Konstantin Tsiolkovskii)의 로켓 방정식에 의해 결정된다.[15] 치올콥스키의 로켓 방정식에 의하면 1단 로켓의 최대속도는 연소 시작 전의 중량과 연소 후 중량비의 로가리듬×연소 가스의 분출 속도로 결정되기 때문에 효율적인 연료를 많이 탑재하면 최종 속도를 10km/s 이상 올리는 것이 현실적으로 가능하다. 로켓모터를 사용할 경우 10여 km/s 이상의 속력을 얻는 것이 실제로 가능할 뿐 아니라 가속도를 2～10G(물체의 가속도를 지표면에서 중력가속도 G의 배수로 표시하는 가속도 단위: 1G=9.8066m/s²) 정도로 통제하는 것도 가능하여 탑재물에 가해지는 지나친 충격이나 스트레스도 피할 수 있다. 이것이 수만 G를 웃도는 대포보다 로켓이 유리한 점 중의 하나다.

　다단 로켓의 최종 속도는 각 단의 속도 증분을 합한 값과 같다. 따

---

[14] 관습적으로 로켓모터는 고체 연료를 사용하는 로켓을, 로켓엔진은 액체 연료를 사용하는 로켓을 일컫지만 두 단어에 차이가 있는 것은 아니다.

[15] Rocket Propusion, http://www.braeunig.us/space/propuls.htm.
$\Delta v=v_e ln(M_{Liftoff}/M_{Burnout})$, 여기서 v_e는 노즐에서 분출되는 연소 가스의 노즐에 대한 상대속도로 비추력 I_{sp}와 중력가속도 G의 곱 GI_{sp}로 구할 수 있다. $M_{Liftoff}$는 로켓이 점화되는 순간의 질량이고 $M_{Burnout}$는 연소가 끝난 후의 로켓 질량이다. I_{sp}는 매초 1kg의 추진제가 연소하여 1kg 무게의 질량을 몇 초간이나 1G의 가속도로 가속할 수 있는가를 표시하는 추진제의 성능 특성이다.

라서 원리적으로 로켓의 최종 속도는 우리가 원하는 만큼 빨라질 수 있다. 로켓을 다단으로 만들 경우 다음 단의 로켓모터를 점화하기 전에 연소가 끝난 모터를 분리하여 다음 단의 로켓모터가 가속해야 할 질량을 줄임으로써 더 높은 가속도를 얻을 수 있으며, 1단으로 된 로켓으로는 달성하기 곤란한 12~15km/s의 초고속도에 도달하는 것도 가능하다. 탄도탄 중 가장 빠른 연소종료속도가 요구되는 ICBM은 액체로켓을 사용할 경우에는 대부분이 2단 로켓으로 충분하며, 고체로켓을 사용할 경우에는 보통 3단 로켓이 필요하다. 그러나 우주 발사체로 사용할 때와 같이 더 빠른 속도가 요구될 때에는 3단 로켓 또는 4단 로켓이 필수적일 수도 있다. 행성 탐사선을 발사할 때가 그 대표적인 경우다. 최종 연소종료속도를 얻기 위해서는 각 단에 의한 델타v를 합하면 총 델타v가 된다. 그러나 중력에 의한 감속과 공기저항에 의한 감속 v_{ga}를 총 델타v에서 빼주어야 실질적인 연소종료속도가 된다.

탄도탄은 통상적으로 도시, 산업시설, 항구, 비행장, 군사시설, 지휘소, 미사일 격납고(사일로) 등 지상에 고정된 좌표를 표적으로 삼는 것이 관례다.[16] 우리가 흔히 알고 있는 대공미사일, 대함미사일 또는 대전차미사일 등은 비행시간 내내 표적을 향해 유도되는 데 반해 탄도탄은 사거리의 거의 전 구간을 표적을 향해 자유낙하하는 것이 크게 다른 점이다. 사거리에 따라 다르긴 하지만 탄도탄은 다른 미사일에 비해 속도가 훨씬 빠르고, 훨씬 파괴적이며, 현실적으로 마땅한 방어 수단도 없다.

ICBM은 영어 약자로 '대륙간탄도탄'을 뜻하는 익숙한 단어지만,

---

[16] 최근에 중국이 고속으로 이동 중인 선박을 공격할 수 있는 대함탄도탄 ASBM(Anti-ship Ballistic Missile) DF-21D를 개발함으로써 이동표적도 탄도탄의 표적이 되었다.

딱히 '이것이다'라고 만인이 인정하는 정의가 내려진 적은 없다. 각 나라마다 사거리에 따라 탄도탄을 분류하는 기준도 다르다. 대체로 미국을 포함한 서구 세계에서는 사거리가 5500km 이상 되는 탄도탄을 ICBM이라고 부른다.[17] 그러나 러시아(구소련)에서는 ICBM이라는 용어 대신 '전략 탄도탄(Strategic Ballistic Missile)'이라는 용어를 사용한다. 러시아에서 '전략'이라는 수식어는 관련된 무기의 사거리가 1000km 이상임을 의미한다. 이렇게 미국과 러시아가 다른 기준을 사용하는 이유는 다른 국가에서 발사한 탄도탄이 자국 내의 주요 표적에 도달할 수 있는 사거리를 기준으로 하기 때문이다. 유럽 대륙에서 발사한 탄도탄이 미국 본토에 도달하려면 최소사거리가 5500km 이상이어야 하기 때문에 전략 미사일인 ICBM의 사거리를 5500km 이상으로 잡는다. 반면 러시아 주변 국가에서 발사한 사거리 1000km의 탄도탄은 러시아의 핵심부를 강타할 수 있기 때문에 1000km를 전략 미사일의 기준으로 삼게 된 것이라고 생각한다. 탄도탄을 탑재한 잠수함이나 폭격기는 이론적으로는 러시아나 미국의 근해까지 접근하여 탄도탄을 발사할 수 있다. 따라서 사거리에 상관없이 잠수함과 폭격기에서 발사할 수 있는 모든 탄도탄을 전략 탄도탄으로 분류하고 있는 것이다. 같은 논리를 우리나라에 적용한다면 북한이 보유한 사거리 50km 이상의 모든 탄도탄은 전략 탄도탄으로 간주해야 하며, 중국이 보유한 사거리 600km 이상의 모든 탄도탄도 우리에게는 전략 탄도탄이 된다.

---

17 Ballistic Missile Basics, http://www.fas.org/nuke/intro/missile/basics.htm.

탄도탄의 표적 조준

탄도비행체의 운동은 뉴턴의 운동방정식과 지구 중력에 의해 결정되고, 비행체가 날아가는 길인 탄도는 탄도비행 시작점의 좌표와 탄착점의 좌표 그리고 비행시간에 의해 결정된다. 그러나 탄도탄이 표적에 명중하도록 유도하는 방법은 탄도탄의 로켓모터가 연소종료될 때의 위치와 속도(속력과 각도)를 탄도탄이 표적에 명중하도록 조절하는 것 외에는 방법이 없다. 탄도탄의 유도는 연소를 종료시킬 위치와 속도를 구한 뒤 이에 적합한 동력비행 궤도를 설정하는 것이며, 탄도탄의 조종(Control)은 유도에서 요구하는 동력비행 궤도를 따라가도록 로켓의 추력 세기와 방향을 조절하는 것을 일컫는다.

뉴턴의 방정식은 비행체 위치의 시간에 대한 2차 미분방정식으로 정의된다. 이 방정식을 시간에 대해 한 번 적분함으로써 속도에 관한 식을 얻지만, 이 과정에서 임의의 적분상수가 들어온다. 이 식을 시간에 대해 다시 한 번 적분함으로써 시간에 따른 비행체의 위치를 시간의 함수로 표시한 탄도를 얻을 수 있다. 이때 또 다른 임의의 적분상수가 들어온다. 따라서 구하고자 하는 탄도는 두 '세트'의 적분상수(Constants)를 포함하는데, 탄도를 유일하게 구하려면 이들 상수의 값을 정해줘야 한다. 이들 상수는 탄도비행 시작점에서 비행체의 위치와 속도라는 두 가지 '초기 조건'에 의해 정하는 것이 가장 자연스러우며, 탄도탄의 유도라는 측면에서도 절대적으로 필요하다. 이것이 통상적으로 물리 교과서에 나오는 탄도 문제에 접근하는 방식이기도 하다. 그러나 탄도탄 문제에서 적분상수를 정하는 방법은 초기 조건 중의 하나인 초기 속도를 미리 알 수 없기 때문에 통상적인 물리 문제에서 상수를 정하는 방법과는 조금 다르다. 임의의 초기 속도가 아니라 표적을 명중시키는 데 필요한 속도이기 때문에 탄도비행 시작점과 표적을 지나가는 탄도가 유일하게 결정되기 전까지는 초기 속도를 미리 알 수 없다. 표적을 명중시키는 탄도를 구한 뒤 맨 마지막에 구하는 것이 초기 조건이 되는 셈이다.

탄도탄은 표적을 명중해야 하는 '사명'을 띠고 세상에 태어났다. 탄도탄이 이러한 사명을 완수하려면 초기 위치[18]에서 시작된 탄도탄의 탄도는 반드시 표적의 위치를 지나가도록 정해져야 한다. 이것이 바로 탄도탄이 표적에 명중하기 위한 '필요조건'이다. 만약 공기의 존재와 로켓 연소시간을 무시한다면[19] 지구 중심을 하나의 초점으로 가지며 발사지점과 표적지점을 지나는 모든 타원 궤도가 표적을 명중시키는 탄도탄의 탄도가 된다. 따라서 표적을 명중시킬 수 있는 무한히 많은 탄도가 존재한다.

우리가 통상적으로 쓰는 명중이란 단어는 탄환이나 화살같이 움직이는 물체가 표적을 관통하는 것을 일컫는 말이다. 표적의 위치 자체는 시간에 무관하게 고정되어 있지만, 탄도비행체는 유한한 속도로 이동하므로 비행체가 표적에 명중하는 시간은 속도에 따라 달라진다. 탄도가 표적에 도달하기까지 걸리는 비행시간 t_F(TOF: Time of Flight) 값을 명시해야 비로소 탄도가 유일하게 결정될 수 있다. 탄도탄이 원하는 시간에 표적에 명중할 필요충분조건은 탄도비행의 시작점 $t=0$에서 초기 위치를 지나고, $t=t_F$에서 표적 위치를 지나는 조건이다. 통상적인 물리 교과서의 탄도 문제는 '초기 조건 문제'였는데, 같은 문제라도 탄도탄에서는 '경계 조건 문제'로 바뀐 것을 알 수 있다. 정해진 시각 $t=t_F$

---

[18] 초기 위치란 탄도탄의 발사지점이 아니라 연소가 종료되고 탄도비행을 시작하는 위치를 말한다.
[19] 가속도가 무한대라면 발사지점에서 연소종료속도에 이르게 된다.

에 표적 위치를 지나가기 위해 필요한 초기 속도를 미리 알 수 없기 때문에 초기 조건 문제로 탄도탄의 '표적 조준' 문제를 직접 풀 수 없는 것이다. 대신 경계 조건 문제로 탄도 문제의 해를 구한 뒤 초기 위치에서 초기 속도를 구함으로써 탄도탄을 조준 또는 유도할 수 있다.

탄도탄의 '표적 조준' 또는 '표적 겨냥' 문제는 탄도탄이 미리 정한 시각에 표적을 명중시키기 위해 필요한 초기 속도를 구하는 문제라고 정의할 수 있다. 탄도비행 시작점과 표적 위치를 정해놓은 비행시간에 지나가는 탄도 문제를 풀고, 역으로 필요한 초기 속도를 구하는 것이 탄도탄의 표적 조준 방법이다. 탄도비행을 시작하는 '초기 위치'와 '초기 속도'를 구하고, 탄도탄이 이러한 조건에 도달하도록 로켓의 속력과 비행 방향을 조종한 뒤 추진 로켓을 강제 종료시켜 탄도비행을 시작하도록 한다면 탄도탄은 표적에 명중할 것이다.

사실 TOF를 어느 정도 임의로 정할 수 있다는 것은 탄도탄 운용자에게는 아주 요긴한 선택 사항이 될 수 있다. 예를 들어 한 척의 탄도탄 잠수함(SSBN)에 탑재한 잠수함 발사 탄도탄(SLBM)을 모두 발사하려면 수분의 시간이 소요된다.[20] 그러나 탄도탄 방어망을 포화시키는 등 전략적 이유로 이들 미사일에 탑재한 모든 탄두가 동시에 각각 표적에 도달하기를 원하거나, 아니면 선착 탄두 폭발에 의해 후속 탄두가 무력화(Fratricide)되는 현상을 피하기 위해 짧은 시차를 두고 순차적으로 도달하기를 원할 수도 있다. 이러한 희망 사항은 각 재돌입체(RV: Reentry Vehicle)의 TOF를 적절히 배정함으로써 만족할 수 있다.[21] 남은 문제는

---

[20] SSBN(Submersible Ship Ballistic-missile Nuclear-powered)은 미국 해군의 탄도탄 발사용 핵잠수함 식별부호이고, SLBM(Submarine Launched Ballistic Missile)은 잠수함에서 발사하는 탄도탄이다.

어떻게 하면 탄도탄이 이렇게 결정한 탄도를 따라 비행하도록 만들 수 있느냐 하는 것이다. 이것이 바로 탄도탄의 유도 조종 문제다.

탄도탄의 유도 조종

탄도탄의 유도는 발사된 탄도탄이 연소종료될 때 표적으로 자유낙하할 수 있는 조건에 이르도록 탄도탄의 동력비행 궤도를 정해주는 것을 말하며, 조종이란 탄도탄이 유도장치가 요구하는 동력비행 궤도를 따라가도록 비행 방향과 속력을 조절해주는 과정을 말한다. 일단 탄도탄의 로켓모터가 작동을 중지하면 우리는 별도의 보조 로켓모터를 사용하지 않는 한 어떠한 조종도 할 수 없다. 따라서 탄도탄의 조종은 동력비행 구간 내에서만 가능하고 탄도탄의 속도가 유도장치에서 요구하는 속도에 도달하는 즉시 로켓모터의 연소를 중지시켜 로켓 몸체로부터 분리된 RV가 표적을 지나는 탄도를 따라 자유낙하하도록 해준다. 즉 탄도탄의 마지막 단에 있는 로켓엔진의 연소가 종료되는 순간 그 위치에서 탄도탄이 자유낙하를 시작해 정해진 시간 $t=t_F$에 표적지점을 명중하는 데 필요한 속도가 되도록 로켓의 추력과 추력 방향을 조절하는 과정을 탄도탄의 '조종'이라고 한다. 그리고 유도와 조종을 합쳐 '유도 조종(Guidance & Control)'이라고 부른다.

탄도탄을 조종하기 위해서는 동력비행의 전 구간에서 탄도탄이 유

---

21 대기권 밖에서 지상의 표적을 향해 다시 대기권 안으로 들어올 때 공기 마찰로 인해 생기는 열로부터 탄두를 보호하기 위한 열 차단 케이스를 재돌입체(RV)라고 하지만, 탄두를 포함한 탄두/RV 시스템 전체를 보통 '재돌입체' 또는 'RV'라고 한다.

도장치가 원하는 궤도를 따라가는지 아닌지를 알 수 있어야 조종을 할 수 있다. 즉 적절한 시간 간격을 두고 그때그때 탄도탄의 실제 위치와 속도를 알 수 있어야 탄도탄이 예정된 동력비행 궤도를 따라 움직이는지 아닌지 알 수 있고, 보조 로켓이나 추력 벡터 조종장치(TVC: Thrust Vector Control) 또는 공기역학적 핀을 이용해 탄도탄이 예정된 궤도를 따라가도록 필요한 조종을 할 수가 있다. 이러한 역할을 담당하는 장치가 바로 항법장치(Navigation System)다. 더 나아가 탄도탄은 발사된 후 외부로부터 방해받지 않고 표적까지 탄두를 운반할 수 있어야 한다. 유도 조종이 외부로부터 받는 위치나 속도 데이터에 의존한다면, 상대방이 방해할 가능성이 높아 임무를 완수하기가 어렵다. 따라서 탄도탄 유도 조종에 가장 적합한 항법장치가 바로 관성항법장치(INS: Inertial Navigation System, 관성유도장치라고도 함)다. 회전하는 자이로스코프(Gyroscope)가 방향을 바꾸려 하지 않는 성질을 이용하여 먼 별들에 대해 고정된 방향을 유지하도록 관성 플랫폼(Inertial Platform)을 구성하고, 그 위에 3개의 가속도계(Accelerometer)를 서로 직각이 되게 장착한다.[22] 이러한 관성측정장치(IMU: Inertial Measurement Unit)를 이용하여 관성 플랫폼의 각 축에 대한 탄도탄의 회전각과 탄도탄의 가속도를 구할 수 있다. 관성측정장치에서 나온 데이터와 미리 입력된 중력 데이터를 이용하여 항법 컴퓨터는 탄도탄의 위치와 속도 그리고 탄도탄의 자세를 계산할 수 있다. 물론 소형 경량의 강력한 탑재 컴퓨터가 이러한 복잡한 소임을 맡아줘야 한다.

탄도탄의 유도 조종의 궁극적 목표는 탄도탄의 동력비행이 탄도비행으로 바뀌는 순간의 위치와 속도가 표적을 명중시키는 데 필요한 값

---

[22] 소련은 직각 대신 비행 방향 쪽으로 기울여 사각으로 배치하는 것으로 알려져 있다.

을 갖도록 추력과 비행 방향을 조절하고, 명중이 확실한 조건에 도달하는 즉시 로켓 추진을 중지시키는 명령을 발하는 것이다. 물리학에서 속도(Velocity)라는 물리량은 크기와 방향을 갖는 벡터량(Vector Quantity)으로 정의하는데, 크기는 속력(Speed)으로 알려진 빠르기이고 방향은 국지 수평면(Local Horizon)에 대한 비행 각도와 표적을 향한 방위각을 일컫는다. $t=0$에서 이륙한 탄도탄이 $t=t_F$라는 시각에 표적을 명중한다는 경계조건으로부터 연소종료시점의 $t=t_{bo}$ 때 위치(연소종료위치)에서 가져야 할 속도, 즉 연소종료속도의 값을 유일하게 결정할 수 있다. 역사적으로 이 문제를 처음 연구한 요한 하인리히 람베르트(Johann Heinrich Lambert)의 이름을 따서 이러한 속도를 '람베르트 속도(Lambert Velocity)' 라고 하며, 해당하는 속력과 각도는 각각 '람베르트 속력'과 '람베르트 각도' 라고 부른다.[23] 람베르트 속도의 의미는 탄도비행을 시작하는 위치에서 탄도탄이 람베르트 속도를 갖도록 탄도탄을 유도 조종해준다면 탄도탄은 반드시 정해진 시각에 표적을 명중하게 된다는 뜻이다. 탄도비행 시작점에서 탄도탄이 람베르트 속도를 갖도록 동력비행 궤도를 정하는 유도 방식을 '람베르트 유도(Lambert Guidance)' 라고 한다.[24] 람베르트는 물론 천체 운동을 기술하기 위해 이와 같은 연구를 했으나, 18세기 사람인 그는 자신의 연구 결과가 탄도탄을 유도하는데 쓰일 줄은 꿈에도 상상하지 못했을 것이다.

탄도탄 문제에서는 사실 연소종료위치가 무엇을 의미하는지에 대해서도 설명이 필요하다. 이해를 돕기 위해 탄도탄을 포탄의 경우와 비교해 생각해보자. 포탄에서 초기 속도는 포탄이 포신을 막 벗어나는 순

[23] Paul Zarchan, "Tactical and Strategic Missile Guidance", 4th Edition, (AIAA, Inc., 1801 Alexander Bell Drive, Reston, Virginia, 2002) pp.263~290.
[24] ibid.

간의 속도인 포구 속도를 의미하고, 초기 위치는 포구의 위치를 말한다. 포신의 길이가 작기 때문에 포를 발사하는 시간이든 포구를 떠나는 시간이든 구별할 필요 없이 $t=0$으로 시간 기준을 잡으면 된다. 포구 속도가 람베르트 속도와 같아지도록 추진장약(Propelling Charge)과 포신 각도만 맞춰주면 포탄은 표적에 명중하게 된다. 즉 대포의 경우 람베르트 속도는 표적을 명중시키는 데 필요한 포구 속도가 된다. 추진장약을 선정하여 포구 속도를 정하고, 대포의 포신을 표적 방향으로 돌리고, 앙각을 맞춰주는 일이 유도 조종에 해당하는 작업이다. 물론 공기가 존재하므로 현실에서는 람베르트 결과에서 좀 벗어나는 것이 사실이다.

탄도탄에서는 마지막 로켓모터의 연소가 종료되면 로켓모터는 떨어져 나가고 탄두는 중력의 영향만 받으며 이상적인 탄도비행을 시작한다. 탄도탄이 이륙하는 순간을 $t=0$으로 잡으면 연소종료시점의 시간은 $t=t_{bo}$가 되고 표적에 도착하는 시간은 $t=t_F$가 된다. 따라서 $t=t_{bo}$일 때 속도가 바로 람베르트 속도가 되어야 하고, 이때의 위치가 바로 우리가 말하는 '초기 위치'인 탄도비행 시작점에 해당하는 것이다. 대포의 경우는 포신의 길이가 짧기 때문에 포의 발사 위치와 포구 위치를 구태여 구별할 필요가 없다. 하지만 대륙간탄도탄의 경우 6~7.5km/s 이상인 람베르트 속도에 도달하기까지 2~5분 정도의 가속 시간이 소요되고, 마지막 로켓모터의 연소가 종료될 때 고도는 150~180km에 이르며, 발사지점으로부터 지상 거리도 400~500km 이상 떨어진다. 대포로 따지면 포신의 길이가 수백 km 되는 경우에 해당한다. 탄도탄의 동력 비행 구간이 수백 km가 되는데도 우리가 탄도탄이라고 부르는 이유는 중력에 의해 결정되는 탄도비행 구간이 동력비행 구간에 비해 시간상으로나 거리상으로 훨씬 길기 때문에 역사적으로 그리 부르는 것이다. 탄도탄의 사거리를 계산할 때에는 탄도비행 구간의 사거리에 동력비행 구간의 지표면을 따라 잰 거리를 더해야 한다.

지금까지의 설명에서 명백하게 알 수 있듯이 표적의 위치와 비행시간은 유도 프로그램에서 입력 데이터로 선택할 수 있는 값이지만, 원하는 연소종료위치는 유도 방식에 따라 어느 정도 임의성을 가질 수 있다. 초기 탄도탄에서는 연소종료위치는 물론 동력비행 궤도까지도 미리 정해놓고 로켓이 이 궤도에서 벗어나면 다시 정해진 궤도로 돌아오도록 조종하여 연소종료시점에서 원하는 속도가 되도록 모두 미리 정해놓았었다. 이 방법은 탑재 컴퓨터의 부담이 최소화되어 탄도탄 개발 초기에 미국과 소련이 다 같이 쓰던 것으로, '델타 유도 방식(Delta Guidance)' 또는 '와이어 유도 방식(Wire Guidance)'으로 알려졌다. 델타 유도 방식은 연소종료지점도 미리 정하고, 발사지점과 연소종료지점을 연결하는 동력비행 궤도도 마치 빨랫줄을 매어놓듯이 미리 정해놓으며, 탄도탄은 빨랫줄에 꿰어놓은 주판알같이 미리 정한 궤도를 따라 움직이도록 했다. 이 경우 탄도탄 유도 조종장치가 하는 역할은 탄도탄이 고정된 궤도에서 벗어나면 다시 궤도로 되돌리는 것이다. 추력의 크기 조절이 비교적 자유로운 액체로켓 유도에 적합한 유도 방법이다.[25]

현대식 탑재 컴퓨터의 성능은 동력 궤도상의 어느 지점에서도 실시간으로 람베르트 속도를 계산할 수 있을 정도로 우수해졌다. 현대적인 탄도탄에서는 동력비행 구간 중 적당한 위치에서 표적을 명중할 수 있는 속도에 도달하면 즉시 연소를 중지시키는 조종 방법을 채택하고 있다. 관성항법장치는 가속되고 있는 미사일의 가속도와 회전량을 실시간으로 측정하여 항법 컴퓨터에 전달하고, 항법 컴퓨터는 가속도와

---

[25] Richard H. Battin, "An Introduction to the Mathematics and Methods of Astrodynamics, Revised Edition", (AIAA, Reston, VA, 1999) pp.4~5.

회전율을 적분하여 매 순간의 속도와 위치 그리고 미사일의 자세와 진행 방향을 계산하며, 유도 컴퓨터는 그 위치에서 람베르트 속도를 계산한다. 람베르트 속도 계산과 항법 컴퓨터가 추정한 위치 및 속도 데이터에 근거하여 조종 컴퓨터는 가장 효율적으로 람베르트 속도에 도달하도록 궤도를 조정해나간다. 람베르트 속도에 도달하는 즉시 로켓모터의 작동을 중지시키는 것으로 탄도탄의 유도 조종은 완료된다. 이러한 유도 방법을 '명시적 유도 방법(Explicit Guidance)' 또는 '풀 람베르트 유도 방법(Full Lambert Guidance)'이라고 한다.[26] 물론 유도 컴퓨터, 항법 컴퓨터 및 조종 컴퓨터를 따로 탑재할 이유는 없다. 하나로도 충분하니까.

동력비행 중인 탄도탄의 속도가 주어진 람베르트 속도에 도달하는 순간, 즉시 로켓모터의 연소를 중지시켜야 한다. 여기서 미사일을 추진하는 로켓이 액체로켓이냐 고체로켓이냐에 따라 로켓모터의 작동 중지 방법에 큰 차이가 있다.

액체로켓인 경우 이론적으로는 연소실로 연료를 공급하는 펌프의 작동을 중단시킴으로써 로켓모터의 연소를 즉시 중지시킬 수 있다. 그러나 고체로켓인 경우 연소실 내에는 이미 연료와 산화제가 잘 혼합된 고체 형태의 연료가 충전되어 있다. 따라서 고체로켓모터의 경우 일단 연소가 시작되면 연료가 소진되기 전에는 연소를 비파괴적으로 종료시킬 수 있는 방법은 없다.

초창기의 고체로켓 미사일 개발자들은 이러한 문제를 해결하기 위해 마지막 로켓모터 상단의 가장자리에 추력 중단 배기구(TTP: Thrust

---

[26] Paul Zarchan, "Tactical and Strategic Missile Guidance", 4th Edition, (AIAA, Inc., 1801 Alexander Bell Drive, Reston, Virginia, 2002) pp.263~290.

Termination Port)라 부르는 연소 가스 비상배출구를 위로 비스듬하게 마련하였다. TTP는 로켓모터 상단에 비스듬히 5~6개의 구멍을 내고 다시 막아놓아 정상적으로 모터가 작동할 때에는 연소 가스가 새어나오지 않는다. 그러나 로켓모터의 작동을 인위적으로 중단시켜야 할 때에는 미리 설치한 성형작약(Shaped Charge)을 폭발시켜 구멍을 개방함으로써 고온·고압의 연소 가스가 분출되어 진행 방향의 속도를 급감시키는 동시에 연소실 내의 압력을 급속히 감소시켜 연소를 종료시키는 역할을 한다. 이러한 TTP 개념은 미국의 SLBM인 폴라리스-A1에 처음으로 적용되었고, 그 후 고체로켓 ICBM에 집중적으로 적용되었다. 진행 방향의 속도를 더욱 빨리 감소시키기 위해 TTP에 노즐을 부착하여 역추진력을 높이기도 한다. 액체로켓이건 고체로켓이건 정확한 시각에 맞춰 추력을 0으로 만드는 것은 현실적으로 불가능하다. 따라서 탄도탄이 람베르트 속도에 이르기 직전에 추진 로켓을 중지시키고 별도의 보조 로켓을 이용하여 재돌입체(RV)의 속도와 자세를 정밀 조종함으로써 이 문제를 해결하는 것이 관례로 되어있다.

그러나 때로는 미사일에 탄두를 탑재하는 배열 방법에 따라 TTP 방법으로는 로켓모터를 중단시킬 수 없는 경우가 발생한다. 다탄두미사일에서 길이를 극히 제한할 경우 길이를 줄이기 위해 다탄두 재돌입체(MIRV: Multiple Independently-targeted Reentry Vehicle)를 마지막 단의 로켓모터 주위에 빙 둘러 배치하는 경우가 있다. 이 경우 TTP가 작동할 때 분출하는 고온·고압 가스가 탄두를 파괴할 수 있기 때문에 TTP를 사용하는 것이 불가능하다. 그래서 미국과 소련은 초장거리 잠수함 탑재미사일 또는 최신 ICBM을 위해 TTP를 대신할 새로운 유도 조종 방법을 개발하였다. 트라이던트-IC4나 트라이던트-IID5에서는 3단 모터를 람베르트 속도에서 인위적으로 중단시키는 대신 3단 모터 연료가

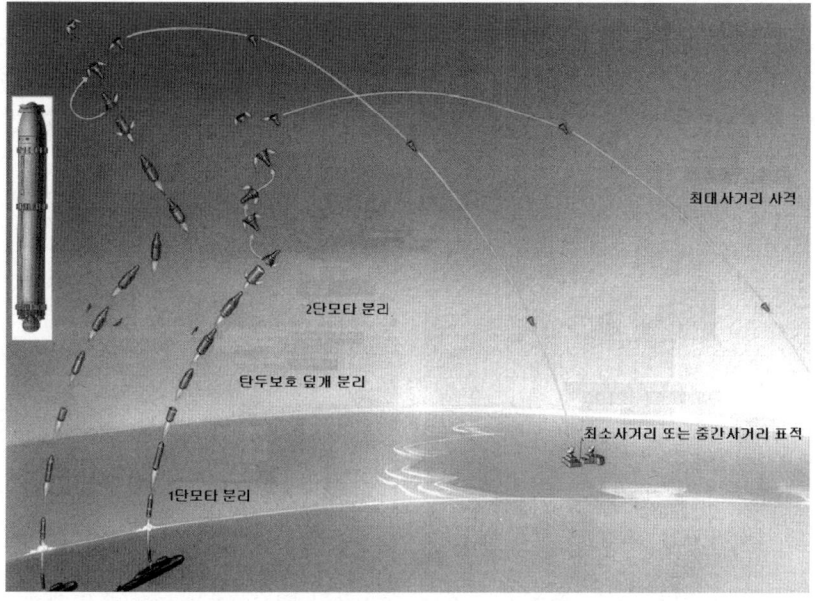

최대사거리 사격

2단모타 분리

탄두보호 덮개 분리

최소사거리 또는 중간사거리 표적

1단모타 분리

그림 1-4_ 소련 SLBM R-31의 GEMS 방법에 의한 사거리 조절을 보여주는 가상도[27]

소진되는 순간에 정확하게 람베르트 속도가 되도록 동력비행 단계의
궤도를 조작하여 잉여 에너지를 미리 소비하는 방법을 사용하고 있다.
이와 같은 궤도 조작은 유도 컴퓨터의 지시에 의해 수행되며, 표적 지
정 프로그램에 미리 입력해둔다.

　이러한 유도 조종 방법을 일컬어 '에너지 관리 조종 기법(GEMS:
General Energy Management Steering)'이라고 하는데, 처음에는 주로
SLBM을 유도하는 데 쓰였지만 최근에는 토폴-M과 같은 최신 ICBM을
유도하는 데에도 이용하는 것으로 알려져 있다. GEMS는 동력비행 궤

[27] Encyclopedia "Russia's Arms and Technologies. The XXI Century Encyclopedia"
Volume 1- "Strategic Nuclear Forces" (Arms and Technologies, Moscow, 2000)

도를 방어하는 측이 예측할 수 없도록 프로그램화할 수도 있기 때문에 동력비행 단계에서 요격을 회피하는 효과적 방법으로 이용되고 있다. 〈그림 1-4〉는 소련의 2단 고체로켓 SLBM인 R-31의 GEMS가 작동하는 가상도로 누구나 짐작할 수 있도록 GEMS 유도 개념을 잘 보여준다.

재돌입과 재돌입체

로켓 추진에 의해 람베르트 속도에 도달하면 탄두는 로켓에서 분리되고 탄도비행을 시작한다. 이때 고도는 대략 150~200km 전후가 되며, 이곳의 공기 밀도는 아주 낮아 진공으로 취급해도 무방하다. 로켓에서 분리된 탄두는 상승 비행을 계속하며 대략 1000~1200km의 최고 고도에 도달할 것이다. 최고 고도를 지난 탄두는 표적을 향해 다시 떨어지기 시작한다. ICBM이나 SLBM의 표적은 대부분 지표면 상에 위치하므로 탄두가 표적을 명중시키기 위해서는 다시 대기권으로 재진입해야 한다. 이렇게 로켓에 실려 대기권 밖으로 나갔던 탄두가 다시 대기권으로 들어오는 과정을 재돌입(Re-entry)이라고 한다. 일반적으로 우주 공간의 진공 상태에서 어떤 행성이나 천체의 대기 속으로 비행체가 들어가는 것을 진입(Entry)이라고 한다. 그러나 지구에서 출발하여 우주 공간을 지나 다시 지구 대기권으로 들어오는 것은 진입 또는 재돌입이라고 부른다. 흥미로운 사실은, 우주에서 대기권으로 들어오는 비행체는 군수용이냐 민수용이냐에 따라 명칭이 달라진다. 비군사용 비행체를 말할 때에는 그냥 EV(Entry Vehicle)라고 하지만, 재돌입하는 비행체가 탄두 또는 군용 페이로드(Payload)를 포함한 경우 미국 공군은 RV(Reentry Vehicle), 해군에서는 RB(Reentry Body)라고 부르는 것이 관레이다. 우리는 편의상 모든 군사용 페이로드를 탑재한 재돌입체를 RV로 부르기로 한다.

재돌입하는 탄두는 연소종료속도(Burnout Velocity)보다 다소 큰 속도로 재돌입을 시작한다. 재돌입 시 공기의 영향을 받는 고도(~120km)가 연소종료위치의 고도보다 다소 낮기 때문에 고도차만큼 낙하하면서 중력에 의해 가속되기 때문이다. 초속 7km/s의 극초음속 RV가 대기권에 진입하게 되면 RV 주변의 공기는 두 가지 다른 미케니즘(Mechanism)에 의해 가열된다. 첫 번째는 7km/s 이상의 극초고속으로 움직이는 RV의 선두 부분에서 공기가 강하게 압축되어 강력한 선수충격파(Bow Shock)를 형성한다. 이러한 RV의 끝 부분을 정체점(Stagnation Point)이라고 하며, 이 근방은 가열되는 속도도 가장 빠르고 따라서 열 충격도 가장 심하게 받는 부분이다. 두 번째는 RV의 원뿔면(Frustum) 근방의 공기 흐름은 속도 변화가 아주 심한 층류(Laminar Flow)를 형성하기 때문에 강한 마찰에 의해 많은 열이 발생하고 그 결과 RV 측면을 따라 고온의 공기층이 형성된다. 현대식 RV처럼 RV 모양이 뾰족하고 긴 원뿔형에 가까울수록 충격파는 RV의 측면에 더욱 가까워지며 훨씬 많은 양의 마찰열이 비행체 측면으로 유입된다. 재돌입 과정에서 저고도로 내려올수록 공기 밀도는 높아지고 RV의 속도는 줄어든다. 대략 20~30km 고도에 이르면 RV 측면의 공기 흐름이 층류에서 난류(Turbulent Flow)로 바뀌면서 더욱 많은 마찰열이 발생한다.

위에서 설명한 두 가지 미케니즘에 의해 RV는 급격히 감속하고, 이때 잃어버린 운동에너지는 주변 공기의 열에너지로 축적되며 온도도 섭씨 수천 ℃(RV 측면)에서 1만℃(RV 선두 부분) 이상 올라간다. 7km/s로 재돌입하는 1kg의 질량을 가진 물체의 운동에너지는 대략 TNT(강력 폭약) 6kg이 폭발하는 에너지와 같다. RV의 지표면 충돌 속도가 재돌입 속도의 절반인 3.5km/s라고 가정해도 공기층으로 유입되는 열량은 TNT 4.4kg의 폭발력에 해당하는 양이다.

이 열량은 2.4kg 이상의 쇠를 완전히 증발시키거나 145kg의 쇠를 녹여버리기에 충분하다. 이 열량 중 7%만 RV에 흡수되어도 10kg의 쇠를 녹일 수 있다.[28] 따라서 특별한 탄두 보호 대책을 마련하지 않는 한 탄두는 재돌입 과정에서 녹거나 타버릴 것이 거의 확실하다. 어떻게든 탄두를 안전하게 재돌입시켜야 하는 초창기 ICBM 엔지니어들에게 이러한 계산 결과는 아주 골치 아픈 문제로 대두되었다.

〈사진 1-1〉의 왼쪽 사진처럼 끝이 뭉툭한 RV의 경우 공기의 선수충격파는 RV 표면에서 조금 떨어져서 발생한다. 이러한 충격파를 '분리된 선수충격파(Detached Bow Shock)'라고 하며, 이 경우에는 공기의 압축으로 발생한 열이 전체 열 발생량의 대부분을 차지한다. 온도가 최고로 올라가는 영역은 RV 표면에서 조금 떨어진 충격파면(충격파의 전면)에 존재한다. 재돌입체 표면과 충격파면 사이에는 상당한 공간이 있으며, 대부분의 충격파에 의해 생성된 열에너지는 넓은 공간에 축적되고, 주변의 공기 흐름을 타고 흩어진다. 반면 끝이 뾰족한 RV의 경우 충격파가 RV 경계면에 거의 붙어서 형성되며, RV 측면에 수직한 방향으로 거리에 따른 공기 흐름의 속도 차가 매우 크다. 따라서 이곳에서는 심한 공기 마찰이 일어난다. 이 경우에는 마찰열이 전체 열 발생량의 대부분을 차지하며, RV 표면과 충격파 사이의 좁은 영역에 축적되어 주변 공기와 접촉하는 RV 표면의 온도가 아주 높게 올라간다. 이와 같이 RV의 모양에 따라 열이 발생하는 미케니즘과 열이 공기 중에 분

---

[28] 철(Cast Iron) 1kg의 융해열(Heat of Melting, 용융열)과 증발열(Heat of Vaporization)은 각각 0.12MJ와 7.63MJ이다.

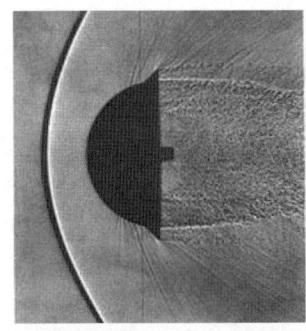

사진 1-1_ RV가 만든 충격파 새도우그라프(Shadowgraph). 왼쪽 사진은 뭉툭한 RV 전면에 RV와 분리되어 형성된 선수충격파와 RV 측면에 붙어서 형성된 충격파를 보여준다. [NASA][29]

포하는 영역, 즉 고온 영역이 달라진다.

　뭉툭한 형태의 RV는 초창기 ICBM이나 중거리 탄도탄에 많이 이용하였고, 지금도 유인우주선과 무인탐사선의 회수나 천체 착륙선에 이용하고 있다. 이러한 형태의 재돌입체는 공기 밀도가 적은 공기 상층부에서 급격히 감속하고, 발생한 열의 대부분이 RV에 흡수되지 않고 공기 중에 흩어지며, 공기 밀도가 높은 고도에 도달할 즈음에는 속도가 충분히 낮아져서 열 발생이 더 이상 큰 문제가 되지 않는다. 그러나 뾰족한 RV의 경우에는 거의 감속되지 않은 상태에서 공기 밀도가 큰 고도로 진입하게 된다. 따라서 열 발생률이 아주 높고 그 결과 RV 끝이나 표면은 수천 ℃에서 1만℃ 이상에 이르는 고온의 공기층을 직접 접하게 된다. 가열된 공기로부터 RV 표면으로의 열전달은 주로 대류현상에 의해 이루어진다. 정체점 근방에서 단위면적당 RV 표면으로의 열 유입률(Heating Rate)은 RV 속도의 3제곱에 비례하고, 원뿔 모양 RV의 표면

[29] http://history.nasa.gov/SP-4302/ch2.8.htm

(원뿔면)을 따른 유입률은 원뿔 꼭짓점으로부터 거리와 속도에 따라 달라진다. 원뿔면을 따른 유입률은 층류에 대해서는 속도의 3.2제곱에 비례하고, 난류가 되면 3.4~3.7제곱 사이에서 변화할 수 있다. 일반적으로 RV에 흡수되는 열의 대부분은 난류에 의해 발생한 열이다.

〈그림 1-5〉에서 볼 수 있듯이 재돌입하는 원뿔형 RV의 원뿔 정점에서 온도는 거의 1만℃ 가까이 올라갈 수 있다.

앞에서 말한 바와 같이 뭉툭한 앞부분을 가진 RV는 공기층으로부터 열 유입이 비교적 적어 내부의 페이로드를 보호하기가 쉬운 편이다. 하지만 저고도에서 속도가 느리기 때문에 정확도가 기상 조건에 많이 좌우되고, 대탄도탄 요격미사일(ABM: Anti Ballistic Missile)에 의해 요격될 확률도 크다. 반면 앞부분이 뾰족하고 길이가 길고 무거운 원뿔형인 RV는 대기권을 통과하여 빠른 속도로 지상에 충돌하게 된다. 이러한 RV를 '패스프 포인트(Fast Point)'라고 한다. 패스트 포인트 RV는 바람 등 기상 조건의 영향을 덜 받아 정확도가 높고 ABM에 의해 요격될 확률도 많이 줄어든다. 이러한 이유로 현대식 다탄두 RV는 모두 뾰족하고 무거운 원뿔 형태를 취한다.

원뿔형 RV의 최대 감속과 최대 열 발생률은 공기 밀도가 높은 낮은 고도에서 일어난다. 공기 마찰에 의한 열 발생률도 아주 높고 가열된 공기에서 RV로 전달되는 열 유입률도 훨씬 높아 특별한 열 차단 방법으로 RV 내부가 가열되는 것을 막지 않는 한 RV 내부의 페이로드는 타버릴 것이다. RV는 내부에 페이로드를 장착하기 위한 알루미늄 같은 금속으로 만든 가벼운 구조물과 이를 둘러싼 열 차단용 구조물로 이루어져 있다. 열 차단 구조는 고온으로 달궈진 공기로부터 직접 유입되는 열량을 대부분 막아주는 물질로 만든 외피와 그 외피를 통과해 들어오는 비교적 적은 양의 열을 일정 시간 차단해주는 단열재로 만든 내피의

그림 1-5_ 미니트맨-Ⅲ RV의 재돌입 장면을 보여주는 가상도. 밝을수록 온도가 높다.[30] [미국 공군]

복합 구조로 되어 있으며, 최소한 세 가지 이상의 서로 다른 외피 설계 개념이 현재 사용되고 있다.

첫 번째는 가장 간단한 방법으로 유입되는 모든 열을 흡수할 수 있도록 열용량이 큰 물질을 충분히 사용해 RV의 외피를 만듦으로써 내부의 페이로드를 보호하는 히트싱크(Heat Sink: 열 흡수) 타입의 구조다. 열전도와 열용량이 큰 베릴륨-구리 합금 또는 구리-스테인리스 같은 금속을 사용한 뭉툭한 RV는 초창기 ICBM과 중거리 탄도탄에 사용되었다.[31] 가파른 각도의 재돌입으로 고고도에서는 급격히 감속하고 공기

---

[30] The Official Web Site of the U.S. Air Force :
http://www.af.mil/art/mediagallery.asp?galleryID=99.
[31] 지금도 이러한 형태의 RV는 목성같이 대기가 두꺼운 행성 탐사용 착륙선에 이용하고 있지만, 히트싱크 타입 대신 융제에 의해 보호된다.

밀도가 낮은 저고도에서는 비교적 느린 속도로 낙하하는 궤도에 적합하다고 생각한다. 그러나 히트싱크 타입 RV는 무게가 많이 나가기 때문에 로켓의 투사량(Throw Weight)이 많이 늘어나야 한다는 치명적 약점이 있다.

두 번째 방법은 복사냉각에 의한 열 차단 방법을 사용하는 외피 구조다. 재돌입 궤도를 적절히 선정하면 가열된 공기로부터 RV로 열이 전달되는 속도가 RV 표면으로부터 방사되는 복사선의 양보다 크지 않게 표면을 설계하는 것이 가능하다. 이 경우 RV의 외피는 열용량이 작은 금속으로 만든 얇은 막 형태로 설계한다. 히트싱크 타입 RV의 재돌입 궤도가 양력이 별로 없는 탄도인 데 반해 복사냉각 타입 RV는 활공 궤도(Gliding Path)를 택하는 것이 특징이다. 복사냉각 타입 RV는 유인 캡슐의 귀환에 주로 사용되었다.

세 번째는 '융제(Ablation) 미케니즘을 이용하는 열 차단 방법이다. 물질의 온도가 수천에서 수만 ℃에 이르면 거의 모든 물질이 고체에서 기체로 격렬하게 승화(Sublimation)한다. 특히 외부의 열 소스에 의해 물질이 표면부터 폭발적으로 승화하는 현상을 융제현상(融劑現象)이라한다. 융제현상이 일어나는 온도는 물질마다 고유하고, 융제현상이 일어나는 한 물질의 표면온도는 융제온도 이상으로 올라가지 않는다. 아무리 열을 많이 가해도 대기압 하에서는 물이 있는 한 격렬하게 끓을 뿐이지 온도가 100℃ 이상 올라가지 않는 것과 마찬가지 이치다. 융제물질(Ablative material)로 자주 쓰이는 실리카 피놀릭(Silica Phenolic)과 탄소-탄소 복합체의 융제온도는 각각 2700℃와 3700℃다. 이들 물질로 융제 층을 만들면 접촉하는 공기의 온도가 높아도 융제가 남아 있는 한 표면온도는 2700℃와 3700℃를 넘지 않는다.

〈사진 1-2〉는 위에서 설명한 세 가지 경우를 대표하는 재돌입체의

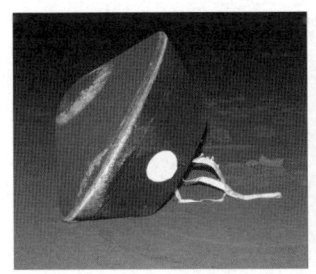

사진 1-2_ 스타더스트(Stardust) 샘플 리턴 캡슐(왼쪽), 머큐리 캡슐(가운데), Mk-21 피스키퍼 RV(오른쪽)

모양이다. 왼쪽 사진은 미국의 '스타더스트 샘플 리턴(Star Dust Sample Return)' 캡슐의 회수 후 모습이다. 히트싱크 타입의 '소어(Thor)' 미사일 RV에서 유래되어 대기 밀도가 낮은 고고도에서 급속히 감속되며 대기 밀도가 높은 저고도에 도달할 때는 히트싱크 타입 '진입체(EV: Entry Vehicle)'를 사용해도 될 만큼 속도가 충분히 줄었지만, 무게를 줄이기 위해 애블레이션 타입 EV를 사용하였다. 우주 개발용 캡슐의 진입체는 요격당할 우려도 없고 초정밀 정확도가 요구되지도 않기 때문에 무게를 줄이기 위해 히트싱크 타입 RV에서 주로 사용했던 '탄도계수(Ballistic Coefficient)'가 아주 큰 EV 케이스를 사용한 것이다. 가운데 사진은 미국 머큐리 프로젝트의 유인 캡슐로 열복사 타입의 진입체다. 오른쪽 사진은 미국의 가장 최신 ICBM '피스키퍼(Peacekeeper)'의 Mk-21 재돌입체로 '카본-카본(Carbon-Carbon)' 융제를 사용한 뾰족한 원뿔형의 애블레이션 타입 재돌입체다. 모든 현대식 RV는 이처럼 뾰족한 원뿔형을 약간씩 개조한 형태로 개발되었다.

앞에서도 언급한 바와 같이 끝이 뾰족한 원뿔형 RV에서 가열된 공기로부터 RV 표면으로 유입되는 열은 층류보다 난류일 때 훨씬 많다. 원뿔의 옆면을 따르는 공기 흐름은 고고도에서는 층류이지만 20～30km 고도에 이르면 난류로 바뀔 것으로 추정된다. 더구나 RV 표면에

49

서 융제 과정이 진행됨에 따라 표면이 거칠어지고 융제가 공기 흐름에 유입됨에 따라 충류가 난류로 바뀌는 경향은 더욱 가속화될 수 있다. 융제 과정에서 승화한 융제 가스는 공기 흐름 속으로 폭발적인 속도로 팽창한다. 이러한 현상은 고온의 공기에서 RV 표면으로 유입되는 열을 효과적으로 차단하는 역할도 한다. 융제현상은 유입된 열을 증발잠열로 제거할 뿐 아니라 열 유입 자체를 차단하는 효과가 크다. 무엇보다도 애블레이션 RV(Ablative RV)는 같은 열 차단 효과를 가진 어떤 RV보다도 무게가 훨씬 가볍다.

탄소는 융제온도가 높을 뿐 아니라 열전도도 높기 때문에 시간이 지나면 열이 표면에서 탄소층을 통해 안으로 전도된다. 따라서 재돌입 과정에서 열이 가장 많이 발생하는 충돌 전 10~15초 동안 꽤 많은 양의 열이 탄소를 통해 페이로드로 유입될 수 있다. 특히 외부 온도가 탄소의 융제온도보다 낮아지면 카본층은 3700℃로 가열된 압력솥 역할을 한다. 이러한 경우에 대비해 융제층을 적당한 두께를 가진 외부의 탄소층과 내부의 실리카 페놀릭층으로 만드는 것이 훨씬 효과적일 수 있다. 외부의 온도가 카본의 융제온도보다 낮아지면 카본 케이스를 벗겨버리고 융제온도가 낮은 실리카 페놀릭층이 융제되도록 하는 개념이다. 두꺼운 융제식 외피를 가진 RV를 탑재하면 미사일은 최대사거리 탄도(MET: Minimum Energy Trajectory)나 저궤도 탄도(DT: Depressed Trajectory) 등 여러 가지 탄도를 선택할 수 있다. MET는 주어진 속도로 가장 멀리 비행할 수 있는 탄도로서 사거리에 따라 람베르트 각도가 달라진다. 만약 지구가 평편하고 중력가속도가 일정하다면 초기 위치에서 각도가 45도일 때 MET가 된다는 것은 우리가 이미 잘 알고 있는 사실이다. 저궤도 탄도는 MET보다 낮은 탄도를 비행하는 궤도로 최고 고도가 MET 때보다 낮고 같은 사거리를 비행하기 위해서는 더 높은 연소종료속도가 필요하다. 반면 고궤도 탄도(LT: Lofted Trajectory)는 DT의 반대 경우로 MET보다 높은 탄도를 택하지만 DT 때와 마찬가지로 MET보다 높은 연소종료속도가 필요하다. 탄도의 람베르트 각도가 MET의 람베르트 각도보다 작으면 DT가 되고 크면 LT가 된다. DT를 택할 경우 MET에 비해 재돌입 각도가 작아 재돌입 시간도 길어지기 때문에 RV 내부로 전달되는 열도 많아지므로 페이로드를 안전하게 유지하기 위해서는 더 두꺼운 단열재를 사용해야 하며, 작은 재돌입 각도로 인해 원형공산오차(CEP: Circle of Error Probable)도 상당히 증가한다.[32] 이 경우 RV의 직경과 무게의 증가가 부담이 되겠지만, 다른 선택의 여지는 없다고 본다. 모든 현대식 다탄두 RV의 외피는 융제물질을 사용하고, 정확도와 ABM 돌파를 위해 빠른 속도로 지상까지 도달하도록 뾰족하고 긴 원뿔형으로 제작하는 것이 관례로 되어있다.

다탄두재돌입체(MIRV)

다탄두미사일은 한 기에 여러 개의 RV(MIRV)를 탑재하고 각 탄두의 표적을 독립적으로 지정함으로써 경제적으로 전력을 증가시키는 방법이다. MIRV를 탑재하기 위해서는 MIRV를 장착할 틀이 필요하고, 또 표적을 겨냥하기에 적합한 위치와 속도로 각 MIRV를 가속시킬 수 있는 추진기관과 유도장치 등이 필요하다. 이렇게 MIRV를 장착하고, 겨냥하고, 방출하는 구조물과 장비들을 PBV(Post Boost Vehicle)라고 한다.

---

[32] CEP는 원점에 놓인 표적을 향해 발사된 포탄이나 미사일 탄두의 50%가 안에 떨어지는 원의 반경을 뜻하며, 포탄이나 미사일의 정확도를 가늠하는 척도로 쓰인다.

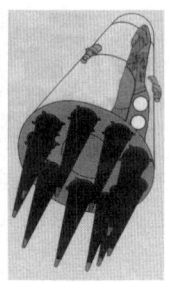

사진 1-3_ PBV에 MIRV를 배열하는 방법. 피스키퍼의 PBV(왼쪽)[33], 트라이던트-II의 PBV에서 MIRV의 배열(가운데)[34], 소련 SLBM R-39의 MIRV 배열 방법(오른쪽)[35]을 보여주고 있다.

PBV를 이용해 MIRV를 미사일 탄두부에 탑재하는 방법은 〈사진 1-3〉에서 보는 것과 같이 다양하다.

위의 사진과 그림에서 RV 배열 방법 중 특히 우리의 관심을 끄는 것은 〈사진 1-3〉의 가운데 사진과 오른쪽 그림이다. 가운데 사진은 미국 SLBM 트라이던트-IID5(Trident-IID5)의 버스(Warhead Bus)에 탑재된 MIRV의 배열을 보여주고 있다. 안쪽 원통형의 3단 고체 모터를 중심으로 MIRV가 가장자리에 빙 둘러 장착되어 있다. 오른쪽 그림은 소련의 타이푼(Typhoon) 잠수함에 탑재되었던 3단 고체 로켓미사일 R-39(Sturgeon: SS-N-20)의 버스를 보여주고 있다. 여기서는 MIRV가 빈 공간을 감싸며 장착되어 있는데, 이 빈 공간에는 3단 로켓의 노즐이 들어간다.[36] 위의 사진과 그림에서 장거리 SLBM의 RV는 탄두 장착 부분의 가장자리에만 배열하고 버스의 가운데 부분은 3단 모터의 연소실 또는

---

33 http://dic.academic.ru/pictures/wiki/files/80/Peacekeeper_RV_vehicles_close_up.jpg.
34 http://liuqiankktt.blog.163.com/blog/static/12126421120100255746517/.
35 Encyclopedia "Russia's Arms and Technologies. The XXI Century Encyclopedia" Volume 1-"Strategic Nuclear Forces" (Arms and Technologies, Moscow, 2000).
36 Pavel Podvig, edited, "Russian Strategic Nuclear Forces", (The MIT Press, Cambridge, Mass., 2004) p.333 참조.

노즐을 배치하기 위한 공간으로 비워두고 있음을 알 수 있다. 트라이던트-IID5에서는 최대 12기의 Mark 4 RV를 3단 모터 둘레에 장착할 수 있으나 "전략무기감축협정(START I)"에 의해 8기 이상은 탑재할 수 없고 현재는 "전략공격무기감축협정(SORT)"에 의해 4~5기로 제한되고 있다. R-39에는 〈사진 1-3〉의 오른쪽 그림에서 보는 것과 같은 배열로 최대 10기의 RV를 탑재한다.

이러한 방법으로 PBV의 탄두 섹션에 3단 모터를 추가함으로써 미사일의 길이를 별로 키우지 않고도 SLBM의 사거리를 대폭 늘릴 수 있었다. 굳이 3단 모터가 필요 없는 액체로켓 SLBM의 경우도 미사일의 길이를 키우지 않으면서 연료 탑재를 극대화하기 위해 같은 방법을 사용하고 있는 것으로 안다. 이와 같은 RV 배열 구조에서는 TTP가 작동할 때 분출하는 고온 · 고압 가스가 RV를 파괴할 수 있으므로 C4나 D5에서는 연소 중인 3단 모터를 TTP를 사용해 임의로 중지시키는 대신 GEMS 방법을 사용한다. 이와 같은 궤도 조작은 유도 컴퓨터의 지시에 따라 수행하며, 표적 지정 프로그램에 미리 입력해둔다. TTP 혹은 GEMS에 의해 마지막 단의 로켓모터가 연소종료되고 나면 단일 탄두 미사일인 경우 RV는 로켓에서 분리되고 표적을 향해 긴 자유낙하를 시작한다. 그러나 다탄두미사일인 경우 PBV는 연소가 종료될 때 첫 번째 표적에 대한 대략적인 람베르트 속도와 위치에 도달한다.

각 RV가 각자 표적을 정확히 겨냥하기 위해서는 이 시점에서 버스의 위치와 속도를 좀 더 정확한 정보로 갱신할 필요가 있다. 이러한 위치와 속도 데이터를 갱신하는 데에는 미리 정해놓은 별의 각도를 측정하여 위치를 알아내는 천측 관성 유도 방법을 주로 사용했지만, 근래에 와서는 위성항법을 위해 GPS나 GLONASS(Global Navigation Satellite System: 러시아의 위성항법 시스템)를 이용하는 GPS-관성항법도 차츰 사용

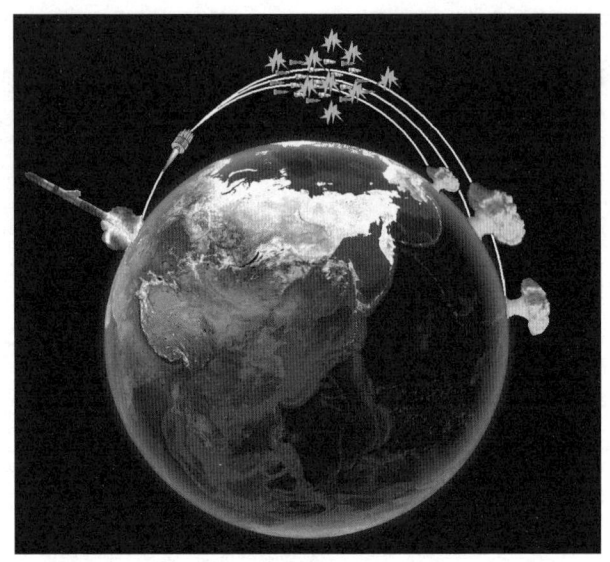

그림 1-6_ 다탄두탄도탄의 MIRV와 기만체의 비행 가상도

하고 있다.

　하지만, 피스키퍼 미사일의 관성유도장치는 정확도가 뛰어나 별도의 위치 데이터 갱신이 필요 없다고 한다. 갱신한 데이터에 따라 첫 번째 표적에 대한 람베르트 속도를 다시 정밀 계산한 뒤, PBV는 자체에 내장된 주 모터를 이용해 첫 번째 RV를 방출할 위치로 이동하고 방향 제어 로켓으로 자세를 제어한 다음 RV를 살그머니 내려놓고 뒤로 빠진다. PBV 설계자들은 RV 방출 과정에서 PBV가 정밀 조종한 RV의 람베르트 속도에 영향을 끼치지 않도록 설계에 유의한다. 이 단계에서 람베르트 속력에 1cm/s의 우연오차가 생길 경우 1만 km 밖의 표적에서는 CEP가 20m 가까이 증가한다. MET가 아닌 경우 초기 각도에 들어오는 오차는 때에 따라 심한 CEP를 일으킬 수도 있다. 첫 번째 RV 방출이 끝나면 PBV는 다시 주 모터를 이용해 두 번째 RV를 방출하기

위한 새로운 지점으로 이동하여 두 번째 표적에 필요한 람베르트 속도
에 도달한다. 그리고 첫 번째와 같은 방법으로 두 번째 RV를 방출한다.
모든 RV를 방출할 때까지 버스는 같은 방법을 반복한다. 이러한 MIRV
탄도탄의 MIRV와 기만체(Decoy)의 가상 탄도를 〈그림 1-6〉을 통해 알
수 있다.

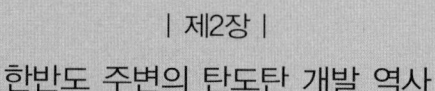

| 제2장 |

한반도 주변의 탄도탄 개발 역사

1
중국의 탄도탄 개발 역사

　　1949년 장제스(蔣介石, Chiang Kai-shek)가 이끄는 국민당 정부를 대만으로 쫓아내고, 중국 대륙에 마오쩌둥(Mao Zedong)이 이끄는 공산당 정권이 들어선 이후 중국과 미국은 한국전쟁, 금문도 사건(金門砲戰) 등을 통해 항상 충돌해왔으며, 그때마다 중국은 미국 핵에 대한 두려움을 느꼈을 것이다.[37] 미국은 한국전쟁 중이나 그 후에도 중국에 대한 핵 공격 가능성을 암시해왔고, 실제로 1951년 괌(Guam)에 B-29를 배치하였다. 1950년대와 1960년대 초에는 대만에 핵탄두를 장착할 수 있는 운반 수단을 배치하기도 했다.

　　그러나 마오쩌둥은 이러한 미국의 핵 위협과 상관없이 1949년 이

---

[37] Robert S. Norris, Andrew S. Burrows, Richard W. Fieldhouse, "Nuclear Weapons Databook, Vol. V: British, French, and Chinese Nuclear Weapons", (Westview Press, San Francisco, California, 1994) p.324.

전부터 이미 핵 개발에 관심이 높았던 것으로 보인다. 1949년 공산당이 베이징(北京)을 점령하고 얼마 안 되어 프랑스 소르본 대학(Collège de Sorbonne)에서 핵물리학으로 박사 학위를 받은 첸싼창(錢三强, Qian Sanqiang)이 유럽 평화회의에 참석차 파리를 방문했다. 그는 파리 유학 시절 스승이었던 졸리오와 이레느-퀴리(Frédéric & Irene Joliot-Curie) 부부의 도움을 받아 영국과 프랑스에서 핵 연구 장비를 구매했다. 마오쩌둥 정부는 어려운 경제 사정에도 불구하고 첸싼창에게 외화를 마련해 준 것이다.

1951년 프레데리크 졸리오 퀴리는 파리에서 중국으로 돌아가는 방사선화학자 양첸종(杨承宗, Yang Chenzong)에게 "고국에 돌아가면 꼭 마오쩌둥 주석을 만나서 '원자탄은 반대하되 보유해야 한다'는 말을 전해달라"고 부탁하였고, 이레느 퀴리는 양첸종에게 10g의 라듐 염(Radium Salt)을 건네주며 "중국인의 핵 연구를 지원하기 위해 주는 것"이라고 했다.[38] 한편 열렬한 공산당원이었던 졸리오 퀴리는 1945년 드골 대통령이 설립한 원자력위원회(CEA: Atomic Energy Commission)의 위원장(High Commissioner)으로 5년간 재직하면서 프랑스의 핵 개발을 의도적으로 지지부진하게 만들었다.[39]

1955년 1월 초에 첸싼창은 저우언라이(周恩來, Zhou Enlai) 수상을 비롯해 많은 고위층을 상대로 핵무기의 기초와 중국이 핵무기를 개발할 수 있는 저력 등을 설명하였다. 같은 달 15일에는 마오쩌둥이 주재하는

---

[38] John Wilson Lewis, and Xue Litai, "China Builds the Bomb", (Stanford University Press, Stanford, California, 1988) p.36.

[39] 1950년 졸리오 퀴리가 CEA의 위원장 자리에서 해임되고 나서야 프랑스의 핵 개발 계획이 제대로 수립되었다. 프란시스 페랭(Francis Perrin)은 졸리오 퀴리의 후임으로 임명되자마자 원자력 5개년 계획을 수립하였고, 페랭의 계획은 1952년 국회에서 통과되었다.

'중앙정치국(Central Secretariat of the Politburo)' 확대회의에서 중국이 핵무기를 개발할 수 있는 가능성을 논의했으며 프로젝트 '02'라는 암호명으로 핵무기 개발 사업을 추진하기로 결정했다. 1955년 1월 중순 이후 소련과 중국은 중국의 핵 연구 기반시설 구축, 우라늄 매장량 조사, 원자력 에너지 개발과 핵물리학 연구에 관한 협력을 위해 각종 협약을 맺었으며, 1955년 1월 27일 소련은 원자로와 사이클로트론(Cyclotron)을 중국에 제공하기로 약속했다. 1956년 4월에는 미국에서 추방된 로켓 전문가 첸쉐썬(錢學森, Qian Xuesen)이 중국의 미사일과 로켓, 우주선의 연구 개발을 지휘하기 시작했다.[40]

첸쉐썬은 1934년 상하이 자오퉁 대학교(Shanghai Jiao Tong University)를 졸업한 후 1935년 미국 정부가 제공하는 전액 장학금을 받아 MIT(Massachusetts Institute of Technology) 항공학과에서 유학했다.[41] 1년 뒤 석사 학위를 받고 캘리포니아 공과대학(California Institute of Technology)으로 옮겨갔다. 그는 시어도어 폰 카르만(Theodore von Karman) 교수의 지도를 받으며 항공공학과 수학을 공부하면서, 또 다른 폰 카르만의 학생인 프랭크 말리나(Frank Malina), 잭 파슨스(Jack Parsons) 들을 만나 이들이 연구하고 있던 로켓 아이디어에 매료되었다. 「초고속으로 움

---

[40] Robert S. Norris, Andrew S. Burrows, Richard W. Fieldhouse, "Nuclear Weapons Databook, Vol. V: British, French, and Chinese Nuclear Weapons", (Westview Press, San Francisco, California, 1994) p.331.

[41] 1899~1901년 사이에 일어난 '의화단운동(Boxer's Rebellion)'에서 패한 청나라 정부는 승리한 8개 연합국에 당시 금액으로 3억 3000만 달러의 전쟁 배상금을 지급해야 했다. 이 가운데 7.32%를 39년에 걸쳐 미국에 지급하기로 되어 있었는데, 미국은 이 돈을 중국 학생들을 미국에서 공부시키는 장학 기금으로 사용하기로 하였다. 대략 1300여 명의 중국 학생이 혜택을 보았으며, 이 중에는 첸쉐썬과 양전닝(楊振寧, Yang Chen-Ning)도 포함되어 있었다. 이들을 미국에 유학시키는 데 필요한 준비 과정을 위해 1911년에 세운 칭화 학당은 오늘날 칭화 대학교(Tsinghua University)가 되었다.

직이는 가느다란 물체의 이론 해석」에 관한 논문으로 1939년 빅사 힉
위를 취득한 첸쉐썬은 1943년에는 말리나, 폰 카르만과 함께 독일의
V-2에 대응하는 로켓을 개발하기 위해 캘리포니아 공과대학에 '제트
추진연구소(Jet Propulsion Laboratory)' 설립 안을 미국 육군에 제안했다.

첸쉐썬은 제2차 세계대전 중에 폰 카르만을 도와 육군의 과학 자
문역을 맡았으며, 전후에는 폰 카르만과 함께 독일에 파견되어 V-2 시
설을 조사했고, 베른헤르 폰 브라운(Wernher von Braun)과 루돌프 헤르
만(Rudolph Hermann)을 포함한 독일 로켓 전문가들을 인터뷰했다. 그는
36세에 이미 초고속 항공역학과 제트 추진에 대해 대단한 업적을 이뤄
낸 천재였으며 믿을 만한 제자였기에 폰 카르만은 그를 위해 미국 공군
의 '과학자문회의(SAB: Science Advisory Board)'에 신원보증을 섰다.[42]
1949년 첸쉐썬은 미국 시민권을 신청했으나 매카시즘(McCarthyism)[43]이
휩쓸고 있던 시절이라 미국 연방수사국(FBI)은 그를 공산당원으로 지목
하였고, 그의 비밀 취급인가도 취소하였다. 그 후 중국 정부와 미국 정
부는 5년에 걸친 지루한 비밀 협상을 통해 한국전쟁 중 중국 포로가 된
미국 조종사들과 첸쉐썬을 교환하기로 합의했고, 결국 그는 1955년 베
이징으로 돌아갔다. 중국으로 돌아간 첸쉐썬은 이후 중국의 로켓 개발
을 이끌기 시작했다.

1956년 4월 25일 마오쩌둥은 중국공산당중앙정치국 확대회의에서
중국은 핵무기가 필요하다고 선언했다. 같은 날 베이징 근교에 소련이

[42] "Qian Xuesen Laid Foundation For Space Rise in China",
http://www.aviationweek.com/aw/generic/story_generic.jsp?channel=awst&id=news/aw
010708p1.xml.
[43] 조셉 매카시(Joseph Raymond McCarthy) 상원의원이 적극적으로 밀어붙인 극단적 반공
주의로 1947년부터 1957년까지 지속되었다.

제공하는 연구용 중수로(Heavy Water Reactor)와 사이클로트론 공사가 시작되었으며, 9월에는 소련이 2기의 R-1 미사일을 판매하기로 합의하였다. R-1 미사일은 나토(NATO: North Atlantic Treaty Organization, 북대서양조약기구)에서 SS-1 스쿠너(Scunner)라고 부르는 V-2 미사일의 소련 복제품이다. 10월에는 부수상 녜룽전(聂荣臻, Nie Rongzhen)이 중국 최초의 로켓 연구소(Fifth Academy)를 설립하였고, 로켓 제작과 발사장 건설을 위한 작업에 착수했다.

1955년에서 1958년 사이에 소련과 중국은 6개의 중소 핵 협정(Sino-Soviet Nuclear Accord)을 체결하였지만, 아마도 중국의 전략무기 개발 역사에서 전환점이 된 날은 1957년 10월 15일로 봐야 할 것이다. 이날 소련과 중국은 '소련이 2기의 원자탄 샘플과 2기의 R-2 미사일 및 관련 기술 데이터를 중국에 공급'하기로 하는 신국방기술협정(New Defense Technical Accord)을 맺은 날이기 때문이다. 이 협정에 따라 소련은 1958년 2기의 R-2 미사일과 설계도를 중국에 제공했다. 이 설계도를 바탕으로 중국은 자국 최초로 사거리가 590km에 달하는 실험용 탄도탄 '1059'를 제작할 수 있었다.

1958년 6월 21일 중국공산당 군사위원회 미팅에서 마오쩌둥은 "내 생각에 중국은 원자탄과 수소탄, ICBM을 10년 안에 충분히 개발할 수 있다"고 이야기했는데, 마오쩌둥의 이 근거 없는 예언은 정말 딱 들어맞았다. 중국은 1964년 10월 16일 첫 번째 원자탄실험에 성공하였고, 이로부터 2년 4개월 후인 1967년 2월 17일 중국 최초의 수소탄시험에 성공했다. 그러나 ICBM은 마오쩌둥이 예언한 10년보다는 긴 13년 3개월 만에 비행시험에 성공했다.

1956년 이전에는 마오쩌둥과 흐루쇼프(Nikita Khrushchev)가 정치외교적 철학이 서로 달라 관계가 껄끄러웠던 것이 사실이다. 소련은 산입 원자력 분야에서는 적극적으로 협조했지만, 중국이 원하는 원자탄 개발에는 소극적이었다. 하루속히 핵을 보유하려는 마오쩌둥은 이러한 소련의 태도에 불만이 컸지만 다른 묘안이 없었다. 그러나 1956년 10월 중국으로는 다행스럽게도 헝가리에서 반소 혁명이 일어났다. 이 사건이 중국의 협상력을 높이고 소련의 양보를 얻어내는 직접적 계기가 되었을 것으로 본다.[44] 1957년 10월 15일 중국과 소련은 신국방기술협정을 맺었고, 흐루쇼프는 당시 개발 중이던 사거리 1250km의 R-12 탄도탄의 비행시험을 완료하는 대로 설계도를 넘겨주겠다고 약속했다.

그러나 1957년 이후 소련과 중국 지도자들 간의 상호 불신은 점점 커졌고, 급기야 1958년에는 소련이 중국에 공여한 무기에 대해 소련과 중국이 공동으로 통제할 것을 중국에 요구해옴으로써 중소 관계는 급속히 악화되어갔다. 소련은 또한 서태평양에서 소련을 위협하는 미군 탄도탄 잠수함의 동태를 파악하기 위한 통신시설을 중국 동남부 국경에 걸쳐 설치할 것을 요구했으나 중국은 이러한 소련의 요구를 주권 침해라는 이유로 거절했다. 이때 공교롭게도 중국과 소련 사이를 더욱 악화시킨 사이드와인더(Sidewinder) 공대공미사일 사건이 터졌다.

미국 해군은 1946년부터 윌리엄 맥린(William B. McLean)이라는 물리학자의 주도로 사이드와인더라는 열 추적 공대공미사일을 해군 병기시험장(NOTS: Naval Ordnance Test Station)에서 개발해왔고, 미국은 1956년 이 미사일을 AIM-9B라는 이름으로 작전 배치하였다. '제2차 대만해협 위기' 때 미국은 대만에 사이드와인더 수십 발을 공급했으며, 대만 공군의 F-86을 개조해 사이드와인더를 장착하게 했다. 중국과 대만

---

44 John Wilson Lewis and Xue Litai, "China Builds the Bomb", (Stanford University Press, Stanford, California, 1988) p.62.

이 금문도(金門島)에서 한창 치열한 전투를 벌이고 있던 1958년 9월 24일, 사이드와인더는 처음으로 Mig-17과의 공중전에서 사용되었다. 중국군의 Mig-17에 명중된 사이드와인더 미사일 중 하나가 불발되었다. 중국군 조종사는 동체에 박힌 미사일을 가지고 기지로 귀환했다. 미국의 최신 무기를 손에 넣고 싶었던 소련이 이 미사일을 넘겨줄 것을 중국에 요청하자, 중국은 마지못해 승낙하기는 했으나 차일피일 미루며 넘겨주지 않았다. 1959년 2월 참다못한 소련이 중국에 만약 사이드와인더를 넘겨주지 않으면 R-12 기술 자료를 주지 않겠다고 협박했고, 그제야 중국은 사이드와인더를 소련에 넘겨주었다. 하지만 미사일의 핵심 부품인 열 감지 크리스털이 제거된 것을 발견한 소련 정부는 대노했다.[45]

1957년 11월 모스크바에서 열린 공산당 대회에서 흐루쇼프는 "핵전쟁에서는 승자가 있을 수 없다"고 주장했고, 마오쩌둥은 "어떠한 핵전쟁에서도 중국 인구의 반은 살아남을 것이기에 세상의 끝은 아니다"라고 주장했다. 이후 흐루쇼프는 마오쩌둥을 위험한 인물로 생각했고, 중국의 핵 개발 의도는 애초부터 그 누구의 간섭도 받지 않고 중국의 뜻대로 사용할 수 있는 독립적인 핵전력을 보유하려는 데 있다고 확신하게 되었다. 이러한 일련의 사건과 더불어 흐루쇼프와 마오쩌둥의 핵무기 사용에 대한 심각한 관점의 차이로 소련은 실물 원자탄 샘플을 중국에 넘기는 것을 자꾸 미루었다.

1959년 6월 20일 소련공산당(CPSU: Communist Party of the Soviet Union) 중앙위원회는 중국공산당 중앙위원회에 원자탄 실물 견본과 관

---

[45] 소련은 크리스털을 연구하는 연구소를 세운 후 AIM-9를 똑같이 복제하여 K-13/R-3S(나토명은 AA-2 Atoll)라는 이름으로 생산하였다.

런 기술 자료를 제공할 수 없다고 통보하는 편지를 보냈다. 중국에 들어와 있던 소련의 핵무기 전문가들이 1960년 중반까지 모두 철수함으로써 중소 핵무기 협력이 완전히 끝났음은 물론, 중소 관계 자체가 극도로 악화되어 중국은 소련을 미국보다 더 적대시하게 되었다. 소련의 도움이 끊긴 후에도 중국은 핵무기 개발을 지속하였다. 소련의 도움으로 개발 기간을 단축하려 했을 뿐이지 소련의 도움이 없다고 해서 개발 목적이 바뀌는 것은 아니었기 때문이다. 중국의 실험용 핵장치(Nuclear Device)의 암호명을 '596'이라 지은 것만 봐도 중국 지도자들의 소련에 대한 원망과 원래의 목표를 꼭 이루겠다는 의지가 얼마나 강했는지 알 수 있다.[46]

중국의 탄도탄 프로젝트는 핵무기 개발에 뿌리를 두고 있었다. 1956년 소련 기술자들의 충고에 의해 중국은 핵탄두 운반 수단으로 탄도탄을 고려하기 시작했다. 1956년 2월 첸쉐썬은 미사일 개발 계획의 요약과 개발에 필요한 21명의 과학자 명단을 정부에 제출하였다. 그해 5월 중앙군사위원회(Central Military Commission)는 미사일을 연구 개발하는 '국방부 제5연구원(Fifth Academy)'을 설립하고 첸쉐썬을 초대 학장으로 임명하였다. 1956년 9월에는 사거리 280km의 R-1 2기를 소련에서 받았으며 1957년 12월에는 사거리 590km의 소련제 R-2 미사일 2기를 받았다. 1958년 후반 소련은 R-2의 기술 문건들과 설계 데이터를 중국에 넘겨주었으며 개발을 돕기 위해 소련 기술자들이 중국으로 들어왔다. 제5연구원은 12기의 R-2를 추가로 구매하여 실제로 발사시험을 실시하였다.

---

[46] '596'의 처음 두 숫자는 소련공산당 중앙위원회의 편지를 받은 '연도'를 의미하고 끝 숫자는 '달'을 의미한다. '와신상담(臥薪嘗膽)'의 마오쩌둥식 표현인 셈이다.

그러나 소련은 중국과 관계가 악화되자 중국의 핵무기 개발을 돕기 위해 중국에 보낸 소련 기술자들을 1960년 8월까지 모두 철수시켰다. 제5연구원에 파견되었던 1343명의 소련 기술자들이 모두 철수함에 따라 수백 개의 기술 개발 프로젝트가 중단되거나 취소되었다.[47] 이런 와중에도 1960년 11월 중국은 자체 제작한 R-2인 '1059'를 시험 발사하는 데 성공했다. 1960년 11월 14일 첸쉐썬은 사거리가 1만 km에 달하는 DF-3의 개발을 시작하면서 그 일의 설계 책임자가 되었다.

이때까지만 해도 핵폭탄과 미사일 개발에 관한 전반적 관리는 네룽전 부수상이 직접 관장하였다. 그러나 관련 부서들 간의 불분명한 책임 문제, 재래식 무기 개발 경쟁, 대약진운동 등으로 인한 정치적 분쟁으로 어수선해지자 핵무기 개발을 총괄하는 기구가 필요해졌다. 이러한 배경에서 이른바 '15인 특별위원회(15-Member Special Committee)'로 더 잘 알려진 '특별중앙위원회(Special Central Committee)'를 구성하였고, 저우언라이 수상이 직접 위원장은 맡았으며 관련 기관의 최고 책임자들로 위원들을 구성하였다.

1963년 15인 특별위원회는 제5연구원에 단거리와 중·장거리 표적을 공격할 수 있는 여러 가지 탄도탄을 8년 안에 개발하는 계획을 세울 것을 지시하였다. 이로써 '로켓기술개발8개년계획(1965~1972)'을 마련하고 1965년 3월 채택했다. 이 계획에 따라 DF-2A, DF-3, DF-4, DF-5 등 DF 시리즈(Dong Feng Family) 탄도탄 4종을 본격적으로 개발하기 시작했다. 이것이 4종의 미사일을 8년 안에 개발한다는 '8년4탄(Banian Sidan)'으로 알려진 계획이다. 그중 DF-2A와 DF-3은 이미 개발이 상당히 진척된 상태였다. 중국이 개발하려는 탄도탄은 각각의 가상

---

[47] Tsien, http://www.astronautix.com/astros/tsien.htm.

표적을 염두에 두고 있었다. DF-2는 일본에 있는 미군 기지, DF-3은 필리핀에 있는 미군 기지, DF-4는 괌에 있는 미군 기지, DF-5는 미국 본토의 표적을 공격하기 위한 탄도탄이었다. 중국의 탄도탄 개발 계획은 단편적으로도 외부에 알려진 것이 별로 없는 가운데 존 윌리엄 루이스(John Wilson Lewis)와 후아디(Hua Di)가 발표한 '중국의 탄도탄 계획(China's Ballistic Missile Programs)'이라는 보고서가 중요한 자료를 제공하고 있다.[48]

중국은 R-2를 '1059'로 개명한 뒤 제5연구원에서 복제 연구를 시작하여 1960년 11월 5일 발사시험에 성공했지만, R-2는 사거리가 너무 짧아 일본에 있는 미군 기지를 공격할 수도 없을 뿐더러 950kg의 페이로드밖에 탑재할 수 없었다. 반면 중국이 개발하고 있던 원자탄 '596'은 무게가 1.5t이 넘었다. 중국은 1958년부터 1964년까지 원자탄을 개발하면서 R-2의 후속 미사일을 폭탄의 운반 수단으로 개발하기 위해 많은 노력을 기울였다. 중국은 1958년부터 1500kg의 페이로드를 2000km까지 운반할 수 있는 DF-1을 자체 개발하기 시작하여 1962년까지 개발을 완료하려 했다.[49]

DF-1의 개념 설계는 소련의 얀겔 설계국(Yangel's Design Bureau)[50]에서 개발한 R-12(SS-4 Sandal)의 설계를 본떴다. 중국은 소련에 R-12를 판매할 것을 요청했지만, 소련은 이러한 중국의 요청을 거절했다.

---

[48] John Wilson Lewis and Hua Di, "China's Ballistic Missile Programs: Technologies, Strategies, Goals", International Security, Fall 1992 (Vol. 17, No. 2).

[49] ibid., p.13: 1964년 9월 12일 중앙군사위원회는 DF-1의 이름을 DF-3으로 개명했고, 중국에서 복제한 R-2인 1059를 DF-1이라는 이름으로 새롭게 바꿨다. 1960년 2월 개발에 착수한 1200km 사거리에 페이로드가 1500kg인 미사일은 DF-2로 불렸다.

[50] '유즈노예 설계국(Yuzhnoye Design Bureau)' 또는 OKB-586으로도 불린다.

소련은 어떤 무기 시스템을 동맹국에 판매하려면 판매하려는 무기보다 2세대 발전된 무기 시스템을 먼저 소련군에 배치해야 한다는 내부 원칙을 세워놓고 있었다. R-12보다 신형 탄도탄은 ICBM R-7 하나밖에 없었기 때문에 R-12를 중국에 판매하지 않은 것이었다. 그러나 모스크바 항공연구소(Moscow Aviation Institute)에서 로켓에 대한 공부를 하고 있던 중국 학생들은 R-12에 관한 기초 정보를 많이 수집해왔다. R-12는 96%의 알코올과 액체산소(LOX)를 사용했지만, DF-1은 저장 가능한 연료(Storable Fuel)인 TG-02/AK-20을 사용하였다.[51] 중국 학생들은 붉은 광장에 전시된 R-5M, 모스크바 항공연구소 교과 과정과 말하기 좋아하는 소련 전문가들로부터 R-12뿐만 아니라 소련 최초의 핵 탄도탄인 R-5M에 대해 상당량의 정보를 입수했을 것으로 본다.[52]

1960년 2월 중국과 소련의 관계가 더욱 악화되자 중국은 개발이 지연되는 DF-1보다 앞당겨 개발할 수 있는 탄도탄이 시급히 요구되었다. 이에 이미 제작 경험이 있는 1059를 개선하고 R-5M을 모방해 만들기로 결정한 후 DF-2라고 불렀다. DF-2의 사거리는 1200km이고 페이로드는 1500kg이었다. 탄도탄의 이름은 DF-2지만 성능과 기술 부분에서는 DF-1보다 뒤떨어진 모델이었다. 더구나 사거리가 DF-1보다 훨씬 짧아 일본 내 미군 기지를 공격하기 위해서는 동해 쪽에 가까운 북한과 중국 접경지에 배치해야 하는 약점을 안고 있었다. 원래 중국은 DF-1

---

[51] TG-02는 트리에틸아민(Triethylamine) 50%와 방향족 화합물 크실리딘(Xylidine: $(CH_3)2C_6H_3NH_2$) 50%의 혼합물이고, AK-20은 질산 80%와 사산화이질소(N_2O_4) 20%의 혼합물로 TG-02와 AK-20이 만나면 자동으로 점화된다. TG-02/AK-20은 아주 유독한 자동 점회 연료다.

[52] John Wilson Lewis and Hua Di, "China's Ballistic Missile Programs: Technologies, Strategies, Goals", International Security, Fall 1992 (Vol. 17, No. 2) p.14.

을 DF-2보다 먼저 개발 완료하려고 하였으나 DF-1의 개발은 DF-2보다 훨씬 어려운 점이 많았다. 그러나 막상 개발을 진행하다 보니 DF-2의 개발 역시 만만한 것이 아니었다. 1962년 3월 21일 실시한 DF-2의 비행시험은 실패했다. 그 후 대대적으로 재설계를 한 뒤 1964년 1월 29일에야 비행시험에 성공할 수 있었다. 재설계 과정에서 엔진 추력이 목표값보다 10% 정도 줄어든 40.5t이 되었고, 그 결과 사거리는 1050km로 줄어들게 되었다.

1050km 사거리 탄도탄은 일본 동부 지역을 표적으로 삼을 수 없었기 때문에 다시 설계를 보완하여 DF-2A로 불리는 탄도탄을 개발하였다. DF-2A의 페이로드 무게는 1500kg이었고 사거리는 1250km로 DF-2에 비해 좀 늘어났지만, 1964년 10월 16일 로프노르(Lop Nor: 羅布泊)에서 성공적으로 핵실험을 마친 중국의 핵장치 '596'의 무게는 1550kg이나 되었다. 탄두 무게에 재돌입체 무게 200kg을 합치면 탄두와 재돌입체의 무게는 1750kg이나 되어 DF-2A에 탑재하기에는 너무 무거웠다. 전략무기 개발을 총괄하는 국방과학기술위원회(Defense Science and Technology Commission)는 DF-2A에 탑재할 수 있도록 596 장치의 무게를 줄일 것을 지시했다. DF-2A는 1965년 11월 비행시험에 성공하였고, 중국의 핵미사일 부대로 창설된 제2포병대(Second Artillery)는 DF-2A를 인수하여 1966년 9월 부대에 배치하였다. 하지만 1290kg 무게의 탄두가 준비된 것은 40여 일 후인 10월 27일이었다.[53]

1966년 10월 27일, 지금은 주취안(酒泉) 위성발사 센터(Jiuquan Satellite Launch Center)로 이름이 바뀐 솽청쯔(雙城子, Shuang Cheng Tzu)

---

[53] John Wilson Lewis and Hua Di, "China's Ballistic Missile Programs: Technologies, Strategies, Goals", International Security, Fall 1992 (Vol. 17, No. 2) p.15.

미사일 센터에서 1290kg 무게의 596 탄두를 탑재한 DF-2A 미사일이 800km 떨어진 로프노르 핵 실험장을 향해 발사되었다. 596 탄두는 로프노르 상공 569m 고도에서 12kt(킬로톤)의 위력으로 폭발했다.[54] 이로써 중국은 핵미사일 보유국이 되었고 DF-2A는 활성 탄두를 운반한 중국의 첫 번째 미사일로 등록되었다. 소련과 미국 역시 활성 탄두를 탑재한 탄도탄실험을 실시한 경험이 있다. 중국보다 10년 앞선 1956년 2월 2일 소련은 카푸스틴 야르(Kapustin Yar)에서 R-5M을 발사하여 아랄스크(Aralsk) 지역에서 폭발시키는 데 성공했다. R-5M의 비행 자체는 순조로웠지만 탄두는 탄두부의 온도 조절장치가 고장 나서 폭발력이 0.3kt에 그쳤다.[55] 미국은 1962년 5월 6일 폴라리스-A1(Polaris-A1) 잠수함 발사용 탄도탄을 이용해 600kt의 폭발력을 가진 W-47 탄두를 1770km 떨어진 곳으로 발사하였으며 탄두는 3.4km 고도에서 예정대로 폭발하였다.[56]

1964년 4월 중국 중앙군사위원회는 '둥펑(東豊, Dongfeng)' 프로그램의 목표를 재지정하였다. DF-1의 사거리를 2000km에서 2500km로 늘려 필리핀의 클라크 공군 기지(Clark Field)와 수빅 만(Subic Bay)의 미국 해군 기지를 사거리에 넣도록 하였고, 페이로드 중량도 2000kg으로 올려 잡았다. 1964년 9월 12일 중앙군사위원회는 DF-1의 이름을 DF-3로 개명했고, 중국에서 복제한 R-2인 1059를 새로운 이름 DF-1으로 바꿨다. DF-3의 엔진은 주유 후 저장이 가능한 자동 점화성 연료(Hypergolic

---

[54] http://www.astronautix.com/lvs/df2a.htm.

[55] Pavel Podvig, edited, "Russian Strategic Nuclear Forces", (The MIT Press, Cambridge, Mass., 2004) p.179.

[56] Norman Polmar and Robert S. Norris, "The U.S. Nuclear Arsenal", (Naval Institute Press, Annapolis, MD, 2009) p.188.

사진 2-1_ 4기의 YF-2A 엔진 클러스터로 구성된 DF-3A 엔진 [Novosti Kosmonavtiki] [57]

Propellant)인 AK-27과 '비대칭 디메틸하이드라진(UDMH)'을 사용하였다. 4개 엔진으로 구성된 클러스터(4 Engine Cluster) 엔진의 추력은 총 96t이었다. DF-3는 1971년 5월 군에 배치되기 시작했고 개발이 완료된 DF-3는 원래 목표를 훨씬 상회하는 2150kg의 페이로드와 2650km의 사거리를 달성하였다. DF-3는 이후 더욱 개선되어 사거리는 2800km로 늘어났으며, 이름도 DF-3A로 바뀌었다. DF-3A의 엔진은 4기의 YF-2A 엔진 클러스터로 해면 고도에서 112t의 추력을 낼 수 있고, 고고도에서는 124t의 추력을 낼 수 있다. 〈사진 2-1〉은 4기의 YF-2A 클러스터로 제작한 DF-3A 엔진의 모습이다.

  나머지 두 가지 탄도탄은 괌의 B-52 기지를 공격하기에 충분한 4000km 사거리를 가진 DF-4와 미국 본토를 공격하기에 충분한 1만 2000km 사거리의 DF-5였다. '로켓기술개발8개년계획'에 따르면 DF-4와 DF-5를 각각 1970년과 1972년까지 개발 완료해야 했다. 2단 로켓인 DF-4의 제1단은 DF-3를 사용했고, 제2단은 DF-3의 YF-2 엔진을 고고도용으로 개조하여 사용했다. DF-3와 DF-4는 같은 탄두를 탑재하였으나 DF-4의 재돌입 속도가 더 빠르기 때문에 DF-3의 RV보다 더 무거운 RV가 필요했다.[58] DF-4와 DF-5는 동시에 개발에 착수했지만, DF-5의 우선순위에 밀려 DF-4의 개발은 진전이 늦어졌다.

  소련과 중국 국경 사이를 흐르는 우수리 강 안의 전바오다오(珍宝島, Zhenbao Island)라는 섬의 영유권을 둘러싸고 중국과 소련 사이에 무력 충돌이 일어났는데, 이를 우수리 강 사건이라고 한다.[59] 1969년 3월 2일 중국의 매복 공격으로 소련군 58명이 사망하고 94명이 다치는 사건이 발생했다. 소련은 이에 대한 보복으로 우수리 강변의 중국군 집결지를 포격해 전바오다오를 탈환했다. 이 사건으로 양측 모두 상당수의 사상자를 냈으며, 그 후에도 중소 국경을 따라 무력 충돌이 빈번하게 일어났다. 소련은 중국에 대한 핵 공격을 심각하게 고려했으나 미국의 완강한 반대로 무산되었다고 한다.[60] 우수리 강 사건으로 중국은 모스크바를 사정권에 두기 위해 DF-4의 사거리를 4500km로 연장하기로 결정했으며, 이러한 요구를 충족하기 위해 제1단 추력을 124.8t으로 증

---

[58] 더 빠른 재돌입 속도에서 살아남는 RV는 더 두꺼운 융제를 필요로 한다.
[59] Sino-Soviet Border Conflict, http://cn.wikipedia.org/wiki/Sino%E2%80%93Soviet_border_conflict.
[60] USSR Planned Nuclear Attack on China in 1969, http://www.historum.com/showthread.php?t=14515.

가시켰고, 제2단은 연료를 2t 더 싣기 위해 길이를 0.45m 늘렸다. 1980년에 DF-4가 실제로 배치되었을 때 사거리는 예상을 뛰어넘어 4750km에 달했다.

DF-4와 DF-5의 연구 개발은 동시에 진행되었고, 때 맞춰 일어난 문화혁명 역시 10여 년간 지속되면서 사업에 막대한 지장을 주었지만, 장거리 탄도탄 개발은 꾸준히 추진되었다. DF-5는 3000kg의 페이로드를 1만 2000km 밖으로 운반할 수 있었기 때문에 미국의 모든 주요 도시를 사거리 안에 두었다. DF-5의 제1단은 75t짜리 회전 노즐(Swiveling Nozzle)을 가진 YF-20 엔진 4기 클러스터로 구성된 YF-21을 사용했다. 제2단은 75t 추력의 고정 노즐을 가진 엔진 YF-22를 사용하였고, 자세 제어용 보조 엔진(Vernier Engine)은 회전 노즐을 가진 4.5t 추력의 엔진 4기로 구성되었다. 로켓 조종을 위한 보조 엔진은 주 엔진이 연소종료 한 후에도 190초간 더 작동하며 RV의 위치와 속력 및 각도를 조정하여 정확도를 높였다. YF-20와 YF-22는 100% 4산화2질소를 산화제로, UDMH를 연료로 사용하였다.

1971년 9월 10일 DF-5는 처음으로 비행시험에 성공했고, 1980년 5월 18일과 21일에는 태평양에서 실시한 최대사거리 비행시험도 성공했다. 중소 관계가 악화되자 제2포병대는 1980년 12월 DF-5를 시험용 사일로에 긴급 배치하였다.[61] 1986년 12월 '제7부(Seventh Ministry)'를 이어받은 '우주산업부(Ministry of Space Industry)'와 제2포병대는 DF-5를 업그레이드하는 계약을 맺었고,[62] 1만 3000km 사거리에 3200kg 페

---

[61] John Wilson Lewis and Hua Di, "China's Ballistic Missile Programs: Technologies, Strategies, Goals", International Security, Fall 1992 (Vol. 17, No. 2) p.18.

[62] 1965년 1월 Fifth Academy가 Seventh Ministry of Machine Building으로 바뀌면서 하부

이로드를 운반하는 DF-5A를 개발해 4기를 사일로에 배치하였다. 제2 포병대는 1966년 7월 1일 창설되어 중국의 핵미사일과 재래식 미사일을 운용하는 부대로 1984년 10월 1일까지 그 존재가 공개되지 않았다.

각각 뚜렷한 목적을 가진 4종의 탄도탄을 개발한다는 계획만 놓고 본다면 중국의 전략무기 개발은 상당히 조직적이고 깊이 생각한 결과처럼 보인다. 그러나 중국은 1956년 핵 개발을 결심하고 대륙간탄도탄 DF-5를 실전에 배치한 1981년까지는 구체적인 '핵 운용 교리(Nuclear Doctrine)'가 없었다. 최고 지도부나 탄도탄을 설계하는 연구소 모두 운용 교리에는 별 관심이 없었던 것으로 보인다. 중국의 군부는 1956년부터 1981년까지 제1세대 핵미사일을 개발하고 배치했지만, 핵전쟁에 관한 시나리오도 개발하지 않았고 가공할 핵무기를 외교적 목적과 연관시키지도 않았다. 1981년까지 중국은 IRBM DF-3과 DF-4 2종과 ICBM DF-5를 실전에 배치하였다. 그러나 중국 당국은 별다른 배치 계획도 없이 핵 탄도탄을 개발한 것으로 보였다. 미국과 소련의 핵 탄도탄이 점점 정확해지고 있다는 정보가 들어오는 데 따라 나름대로 생존성을 높이기 위한 방안을 찾아 지상에서 지하 사일로로, 지하 사일로에서 동굴로 배치 방법을 바꿔나갔다.

이 미사일들은 모두 액체로켓 미사일이고 도시 같은 '연표적(Soft Target)'을 공격하기 위한 크고 무거운 탄두들을 장착하고 있었으며, 발사 준비에도 비교적 긴 시간이 소요되었다. 준비시간을 줄이기 위해 노력을 많이 했지만, DF-3의 반응시간은 2~3시간, DF-5의 반응시간은 사일로에서 발사할 경우 1~2시간, 지상 발사대에서 발사할 경우 3~5

조직이었던 First Subacademy가 First Academy(또는 Carrier Rocket Academy)로 개명하였다.

시간이나 걸렸다. 더구나 탄도탄 조기 경계경보 시스템이 없는 중국으로서는 경계경보를 울릴 수도 없었을뿐더러, 반응시간이 수 시간이나 되니 당시 미국이나 소련이 모두 택하고 있는 '경계경보와 동시 발사(Launch on Warning)' 정책도 추진이 불가능하였다. 따라서 중국의 탄도탄은 적국의 선제공격을 견디고 살아남아야 보복할 기회가 생겼다. 그러는 사이 미국과 소련의 탄도탄은 중국의 어떠한 사일로도 파괴할 수 있을 만큼 정확도가 향상되었다. 이것을 감안하여 중국은 산중에 숨겨 놓은 사일로에 미사일을 배치하고 탄두는 산속 동굴 안에 보관하는 방식을 택한 것으로 보이며, 수많은 가짜 사일로를 만들어 진짜 사일로를 찾아내기 힘들게 만들었다. 그러나 핵전략에 대한 중국의 무관심도 1981년 이후부터는 바뀌었다.

2
북한의 탄도탄 계획

1965년 김일성은 탄도탄 개발 방향을 제시하고 인력 배양을 위한 기틀을 마련하는 조치를 취했다. 그는 국방부[63] 직속의 함흥군사대학을 설립하고 로켓엔진, 미사일, 핵물리학 및 화학 등을 공부하게 했다.[64] 이곳의 학과 중 하나에서는 독일이 제2차 세계대전 때 개발한 V2와 V1 그리고 소련이 개발한 프로그(FROG) 로켓엔진 등을 심도 있게 가르쳤다. 다른 학과에서는 미사일 설계를 공부시켰으며, 또 다른 학과에서는 장차 현대식 무기에 긴요하게 쓰일 물리학과 화학을 교육시켰다. 김일성은 함흥군사대학을 설립하면서 "만약 전쟁이 일어난다면 미국과 일

---

[63] 당시 북한의 국방부는 현재 인민무력부로 개칭되었다.
[64] Joseph S. Bermudez Jr., "A History of Ballistic Missile Development in the DPRK", Occasional Paper No. 2, Montery, California, Vov. 1999, p.2; Daniel A. Pinkston, "The North Korean Ballistic Missile Program", Feb. 2008, p.14, http://www.strategicstudiesinstitute.army.mil/pdffiles/pub842.pdf.

본이 참전하게 될 것이다. 그들의 참전을 막기 위해서 우리는 일본까지 날아가는 로켓을 생산할 수 있는 능력을 갖춰야 한다. 따라서 함흥군사대학은 이러한 중·장거리 미사일을 개발할 인력을 배양해야 하는 소명을 지녔다"라고 말했다.[65] 함흥군사대학을 설립함으로써 김일성은 장차 미사일을 포함한 현대식 무기를 자급자족하겠다는 뜻을 분명히 한 것이다.

그러나 북한이 탄도탄 개발을 체계적으로 준비하기 시작한 것은 1975년으로 보는 것이 옳다. 1975년 북한은 프로그-5와 프로그-6, 프로그-7 그리고 HQ-2를 역설계하여 단기적인 탄도탄의 수요를 충족하고, 중국과 함께 사거리가 600km인 DF-61을 공동 개발하는 안을 추진하였다. 프로그 미사일은 소련에서 개발된 이동식 무유도 고체로켓으로 장거리 대포 대신 사용하는 단거리 로켓이었다. 루나-M(Luna-M)으로 알려진 프로그-7은 프로그 시리즈 중 마지막 것으로 1965년도에 배치를 시작했고, 550kg의 탄두를 탑재하며 사거리는 70km이다.[66] 중·고고도 지대공미사일 HQ-2는 소련의 대공미사일 SA-2를 중국이 복제한 HQ-1을 개선한 모델이다. HQ-2의 유효사거리는 34km, 최대고도는 27km 정도였지만, 대공 모드가 아닌 대지 모드로 전환한다면 190kg의 탄두를 150~200km까지 운반할 수 있다. 그러나 190kg의 가벼운 탄두와 열악한 정확도 때문에 크기가 작거나 견고한 표적에는 효과가 없지만, 도시나 비행장같이 넓은 면적을 가진 표적에는 효과가 있을 것

[65] Yun Dukmin, "Historical Origins of the North Korean Nuclear Issue: Examining 20 Years of Negotiation Records", Korea Journal/Winter 2005, p.14.; Joseph S. Bermudez Jr., "A History of Ballistic Missile Development in the DPRK", Occasional Paper No. 2, Montery, California, Vov. 1999, p.2.

[66] Tactical Ballistic Missile System, http://www.gurevich-publications.com/9K52_engl.pdf.

으로 보았다. 프로그나 HQ-2의 복제 프로그램은 짧은 시간 내에 가능한 임시방편의 지대지미사일 프로젝트인 데 반해 DF-61은 한국 전역을 사정권에 넣을 수 있는 본격적인 탄도탄 개발 프로그램이었다.

1962년 말에서 1963년 초 사이에 SA-2 1개 대대를 소련에서 도입해 평양 근교에 배치하였고, SA-2와 함께 소련은 미사일의 조립, 운용관리 및 시험을 할 수 있는 기본적 능력도 키워주었다.[67] 1968년 소련은 수십 기의 프로그-5 로켓과 이동식 발사대 및 관련 장비들을 북한에 공급했다. 북한은 프로그-7(루나-M)을 구입하고자 했으나 이즈음 소련과 관계가 소원해져 소련으로부터 직접 도입하기가 어려웠다. 이미 소련에서 프로그-7을 공급받은 나라 중에는 이집트가 있었다. 1973년 아랍-이스라엘 전쟁 때 북한은 조종사를 파견해 이집트를 도와주었기 때문에 좋은 관계를 유지하고 있었고, 때마침 이집트와 이스라엘의 평화 회담을 둘러싸고 이집트와 소련의 사이는 급격히 벌어졌다. 안와르 사다트(Anwar El Sadat) 이집트 대통령은 1975년과 1976년 사이 프로그-7B 발사대 6~8기와 로켓 24~56기를 북한에 양도한 것으로 알려져 있다.[68]

1971년 9월 북한은 중국으로부터 현대 무기 시스템의 획득, 개발 및 생산에 관해 북한에 적극 협조하겠다는 내용을 담은 광범위한 약속을 얻어냈다. 그 첫 번째 가시적 협력 사업이 SA-2를 포함해 소련이 공급한 스틱스(Styx)와 샘리트(Samlet) 미사일의 조립 및 시험 시설의 재편과 확충이었다. 중국은 이어서 HQ-1과 HQ-2도 공급해주었다. 따라서 북한은 프로그 미사일과 HQ-2의 지대지 버전을 역설계할 준비가 마련

[67] Joseph S. Bermudez Jr., "A History of Ballistic Missile Development in the DPRK", Occasional Paper No. 2, Montery, California, Vov. 1999, p.2.
[68] ibid, p.6.

뇌었나. 이러한 역설계 프로그램은 무난하게 달성할 수 있는 목표였으나 임시적 단기 계획에 불과했다. 1970년대 말 북한은 프로그-7B로 여겨지는 프로그의 생산을 시작한 것으로 알려져 있으나 생산된 수나 기간은 알 수 없다.

DF-61은 북한의 야심적인 탄도탄 계획이었다. 1975년 4월 마오쩌둥의 초청을 받은 김일성은 9일간 베이징을 방문하였으며, 그때 김일성을 수행한 오진우 국방장관은 단거리 미사일을 공급해줄 것을 중국에 요청하였다. 당시 중국에는 북한이 요구하는 것과 같은 미사일이 없었으나 중국도 비슷한 미사일에 대한 소요가 생기고 있었다. 1976년 중국 중앙군사위원회 위원이었던 천시롄(陳錫聯, Chen Xilian)은 DF-61이라고 명명된 미사일의 본격적 개발을 명령하였다. DF-61은 사거리 1000km에 탄두 무게 500kg의 내수용과 사거리 600km에 탄두 무게 1000kg의 수출용(북한 수출용)의 두 가지 다른 버전으로 개발되었다. 북한에서 사거리 600km는 제주도를 포함한 한국 전체를 공격권에 둔다는 특별한 의미를 가지고 있다. 수출용 DF-61은 고폭탄(HE)과 자폭탄(Cluster Bombs) 등 재래식 탄두만 탑재하도록 설계되었고 내수용은 핵탄두를 탑재하도록 설계되었다. 미사일의 직경은 1m, 길이는 9m로 비교적 두꺼운 강철 케이스로 제작하여 이동에 문제가 없도록 배려하였다. 중국은 약 1년간 DF-61의 개발을 지속하였고, 소수의 북한 미사일 설계팀도 같이 DF-61 설계에 참여한 것으로 알려졌다.[69] 그러나 1978년 미사일 개발을 주관한 천시롄은 문화혁명을 추종한 사인방과 가까웠던 '소사인방' 중 한 사람으로 덩샤오핑(鄧小平, Deng Xiaoping)의 득

---

[69] Joseph S. Bermudez Jr., "A History of Ballistic Missile Development in the DPRK", Occasional Paper No. 2, Montery, California, Vov. 1999, p.8.

세와 더불어 실권을 잃으면서 그가 추진하던 DF-61도 취소되었다.[70]

북한이 DF-61의 공동 개발에 얼마나 깊이 참여하고 있었는지는 밝혀지지 않았지만, 사업 취소가 북한의 탄도탄 개발 계획에 차질을 가져다준 것은 틀림없다. DF-61의 취소에도 불구하고 북한은 탄도탄 개발 계획을 포기하지 않았다. DF-61의 개발을 포기한 중국은 북한이 원하는 사거리를 가진 탄도탄이 없었고, 북한이 원하는 미사일을 보유하고 있는 소련은 정치적으로 북한과 불편한 시기에 있었기 때문에 북한의 요구를 들어주지 않았다. 결국 탄도탄을 확보할 수 있는 유일한 방법은 독자적으로 개발하는 것뿐이었다. 그러나 당시 북한은 탄도탄 개발을 독자적으로 추진할 만한 기술 인력 기반이 없는 상태였다. 로켓엔진과 미사일에 대한 경험을 가진 인원은 모두 프로그와 HQ-2를 역설계하는 일에 관련되어 있었다. 그래서 북한은 탄도탄에 투입할 인력을 뽑아내기 위해 프로그 사업은 유지·보수 위주로, HQ-2 사업은 지대공미사일 생산에 초점을 맞추는 것으로 재조정했다.[71] 독자적 개발을 시작할 기반이 약했던 북한은 스커드-B라는 단거리 탄도탄을 역설계하기로 방향을 잡아갔다.

화성5호와 화성6호

북한이 첫 번째 개발 목표로 스커드-B를 정한 이유는 역설계를 위

---

[70] 천시롄(Chen Xilian), 우더(吳德, Wu De), 지덩쿠이(紀登奎, Ji Dengkui), 왕둥싱(汪東興, Wang Dongxing)은 마오쩌둥 추종자들로 덩샤오핑이 복권하면서 모두 실권했다.
[71] Joseph S. Bermudez Jr., "A History of Ballistic Missile Development in the DPRK", Occasional Paper No. 2, Montery, California, Vov. 1999, p.6.

해 손에 넣을 수 있는 탄도탄 시스템 중에서 가장 많이 보급된 긴편한

해 손에 넣을 수 있는 탄도탄 시스템 중에서 가장 많이 보급된 긴편한 이동식 시스템이라는 점 때문이다. 스커드-B는 제주도를 제외한 한국 영토의 3분의 2를 사정권에 넣기에 충분한 사거리를 갖고 있다는 것도 선정의 또 다른 이유라고 생각된다. 사실 스커드 미사일은 제2차 세계 대전 중에 독일이 개발한 V-2 로켓[72, 73]을 제외하고는 실전에서 대량으로 사용된 유일한 탄도탄이다.[74] V-2 로켓과 폰 브라운에 대해서는 필자의 저서 『로켓, 꿈을 쏘다』에서 이미 자세하게 소개한 바 있다.[75] V-2는 모두 6050여 기가 생산되었으며, 1944년 9월 8일 파리와 런던에 발사된 후 1945년 3월 17일 영국을 향해 마지막 V-2가 발사될 때까지 약 3200여 기 이상이 전장에 투입된 것으로 알려져 있다.[76, 77]

탄도탄을 보유하려는 북한이 스커드를 역설계함으로써 우선 충분한 물량의 스커드-B를 확보하고, 또 한편으로는 탄도탄에 관한 기본 기술을 습득하여 차세대 로켓 개발에 필요한 기술과 인력을 확보할 수 있었다. 소련은 나토군(유럽 연합군)에 대항하는 바르샤바 조약군을 훈련시키기 위해 동유럽 조약국들에 15개 연대를 무장시킬 수 있는 140기의 발사대와 재래식 탄두를 장착한 1000기 이상의 스커드(R-17E) 미사일을 제공했지만, 바르샤바 조약국 이외에는 공급하기를 주저했다. 그러나 이스라엘의 예리코(Jericho) 탄도탄에 대한 밸런스가 필요했던

---

[72] Gregory P. Kennedy, "Germany's V-2 Rocket", (Schiffer Military History, Atglen, PA, U.S.A., 2006).

[73] Michael J. Neufeld, "Von Braun: Dreamer of Space, Engineer of War", (Alfred A. Knopf, N.Y., 2007).

[74] Steven J. Zaloga, "Scud Ballistic Missile and Launch Systems 1955~2005", (Osprey Publishing Ltd., 2006) p.33.

[75] 정규수, 『로켓, 꿈을 쏘다』(갤리온, 웅진씽크빅, 2010년 6월 3일).

[76] http://en.wikipedia.org/wiki/V-2.

[77] Ward, Bob. "Dr. Space", (Naval Institute Press, Annapolis, Maryland, 2005) p.51.

ICBM, 한반도 그리고 동북아

이집트는 소련에 스커드 미사일을 공급해줄 것을 강력히 희망했다. 더구나 잘 훈련된 이스라엘 공군에 막혀 이집트 공군은 이스라엘 내 표적들을 공격할 수 없었고, 이집트는 스커드가 이러한 비대칭 상황을 어느 정도 바로잡는 역할을 할 수 있다고 주장했다. 이집트는 소련이 제공한 대공미사일로 이스라엘 공군의 대지 공격을 막고, 스커드로 이스라엘 내의 비행장을 공격함으로써 제공권의 열세를 만회할 수 있다고 생각했다. 이러한 이집트의 주장이 일리 있다고 판단한 소련은 1973년 10월 '욤키퍼 전쟁(Yom Kippur War)' 직전에 이집트에 스커드를 제공했다. 이집트의 선공으로 시작된 전쟁은 이스라엘에 대한 미소의 압력과 중재로 이집트의 체면을 지켜주는 선에서 끝났다.

욤키퍼 전쟁에서 이스라엘과 대등하게 전쟁을 수행함으로써 자존심을 되찾은 안와르 사다트 이집트 대통령은 1978년 9월 17일 지미 카터(Jimmy Carter) 미국 대통령의 중재 하에 '캠프 데이비드'에서 메나헴 베긴(Menachem Begin) 이스라엘 수상과 평화협정을 맺었다. 1956년 수에즈 운하(Suez Canal) 위기 이후 줄곧 이집트의 무기 공급원이었던 소련과의 관계는 캠프 데이비드 협정 이후 급격히 냉각되었다. 소련은 더 이상 스커드를 이집트에 양도하지 않았으며, 이집트의 탄도탄 보유 계획은 차질이 생기게 되었다. 소련과 북한의 관계도 냉각되었고 DF-61 계획이 무산된 상태였기 때문에 두 나라는 비슷한 상황에 놓이게 되었다. 이집트는 욤키퍼 전쟁에 조종사를 파견해준 북한에 대한 빚을 갚는 뜻도 있고 미래의 탄도탄 공급원을 만든다는 의미에서 소량의 스커드-B와 이동식 발사대를 1979년에서 1981년 사이에 북한에 넘겨주었다고 보는 것이 일반적 견해다.[78, 79, 80, 81]

스커드-B는 처음에는 중형 탱크의 무한궤도를 사용한 이동식 발사대, TEL(Transporter-Erector Launchers)에 탑재되었는데 무한궤도에서 파생되는 진동이 미사일 유도장치 등 예민한 전자장치에 영향을 주어 잦은 고장의 원인이 되었다. 한편 전혀 다른 이유로 흐루쇼프는 중형 (重型) 탱크 생산을 종료하기로 결정하였다. 그 결과 탱크 차대를 사용한 TEL은 배치를 시작한 지 8개월도 채 되지 않아 생산이 종식될 수밖에 없었다. 대신 4축-8륜구동의 중형 트럭 차대를 사용한 스커드-B의 이동식 발사대를 개발했다. 〈사진 2-2〉는 8륜구동 TEL과 스커드-B R-17의 모습이다. 8륜구동 TEL은 무한궤도를 이용한 TEL에 비해 야지 (野地) 주행 능력이 좀 떨어지는 것은 사실이지만 진동이 적었으며, 신뢰도도 높아져 운용비를 많이 절감하였다. 우라간(Uragan)이라 명명한 8륜구동 TEL은 1967년 군에서 정식으로 채택하였으며, 소련은 R-17과 우라간으로 구성된 미사일 시스템을 엘부루스(Elbrus)라고 명명했다.[82]

스커드-B는 이라크-이란 도시 간의 전쟁과 아프가니스탄 내전을 통해 실전에서 증명된 시스템으로, 비교적 간단하여 북한은 역설계를 통해 대부분의 부품을 생산할 수 있는 시스템을 갖추었다. 이집트에서 넘겨받은 스커드-B와 이동식 발사대를 발판 삼아 북한은 1980년대 초부터 스커드-B의 복제 모델을 개발하기 시작했다. 엔진과 UDMH 연

---

[78] IISS, "North Korea's Ballistic Missile Programme", http://www.iiss.org/publications/ strategic-dossiers/north-korean-dossier/north-koreas-weapons-programmes-a-net-asses/north-koreas-ballistic-missile-programme/.

[79] ibid., p.9.

[80] Daniel A. Pinkston, "The North Korean Ballistic Missile Program", http://www.strategicstudiesinstitute.army.mil/pdffiles/pub842.pdf.

[81] Yun Dukmin, "Historical Origins of the North Korean Nuclear Issue : Examining 20 Years of Negotiation Records", Korea Journal/Winter 2005, p.14.; Joseph S. Bermudez Jr., "A History of Ballistic Missile Development in the DPRK", Occasional Paper No. 2, Montery, California, Vov, 1999, p.21.

[82] Steven J. Zaloga, "Scud Ballistic Missile and Launch Systems 1955~2005", (Osprey Publishing Ltd., 2006) p.15.

사진 2-2_ 스커드-B[83]

료, 동체, 연료 탱크 등은 북한이 쉽게 생산했을 것으로 보이며 터보펌프나 유도장치 등을 생산하기 위한 소재와 가공 장비, 기술 등은 외부의 도움을 받았을 것으로 여겨진다.

　탄도탄을 외부의 도움 없이 독자적으로 개발한 나라는 나치 독일이 유일하다. 제2차 세계대전 이후 모든 나라에서 개발한 탄도탄은 먼저 개발한 나라로부터 미사일, 시험시설, 발사장비, 부품, 소재 같은 '하드웨어(Hardwares)'와 설계기술, 기술자, 기술 훈련, 도면 등의 '소프트웨어(Softwares)', 아니면 둘 다를 지원받아서 개발되었다. 대량 살상무기의 위협을 완화하기 위해 만든 국제 비정부기구인 '핵위협방지구상(NTI: The Nuclear Threat Initiative)'에서 분석한 자료에 따르면 중국

83　http://upload.wikimedia.org/wikipedia/commons/f/fb/Sofia_Bulgaria_273_scud.jpg.

은 스커드 역설계-제작, 장거리 로켓 계획, 로켓엔진 설계, 소재 등에 관한 전문가를 지원하고 북한 기술자의 훈련을 도왔으며, 다른 한편으로는 로켓 설계와 생산, 특수 소재, 동체, 광섬유 자이로, 가속도계 개발 기술을 넘겨주었다고 주장하고 있다.[84]

북한은 직접 생산한 스커드-B를 화성5호라고 명명했다. 화성5호의 개발은 신속하게 진행되었고, 1984년에는 무수단리에서 화성5호 원형 모델의 비행시험을 실시하였다. 총 6기의 시험 발사 중 3기는 성공했고 3기는 실패했다.[85] 이후 북한은 추가 비행시험 없이 1985년에서 1986년 사이에 화성5호의 양산을 시작했으며, 1991년경 후속 모델인 화성6호의 생산을 시작할 때까지 연간 50~100기씩 생산해온 것으로 판단된다.

북한이 스커드-B 몇 기를 넘겨받은 지 불과 3~4년 만에 스커드-B 파생형의 양산에 들어갔다는 것은 어떤 기준으로 판단해도 아주 빠른 진전이라고 할 수 있다. 이러한 개발 속도는 스커드 생산에 관해 이미 잘 알고 있는 기술자 그룹이 다른 루트로 확보한 핵심 부품을 가지고 추진할 때에만 가능할 것으로 생각된다. NTI의 주장처럼 중국이 북한의 스커드 개발을 도와주었다면 북한이 보여준 빠른 진전을 이해할 수 있다. 그러나 초창기에 누가 어떻게 북한의 스커드 역설계-생산에 도움을 주었는가를 따지는 것은 역사적 흥미 외에는 별 의미가 없다. 북한은 1980년대 중반에 이미 연산 100여 기의 생산 기반은 물론, 스커드

---

84 "China's Missile Exports and Assistance to East Asia",

http://www.nti.org/db/china/meapos.htm.

85 IISS, "North Korea's Ballistic Missile Programme",

http://www.iiss.org/publications/strategic-dossiers/north-korean-dossier/north-koreas-weapons-programmes-a-net-asses/north-koreas-ballistic-missile-programme/.

변형(Scud Variant)을 개발할 수 있는 기술 기반과 핵심 인력을 확보했기 때문이다.

화성5호에 이어 개발한 화성6호는 화성5호와 거의 동일한 동체를 이용하여 사거리를 500km로 연장한 모델이다. 화성6호의 개발은 1987년에서 1988년 사이에 시작된 것으로 보인다. 화성5호의 탄두 무게를 750kg으로 줄였고 소련에서 수입한 특수한 스테인리스 강철로 동체를 가공해 무게를 줄였으며, 연료 탱크의 부피를 늘렸고 엔진을 개조해 화성5호보다 더 긴 시간 동안 작동하도록 하였다. 화성5호는 한반도 남쪽의 3분의 2 정도만 사거리 안에 둘 수 있었으나 화성6호는 제주도를 포함한 한국 전역을 사거리 안에 둘 수 있다. 화성6호의 첫 번째 비행시험은 1990년 6월에 시행하였고, 1991년부터는 화성6호를 군에 배치하기 시작했다. 스커드를 개발하기 시작한 지 10여 년이 지난 1990년대 초에 북한은 스커드 미사일 기술을 완전히 터득한 것으로 보인다. 비록 특수 강철 소재, 핵심 부품, 특수 가공 장비 등은 외국에 의존했을 가능성이 있지만, 동체를 가볍게 제작하고 엔진 효율을 높이며 엔진 작동시간을 늘리는 것과 같은 기술을 구사하여 스커드 로켓의 사거리를 소련이 1965년도에 개발한 스커드-C 수준으로 연장할 수 있었다. 이러한 스커드 기술 능력은 화성6호의 개발로 입증되었다.

노동

북한은 한국 전역을 사정권에 넣는 탄도탄을 원했고 이러한 요구는 화성6호의 개발로 이미 충족했지만, 미래에 한반도에서 전쟁이 일어난다면 미국과 일본이 개입할 것으로 보기 때문에 이들의 개입을 저지키기 위해 일본 내의 미군 기지를 공격할 수 있는 탄도탄이 필요했다. 이러한 목적을 달성하기 위해 북한은 무게 700~1000kg 전후의 탄두를 1000~1300km 밖으로 운반할 수 있는 탄도탄의 개발을 화성6호의 개발과 동시에 추진했다.

궁극적으로는 미국 본토를 사정권에 두는 ICBM을 개발하여 중국과 같은 국제적 지위를 누리고자 한 것으로 보인다. 지구상의 모든 지점을 자국 탄도탄의 사거리 안에 두기 위해 SRBM와 MRBM, IRBM, ICBM을 모두 보유한 나라는 현재 중국뿐이며,[86, 87] 이러한 미사일을 모두 개발하려는 의지를 가지고 개발을 추진하고 있는 나라는 북한과 이란 등이다.

장거리 탄도탄이나 우주 발사체를 개발할 때 합리적인 접근 방식 중의 하나는 중거리 로켓의 부스터로 개발한 로켓을 4~5기 묶어서 장거리 탄도탄의 제1단 로켓으로 사용하거나 약간의 개조를 통해 상단 로켓으로 사용하는 개발 방식이다. 이렇게 한 가지 로켓을 개발할 때 최소한의 개조를 통해 다른 목적을 가진 로켓 개발에도 이용할 수 있도록 설계한 로켓을 기본 로켓(Base Rocket)이라고 한다. 이러한 접근 방법을 택함으로써 중거리와 장거리 로켓을 개발하는 시간을 단축하고 예산을 절감할 수 있다. 북한 역시 노동 미사일을 IRBM과 ICBM의 기본 로켓으로 설계했을 것으로 판단된다.

단순히 스커드 구조물의 무게를 줄이고 스커드 엔진의 효율을 조

---

[86] SRBM: Short Range Ballistic Missile, 단거리 탄도탄; MRBM: Medium Range Ballistic Missile, 준중거리 탄도탄; IRBM: Intermediate Range Ballistic Missile, 중거리 미사일의 약자다.

[87] 미국과 소련, 러시아는 1987년에 맺은 중거리 핵무기 조약에 따라 500km 이상~5500km 이하의 사거리를 갖는 모든 지상 발사 탄도탄과 지상 발사 순항미사일을 폐기하였고, 영국과 프랑스도 협약 당사국은 아니지만 협약 내용을 준수하고 있다.

사진 2-3_ 스커드-B의 로켓엔진 9D21(왼쪽)과 노동 미사일의 이란 복제판인 샤합-3(Shahab-3)의 엔진(오른쪽)으로 치수의 비는 1.5배, 해면 고도에서의 추력은 29t, 연소시간은 95초 정도로 추정된다. [Norbert Brügge][88]

금 더 늘리는 방법으로 도달할 수 있는 사거리 연장 방법은 화성6호에서 이미 한계에 도달하였다. 노동 미사일로 불리는 사거리 1000~1300km의 탄도탄은 스커드의 단순 구조 변경만으로는 개발할 수 없었다.[89] 따라서 북한은 1988년경 노동 개발 계획을 세우면서 화성6호의 추력 14t 엔진인 이사예프-9D21(Isayev-9D21)보다 훨씬 강력한 새로운 엔진이 필요하다는 것을 알고 있었다.

　〈사진 2-3〉의 왼쪽 사진은 스커드-B 엔진인 9D21이고, 오른쪽 사진은 노동 미사일 엔진이다. 노동 미사일 엔진 사진은 북한이 발표한 것이 아니라 이란이 오미드 위성(Omid Satellite)을 발사하는 데 사용한

---

[88] http://www.b14643.de/Spacerockets_1/Diverse/Nodong/index.htm.
[89] 북한에서 부르는 이름은 알려지지 않았다.

사피르(Safir IRILV) 빌사체의 제1단 엔진 사진이다. 사피르 빌사체는 제1단에 북한이 노동 엔진으로 개발한 엔진을 사용하고 있다. 〈사진 2-3〉에서 보면 노동 엔진은 9D21의 직경과 길이의 치수를 1.5배 늘린 모델로 보인다. 터보펌프와 각종 파이프 배관, 터보펌프의 연소 가스 배기관까지 크기만 다를 뿐 모양과 배치는 거의 같은 것을 알 수 있다. 북한은 1988년부터 노동 미사일을 개발하기 시작해 1990년 첫 번째 원형 모델을 제작하였고, 이 노동 미사일을 개발하기 위해 새로운 로켓엔진을 개발하였다. 미국 첩보위성이 발사대에 놓여 있던 노동 미사일을 찾아냄으로써 노동 미사일의 존재가 처음으로 드러났지만, 얼마 후 같은 장소를 촬영한 사진에는 불탄 흔적만 있었기 때문에 첫 번째 비행시험은 실패한 것으로 추정한다.[90] 1993년 5월 드디어 노동 미사일이 500km를 비행하는 데 성공했다. 북한은 사방이 다른 나라들로 둘러싸여 노동이나 다른 장거리 미사일의 최대사거리 비행시험이 거의 불가능하다. 첫 번째 성공적인 비행시험이 있기 전에 노동 미사일은 이란 · 파키스탄 · 리비아 등지에 이미 수출되었으며, 노동 미사일의 최대사거리 비행시험은 이란과 파키스탄에서 실시해 성공한 것으로 전해지고 있다.

북한의 미사일 개발 속도는 어떤 관점에서 보든 독자적으로 개발했다고 보기에는 너무 빨랐다. 개발에 필요한 예산은 이란에 미사일을 판매한 대금으로 일부 충당했다고 보더라도, 북한의 미사일 관련 인프라로 보아 그 짧은 시간 내에 스커드-B의 양산 체제를 확립하고 노동 미사일을 개발했다는 것은 믿기 힘들다. 이에 반해 비행시험 횟수는 어떤 기준으로 보아도 턱없이 부족하다. 미국이나 소련도 노동 정도의 미

---

[90] North Korea : Missile Overview, http://www.nti.org/e_research/profiles/NK/Missile/.

사일을 처음 개발하기 위해서는 수십 번의 비행시험과 훨씬 긴 개발 기간이 필요했을 것이라 생각한다. 북한의 이러한 빠른 진척은 스커드 미사일과 엔진 설계 제작에 정통한 러시아 엔지니어들이 화성5호와 화성6호 그리고 노동 미사일의 개발에 직접적으로 관련했을 뿐 아니라 제작에 필요한 소재와 핵심 부품, 정밀 가공 장비 등을 외부에서 구입했다고 가정하면 쉽게 이해할 수 있다.

실제로 1992년 10월 15일 32명의 러시아 엔지니어들이 북한으로 출국하려다 모스크바 세레메티예보-2(Sheremetyebo-2) 국제공항에서 보안 당국에 의해 제지되었다.[91] 32명 중 대부분은 미아스(Miass)에 있는 마케예프 설계국(Makeyev Design Bureau)에서 잠수함 발사 탄도탄과 스커드 미사일을 설계 또는 제작해온 엔지니어들이었다. 1992년 11월 5일 두 번째 미사일 엔지니어 그룹이 북한으로 떠나려다 제지당하는 일이 생겼다. 이러한 사건이 자주 발생함에 따라 1993년 2월 러시아 외무차관 게오르기 쿠나제(Georgy Kunadze)가 북한을 방문하여 러시아에서 핵과 미사일 엔지니어를 포섭하는 작업을 중단하라고 요구했다.

1993년 10월 22일 러시아군 참모본부의 '군전략분석센터(Center for Military Strategic Analysis)'가 1980년대 중반 이후 160명의 러시아 과학 기술자들이 북한의 핵과 미사일 개발을 돕고 있다고 36쪽짜리 극비 메모에서 밝혔다고 한다.[92] 물론 러시아 정부는 메모 내용을 부정하고 있다. 하지만 스커드와 소련의 모든 SLBM을 개발해온 마케예프 설계국 엔지니어들이 북한의 미사일 개발에 관련되었다고 가정하면 북한이

---

[91] Greg J. Gerardi and James A. Plotts, "An Annotated Chronology of DPRK Missile Trade and Developments", http://www.nti.org/db/archives/msl/chron/dprkm5.htm.
[92] ibid., 10/22/93 항목 참조.

어떻게 단시간 내에 화성5호를 양산힐 수 있는 인프라를 형성하였으며, 비행시험도 별로 하지 않고 화성6호와 노동 미사일은 물론 더욱 정교한 무수단 IRBM을 개발할 수 있었는지 납득할 수 있다.

1993년 5월 29일과 30일 이틀에 걸쳐서 3기의 화성5·6호와 1기의 노동 미사일을 시험 발사했다. 화성5호 또는 화성6호 중 한 기는 100km를, 나머지 2기는 100km 미만의 짧은 거리를 비행하였고, 노동 미사일도 예상했던 사거리 1000~1300km가 아닌 500km밖에 비행하지 않았다.[93] 보고된 노동의 탄착지점은 동해 한가운데에 있는 대화퇴(大和堆, Yamato Ridge 또는 Yamato Bank)의 수심이 얕은 지역이었고, 이 곳에는 북한의 나진급 프리게이트 한 척과 소해정 한 척이 근방에서 대기하고 있었다. 노동 미사일 비행시험의 또 다른 수수께끼는 노동 미사일이 발신하는 원격 측정(Telemetry) 데이터가 전혀 수신되지 않았다는 사실이다. 주변국의 감청을 방지하기 위해 북한은 비행 데이터를 원격 측정으로 송출하는 대신 탑재한 기록 매체에 저장한 후 탄착지점에서 회수했을 가능성도 있다.[94] 북한은 단 한 번의 단거리 비행시험 후 노동 미사일 100여 기를 실전에 배치하였고, 이란과 파키스탄 등에 수출까지 하였다.

노동 미사일은 원래 일본 전역을 사정권에 두기 위해 개발했으나, 1000km 내외로 제한된 사거리 때문에 일본의 상당 부분과 오키나와의 미군 기지가 노동의 사정권 밖에 놓이게 되었다. 1990년대 초에 북한은 노동 외에도 세 가지 새로운 장거리 로켓을 개발하기 시작했다. 첫 번

---

[93] Jenny Shin, "Chronology of North Korea's Missile Flight Tests",
http://www.cdi.org/pdfs/NKMissileTestTimeline7.16.09.pdf.
[94] Greg J. Gerardi and James A. Plotts, "An Annotated Chronology of DPRK Missile Trade and Developments", http://cns.miis.edu/npr/pdfs/gerard21.pdf.

째는 대포동1호 MRBM이고, 두 번째는 무수단(BM-25)[95] IRBM, 세 번째는 대포동2호 ICBM이다.

대포동1호

1993년 말 또는 1994년 초에 김일성은 지구 궤도에 인공위성을 발사하겠다는 뜻을 비쳤다. 1998년 8월 31일 대포동1호에 3단 로켓을 얹은 위성 발사체를 이용해 첫 번째 위성 발사를 시도하였다. 북한은 위성을 광명성1호로 불렀지만, 궤도 진입에는 실패한 것으로 보인다. 발사에서 추락까지 전 과정을 관측하기 위해 미국은 코브라볼(Cobra Ball: 공중 감시 레이더를 탑재한 RC-135의 별칭) 전자광학 관측기와 〈사진 2-4〉의 오브저베이션 아일랜드(Observation Island)라는 관측선을 포함해 여러 척의 배와 항공기를 파견하였다.[96] 미국 해군이 미국 공군을 위해 운용하는 오브저베이션 아일랜드는 함선용 위상 배열 레이더 '코브라 주디(Cobra Judy)'를 탑재하여 미사일 RV에 대한 정보를 수집하는 배로, 미국은 이러한 배를 2척 보유하고 있다.

이날 12시 07분에 무수단리 발사대를 떠난 발사체는 정동쪽으로 향했고,[97] 발사 95초 후에 제1단이 떨어져 무수단리 동쪽 253km 지점

---

[95] 무수단은 R-27, SS-N-6, BM-25, 미림(Mirim), 노동-B, 지브(Zyb) 등 다양한 이름으로 불리고 있다.

[96] Jane's Data Browse, Chapter 10-North Korea's Long-Range Missiles, http://www.acewings.com/cobrachen/magazine/Jane's%20Ballistic%20Missile%20Proliferation.pdf.

[97] 발사 후 정동(East)으로 꺾어주면 궤도의 경사각(Inclination)이 발사지점의 위도와 같아진다. 이 궤도로 발사되는 발사체는 지구의 자전으로 인한 속도의 덕을 가장 많이 볼 수 있다.

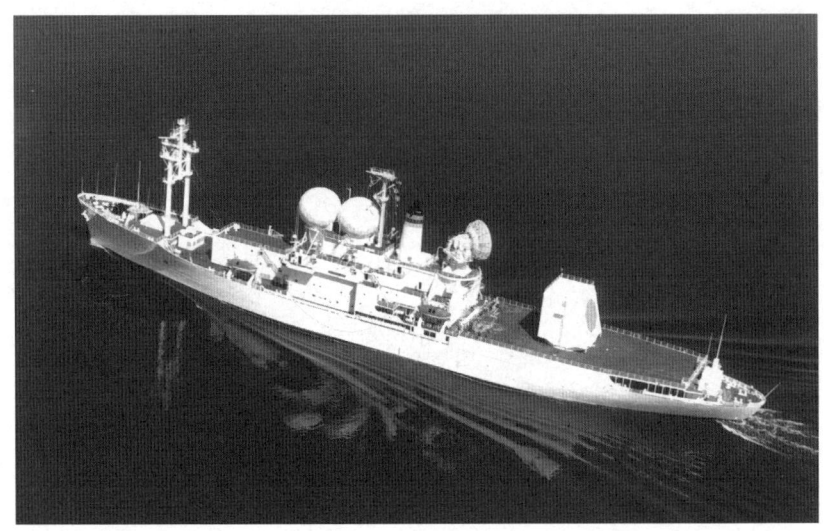

사진 2-4_ 위상 배열 레이더 '코브라 주디'를 탑재한 오브저베이션 아일랜드 [위키백과]

에 낙하하였다. 발사 144초 후에는 위성의 보호 덮개(Shroud)가 분리되어 일본 혼슈 섬을 가로질러 발사지점에서 1090km 떨어진 태평양에 낙하하였다. 제2단 로켓은 발사 266초 후에 성공적으로 분리되었으며, 분리된 제2단은 무수단리에서 1646km 지점인 태평양에 추락하였다. 제3단 엔진은 위성의 궤도 진입을 대략 2초 정도 앞두고 폭발한 것으로 판단되며, 광명성과 함께 대기 중으로 재진입하면서 불타 잔해들이 발사지점에서 대략 4000km 떨어진 곳까지 흩어진 것으로 추정한다.[98] 북한은 무게 6kg인 광명성1호의 궤도 데이터(Ephemeris)를 발표하였다. 북한은 광명성1호의 궤도가 근지점 218.82km, 원지점 6978.2km이며,

---

[98] 미국과 일본의 레이더 추적 결과에 따르면 광명성1호는 궤도에 진입하기 바로 직전에 3단 로켓이 고장 나 위성은 3단과 함께 바다에 추락한 것으로 추정한다.

주기는 165분 6초라고 발표하였다. 그러나 북한이 27MHz 주파수로 김일성과 김정일의 불멸의 노래를 방송하고 있다고 주장하는 광명성1호의 궤도에서는 어떠한 인공위성 신호도 잡을 수 없었다는 것이 서방측의 발표다.

노동을 개발한 직후 북한은 우리가 대포동1호로 부르는 2단 로켓개발에 착수했다. 대포동1호는 2단 액체로켓으로 페이로드 1000kg(또는 1500kg)을 탑재하고 사거리 2500km(또는 1500km)를 비행할 수 있는 것으로 분석하고 있다.[99] 대포동1호의 제1단은 노동 엔진을 사용하였고, 제2단은 화성6호의 케이스에 HQ-2의 가변 추력 로켓을 사용했을 것으로 추정하고 있다.[100] 사거리가 2000km 이상으로 추정하는 대포동1호는 기술적으로 사거리 1000km급의 노동과는 두 가지 면에서 크게 차이가 난다. 제1단 엔진이 소진된 후 제1단과 제2단을 분리하고 2단 엔진을 점화하는 스테이징(Staging) 문제와 4km/s 이상의 속도로 대기권에 재진입하는 탄두의 생존성을 보장하는 재돌입 문제를 해결해야 하는 것이 노동과 다른 점이다.

1000km 사거리 미사일의 재돌입 속력은 대략 3km/s이지만, 사거리가 2000km로 늘어나면 재돌입 속력은 4km/s로 증가하게 된다. 두 미사일의 탄두 무게가 같다고 가정할 경우 대포동1호 탄두의 운동에너지는 노동 탄두 운동에너지의 1.8배에 달한다. 일반적으로 어떤 물체가 대기권으로 재돌입할 때 물체 속도는 공기저항에 의해 급격히 감속하고, 잃어버린 운동에너지는 열에너지로 바뀌어 재돌입하는 물체의 주

---

[99] Joseph S. Bermudez Jr., "A History of Ballistic Missile Development in the DPRK", Occasional Paper No. 2, Montery, California, Vov. 1999, p.28.

[100] Jane's Data Browse, Chapter 10-North Korea's Long-Range Missiles, http://www.acewings.com/cobrachen/magazine/Jane's%20Ballistic%20Missile%20Proliferation.pdf.

번 공기를 고온으로 가열하며, 이 열은 주로 대류를 통해 물체 표면으로 유입되어 물체를 가열하게 된다. 이때 매초당 물체로 유입되는 열량은 물체의 속도와 모양, 재질 등에 의해 결정된다. 일반적으로 단위면적당 열 유입량은 속도의 3제곱 이상에 비례하고, 속도가 4km/s 이상으로 빨라지면 물체 위의 위치에 따라 3.7제곱에 비례하여 증가한다.[101]

2.9km/s의 속도로 재돌입하는 노동에 비해 4km/s로 재돌입하는 대포동1호의 탄두는 재돌입 시 매초 당 2.9배 이상의 많은 열을 표면을 통해 유입할 것으로 예측된다. 노동 미사일의 RV와 대포동1호의 RV가 같은 원뿔형이라고 가정할 경우, 대포동1호의 RV가 재돌입 과정에서 살아남기 위해서는 노동 RV를 개발한 기술보다는 더 발전된 설계 기술을 개발하던가 아니면 더 무거운 RV가 필요하다. 다시 말하자면 훨씬 더 많은 지상 및 비행 시험이 필요했을 것으로 믿어지나 노동 미사일을 개발할 때에도 그랬듯이 대포동1호 개발기간 중에 비행시험은 없었다. 러시아 등 외국 기술자들의 도움을 받았거나 이미 다른 나라에서 실험으로 확인된 RV 설계를 사용했다는 간접 증거로 볼 수도 있다. 아니면 대포동1호는 처음부터 탄도탄용이 아닌 위성 발사용으로 개발한 것이기 때문에 재돌입시험이 필요 없었을 수도 있다. 대포동1호가 커버하는 사거리는 추후 북한이 보유하게 되는 사거리 연장형 노동(노동A와 노동A1)과 중거리 미사일 무수단에 의해 더욱 효과적으로 커버되기 때문에 대포동1호는 MRBM으로서 가치가 크지 않은 것이 사실이다. 그러나 북한은 노동이나 무수단을 개발할 때에도 최대사거리 재돌입시험을 한 적이 없으니 대포동1호에 대해서도 RV 재돌입시험이 없었다고 탄도

---

101 Lisbeth Gronlund and David C. Wright, "Depressed Trajectory SLBMs: A Technical Evaluation and Arms Control", Science and Global Security, 1992, V. 3, p.147.

탄이 아니라는 말은 할 수 없다.

대포동1호의 제1단과 제2단의 단 분리 작업(Staging)은 확실히 성공했다. 따라서 북한은 대포동1호 발사를 통해 단 분리 기술 능력을 증명했으며, 단 분리 경험은 추후 대포동2호의 개발에 적용되었을 것으로 판단한다. 북한의 입장에서 보면 대포동1호는 소기의 목적을 달성했다고 볼 수 있다. 사실 대포동1호는 탑재량과 사거리의 관계를 생각할 때 무기로서 가치도 크지 않고, 위성 발사체로도 페이로드가 너무 적어 발전 가능성이 전혀 없는 시스템으로 여겨진다. 대포동1호가 순수한 발사체였다면, 미국의 뱅가드(Vanguard) 로켓을 연상시키는 발사체로 보면 된다.

무수단

그 후 북한은 대포동1호를 더 이상 발사하지 않았다. 만약 무수단 계획이 없었다면 대포동1호는 한시적으로나마 1000~2500km 사이를 커버하는 MRBM의 역할을 담당했겠지만, 무수단 계획이 있었기 때문에 북한은 대포동1호를 그 목적으로도 채택하지 않았을 것으로 본다.

2007년 4월 25일, 북한이 개발했다는 소문만 무성하던 무수단이라는 이름의 IRBM이 인민군 창설 75주년 기념일 군사 퍼레이드에서 공개되었다. 그러나 북한 TV는 소련의 SS-21을 모방 생산한 KN-02는 그대로 방영하였지만, 무수단이 나오는 장면을 편집하여 내보냈기 때문에 무수단의 사진은 외부에 공개되지 않았다.

그러나 2010년 10월 10일 평양의 군사 퍼레이드에서는 구소련의 R-27 SLBM을 개조하여 생산한 것으로 알려진 무수단이 외국 언론 매

사진 2-5_ 2010년 10월 10일 평양 군사 퍼레이드에서 공개된 무수단 IRBM으로 원본인 소련의 SLBM R-27 또는 R-27U에 비해 길이가 늘어난 것으로 알려져 있다. [Norbert Brügge]102

체에도 공개되었다.103, 104 〈사진 2-5〉는 군사 퍼레이드에 참가한 무수단의 모습이다. 이 미사일을 북한에서는 무엇이라고 부르는지 모르지만 외부 세계에서는 무수단, BM-25, 노동-B, 지브(Zyb), 사거리 연장형 R-27 등 다양한 이름으로 부르고 있다.

무수단의 개발은 1992년도 이전에 시작된 것으로 보인다. 1992년 5월 당시 마케예프 설계국의 책임자 이고르 벨리치코(Igor Velichko)가

102 The Old Soviet SLBM "R-27" and the Re-use of the Technology for the North Korean and Iranian Rocket Development.
http://www.b14643.de/Spacerockets_1/Diverse/R-27/index.htm.
103 Joshua Pollack, North Korea Debuts an IRBM,
http://pollack.armscontrolwonk.com/archive/3351/north-korea-debuts-an-irbm.
104 Catherine Boye, Melissa Hanham, and Seungho Lee, Missiles, Maneuvers and Mysteries: Review of Recent Developments in North Korea,
http://cns.miis.edu/stories/101102_missiles_north_korea.htm.

평양을 방문하여 조선영광무역회사와 북한 엔지니어들의 교육을 위해 러시아 전문가와 교수들을 북한에 보낸다는 계약을 체결했다.[105] 계약 중에는 북한이 개발하려는 우주 발사체 지브의 개발을 도와주기 위해 소련 엔지니어들을 파견한다는 내용도 포함되어 있었다. 여기서 지브 는 마케예프 설계국에서 R-27(SS-N-6)을 부르는 이름이었다. 첫 단계 프로젝트가 완료되면 북한은 마케예프 설계국에 300만 달러를 지불하 기로 하였고, 설계가 완료되면 지브는 러시아에서 생산하기로 계약을 맺었다고 한다.[106]

이 계약은 마케예프 설계국을 관장하던 '일반 기계 제작부(Ministry of General Machine Building)' 장관과 소련 보안부서의 승인을 받은 것으 로 알려졌다. 1992년 12월 중에 마케예프 설계국의 기술자를 포함해 수십 명의 러시아 엔지니어들이 평양으로 출발하기 직전 셰레메티예 보-2 국제공항에서 제지되었다.[107] 그러나 1987~1988년 사이에 이미 많은 수의 러시아 엔지니어들이 비밀리에 북한으로 들어가 일을 하고 있었으며, 1992년 12월에 출국을 제지당했던 엔지니어들 중 일부도 나 중에 중국을 통해 북한으로 들어갔을 것으로 추정하고 있다.

2003년 9월 10기의 무수단 미사일과 5개의 이동식 발사대가 평양 인근의 미림공항(Mirim Airport)에서 발견되었다. 2006년경에는 15~20 기가 실전에 배치된 것으로 전해졌고, 무수단 미사일은 2007년 4월 처 음으로 북한 국내용으로 전시되었으며, 2010년 10월에는 드디어 전 세

---

[105] North Korea Missile Chonolgy,
http://www.nti.org/media/pdfs/north_korea_missile_2.pdf?_=1327534760의 May 1992 항목 참조.
[106] ibid.,의 December 1992 항목 참조.
[107] ibid.

게 미디어에 그 모습이 공개되었다. 최근 위키리크스(WikiLeaks)에 따르면 북한이 19기의 무수단을 이란에 양도한 것으로 알려졌지만 확인할 길은 없다.[108] 북한 내에서는 단 한 번의 무수단 비행시험도 실시하지 않았지만 북한과 이란은 무수단을 실전에 배치했을 것으로 보며, 무수단 개발 기술은 북한과 이란의 위성 발사체에 이미 성공적으로 적용하고 있는 것으로 판단한다.

무수단은 R-27K와 같은 23.7t의 주 엔진과 자세제어를 위한 3.1t짜리 보조 엔진 2기로 구성된 이사예프의 4D10 엔진을 그대로 사용하는 것으로 보인다. 반면 3500km 이상의 사거리를 달성하는 데 필요한 여분의 연료를 수용하기 위해 미사일의 길이와 무게를 늘려야 했다. 무수단은 R-27이나 발달형인 R-27K의 길이 9.65m에 비해 2.35m 늘어났으며, 무게도 R-27의 12.2t에 비해 5.65t 늘어난 17.85t으로 추정되고 연소시간도 6.6초 정도 늘어났을 것으로 판단한다. 680kg의 탄두를 탑재한 R-27의 초기 모델 사거리가 2400km인 데 반해 무수단의 사거리는 3200~4000km로 예상된다. 무수단의 사거리는 R-27의 개량형인 R-27U의 사거리 3000km에 비해서도 훨씬 증가한 것을 알 수 있다. 북한은 처음부터 무수단을 잠수함 탑재용이 아닌 지상 발사용 IRBM으로 설계하였기 때문에 길이에 대한 제약이 없었다. 무수단을 보유하게 됨에 따라 북한은 3400km 정도 떨어진 괌의 미군 기지까지도 탄도탄의 사거리 안에 둘 수 있게 되었다. 그러나 무수단은 아직 한 번도 비행시험을 하지 않았기 때문에 사거리에 관한 수치는 아직까지 추측에 불과

---

[108] By William J. Broad, James Glanz and David E. Sanger, "Iran Fortifies Its Arsenal with the Aid of North Korea",
http://www.nytimes.com/2010/11/29/world/middleeast/29missiles.html?_r=2.

사진 2-6_ 트리콘 형태의 탄두를 탑재한 신형 노동A1 미사일 [Norbert Brügge] 109

하다.

2010년 10월 10일 퍼레이드에는 무수단 외에도 이란 샤합-3B (Shahab-3B: Ghadr-II)의 RV와 유사한 재돌입체를 탑재한 훨씬 강력해진 신형 노동 미사일이 전시되었다. 〈사진 2-6〉은 이란이 개발한 트리콘(Tricone) 형태의 RV를 장착한 신형 노동 미사일이다. 트리콘 형태의 RV는 R-27의 RV와 매우 유사한 모양을 하고 있지만 끝 부분을 원뿔형으로 바꾼 것이 다른 점이다. RV 형태로 미루어보아 무수단과 노동A1이 탄두를 공유할 가능성도 배제할 수 없다.

109 Norbert Brügge, http://www.b14643.de/Spacerockets_1/Diverse/Nodong/index.htm

대포동2호

대포동2호(TD-2: TaepoDong-2)는 1990년경 대포동1호와 같이 개발에 착수했을 것으로 여겨진다.[110] 1994년 미국의 위성사진이 2단 또는 3단 로켓 실물 크기의 모형을 촬영함으로써 북한이 700~1000kg 페이로드와 3700km 사거리의 대포동2호라는 장거리 로켓을 개발하고 있음을 알게 되었다.[111] 북한은 이 미사일을 백두산-2 또는 목성-2 등 여러 가지 이름으로 불렀으나, 북한 밖의 세계에서는 대포동2호(TD-2)라고 불렀다. 대포동2호의 사거리는 시간이 흐름에 따라 4000km로 늘어났고, 2003년경에는 1만 5000km에 달할 것이라는 추정치도 나돌았다. 가장 빨리 크는 물고기가 낚시꾼이 잡았다 놓친 고기라는 말이 있지만, 사거리가 가장 빨리 늘어나는 탄도탄은 대포동2호인 것 같다.

북한이 개발한 모든 미사일에 대해 그러하듯이 대포동2호에 대해서도 추측만 무성했지 사실 알려진 것은 별로 없었다. 2006년 7월 5일 북한은 7기의 미사일 발사시험을 실시하였는데, 그중 2기는 노동 미사일을 개량한 사거리 2000km의 노동-2 미사일로 기태령에서 발사되었으며, 대포동2호 1기는 무수단리에서 발사되었으나 발사 42초 후에 고장을 일으켜 추락했다. 대포동2호가 너무 일찍 폭발해 그것이 인공위성 발사였는지, 혹은 모의 탄두를 탑재한 3단 탄도탄 시험 발사였는지조차 알 수 없다. 나머지 4기 중 2기는 노동인지 스커드인지 분명하지 않지만, 2기는 화성6호로 알려졌다.

---

[110] Taep' o Dong 2,
http://www.missilethreat.com/missilesoftheworld/id.166/missile_detail.asp.
[111] Charles Vick, "Taep' o-dong 2 (TD-2), NKSL-X-2",
http://www.globalsecurity.org/wmd/world/dprk/td-2.htm.

미국이 공식적으로 발표하는 대포동2호의 사거리는 어느 기관의 누가 발표하느냐에 따라 달라진다.[112] 미국 공군의 국가항공우주정보센터(NASIC: National Air and Space Intelligence Center)는 2009년 4월 TD-2의 사거리를 5471km로 발표했으나, 은하2호(Unha-2) 발표 이후에도 같은 사거리와 옛날 TD-2 사진조차 바꾸지 않고 있다. 반면, 2010년 2월 미국 국방성은 '탄도탄방어검토보고서(BMDR: Ballistic Missile Defense Review Report)'에서 2단 TD-2의 사거리는 1만 km이고 3단 TD-2는 1만 5000km라고 발표했다. 2007년도 '탄도탄방어국(MDA: Missile Defense Agency)'은 BMDR과 같은 평가를 내리고 있다. 2009년 MDA 사령관 패트릭 오릴리(Patrick O'Reilly) 중장은 비록 북한의 은하2호 발사가 실패했지만, 제1단이 분리되었고 2단이 성공적으로 작동했기 때문에 2단 TD-2가 필요한 모든 요소들이 검증되었다고 보며, TD-2는 미국까지 도달할 수 있다고 했다.[113] 미국의 16개 정보기관들이 국가정보원장(DNI: Director of National Intelligence) 책임하에 협력하여 국가 안위를 위협하는 특정 사안에 대한 정보를 종합 평가해서 정책입안자들에게 보고하는 NIE라는 보고서들이 있다. 2001년 NIE에서는 2단 TD-2는 1만 km 사거리를 가지고, 3단은 1만 5000km 사거리를 가진다고 평가했고 북한은 TD-2를 우주 발사체로 사용하여 미사일시험을 할 것으로 내다보았는데 2009년 4월에 현실로 드러났다. 여기서 어느 기관의 발표를 보아도 페이로드 무게에 대한 구체적인 언급은 없다. 이

---

[112] "Official Estimates of the TaepoDong-2",

http://38north.org/2011/01/estimates-of-taepodong-2/.

[113] Lieutenant General Patrick O'Reilly, "Testimony before the Senate Armed Services Committee," June 16, 2009,

http://www.mda.mil/global/documents/pdf/ps_sasc_06162009.pdf.

유는 TD-2에 대한 정보가 없기 때문이다. 2009년 4월 이후 그나마 TD-2에 대한 정보가 나돌기 시작한 것으로 본다.

2009년 4월 5일, 북한은 은하2호라고 부르는 발사체로 광명성2호 위성을 발사하였다. 북한은 처음으로 발사시간을 미리 발표했고 함선과 항공기에 대한 '비행체' 낙하 위험 지역을 예고하였다. 은하2호 발사는 미국과 일본의 육상과 해상, 공중 센서를 이용한 다양한 방법에 의해 관측되었고, 관측 결과 은하2호 발사는 3단 엔진이 점화되지 않아 실패한 것으로 결론이 났다. 미국 정부는 은하2호의 궤도나 잔해 낙하지점에 대한 정보를 직접 공개하지 않았지만, 제1·2단의 낙하지점 등은 결국 대중매체에 공개되었다. 발사 방향은 거의 정동쪽을 향했으며 제1·2단은 각각 북한이 설정한 위험 지역 안에 낙하한 것으로 추정되었다. 공개 매체에 보도된 궤도와 제1·2단의 낙하지점 데이터를 근거로 은하2호의 사진을 분석한 결과 대포동2호의 제1단은 중국의 DF-3A(CSS-2) 엔진과 같은 4기의 YF-2A 엔진 클러스터라는 주장이 제기되었지만[114], 최근에 와서 YF-2A 엔진 클러스터가 아닌 노동 4기의 노동 엔진 클러스터 엔진으로 의견이 모아지고 있다.[115] DF-3A의 직경은 2.2m 정도인 데 비해 은하2호의 직경이 2.4m 이상이라고 추정되기 때문이다.

은하2호의 위성 발사는 실패한 것으로 보이지만, 2단으로 구성된 ICBM으로서 대포동2호의 성능은 2009년에 실시한 시험으로 확인된 셈이다. 하지만 ICBM이 MRBM이나 IRBM과 다른 또 한 가지 차이점은

---

[114] Taepo-dong 2(TD-2), NKSL-X-2,

http://www.globalsecurity.org/wmd/world/dprk/td-2.htm; Norbert Brügge, "The Chinese DF-3 missile", http://www.b14643.de/ Spacerockets_1/Diverse/DF-3/.

[115] North Korea's impressive space launch vehicle, "Unha-2",

http://www.b14643.de/pacerockets_1/Diverse/Unha-2/index.htm.

탄두의 높은 재돌입 속도다. 최대사거리가 4000km인 무수단의 연소종료속도는 5.3km/s인 데 비해 사거리가 1만 km 이상인 ICBM의 연소종료속도는 7.0km/s 이상이다. 재돌입 시 공기 마찰로 일어나는 열 발생률의 최대치는 속도의 3.5제곱 이상 되기 때문에 ICBM의 RV가 경험하는 단위면적당 열 유입률은 무수단에 비해 2.6배 이상 높을 것이다.[116] 그러나 지금까지 북한은 한번도 IRBM급 또는 ICBM급 탄도탄의 재돌입체 비행시험을 시행한 적이 없다.

북한은 50km에서 3500km 이상의 모든 표적을 커버하는 화성5·6호, 노동 그리고 무수단을 개발해왔고, 미래에는 사거리가 1만 km를 상회하는 ICBM 대포동2호를 개발할 수도 있다고 판단된다. 공개된 단편적인 정보들을 토대로 북한의 미사일 계획을 역추적해보면 노동, 무수단, 대포동 계획은 모두 1987~1988년 사이에 동시에 수립된 것으로 보인다. 이러한 북한의 대대적인 미사일 개발 계획은 1963년 중국의 15인 특별위원회의 지시로 수립된 중국의 '로켓기술개발8개년계획'과 유사한 점이 많다. 중국이 DF-2A, DF-3, DF-4, DF-5 등 DF 시리즈(Dongfeng Family) 탄도탄 4종을 본격적으로 개발하기 시작한 시점이 1964년이었다면 노동, 무수단, 대포동1호와 대포동2호를 개발하기 시작한 시점은 1988년경으로 여겨진다. DF-4는 괌에 있는 미군 기지와 모스크바를 커버하기 위해 개발했으며, 북한의 무수단도 괌을 커버하기 위해 개발되었다. DF-5와 대포동2호는 다 같이 미국 본토를 겨냥해 개발된 것이다. 중국이 이러한 여러 가지 표적을 염두에 두고 DF 시리즈를 한꺼번에 개발하기로 했다면, 북한 역시 남한을 커버하기 위한 화

---

[116] RV 설계를 원뿔형으로 가정할 때의 수치다. RV 모양이 바뀌면 물론 수치도 바뀐다.

성5 6호와 일본, 괌, 미국 본토를 커버하기 위한 미사일 개발을 한꺼번에 시작한 듯싶다.

3
일본의 탄도탄 개발 능력

일본은 현재 탄도탄 보유국이 아니다. 따라서 일본의 탄도탄이나 탄도탄 개발 역사를 논할 수는 없지만, 현재 일본은 SRBM에서 ICBM에 이르는 모든 사거리 영역을 커버하는 탄도탄을 제작할 수 있는 능력을 가지고 있다. 만약 MRBM, IRBM 또는 ICBM이 필요한 급박한 상황이 발생한다면 수년 사이에 수백 기의 탄도탄을 생산, 배치, 운영할 능력이 있는 것으로 생각한다. '글로벌시큐리티(GlobalSecurity.org)'[117]에 따르면 일본은 미니트맨-I/II를 상회하는 J-1 로켓과 미국이 보유한 ICBM 중 가장 강력한 피스키퍼(LGM-118A)에 버금가는 능력을 가진 M-V 로켓을 개발하여 과학 위성, 응용 위성, 우주 탐사선 발사에 두루 사용한 경험을 가지고 있다. 특히 M-V는 일본의 피스키퍼로 불린다.

---

[117] GlobalSecurity.org, Japan's "Missile Program",
http://www.globalsecurity.org/wmd/world/japan/missile.htm.

최근에는 M-V보다 탑재 능력은 조금 떨어지지만 대량생산에 적합하도록 설계된 '엡실론(Epsilon)'이라는 차세대 고체로켓 우주 발사체를 개발 중이다. 이 외에도 M-3C, M-3H, M-3SII 역시 IRBM으로 쉽게 개조할 수 있으며, 이들은 페이로드를 줄인다면 ICBM으로도 사용할 수 있는 로켓 기종으로 판단된다.

물론 J-1이나 M-V는 우주 발사체로 개발한 기종으로, 탄도탄으로 최적화된 설계는 아니다. 일본이 MRBM, IRBM, ICBM을 개발하기로 계획한다면 설계를 탄도탄에 적합하도록 최적화할 것은 자명하다. 탄도탄이 위성 발사체와 다른 것은 비행 궤도와 페이로드의 재돌입 유무에서 오는 차이다. 지구 궤도에 진입하기 위해서는 추력도 중요하지만 탑재물이 고중력이나 충격에 예민하기 때문에 너무 높은 가속도를 갖지 않도록 조절해야 하고, 동시에 높은 고도에 이르기 위한 연소시간의 조절도 필요하다. 하지만 탄도탄의 경우 탑재물은 위성과 같은 우주 발사체보다 훨씬 견고하게 제작된 RV를 탑재하므로 가속도 상한을 제한할 필요가 없으며, 일반적으로 연소시간이 아주 짧을수록 유리할 수도 있다.

유인위성 프로그램이나 샘플을 회수하고자 하는 행성 탐사선처럼 특수한 경우가 아니면 위성을 재돌입에서 생존시킬 이유가 없다. 그러나 탄도탄의 목적은 탄두를 지상에 있는 표적으로 운반하는 데 있다. 로켓으로 가속된 RV는 비행시간의 대부분을 거의 진공인 대기권 밖에서 보낸 후 표적 상공에서 대기권으로 들어온다. 재돌입 열로부터 RV 안의 탄두를 보호하고, RV가 불균일한 양력과 바람에 의해 표류하는 것을 최소화하려면 지상시험은 물론 실제 상황에서 비행시험을 통해 설계를 검증해야 한다.

일본은 1994년 오렉스(OREX: The Orbital Re-entry Experiment) 프로

그램을 통해 지구 궤도로부터 대기권으로 들어오는 재돌입 캡슐의 열 차폐막(TPS: Thermal Protection System) 각 부분의 온도 측정, 오렉스 표면의 압력 측정, 공기 마찰로 인한 감속도 정밀 측정, 융제(Ablator) 성능 평가를 위한 분자의 해리 및 재결합률 측정, 전자 밀도 측정, GPS-IMU 유도장치시험, 라디오 블랙아웃 시험 등과 비행장에 자동으로 착륙하는 유도 시스템 시험 등을 성공적으로 수행하였다. 이 시험에서 얻은 데이터의 많은 부분은 지상실험으로는 얻을 수 없는 것이었다. 시험에서 얻은 데이터는 극초고속 유체역학 계산 결과 및 지상실험 결과와 잘 일치함을 알 수 있었다.[118] 오렉스 시험 결과는 회수 가능한 인공위성이나 하야부사(Hayabusa) 같은 우주탐사선의 설계에도 중요한 역할을 했지만, RV나 기동성 RV(MaRV: Maneuverable RV)의 설계와 정밀 유도 등 현대적인 탄도탄 설계에도 절대적으로 필요한 데이터를 제공할 수 있다.

1995년 1월 15일 일본은 EXPRESS(Experiment Re-entry Space System)를 발사하여 우주 공간을 산업에 이용하는 시험 외에 재돌입과 회수에 관한 실험을 시도하였다. 역추진 로켓을 발사해 재돌입을 시도했으나, 2단 로켓으로부터 분리되지 않아 실험에는 실패하였다. 그러나 10개월 후 EXPRESS는 가나(Ghana)에서 거의 온전한 상태로 발견되었고, 캡슐의 열 차단 효과와 우주 공간에서 기기 작동 등에 관한 데이터를 회수했다고 한다. 2002년도에는 소행성 탐사 위성인 하야부사[119]의 재돌입 기술을 시험하기 위한 DASH(Demonstrator of Atmospheric Reentry System and Hypervelocity) 재돌입체시험을 실시하였다. 하지만,

---

[118] Activities in the Past, http://www.rocket.jaxa.jp/fstrc/0c01.html#5.
[119] 원래는 뮤지스-C(Muses-C)라고 불렸다.

잘못 연결된 전선으로 인해 위성이 로켓으로부터 분리되지 않아 시험 자체는 실패했다. 물론 이와 같은 시험을 통해 얻은 데이터는 재돌입체 설계에 중요한 역할을 한다.

소행성 이토카와(Itokawa)에서 샘플을 채취한 하야부사 탐사선이 무사히 지구로 귀환한 것으로 일본 우주선의 정밀 항해술과 재돌입 기술 및 신뢰성이 증명된 셈이다.[120] 하야부사는 2003년 5월 9일에 발사되었고, 발사 후 7년 1개월 4일 만인 2010년 6월 13일 지구로 돌아왔다. 미국 나사(NASA)도 목성 탐사선 갈릴레오(Galileo)와 '니어 슈메이커(Near Shoemaker)'를 소행성으로 보낸 적은 있지만 샘플을 지구로 가져온 것은 하야부사가 처음이다. 하야부사의 귀환은 일본이 미사일의 초정밀 유도 기술과 RV 재돌입 기술을 완벽하게 숙지했음을 증명하고 있다.

따라서 일본은 탄도탄이 필요하다는 공감대가 형성되기만 하면 정부가 결정을 하고 나서 수년 내에 수백 기의 고체로켓 추진 MRBM, IRBM, ICBM을 생산·배치할 수 있는 기술과 경제적 능력을 가지고 있다고 판단한다.

일본의 우주로켓 하면 사람들은 제일 먼저 N 시리즈와 H 시리즈를 떠올리는 것이 사실이다. 이 거대한 로켓들은 지금은 일본우주항공연구개발기구(JAXA: Japan Aerospace Exploration Agency)로 거듭난 일본우주개발기구(NASDA: National Space Development Agency of Japan)에서 개발한 상용 위성 발사체들이다. 반면 L-4S, M-3SII, M-V 등은 JAXA에 통합된 우주과학연구소(ISAS: The Institute of Space and Astronautical Science)에서 순수한 우주과학을 위해 개발한 고체로켓 발사체들이다.

---

[120] Hayabusa, http://en.wikipedia.org/wiki/Hayabusa.

사진 2-7_ 오스트레일리아 우머라 기지에서 관측한 하야부사 재돌입 장면. 지구 귀환 캡슐은 우머라 기지(Woomera Prohibited Area) 내의 20km×200km 영역 안에 떨어질 것으로 예측했고, 그 예측은 정확했다.

설사 ISAS에서 고체로켓을 꾸준히 개발한 배경에 언젠가는 군사적으로 사용할 것을 염두에 두었다고 해도 그것은 알 길이 없다. 일본은 우주 개발에서 순수과학 분야와 상업적 응용 분야를 완전히 분리하여 독립적으로 개발해왔다. 순수 과학위성이나 탐사선은 ISAS에서 고체로켓을 개발해 발사하였고, 상업 위성은 NASDA에서 액체로켓을 개발해 발사하였다. 이러한 분리 개발 정책으로 고체로켓 개발에 간섭하려는 외부의 압력을 효과적으로 배제할 수 있었던 것으로 보인다.

일본 H-II의 제1·2단의 연료와 산화제는 액체수소(LH_2: Liquid Hydrogen)와 액체산소(LOX: Liquid Oxygen)이다. 액체수소는 발사하기 수시간 이내에 로켓에 주입해야 한다. 높은 증기압으로 인한 과도한 압력을 방지하기 위해 수소가스를 배출해야 하고, 증발하여 배출된 양만큼 계속 채워야 한다. 보통 98%만 충전하고 발사 직전에 자동으로

100% 주유된다. 이러한 이유로 H-II 발사에는 그 준비시간만 해도 수 시간 이상에서 며칠이 소요되므로 요즘같이 첩보 위성에 의해 하늘이 뚫린 세상에서는 H-II를 ICBM으로 사용한다는 것은 불가능하다.[121] 상 대방이 H-II에 의한 공격을 감지한 후 40~50분 내에 H-II 발사 기지 는 상대방의 ICBM에 의해 파괴될 것이 확실하기 때문이다. 첩보 위성 이 등장하기 전인 1950년대 말에서 1960년대 초까지만 해도 H-II와 같 은 발사체는 ICBM으로도 손색없었을 테지만, 지금은 H-II와 같은 로 켓을 탄도탄으로 전환하려는 시도는 미래의 탄도탄 개발 가능성까지도 막아버릴 수 있는 자충수에 불과하다. 따라서 일본이 개발할 수 있는 탄도탄 중 NASDA의 로켓은 제외해도 된다고 본다. 물론 H-II의 제1단 에 부착한 이륙 보조용 '고체 부스터 로켓(SRB: Solid Rocket Booster)'은 탄도탄의 로켓엔진으로 적합하다는 것만 빼고 말이다.

일본의 탄도탄 개발 능력을 이해하기 위해서는 ISAS의 역사와 현 재 일본의 고체로켓 개발 능력을 이해하는 것으로 충분하다고 생각한 다. 제2차 세계대전 때만 해도 일본은 상당한 수준의 로켓 기술을 보유 하고 있었다. 가미카제용으로 설계한 오카(Ohka: 벚꽃)는 800kg의 추력 을 가진 3기의 고체로켓으로 추진되었던 단거리 비행폭탄이었다.[122] 〈사진 2-8〉에서 보는 오카는 1.2t의 폭탄을 탑재하고 수평비행에서 630km/h의 속도로 약 36km를 비행할 수 있었다. 물론 유도 조종은 기 계 대신 '살아 있는 유도장치' 가미카제 조종사가 맡았다.

연합군 측은 제2차 세계대전에서 패한 일본에 전투기와 폭격기를

---

121 H-II뿐만 아니라 H-I, N-II, N-I은 이 점에선 모두 비슷하다.

122 Ohka-kamikaze Aircraft Employed by Japan, http://www.japan-101.com/history/ohka.htm.

사진 2-8_ 오카는 로켓 추진 가미카제 비행기

포함한 모든 항공 관련 연구를 금지시켰으며, 도쿄 대학교 항공학과조차 폐지하였다. 제2차 세계대전 중에 전투기를 개발했던 일본의 엔지니어와 교수들은 자기 연구 분야를 새롭게 개척해야 했다. 제2차 세계대전 이후 로켓 설계 도면이나 기술은 일본에서 완전히 자취를 감추었다. 자칫 전범으로 몰릴 가능성을 생각한 당사자들이 스스로 모든 증거를 파기했기 때문이기도 하다. 이러한 황무지에서 오늘날 일본이 우주개발의 기반을 다지게 된 것은 이토카와 히데오(Hideo Itokawa)라는 항공학자의 강한 집념과 꿈 그리고 지속적인 노력이 있어 가능했다고 해도 과언이 아닐 것이다.

1954년 어느 날 도쿄 대학교의 한 교수가 대학원생 한 명을 불렀다. 교수는 그 학생에게 모델 로켓을 하나 만들고 풍동시험을 해서 공기역학적 안정성을 검토하라고 지시했다. 학생은 "모델 제작 경비는 얼마나 쓸까요?"라고 물었다. 그가 들은 대답은 "한 푼도 쓰지 마라."였다. 얼마 후 그 학생은 졸업장을 담아두는 두꺼운 종이로 만든 원통으로 로켓의 몸체를 만들고, 역시 종이로 로켓의 노즈콘(Nose Cone: 로켓·항공기 등의 원뿔형 앞부분)과 4개의 공력 핀을 만들어 붙인 '종이 로켓'을 들고 교수 앞에 나타났다. 교수는 "좋아!"라고 한마디를 한 후 로켓을 들고 밖으로 나가 풀밭에 종이 로켓을 올려놓고 사진을 한 장 찍

113

사진 2-9_ '20분간 태평양 횡단' 이라는 제하의 마이니치신문 기사 [JAXA](왼쪽)와 이토카와 히데오 교수(오른쪽)

었다. 물론 풍동시험 여부는 묻지도 않았다.

　1955년 1월 3일 마이니치 신문에는 '20분간 태평양 횡단' 이라는 제하의 기사에 문제의 그 사진이 실렸고, 사진 설명에는 '도쿄 대학교에서 시험적으로 제작한 국산 로켓 제1호' 라는 설명이 붙어 있었다.[123] 〈사진 2-9〉의 신문 기사가 바로 그것이다. 이 이야기는 재미로 꾸며낸 이야기가 아니고 JAXA의 ISAS 홈페이지에 '일본 우주 연구의 역사' 라는 제하로 소개된 내용이다. 그 교수의 이름은 이토카와 히데오이고, 학생의 이름은 아키바 료지로(Ryojiro Akiba)이다. 아키바는 다름 아닌 ISAS의 마지막 소장을 지낸 바로 그 아키바다. 어찌 되었건 마이니치 신문기사는 문부성에서 우주과학 분야를 담당했던 오카노 스스무(Susumu Okano)의 눈에 띄었고, 이 기사는 그 후 일본 우주 개발의 방향을 결정하였다.

---

[123] A Paper Rocket, http://www.isas.jaxa.jp/e/japan_s_history/profito/paper.shtml.

1954년 봄 제3차 국제지구물리관측년(IGY: International Geophysical Year, 1957~1958년) 준비 회의에서 미국 대표는 일본 대표 오카노에게 미국이 고공 탐사 로켓을 제공할 의사가 있으니 일본도 고공 탐사에 참여하라고 권유했지만 가부간에 확답을 하지 않고 돌아왔다. 오카노는 일본이 고공 탐사 활동을 하게 된다면 반드시 일본 로켓을 사용해야 한다고 생각했기 때문에 미국 로켓을 제공하겠다는 제안을 그냥 고맙게 받아들일 수만은 없었던 것이다. 1955년 1월, 오카노는 이토카와의 마이니치 신문기사를 보게 되었다. 오카노는 이토카와와 국제지구물리관측년에 관련된 과학자들을 연계해주었다. 그 결과 도쿄 대학교에서 40만 엔, '후지 세이미쓰사(Fuji Seimitsu Company)'에서 230만 엔을 로켓 개발 경비로 배정하였다. 이미 1954년도에 초고속 충격파와 로켓 텔레메트리에 대한 연구를 하던 이토카와 교수의 AVSA(Avionics and Super-sonic Aerodynamics: 항공 및 초음속 공기역학) 그룹에는 연간 60만 엔이 배정되어 있었다. 이로써 이토카와는 산업계와 도쿄 대학교의 협조 아래 총 330만 엔의 예산으로 직경 1.8cm, 길이 23cm, 무게 200gm의 '연필 로켓(Pencil Rocket)'을 제작하여 여러 가지 고체로켓의 특성을 연구하기 시작하였다. 우연하게도 일본의 로켓 연구는 '종이 로켓'과 '연필 로켓'으로 시작되었다는 사실이 재미있다.

종이와 연필은 지금도 공부하는 데 꼭 필요한 도구이고, 옛날에는 기초 연구를 하는 데 꼭 필요한 도구들이었다. 일본은 로켓에 관한 한 가장 '기초적'인 연구부터 시작한 유일한 나라다. 이토카와의 AVSA 그룹은 만들 수 있는 가장 작은 연필 로켓으로 로켓의 가속 특성, 롤(Roll: 축을 중심으로 하는 회전) 특성, 2단 스테이징(Staging: 단 분리와 2단 점화) 등 필요한 실험을 모두 수행하였다. 물론 이토카와가 작은 로켓을 원해서 연필 로켓으로 연구를 시작한 것은 아니었다. 당시 액체로켓 연구는

꿈도 꿀 형편이 못되었고, 고체로켓 추진제도 마땅하지 않았다. 이도카와를 도와주는 협력 업체 후지 세이미쓰는 태평양전쟁 때 이토카와가 하야부사라는 전투기를 설계했던 항공기 회사 '나카지마'의 새로운 이름이다.

이 회사에는 이토카와와 함께 전투기를 설계했던 도다 야스아키 (Yasuaki Toda)가 근무하고 있었다.[124] 도다는 '일본 석유 및 유지 회사 (Nippon Oil and Fat Corporation)'의 무라타 쓰토무(Tsutomu Murata)와 함께 로켓 추진제를 물색하던 중 한국전쟁 때 바주카포 추진제로 사용한 '더블베이스(Double Base)' 추진장약을 찾아냈다. 더블베이스 고체 추진장약은 보통 섬유질인 니트로-셀룰로오스(Nitro-Cellulose)와 가소제 (Plasticizer)인 니트로-글리세린(Nitro-Glycerine)의 두 가지 연료로 구성되어 있다. 이 둘은 모두 연료와 산화제를 포함한 그 자체로 하나의 추진제다.[125] 두 가지 활성 물질을 포함하기 때문에 더블베이스라고 부르는 것이다. 바주카포의 추진장약은 외부 직경이 9.5mm, 내부 직경이 4mm, 길이가 123mm인 작은 대롱 형태이다. 쉽게 말해 마카로니 국수를 123mm 길이로 잘라놓은 모양이다.

이보다 더 큰 더블베이스 추진장약은 제조하기가 힘들었다. 이토카와는 대형 고체로켓에 적합한 추진제를 개발하기 전에 연구용 로켓을 제작해 기본적인 기술을 익히고 싶었다. 이토카와의 동료들은 이렇게 작은 로켓을 가지고 어떻게 로켓을 연구하느냐며 실망했지만, 이토카와는 로켓이 비행하는 것을 연구하기 위해서는 작으면 작을수록 좋

---

[124] Industry and the AVSA Group,
http://www.isas.jaxa.jp/e/japan_s_history/profito.shtml.
[125] Andre Bedard, "Double Base Solid Propellants",
http://www.astronautix.com/articles/doulants.htm.

다고 말했다. 만들기 쉽고 값도 싸니까. 이것은 이토카와의 극단적인 낙천주의와 긍정적인 문제 해결의 자세를 보여주는 한 예다.[126] 이렇게 태어난 것이 5000엔으로 제작할 수 있는 연필 로켓이었다.[127] 추진장약을 2개 사용한 30cm 길이의 '펜슬 300'도 실험하였고, 연필 로켓 2개를 직렬로 장착한 2단 연필 로켓으로 단 분리와 상단 점화도 연구하였으며, 연필 로켓에서 공력 핀도 제거하고 날려보았다.

당시 일본의 초고속 카메라나 레이더 수준은 초보적 단계로 연필 로켓 비행 데이터를 얻기에는 턱없이 빈약했다. 레이더가 개발되기를 기다리는 대신 이토카와는 수평으로 로켓을 발사하며 속도, 가속도, 롤 특성 등을 모두 측정하였다. 로켓을 수평으로 발사해도 알고 싶은 데이터는 다 수집할 수 있다는 것을 보여준 것이다. 이것은 물론 로켓이 작기 때문에 가능했다.

연필 로켓의 후속 로켓은 직경 8cm, 길이 120cm에 무게 10kg의 2단 고체로켓인 '베이비 로켓(Baby Rocket)'이었다. 이토카와의 AVSA 그룹은 베이비 로켓을 발사하고 개선하여 IGY에서 요구하는 60~100km 목표를 충족하는 데 필요한 로켓 개발을 위해 기술과 고공 데이터를 수집하였다. 베이비 로켓은 로켓의 비행 성능을 확인하기 위한 베이비-S와 일본 최초로 텔레메트리를 탑재한 베이비-T 그리고 탑재물을 회수할 수 있는 베이비-R 등 세 가지 모델로 개발되었다. 세 가지 모델 모두 고도 6km에 도달하는 데 성공했다. 특히 베이비-R은 여러 가지 페이로드를 싣고 올라가 최고 고도에 도달하여 로켓에서 분리

---

[126] Yasunori Matogawa, "Lessons from Half a Century Experience of Japanese Rocketry since Pencil Rocket",
http://pdf.aiaa.org/downloads/2005/CDReadyMIAF05_1429/IAC-05-E4.4.01.pdf, p.3.
[127] Industry and the AVSA Group, http://www.isas.jaxa.jp/e/japan_s_history/profito.shtml.

뒤 후 낙하산을 이용해 회수하는 데 성공하였다. AVSA 그룹은 로켓의 성능을 순차적으로 향상시켜 A(알파: α), B(베타: β), K(카파: κ)를 개발하고 마지막으로 IGY의 요구 조건을 충족시킬 수 있는 Ω(오메가)를 개발하는 것으로 계획하였으나, 1957~1958년이라는 IGY의 시간표를 충족시키기 위해서는 로켓 연구 개발 기간을 앞당겨야만 했다. AVSA 그룹은 베이비 로켓에서 곧장 카파 로켓으로 건너뛰기로 계획을 변경하였고, 장기적으로는 K, L(람다: λ) 그리고 M(뮤: μ) 시리즈를 순차적으로 개발한다는 계획을 세웠다.

아직 '복합 추진제(Composite Solid Propellant)'의 개발을 완료하지 않았기 때문에 AVSA 그룹은 K 모델 시리즈의 처음 세 모델인 K-1, K-2, K-3에는 더블베이스 추진제를 사용할 수밖에 없었다. K-1의 직경은 베이비 로켓보다 큰 12.8cm로 초기 가속도가 25G를 넘었고, K-3는 처음 2단으로 제작한 K 모델이었다. 당시 일본은 국내에서 생산할 수 있는 더블베이스 추진제의 최대직경이 1cm를 넘지 못했기 때문에 K모델을 제작하기 위해서는 마카로니 국수 다발처럼 외경이 12.8cm인 연소실 속에 빼곡하게 채워 넣는 방법을 채택하였다. 그러나 K-4, K-5, K-6 등은 더블베이스 추진제 대신 새로 개발한 복합 추진제를 사용하였다.

더블베이스 추진제와는 달리 복합 추진제는 연료와 산화제를 균일하게 섞은 형태로 어떤 모양으로도 쉽게 가공할 수 있어 대형 고체로켓 추진제로 많이 사용된다. 처음에는 아스팔트를 결합체로 사용하여 포타슘 퍼클로레이트(Potassium Perchlorate)를 산화제로 사용한 '아스팔트-퍼클로레이트'와 같은 복합 추진제를 사용했다. 이어서 성능이 개량된 폴리우레탄 결합제와 암모늄 퍼클로레이트 산화제를 사용했으며, 현재는 더욱 활성적인 연료와 산화제 및 다량의 알루미늄을 포함한 복합 추진제로 발전해왔다. 더블베이스에 비해 민감한 복합 추진제의 사용은 로켓 모터의 개발에 많은 어려움을 주었다. 1년 이상을 가끔씩 폭발하는 모터와 씨름하고 나서야 제1단 직경 25cm, 총길이 5.4m, 무게 255kg으로 몸집이 커진 K-6가 1958년 6월 드디어 60km 고도에 도달하는 데 성공했다. K-6를 개발함으로써 일본은 60km 이상의 고도에서 바람과 온도, 우주선을 측정하는 IGY 프로그램에 합류할 수 있었다.

K-6의 성공으로 고무된 AVSA 그룹은 직경 42cm인 제1단 모터를 새로 개발하고, K-6를 제2단으로 사용하는 고공 탐사 로켓 개발에 본격적으로 나섰다. 추진제도 폴리설파이드(Polysulfide) 결합체를 사용하였고, 고장력 강판을 용접해 만든 연소실 케이스를 도입하여 무게를 줄였다. K-8는 크기와 무게만 큰 것이 아니라 성능도 이전 모델에 비해 월등히 개선되었다. K-8는 50kg의 페이로드를 200km 고도에 올릴 수 있었다. 1960년 NASA 과학자들이 참관한 가운데 세 번째 K-8인 K-8-3이 이온층과 우주선(Cosmic Ray)을 관측하는 데 성공했다. K-8은 전리층(Ionosphere)의 F층(F Layer)에 도달하여 세계 최초로 낮과 밤의 이온 분포를 측정하는 데 성공하였다. 이렇게 해서 일본의 우주 개발 계획은 제3차 국제지구물리관측년(3rd IGY)을 기회로 삼아 본격적인 궤도에 오르게 되었다. 제3차 국제지구물리관측년은 오카노의 '비전'대로 일본에 로켓 기술 개발의 기반을 다져놓고 지나갔다. 오카노가 미국 대표의 제안을 고맙게 받아들였다면 1960년 일본에 무엇이 남았을까?

이토카와의 AVSA 그룹은 로켓이 강력해지면서 지금까지의 실험 장소였던 동해가 너무 비좁아짐에 따라 더 넓고 새로운 로켓 시험장이 필요해졌다. 그래서 찾아낸 장소가 가고시마 현의 우치노우라(Uchinoura)였다. 1962년부터 이곳에 71만m² 규모의 새로운 시험장을 건설하기 시작했고, 완성한 후 가고시마 우주센터(Kagoshima Space Center)라고 명명하였다. 도쿄 대학교는 1964년 교내의 항공연구소(Institute of Aero-nautics)와 산업과학연구소의 로켓 그룹을 통합하여 도쿄 대학교 부설 연구소로 ISAS(The Institute of Space and Aeronautical Science: 우주항공과학 연구소)를 설립하였다.

ISAS는 고공 탐사 발사체인 S-210, S-310, S-520를 개발하였으며 K-9M과 L-3H 등도 개발했다. S-310은 직경이 310mm인 고공 탐사 로켓으로 고도 150km에 도달할 수 있었다. S-520은 K-9M과 K-10을 교체하기 위해 개발한 로켓으로, 100kg의 페이로드를 300km 고도로 올릴 수 있었다. HTPB(Hydroxyl-terminated Polybutadiene: 탈수산화부타디 엔)를 바인더로 사용하는 복합 추진제를 사용했으며, M 시리즈의 1단 로켓과 같이 용융 충전 방식으로 제작되었다.[128] 고공 탐사 로켓 S 시리 즈에서 S는 1단 로켓(Single Stage)을 의미하고, S- 뒤의 숫자는 직경 (mm)을 나타내고 있다. 특히 S-520은 1단 로켓이므로 제작과 사용이 간편하여 지금도 다양한 목적으로 사용되는 일본의 대표적인 고공 탐 사 로켓으로 자리매김했다. L-3H는 1000km 이상 고도의 밴앨런대 (Van Allen Belt)에 도달할 수 있는 로켓으로 1960년부터 개발하기 시작 하였다. 1966년 7월, L-3H-2는 무려 1800km 고도에 도달하였다.

원래 M 프로젝트는 외부 밴앨런대(Outer Van Allen Belt)에 도달하는 로켓의 개발을 목표로 시작하였다. 1960년에 시작한 L 시리즈의 개발 이 순조롭게 진행되자 1961~1962년부터는 과학자들 사이에 인공위성 발사에 대한 논의가 있었다. 이러한 논의를 거쳐 M 프로젝트는 위성

---

[128] HTPB(Hydroxyl-terminated Polybutadiene)는 점성이 매우 큰 반투명 액체로 고체 복 합 추진제의 연료와 산화제를 고체로 결합해주는 결합제로 쓰인다. HTPB/AP/Al=12/68/20 은 무게비로 HTPB 12%, 암모늄 퍼클로레이트 68%, 알루미늄 12%가 들어 있는 추진제를 뜻한다.

발사용 로켓으로 자리 잡아갔다. M 로켓에 의한 본격적인 위성 발사의 예비 단계로서 3단으로 설계한 L-3H 로켓에 4단을 얹어 지구 궤도에 위성을 진입시키는 방안을 구체화하였다. 처음에는 가벼운 마음으로 시작한 L-4S 프로젝트는 그 후 이토카와와 ISAS에 모진 시련과 영광을 안겨주었다.

1966년 처음으로 발사한 L-4S-1은 제1단과 제2단은 순조롭게 작동했지만 제3단의 비행 궤도에 이상이 생겨 제4단의 점화 신호 수신 범위를 벗어났다. 제3단의 이러한 이상 행동은 제2단 로켓이 제대로 분리되지 않은 것이 원인이었는데, 분리되지 않은 원인은 전원에 이상이 생겨 '스핀 중지 모터(Despin Motor)'의 작동에 이상이 생겼기 때문인 것으로 판단했다.[129] 다시 발사한 L-4S-2 또한 스핀 중지 모터가 말썽을 부려 제1 · 2 · 3단이 모두 정상적으로 작동했음에도 불구하고 1.6Hz의 스핀이 남았으며, 제4단의 '킥 모터(Kick Motor)'가 점화되지 않아 위성의 궤도 진입에 실패하였다. 사후 조사에 따르면 '스핀 중지' 단계에서 지나치게 큰 회전력(Torque)이 발생해 4단 모터와 제어장치가 어긋났던 것으로 판명되었다. L-4S의 불행은 여기에서 끝나지 않았다. L-4S-3의 발사에서도 제1 · 2단은 제대로 작동했으나 제3단의 점화에 실패하였다.

위성 발사에 연거푸 실패하고 어민들과의 협상이 난항을 겪은 데다 몇몇 언론 매체의 심한 비판을 감수할 수 없었던 이토카와는 ISAS와 도쿄 대학교에 사직서를 내고 로켓 프로젝트에서도 완전히 손을 떼었

---

[129] 디스핀 모터(Despin Motor)란 회전(Spin)을 멈추게 하는 모터를 말한다. 작은 고체로켓은 스핀모터로 축을 중심으로 로켓을 회전시켜 안정된 비행을 하는데, 회전을 멈추려면 디스핀 모터를 이용한다.

다. 이 일은 로켓 개발 그룹으로서는 생각지도 못한 충격이었다. 위성 프로젝트는 곧 노무라 다미야(Tamiya Nomura)에게 승계되었다. 일본의 위성 발사 계획은 그 후로도 순조롭지 않았다. 어민들의 조업권 투쟁으로 1967~1968년 사이에는 로켓 발사를 단 한 번도 할 수가 없었다. 1969년 어민들과의 어려운 협상을 거쳐 모처럼 실시한 네 번째 L-4S 발사에서는 제3단 로켓이 제4단과 위성체를 뒤에서 추돌하는 사고가 생겨 위성은 또다시 궤도 진입에 실패했다. 1970년 2월 11일 다섯 번째 L-4S 발사시험에서 드디어 일본의 첫 번째 위성이 근지점 335km, 원지점 5150km의 타원 궤도에 진입하였다.

L-4S-5 발사에서도 위성 프로젝트 팀원들을 공포로 몰아간 순간이 있었다. 제3단 로켓이 원래 의도했던 높이만큼 로켓을 올려주지 못해 제4단이 너무 일찍 점화되었다. 그럼에도 발사는 성공으로 밝혀졌다. 발사장의 지명을 기리기 위해 위성의 이름을 '오스미'로 명명하였다. 이토카와의 뒤를 이은 다마키 아키오(Akio Tamaki)는 우치노우라의 하늘을 쳐다보며 "나는 일본의 제1호 인공위성을 오스미라고 명하노라. 영어 알파벳으로 쓸 때에는 O 다음에 꼭 H를 넣어서 Ohsumi라고 쓰자"라고 외쳤다고 한다. 얼마나 감격스러웠으면 Osumi가 아니라 Oh! Sumi라고 부르고 싶었는지 이해가 간다. 그간의 불안감과 졸였던 마음이 희열과 미래에 대한 기대로 바뀌는 순간이었으리라. 오스미 위성에는 온도계와 가속도계 외에는 아무것도 실려 있지 않았지만, 오스미의 발사 성공은 그 자체로 그 어떤 정교하고 비싼 위성보다도 값질 뿐 아니라 일본이 우주로 나아가는 문을 열었다는 데 그 의미가 있다고 할 수 있다.

1912년에 태어난 이토카와는 네 살 때 아버지의 목말을 타고 미국인 조종사가 시연하는 곡예비행을 본 것이 뇌리에 깊이 박혔고, 열여섯 살이 되던 해인 1927년 찰스 린드버그(Charles Lindbergh)의 대서양 단독 비행 소식을 전해들은 뒤 자신도 단독비행으로 태평양을 건너가기로 마음먹었다. 그는 두 번 생각하지 않고 도쿄 대학교 항공학과에 진학하였다.[130] 우연인지는 몰라도 구소련 우주 개발의 영웅 세르게이 코롤레프(Sergei Korolev)도 여섯 살 때 외할아버지의 목말을 타고 구소련의 유명한 비행사 세르게이 우토치킨(Sergei Utochkin)의 곡예비행을 보았고, 열여섯 살에 오데사(Odessa) 항구에서 군용 수상비행기를 탑승할 기회를 가졌다. 이로써 코롤레프의 운명도 비행과 비행기 제작 쪽으로 정해졌으며, 나중에는 소련의 로켓과 우주 개발에 일생을 바치게 되었다.[131] 두 사람의 같은 운명은 여기에서 그치지 않는다. 코롤레프와 이토카와는 우주를 향한 꿈을 평생 꾸었고, 꿈의 많은 부분을 현실에서 이루었다는 공통점도 가지고 있다. 누구든 한때 한 가지 일에 빠질 수 있지만, 이들처럼 30년 이상을 오로지 한 가지 꿈만 꾸고 그 꿈을 이루기 위해 몰두하는 것은 극히 드문 일이다. 이런 점에서 독일의 베른헤르 폰 브라운도 빼놓을 수 없는 인물이다. 가장 오래 꿈을 꾸었고, 꿈의 대부분을 생전에 이룬 사람이 폰 브라운이다. 이 세 사람의 또 다른 공통점은 우주 개발에 관한 한 셋 모두 극히 낙천적이고 긍정적이었으며 사람들을 설득하는 재주를 가졌었다는 것이다.

비록 이토카와가 ISAS를 떠났지만, 이미 충분한 모멘텀을 축적한 ISAS는 한 개인의 진퇴와 상관없이 로켓 개발 사업을 가속적으로 발전

---

[130] Yasunori Matogawa, "Lessons from Half a Century Experience of Japanese Rocketry since Pecil Rocket",
http://pdf.aiaa.org/downloads/2005/CDReadyMIAF05_1429/IAC-05-E4.4.01.pdf, p.2.
[131] Harford, James, "Korolev: How One Man Masterminded the Soviet Drive to Beat America to the Moon", (John Wiley & Sons, Inc., N. Y., 1997), p.17.

시킬 수 있었다. 오스미 발사 성공에 힘입어 ISAS는 M-4S를 궤도에 진입시킬 준비를 진행하였다. L-4S의 뼈저린 실패를 통해 위성 발사 로켓 기술에 큰 진전이 있었기 때문에 M-4S의 개발은 순조로웠다. M 시리즈 위성 발사체 중 제1세대에 속하는 M-4S는 빈약한 제2 · 3단 로켓에 제4단을 추가해 위성 발사 능력을 보강하였다. M-4S의 제1단에는 직경 31cm에 길이 5.79m인 고체로켓 부스터(SOB: Strap On Booster)를 부착하여 이륙 시에 추력을 더했다.

　　제2세대 위성 발사체인 M-3C는 3단으로 구성된 로켓으로, M-4S의 제2단과 제3단을 보강하였고, 제2단의 비행 제어는 추력 벡터 조종 장치와 주변에 부착한 보조 로켓(Side-Jet)을 이용해 실시하였다. 그 결과 위성의 궤도 진입을 훨씬 정밀하게 조종할 수 있었다. M-3C의 제1단을 크게 해 연료를 더 많이 탑재한 로켓이 M-3H 모델이다. M-3C를 저궤도(LEO: Low Earth Orbit)에 진입시킬 수 있는 페이로드는 195kg인데 비해 M-3H의 LEO 페이로드는 300kg이었다. 제3세대 고체로켓 위성 발사체인 M-3S는 M-3H의 제1단에 추력 벡터 조종장치를 도입하여 발사 각도에 유연성을 더하고 위성의 궤도를 좀 더 정밀하게 조정할 수 있도록 개선한 모델이다. 제1 · 2단의 직경은 141cm고, 제3단의 직경은 114cm다. M-3S에는 직경 31cm에 길이 579.4cm인 SOB 8기를 부착해 이륙을 도왔다. LEO 페이로드는 M-3H와 같은 300kg이다.

　　〈사진 2-10〉의 M-3SII는 작지만 실용적인 탐사선을 발사할 수 있는 능력을 가진 제4세대 고체로켓 발사체로 개발되었다. 핼리 혜성(Halley Comet) 탐사를 목표로 1981년 M-3SII의 연구 개발을 시작하였다. 지금까지 M 시리즈는 이전 세대인 M 로켓의 설계를 단계적으로 개선하여 성능을 향상시켜온 데 반해 M-3SII는 M-3S의 제1단을 그대로 사용했지만 그 외의 모든 것은 새로 개발한 것이 특징이다. 제2 · 3단의

사진 2-10_ M-3SII 전시 모델

크기와 추력을 대폭 증가시켰고, 직경과 길이가 크게 늘어난 2기의 SOB를 장착했다. M-3SII의 SOB는 직경과 길이가 각각 73.5cm와 914cm로 이전 모델들이 사용하였던 SOB의 31cm와 579.4cm에 비해 대폭 커진 것을 알 수 있다. M-3SII는 LEO에 780kg의 페이로드를 올릴 수 있을 정도로 강력했으며, 제4단을 추가하면 더욱 강력한 파워를 얻을 수 있는 옵션을 가지고 있었다. 행성 탐사선을 발사하기 위해서는 이러한 옵션이 필요했고, 실제로 1985년 핼리 혜성 탐사선 사키가케 (Sakigake)와 스이세이(Suisei)는 제4단을 장착한 M-3SII로 발사되었다. 이날 이후 1995년 미세 중력 탐사 위성 EXPRESS의 발사를 끝으로 퇴역할 때까지 M-3SII는 주요 과학 위성 발사체로 활약해왔다. SOB를 포함한 M-3SII의 모든 로켓 모터는 닛산 자동차회사가 제작하였다.

M-3SII는 ISAS의 여러 가지 우주 탐사와 위성 발사를 성공적으로 수행해왔지만, 1990년대 말과 2000년대에 ISAS가 계획하는 미션들을 수행하기에는 여러 가지로 성능이 모자랐다. 이러한 M-3SII의 능력을

사진 2-11_ M-V 전시 모델

훨씬 넘어서는 페이로드의 요구에 대처하기 위해 ISAS는 1990년부터 총예산 150억 엔을 들여 M-V로 명명된 제5세대 우주 발사체의 개발에 착수했다.

〈사진 2-11〉의 M-V는 3단 고체로켓으로 길이는 30.7m, 직경은 2.5m, 무게는 대략 140t이며, 250km의 LEO에 1.8t의 페이로드를 올릴 수 있는 거대한 고체로켓으로 설계되었다. 1997년 M-V는 ALCA라고 부르는 전파 천문 위성을 발사하는 데 성공하였고, 2003년에는 '이토카와' 소행성으로 하야부사라는 소행성 탐사선을 발사하였다.

사실 하야부사의 공식 이름은 엔지니어링 위성 '뮤지스-C(MUSES-C)'이고, 이토카와 소행성에서 표본을 채취해 지구로 돌아오는 야심적인 목표를 가지고 있었다. 뮤지스-C의 별명을 고민하고 있을 때 우리에게는 '우주소년 아톰'으로 알려진 「아스트로 보이(Astro Boy: Iron Arm Atom)」를 발표해 유명해신 만화가 네즈카 오사무(Osamu Tezuka)가 뮤지스-C의 별명을 '아스트로 보이'로 짓자고 제안했고, 이에 모두가 좋다고 생각했다. 그러나 이름 선정 위원회는 아스트로 보이가 '원자' 를 연상시킨다는 이유로 채택하지 않았고, 대신 매가 먹이를 낚아채듯 표본을 채취하고 지구로 돌아오는 모습을 연상시킨다는 이유로 '하야부사(일본어로 매)' 라는 이름을 지었다. 하야부사는 이토카와가 제2차 세계대전 때 공력 설계를 한 전투기의 이름이었으며, 또한 뮤지스-C 관련자들이 도쿄와 우주 발사장이 있는 가고시마를 오갈 때 타고 다녔던 침대차의 이름 역시 하야부사였던 것을 상기하면 이름을 채택한 배경에 쉽게 수긍이 간다.

항간에는 이토카와 소행성을 탐방하는 탐사선이라서 하야부사라고 지었다고 하는데 이것은 잘못된 이야기다. 하야부사를 발사할 당시 소행성의 이름은 이토카와가 아니라 1998SF36이었기 때문이다. ISAS는 뮤지스-C 프로젝트를 계획하면서부터 이름에 관해 전권을 가지고 있는 1998SF36 소행성 발견자에게 이름을 이토카와로 바꿔달라고 탄원하였고, 이러한 희망은 하야부사를 발사한 지 석 달 후에 마침내 이루어졌다.[132] 이토카와 소행성은 1998년 9월 26일 미국 공군과 NASA 그리고 MIT의 링컨 연구소가 합동으로 추진하던 '지구 근접 소행성 탐색 프로젝트' 팀이 발견하였다. 길이는 535m, 너비는 294m, 폭은 209m인 소행성이다. 하야부사는 이 조그만 소행성에 살짝 착륙하여 토양 표본을 채취한 뒤 다시 지구로 귀환하였다.

연필 로켓으로 시작한 일본의 고체로켓은 세계에서 가장 큰 고체로켓 위성 발사체로 발전하였다. 원래 고체로켓은 전략 탄도탄 설계자들이 꼽는 최상의 선택이다. 고체로켓 탄도탄은 장기간 저장이 가능하

---

[132] Background of Naming 'Hayabusa',
http://www.ku-ma.or.jp/tpsj/en/column/20100908.htm.

고 운용비가 저렴하며 갑작스러운 발사 명령에도 즉각 발사할 수 있기 때문이다. 2003년 10월 1일 ISAS와 NAL(National Aerospace Laboratory of Japan: 일본항공우주연구소), NASDA 등 3개 기관을 하나로 합쳐 JAXA로 통합할 때 일본 국회의원 중 상당수는 국가 안전상의 이유를 들어 ISAS 의 고체로켓을 유지하라고 압력을 가했다. ISAS에서 대외 담당을 맡았던 마토가와 야스노리(Yasunori Matogawa)는 "의회 내 국방 강경론자들의 영향력이 점차 커지고 있으며, 이러한 강경론에 대한 비판도 거의 없어졌다. 북한으로부터 위협받는 현 상황을 생각하면 앞일이 정말 두렵다"고 이야기했다.[133] 기술적으로는 M-V 설계를 ICBM으로 바꾸는 것은 아주 짧은 시간 내에 가능하지만, 정치적으로는 아직까지 쉽지 않은 것이다.

사실 M-V는 생산이 어렵고 생산비와 운영비도 비쌌다. JAXA는 H-2A의 SRB인 SRB-A를 제1단으로 사용하여 M-V 시스템에 비해 3분의 1 가격으로 생산이 가능할 뿐 아니라, M-V 발사에 필요한 시간보다 4분의 1도 안 되는 시간에 발사 준비를 끝낼 수 있는 우주 발사체를 개발하기로 했다. 이러한 위성 발사체를 '엡실론(Epsilon)'이라고 부른다. SRB-A는 닛산에서 생산하는데, 추력은 230t(2255.5kn)이고 비추력은 280s이며, 직경은 2.5m다. M-V에서 3단으로 사용했던 M-34b의 개량형인 M-34c를 엡실론에서는 제2단 모터로 채택하였다. 엡실론은 길이가 24m고, 직경은 2.5m, 이륙 중량은 91t으로 미국 피스키퍼의 길이 21.8m, 직경 2.3m, 무게 96.8t에 비견된다. 엡실론의 LEO 페이로드는 1.2t으로 M-V보다 가벼워졌지만, 짧은 반응시간과 저렴한 생산비 등을

---

133 M-V. http://en.wikipedia.org/wiki/M-V.

고려하면 무기로 전환하기에 가장 적합한 로켓 시스템으로 판단된다.

차세대 고체로켓을 표방하며 개발한 엡실론은 '인공지능로켓' 기능을 추구하여, 발사를 위해 소요되는 시간을 M-V에 비해 4분의 1로 단축하였다. 엡실론은 자체 점검을 자동으로 수행하여 지상에서의 준비시간을 줄였으며, 랩톱 컴퓨터를 이용해 발사 장소에서 멀리 떨어진 곳에서도 로켓을 점검하고 관제할 수 있다고 한다.[134] 이러한 기능은 발사 인력과 경비, 시간을 절감하는 효과는 크지만, 원격 통제기능은 엡실론이 탄도탄으로 운용될 때 가장 빛을 발할 수 있으므로 보기에 따라서는 상당히 염려스러운 것도 사실이다. 구소련에서 무인 보복 수단으로 강구했던 '페리미터(Perimeter)' 시스템이 생각나기 때문이다. 페리미터 시스템은 소련 영토에서 핵폭발이 일어났다는 징후인 지진, 섬광, 방사선과 초고압충격파가 탐지되면 자동으로 소련이 보유한 모든 ICBM이 발사되도록 한 일종의 무선 지령을 통한 '무인 보복 시스템'이다. 미국도 한때 이와 유사한 '비상통신로켓시스템(ERCS: Emergency Rocket Communications System)'이라는 반자동 보복 시스템을 준비한 적이 있었다.

이상에서 살펴본 바와 같이 일본은 1955년부터 꾸준히 고체로켓을 개발하였다. 〈그림 2-1〉은 지금까지 일본이 개발한 주요 고체로켓 계열 우주 발사체를 보여주는 그림이다. 현재 일본이 보유한 로켓 중 적어도 이론적으로 무기화가 가능한 위성 발사체는 M-3SII, J-1, M-V와 엡실론 등을 꼽을 수 있다. 그러나 실제로 일본이 장거리 탄도탄을 보유하기로 결정할 경우 탄도탄으로서 최고의 성능을 발휘할 수 있도록

---

[134] http://www.jaxa.jp/projects/rockets/epsilon/index_e.html.

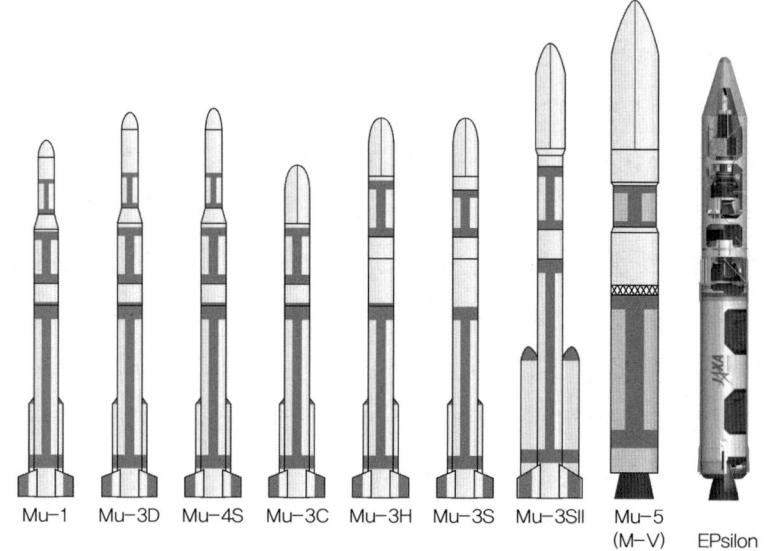

그림 2-1_ 고체로켓 M-시리즈(M-Series) 우주 발사체 [JAXA]

이들 로켓에 사용한 각 단의 모터, 유도 조종장치 등을 최적화할 것으로 보인다. 하지만 일본은 급박한 상황에서는 SOB를 생략한 기존 고체로켓으로도 전 세계의 모든 표적을 사정권 안에 둘 수 있는 고체로켓 탄도탄을 보유할 수 있다고 생각된다.

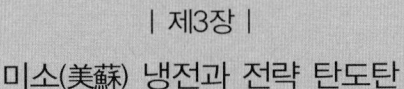

| 제3장 |

미소(美蘇) 냉전과 전략 탄도탄

1
냉전과 미소 전략 탄도탄의 추이

1959년 미국 최초의 ICBM 아틀라스-D(Atlas-D)가 캔자스 주에 있는 워런 공군 기지(F. E. Warren AFB)에, 소련 최초의 ICBM R-7(SS-6)이 플레세츠크(Plesetsk)라는 비밀 기지에 각각 배치되면서 ICBM의 시대가 열렸다. 30~40분이면 상대방의 어떤 표적도 파괴할 수 있는 ICBM의 등장은 미국과 소련의 군사 전략을 극단적으로 변화시켰다. 미소(美蘇) 각국은 처음엔 상대방보다 먼저 ICBM을 개발하기 위해 국가 최고 우선순위를 ICBM으로 배정했고, 그 후에는 상대방을 압도할 만큼 충분한 수의 ICBM을 먼저 확보하기 위해 안간힘을 썼으며, 충분한 물량을 확보한 후에는 ICBM의 질을 높이는 데에 우선순위를 두었다.

〈그림 3-1〉은 연도에 따른 미국과 소련의 전략 탄도탄 수를 표시한 것이다. 여기서 전략 탄도탄이란 지상에 배치한 ICBM과 잠수함에서 발사하는 SLBM을 합친 것을 의미한다. ICBM은 사거리가 5500km 이상인 탄도탄을 의미하지만, SLBM은 사거리에 상관없이 모두 전략 탄

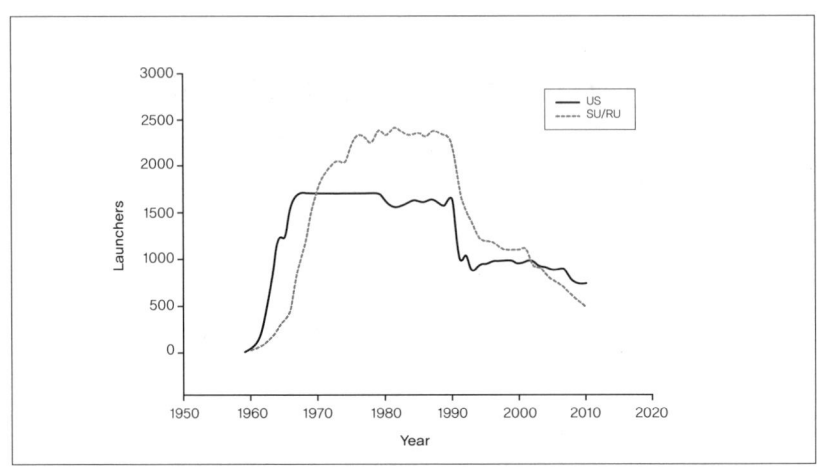

그림 3-1_ 미국과 소련의 전략 탄도탄 수의 증감 [NRDC의 'Archive of Nuclear Data'를 이용해 그린 도표][135]

도탄으로 분류한다. 사거리가 짧더라도 이론적으로는 잠수함 자체가 상대방 영토에 바짝 다가가 발사할 수 있기 때문에 SLBM을 전략 탄도탄으로 간주하는 것이다.[136] 실선은 미국의 전략 탄도탄 수를 나타내고, 점선은 구소련/러시아(SU/RU)의 전략 탄도탄 수를 나타낸다.

장거리 탄도탄을 도입한 초창기에는 미국이 높은 기술 수준과 대량생산 능력으로 소련을 압도했고, 그 결과 〈그림 3-1〉에서 보는 바와 같이 전략 탄도탄의 수적인 면에서 미국이 소련을 크게 앞질렀다. 그러나 1961년까지만 해도 미국은 ICBM 경쟁에서 소련에 많이 뒤처졌다는 불안에 싸여 있었다. 이것이 바로 '미사일 갭(Missile Gap)'으로 불리는

---

[135] NRDC Archive of Nuclear Data, http://www.nrdc.org/nuclear/nudb/datainx.asp.
[136] 같은 맥락에서 폭격기에서 발사하는, 비교적 사거리가 짧은 ALCM(Air Launched Cruise Missile)도 전략 탄도탄으로 취급한다.

오해였다. 실제로 1961년 미국이 배치한 전략 탄도탄은 137기, 소련이 배치한 전략 탄도탄은 67기로 미국이 2배 이상 많았고, 전략폭격기 수에서도 1526기 대 133기로 미국이 압도적으로 우세했다. 쿠바 미사일 위기가 일어났던 1962년도에 보유한 미국과 소련의 초장거리 핵미사일 수는 347기 대 108기로 얼핏 보아 그리 큰 격차가 아니라고 볼 수도 있겠지만, 그 내용을 보면 격차가 심각하다는 것을 알 수 있다. 미국의 장거리 미사일은 대부분 견고한 지하 사일로에 배치되었거나, 아니면 수중 발사가 가능한 폴라리스 SLBM이었다. 반면 소련의 ICBM은 지상 발사만 가능했고, SLBM도 수상 발사만 가능했다. 미국 전략 탄도탄의 생존 가능성은 소련의 전략 탄도탄에 비해 월등히 높았다. 더구나 미국이 값싸고 양산이 가능한 고체로켓 ICBM 미니트맨의 개발을 성공적으로 끝내고 대량생산 체제로 돌입하자 이번에는 반대로 소련이 심각한 미사일 갭에 직면하게 되었다. 과거 미국이 직면했던 미사일 갭과는 달리 소련이 직면한 미사일 갭은 실존하는 것이었다.

아틀라스-D에 비해 미니트맨-IA의 무게는 27%, 직경은 61%, 높이는 68%밖에 되지 않는다. 이와 같이 소형화된 미니트맨을 수용하기 위한 지하 사일로는 아틀라스나 타이탄-I용 사일로에 비해 건설하기도 쉽고 건설비도 훨씬 저렴했다. 미니트맨은 적은 비용으로 많은 수의 미사일을 생존 가능한 방법으로 배치할 수 있었으며, '미니트맨의 아버지'로 불리는 에드워드 홀(Edward N. Hall)이 주창한 애초의 목적에 완전히 부합하는 미사일이라 할 수 있었다.[137] 로버트 S. 맥나마라(Robert S. McNamara) 국방장관은 합동참모본부, 국가안보회의, 백악관, 국회

---

[137] Edward N. Hall, "Rocket Pioneer Seen as the Father of Minuteman ICBM", http://rocketaholic.blogspot.com/2006/01/edward-n-hall-91-rocket-pioneer-seen.html.

및 싱크탱크 '랜드(RAND: Research ANd Development, 미국의 정책 연구소)'와 미니트맨의 생산과 배치 물량을 놓고 오랫동안 협의를 계속했다. 1964년 12월 11일, 드디어 미국은 1000기의 미니트맨을 지하 사일로에 배치하기로 최종 결정했다. 맥나마라의 결정 이후 미니트맨의 생산과 배치는 신속하게 진행되었고, 1965년 6월경에 미국 공군은 이미 800기의 미니트맨-IA와 미니트맨-IB를 배치하였다. 이와 더불어 같은 해에 미국 해군은 원자력 잠수함 24척에 폴라리스 SLBM 384기를 배치했으며, 1967년도에는 41척의 폴라리스 잠수함에 656기를 배치 완료하였다. 여기에 타이탄-I과 타이탄-II 54기를 배치해 미국은 1960년대 중반 이후에는 총 1700여 기의 전략 탄도탄을 보유하게 되었다. 〈그림 3-1〉에서 보는 바와 같이 미국의 전략 탄도탄 수를 의미하는 실선은 1960년대 초부터 급상승했지만 1960년대 중반 이후부터 1990년까지는 거의 일정한 수를 유지해왔다.

미국의 미니트맨 계획에 충격을 받은 소련은 1962년 2월 흑해의 피춘다(Pitsunda)에서 개최한 긴급 대책회의에서 소련이 필요로 하는 탄도탄의 성능을 결정하였다.[138] 미니트맨을 양과 질에서 상쇄할 수 있는 '붉은 미니트맨(Red Minuteman)' UR-100, 미국의 대형 탄도탄 타이탄-II(Titan-II)를 상쇄할 수 있는 중량급의 '붉은 타이탄(Red Titan)', 100Mt(메가톤)급 황제 폭탄(Tsar Bomba)을 탑재할 수 있는 초중량급 탄도탄과 지구의 남쪽을 돌아 미국의 조기 경보 레이더를 우회하는 글로벌 미사일 등 네 가지 미사일을 개발하고자 했다. 그러나 피춘다 회의에서 결의한 미사일 증강 계획은 빨라도 5~10년 뒤에나 완료될 것이

---

[138] Steven J. Zaloga, "The Kremlin's Nuclear Sword", (Smithsonian Institution Press, Washington D.C., 2002) p.81.

어서 당시 ICBM의 열세를 만회하는 데에는 도움이 전혀 안 되었다.

소련은 ICBM 분야에서는 미국에 뒤처져 있었지만 상당한 수의 중거리 탄도탄을 보유하고 있었다. 흐루쇼프는 쿠바에 수십 기의 MRBM과 IRBM을 배치함으로써 전체적인 전략 탄도탄의 열세를 일거에 만회하고자 했다. 소련은 1962년 5월부터 총참모부 참모장 세미욘 이바노프(Semyon Ivanov) 대장의 주도 하에 중거리 탄도탄 R-12와 R-14, 단거리 로켓과 소련군 1개 사단을 쿠바에 배치하려는 '아나디르 작전(Operation Anadyr)'을 극비리에 준비하였다. 작전명 '아나디르'는 소련군 하급 지휘관들과 외국 스파이들로부터 작전을 숨기기 위한 위장 명칭이었다. 아나디르는 베링 해(Bering Sea)로 흘러들어 가는 시베리아의 강 이름으로 강 유역에는 소련 폭격기 기지가 있다. 따라서 쿠바로 향하는 로켓과 무기들의 목적지를 시베리아의 어느 곳으로 짐작하게끔 유도한 것이었다. 실제로 미사일 관계자들에게는 미사일의 최종 목적지가 소련의 핵실험장이 있는 북극권의 노바야젬랴(Novaya Zemlya)라고 이야기했고, 쿠바로 파병할 병사들에게는 추운 지방으로 전략 훈련을 떠난다고 말해두었다.[139]

원래 피델 카스트로(Fidel Castro)는 소련과 미국의 핵무기 경쟁에 끼어들고 싶지 않았지만, 미국이 쿠바를 침공할지도 모르는 절박한 상황이라 흐루쇼프의 제안을 받아들이기로 했다. 이와 같은 그의 뜻을 전하기 위해 그의 동생 라울 카스트로(Raul Castro)가 이끄는 사절단이 1962년 7월 2일 모스크바에 도착했고, 같은 달 7일 흐루쇼프는 아나디

---

[139] James H. Hansen, "Soviet Deception in the Cuban Missile Crisis",
https://www.cia.gov/library/center-for-the-study-of-intelligence/csi-publications/csi-studies/studies/vol46no1/article06.html.

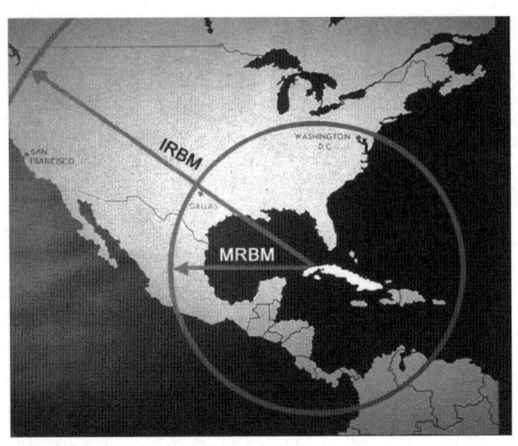

그림 3-2_ 소련이 쿠바에 배치하려 했던 MRBM R-12의 사거리는 2080km로 댈러스와 워싱턴 D.C. 를 공격권에 두었고, IRBM R-14의 사거리는 4500km로 알라스카를 제외한 미국 본토의 대부분을 공격권 안에 두었다. [CIA 자료][140]

르 작전을 승인하였다.[141]

아나디르 계획은 6만 명의 군인과 3개 연대의 R-12(SS-4), 2개 연대의 R-14(SS-5)를 쿠바에 배치하는 것이었지만,[142] 10월 22일에는 42기의 R-12와 45발의 탄두, 42기의 Il-28 경폭격기, 40기의 Mig-21과 4만 7000명의 병사들을 배치하고 있었다. 24발의 R-14 탄두는 미리 반입했지만, 미국의 해상 봉쇄로 R-14 미사일은 쿠바에 도착하지 못하였다.[143] 1962년 10월 14일 미국의 리처드 헤이저(Richard Heyser) 소령이

---

[140] James H. Hansen, "Soviet Deception in the Cuban Missile Crisis",
https://www.cia.gov/library/center-for-the-study-of-intelligence/csi-publications/csi-studies/studies/vol46no1/article06.html.

[141] ibid.

[142] R-12와 R-14 1개 연대는 각각 발사대 8기로 구성되었다.
"Memorandum on Deployment of Soviet Forces to Cuba, 24 May 1962",
http://www.gwu.edu/~nsarchiv/NSAEBB/NSAEBB14/doc18.htm.

사진 3-1_ 쿠바에 소련의 핵미사일이 반입된 것을 증명하는 사진. U-2 정찰기가 촬영한 이 사진이 케네디 대통령에게 보고되면서 쿠바 미사일 위기가 시작되었다. [CIA 자료][144]

조종했던 U-2 정찰기가 쿠바의 산크리토발(San Cristobal)에 배치된 소련의 R-12를 촬영하는 데 성공하였다. 〈사진 3-1〉이 리처드 헤이저 소령이 촬영한 R-12 미사일 사진이다.[145] 이 사진이 존 F. 케네디 대통령에게 보고되면서 쿠바 미사일 위기가 공식적으로 시작되었다.[146]

쿠바 미사일 위기 당시 소련은 모두 158기의 핵탄두를 쿠바에 반입했는데, 이는 소련이 미국을 공격할 수 있는 전략 탄두 수 258기에 비해 결코 적은 수가 아니었다. 반면 소련을 공격할 수 있는 미국의 전략무기는 아틀라스 129기, 타이탄-I 54기, 폴라리스 잠수함에 탑재한

143 Operation Anadyr, http://en.wikipedia.org/wiki/Operation_Anadyr.

144 https://www.cia.gov/library/center-for-the-study-of-intelligence/csi-publications/csi-studies/studies/vol46no1/article06.html.

145 Soviet Deception in the Cuban Missile Crisis, https://www.cia.gov/library/center-for-the-study-of-intelligence/csi-publications/csi-studies/studies/vol46no1/article06.html.

146 Cuban Missile Crisis, http://en.wikipedia.org/wiki/Cuban_Missile_Crisis.

폴라리스-A1 96기와 B-52 555기였고, 여기에 탑재할 수 있는 전략 탄두는 폭탄 1830발을 포함해 모두 2200발을 보유하고 있었다. 물론 2200발이 모두 사용 가능한 상태는 아니었다고 해도 소련에 비해 월등이 많은 숫자인 것은 틀림없다. 미국과 소련의 전략 탄두 비율은 대략 9:1로 미국이 절대적으로 우세했다. 미국은 쿠바로 향하는 소련 수송선을 해상 봉쇄로 막고 쿠바에 반입한 미사일과 핵탄두를 철거하라는 최후통첩을 했다. 당시 흐루쇼프는 막강한 핵전력을 앞세운 미국의 요구를 들어줄 수밖에 없었고, 그리하여 모든 미사일을 본국으로 철수하게 된다.

쿠바 사태는 소련에겐 받아들이기 힘든 치욕적인 사건이었으며, ICBM의 유용성에 대한 소련 내의 논쟁을 일거에 잠재운 일대 사건으로 기록되었다. 쿠바 미사일 위기는 소련의 열세한 전략무기 상황을 여실히 드러냈으며, 이 사건으로 소련이 받은 충격은 스푸트니크(러시아가 발사한 세계 최초의 인공위성)가 미국에 준 충격 이상이었다. 쿠바 사태를 계기로 소련은 군사력의 달성 목표를 미국과 대등한 또는 그 이상의 전략 미사일 전력을 구축하는 것으로 결정하였다. 소련은 전략무기에 있어 미국과 최소한의 패리티를 가장 빠른 시간 내에 달성하기 위해 탄도탄 개발 계획을 새로 정립하였다. 피츤다 회의 결과대로 UR-100를 양산하여 미니트맨 효과를 상쇄시키는 계획은 그대로 추진하되, 붉은 타이탄과 초중량급 탄도탄, 세계 미사일(Global Missile)은 R-36라 부르는 대형 미사일 한 종류를 개발하여 가벼운 탄두와 무거운 탄두 그리고 궤도 미사일로 사용하는 것으로 계획을 바꿨다. 여기서 궤도 미사일이란 북극을 넘어오는 소련 미사일을 탐지하는 미국의 조기 경보 레이더를 피해 남쪽에서 미국 미사일 기지로 접근할 수 있는 미사일을 뜻한다.

UR-100는 나토에서 SS-11 세고(Sego)로 불렸으며, 붉은 미니트맨

이란 별명처럼 단순하고 비교적 생산비와 유지비가 저렴한 액체로켓 탄도탄이다. 고체로켓이 아니라는 점만 빼고는 설계 개념과 탄두의 위력, 운용 개념이 미니트맨과 거의 일치했고, 배치된 미사일 수도 정확하게 미니트맨과 같았다. 소련은 1966년부터 UR-100를 실전에 배치하기 시작해 1972년까지 990기를 배치하였고, 그 후 420기의 UR-100K와 UR-100U 등 UR-100의 개량 모델을 개발해 UR-100를 교체하였다.

소련은 중량급 미사일 R-36을 경량급 탄두를 탑재하는 R-36 모드-1, 중량급 탄두를 탑재하는 모드-2, 3기의 MRV(Multiple Reentry Vehicle)를 탑재하는 8K67P와 세계 미사일인 R-36 모드-3 등 4종의 미사일로 개발했지만, 모드-3는 실전에 배치하지 않았다. 미국과 나토에서는 이 네 가지 다른 모델을 모두 SS-9 스카프(Scarp)라고 부른다. 소련은 1967~1970년 사이에 R-36 미사일을 230여 기 배치하였다. 따라서 1966년부터 급격히 증가하기 시작한 소련의 전략 탄도탄 수는 1970년 미국이 보유한 1710기를 상회했지만, 이러한 증가세는 멈추지 않고 계속되었다. 소련의 전략 탄도탄 수는 1976년 2330여 기에 도달했으며, 그 후 1989년까지 2300여 기의 전략 탄도탄을 지속적으로 유지해왔다. 1976~1989년 사이 소련의 미사일 수는 거의 일정하게 유지되었지만, 새로 개발한 신형 미사일로 거의 같은 수의 구형 미사일을 계속 대체해왔기 때문에 질적인 개량은 계속되었다. 전략 탄도탄 수보다 더 중요한 것은 전략 탄도탄을 운반할 수 있는 탄두 수이다.

〈그림 3-3〉은 미국의 전략 탄도탄이 운반하는 탄두 수로 미사일의 발전상을 잘 보여주고 있다. 1960년부터 1969년까지 ICBM 탄두 수는 ICBM 수와 같다. 미니트맨-I(MM-I)은 1962년부터 배치되기 시작하여 1965년까지 배치되었으며, 1965년부터 1967년까지는 미니트맨-II가 추가 배치되었다. 이들은 모두 단일 탄두를 탑재했으며, 1967년까지 모

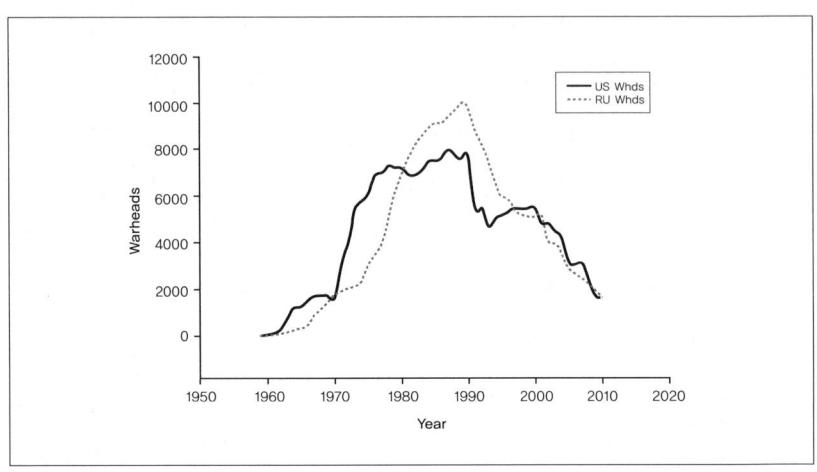

그림 3-3_ 미국과 구소련/러시아의 전략 탄도탄이 운반하는 탄두 수 [NRDC의 'Archive of Nuclear Data'를 이용해 그린 도표] [147]

두 800기가 배치되었다. 미국은 1970년부터 3개의 독립적으로 유도되는 MIRV 탄두를 탑재하는 미니트맨-III 500기를 생산해 미니트맨-IB 모델을 교체함으로써 최종적으로 미니트맨-II 500기와 미니트맨-III 500기의 시대를 열었다. 한편 미국 해군도 같은 기간 동안 양적·질적으로 SLBM의 전력 증강을 추진하였다. 미국 해군은 1960년부터 6년 동안 2년마다 새로운 종류의 폴라리스 SLBM을 배치해왔다. 1960년부터 1962년까지는 폴라리스-A1을, 1962년부터 1964년까지는 폴라리스-A2를, 1964년부터는 폴라리스-A3를 배치했다.

폴라리스-A3는 이전 모델과 달리 3기의 탄두를 탑재함으로써 한 척의 폴라리스 잠수함에서 발사할 수 있는 탄두 수를 16발에서 48발로 늘렸다. 미국 해군은 1972년부터 포세이돈-C3(Poseidon-C3) 미사일을

---

[147] NRDC Archive of Nuclear Data, http://www.nrdc.org/nuclear/nudb/datainx.asp.

배치하기 시작하였다. 포세이돈 SLBM은 1기당 10발의 탄두를 탑재해 미국이 보유한 미사일 중 가장 많은 수의 전략 탄두를 운반하였다. 〈그림 3-3〉에서 보는 것처럼 미니트맨-III와 포세이돈의 도입으로 1970년 이후 미국의 탄두 수가 급증하였다. 포세이돈 미사일에는 최대 14기의 탄두를 탑재할 수 있었지만, 이 경우 사거리가 많이 줄어들 뿐만 아니라 각 탄두를 독립적으로 각기 다른 표적으로 유도하는 MIRV 기능도 거의 없어지기 때문에 실제로는 10기만 탑재했다.

소련도 미국과 패리티를 이루기 위해 노력한 결과 1970년대 초에는 UR-100 1000여 기, R-36 290여 기, R-16 200여 기를 배치해 ICBM 수에서 미국을 능가하기 시작하였다. 더구나 R-36는 폴라리스-A3와 같이 3발의 MRV 탄두를 탑재하는 모델도 도입하였다. 소련의 전략 탄도탄 수는 1970년에 이미 미국의 전략 탄도탄 수와 같아졌지만 그 후로도 5년간 지속적으로 증가했고, 전략 탄두 수도 1980년에 미국과 같은 수에 도달했으나 증가 추세는 1990년까지 계속되었다. 미국과 마찬가지로 소련도 급격히 MIRV 탄도탄을 도입하였다. 1975년에 6기의 MIRV를 탑재한 UR-100N(SS-19mode-1) 60기를 배치한 데 이어 1978년부터는 최신형 UR-100NUTTh로 대체하기 시작해 1984년에는 모두 360기를 배치함으로써 2160발의 다탄두를 운반할 수 있게 되었다.

그러나 소련 ICBM의 왕좌는 R-36의 개량형인 R-36M이 차지했다고 볼 수 있다. R-36M은 1975년부터 도입되기 시작하여 1990년도에는 R-36M 계열의 가장 최신형인 R-36MUTTh와 R-36M2 308기가 배치되었다. 308기의 R-36MUTTh와 R-36M2는 최대 3080기의 대형 MIRV를 탑재할 수 있었다. 그 외에도 소련은 도로 이동식 ICBM RT-2PM 토폴(SS-25)과 10기의 MIRV를 탑재하는 ICBM RT-23UTTh(SS-24)를 최대 92기까지 배치하였다. RT-23UTTh에는 사일로 배치식과 철도 이동식 두 가지 모델이 있었다. 원래 미국의 탄도탄보다 탑재량이 큰 것이 소련 탄도탄의 특징이었는데, 이런 대형 미사일을 다탄두화(MIRVing)함으로써 전략 탄두 수가 급증하였다. 물론 〈그림 3-3〉에서 보는 탄두 수에는 대형화된 소련 SLBM에 탑재한 MIRV 탄두도 포함되었다. 타이푼(Typhoon)급 잠수함에 탑재한 120기의 R-39에는 10기의 MIRV를 탑재하여 모두 1200발의 탄두를 운반할 수 있었다. 이렇게 그칠 줄 모르고 상승하기만 하던 소련의 전략 탄도탄 증가 추세는 고르바초프(Mikhail Gorbachev) 대통령의 등장으로 둔화하였고, 1991년을 기점으로 미국과 소련의 냉전이 끝남과 동시에 〈그림 3-3〉에서 보는 것처럼 전략 탄두 수는 급격히 감소하였다.

2
미소 냉전의 종식

    국내총생산(GDP)이 미국의 절반도 안 되는 상황에서도 소련은 1970년을 전후해 전략무기에서 미국의 패리티에 도달하였다. 이로써 소련 수뇌부가 1962년 피춘다 회의에서 도출한 목표는 일단 달성하게 되었다. 그러나 소련이 느끼는 안보 불안은 아직도 끝난 것이 아니었다. 소련 국경 1000km 이내에는 나토의 핵전력과 프랑스의 독자적 핵전력이 모스크바를 노리고 있었고, 사이가 나빠진 중국의 전략무기도 소련에 큰 위협이 되고 있었기 때문이다. 미국 본토에서 소련 영토를 강타할 수 있는 전략 탄도탄 수와 소련에서 미국 본토를 직접 공격할 수 있는 장거리 탄도탄 수가 비슷하다고 해도 월등히 우세한 미국과 나토 공군력 그리고 중거리핵전력(INF: Intermediate-Range Nuclear Forces)을 감안하면 소련은 늘 불안했던 것이 사실이다.

    소련 군부와 군수산업체들은 미국과 나토는 물론 중국이 보유한 핵무기 중 특히 소련에 도달 가능한 모든 핵무기와 소련의 핵전력이 대등해지는 포괄적인 '디프 패리티(Deep Parity)'를 주장했으며, 1970년대 말에는 원하던 대로 디프 패리티에 도달하였다. 미국과 대등한 또는 그 이상의 전략무기 능력을 확보해가는 과정을 통해 소련은 국제사회에서도 안정된 정치체제 중의 하나로 인식되었으며, 소련의 영향력은 날로 강해지는 듯 보였다.

미국과 소련은 1972년 제1차 전략무기제한협정인 SALT-I(Strategic Arms Limitation Talks-I)에 서명하였고, 이후 미소 사이에는 냉전이 수그러들고 긴장완화(Detente) 분위기가 싹텄다. 1979년에는 양국의 새로운 전략 미사일 개발과 탑재 탄두 수를 제한하는 제2차 전략무기제한협정(SALT-II)에도 서명하였다. 그러나 SALT-II에 서명한 지 6개월도 안 돼 소련은 아프가니스탄을 침공하였다. 이를 계기로 미소 사이의 긴장완화 분위기는 급속히 냉각되었다. 미국은 1981년 로널드 레이건(Ronald Reagan) 대통령이 취임하면서 국방비를 크게 증액하였으며, '스타워즈(Star Wars)'로 잘 알려진 SDI(Strategic Defense Initiative: 전략방위구상) 프로젝트를 추진하였다. 레이건 정부는 1981년 GDP의 5.1% 수준이던 국방비를 1982년에는 5.7% 수준으로 증액하였고, 1983년에서 1987년까지 GDP의 5.9~6.2% 선을 유지하였다. 이러한 상황에서 미국과 전략적 패리티를 유지하기 위해 소련은 GDP 대비 훨씬 더 많은 예산을 군수물자 생산에 투입해야 했지만, 이미 산업 생산의 50% 가까이를 군수물자 생산에 배정하고 있던 소련으로서는 더 이상 투자가 불가능하였다.

1970년대 말까지만 해도 나토는 중거리 핵전력에서 소련에 비해 훨씬 유리한 위치에 있었다. 소련이 서유럽을 겨냥한 MRBM이나 IRBM은 R-5M, R-12와 R-14로서 모두 액체 연료를 사용하는 로켓으로 고정식 지상 발사대에서 발사되는 것이 대부분이었다. 물론 사일로 발사용 R-12U와 R-14U도 개발하여 배치했지만, 정확도가 떨어지고 단일 탄두만 탑재하는 소련의 중거리 탄도탄은 모두 나토군 항공기의 쉬운 표적이 되었다. 이러한 중거리 핵전력의 격차를 메우기 위해 소련은 1976년경부터 나토의 군사 기지를 정밀 타격할 수 있는 도로 이동식 고체 연료 IRBM '파이어니어(RSD-10: Pioneer)'를 극비리에 배치하기 시작해 1986년에는 전략 로켓군(Strategic Rocket Forces)이 405기를 운용했다. 나토에서 SS-20이라고 부르는 파이어니어는 150kt급 MIRV 3기를 탑재하였다. 사거리는 5500km에 이르고 CEP가 150~450m밖에 되지 않기 때문에 모든 나토 기지를 초토화할 수 있는 탄도탄이었다. 나토군은 여기에 대응하는 조치로 퍼싱-II(M-31)와 지상 발사 순항미사일(GLCM: Ground Launched Cruise Missile)을 유럽에 배치하였다.

퍼싱-II는 원래 바르샤바 조약국과 소련의 지휘부가 전시에 사용하는 지하 벙커를 파괴하기 위해 개발한 지하 침투용 탄두 W-86을 탑재한 '지휘부 제거'용 탄도탄이었다. W-86 탄두를 내장한 기동성 RV의 CEP는 30m 내외로, 지하로 침투한 뒤 폭발하도록 설계되어 소련과 바르샤바 조약군의 견고한 시설을 확실하게 파괴할 수 있었다. 그러나 1978년 5기의 퍼싱-II가 성공적으로 비행한 후 퍼싱-II의 운용 개념에 큰 변화가 생겼다.

처음에 개발하려던 퍼싱-II는 퍼싱-I의 엔진을 그대로 사용하되, 탑재한 레이더에 의해 종말 유도되는 MaRV를 탑재하는 미사일이었다. 그러나 나토는 소련이 1976년부터 이동식 IRBM 파이어니어를 배치하는 것을 알게 되었고, 이 미사일을 나토에 대한 중대한 위협으로 판단하였다. 이로써 이동식 탄도탄의 탐지와 파괴 임무가 나토의 유인 항공기에 부여되었고, 나토는 항공기에 주어졌던 고정표적 파괴 임무를 대신 수행할 수 있는 IRBM을 개발해줄 것을 미국에 요구하였다. 1978년

사진 3-2_ SS-20 파이어니어(왼쪽)와 퍼싱-II(오른쪽)148

미국 국방부(DoD: Department of Defense)는 퍼싱-II의 사거리를 1770km로 대폭 늘렸으며, 탄두도 지상 표적을 효과적으로 제거할 수 있는 가변 폭발력을 가진 W-85로 교체하였다. 1985년도에는 108기의 퍼싱-II와 24기의 예비 미사일을 독일 내에 배치 완료하였다. 미국은 SS-20에 대항하는 전략의 일환으로 퍼싱-II 외에 464기의 이동식 지상 발사 순항미사일 BGM-109도 유럽에 배치하였다. 이로써 동서 간의 긴장은 최고조에 달하였다.

1985년 3월 고르바초프가 소련공산당 서기장으로 선출되었다. 그

---

148 http://www.flickr.com/photos/nostri-imago/2992535710/sizes/o/in/photostream/.

러나 경제 상황이 좋지 않아 생산을 늘리기 위해 일해야 할 소련인은 일을 해야 할 동기를 잃었으며, 그나마 생산된 물품은 대부분이 군수품이었다. 1980년대 중반 소련은 GNP의 15～17%를 군비로 지출하고 있었다.[149] 이러한 상황에서 미국과 더 이상의 군비 경쟁은 불가능하다고 판단한 고르바초프는 경제를 살리기 위해 냉전을 종식시키기로 결심했다. 1986년 3월 미국과 소련은 그동안 지지부진하던 중거리 핵전력 INF와 전략무기감축협정(START: Strategic Arms Reduction Treaty)에 관한 회담을 재개해 1987년 12월 우선 INF 협정을 체결하였다.

INF 협정은 탑재한 탄두가 핵탄두든 재래식 탄두든 상관없이 사거리가 500～5500km의 모든 탄도탄과 지상 발사 순항미사일을 폐기하도록 규정하고 있다. 구체적으로 미국의 퍼싱-I/퍼싱-II와 GLCM, 소련의 R-4, R-5M, R-12/R-12U, R-14/R-14U와 RSD-10(SS-20) 등이 폐기 대상이었다. INF 협정에 따라 1991년 6월 1일까지 미국은 846기, 소련은 1846기의 INF를 폐기했으며, 미국과 소련은 상호 방문하여 폐기 과정을 감시하고 확인하였다. INF 협정에 구속받을 의무가 없었던 프랑스와 영국도 자발적으로 INF에 해당하는 미사일을 모두 철수하였다. INF 협정의 직접적인 결과로 오늘날 지구상에서 INF에 해당하는 중거리 미사일을 보유한 국가는 중국과 북한, 이스라엘, 이란, 사우디아라비아, 파키스탄 등에 국한되고 있다.

---

[149] Russian Military Budget,
http://www.globalsecurity.org/military/world/russia/mo-budget.htm.

3
소련연방의 와해

1986년 고르바초프는 정치적 개방을 뜻하는 '글라스노스트(Glas-nost)', 경제 개발을 촉진하는 '우스코레니예(Uskoreniye)', 정치 및 경제 구조를 개혁하기 위한 '페레스트로이카(Perestroika)'를 선언하였고, 1988년에는 생산, 무역 및 서비스 사업을 개인이 소유할 수 있는 법을 통과시켰다. 고르바초프는 1988년 12월 소련의 국회에 해당하는 '인민 대표회의(Congress of People's Deputies)'를 창설하고, 공산당이 영향을 미칠 수 없는 최고 지도자 자리인 '대통령' 직을 신설했으며 1990년 3월 소련의 대통령으로 선출되었다.

그러나 글라스노스트와 페레스트로이카로 공산당과 정부가 언론을 통제할 수 없게 되자 언론은 사회와 경제에 만연한 비리를 연일 폭로하였다. 언론은 더 나아가 그간 소련 정부와 소련공산당이 저지른 비리와 악행을 서슴없이 파헤치기 시작했고, 고르바초프의 애초 의도와는 달리 글라스노스트와 페레스트로이카는 소련 정부와 소련공산당에 대한 대중의 불신을 초래하였다. 1988년 고르바초프는 '브레즈네프 정책(Brezhnev Doctrine)'을 폐기하고 동유럽 국가들이 각자 자국의 운명을 스스로 결정하도록 허용했다. 소련의 이러한 변화는 동유럽 위성국들의 이탈로 이어졌으며, 소련 중앙정부가 소련을 구성하는 공화국들을 통제할 수 없는 지경에 이르렀다. 미국과 나토로부터 위협이 줄어든 상황에서 소련 국민들은 억압과 공포에서 벗어나고자 했고, 공산 정치체제는 급속히 붕괴되어갔다. 1989년 11월 9일 베를린 장벽이 무너진 지 녁 달 뒤에 동독에서는 자유선거가 실시되었다. 그 후 동독과 서독 간에 통일에 대한 논의가 본격적으로 시작되었으며, 1990년 10월 3일 0시를 기해 양국은 공식적으로 통일되었다.

소련 국내의 개혁파는 개혁의 속도가 너무 느리다고 비판했고, 보수파는 개혁의 폭이 너무 크다고 불평했다. 고르바초프의 정책은 자유와 민주주의를 지향하고 있었지만, 그의 경제정책은 소련의 경제를 재앙으로 몰아가고 있었다. 소련은 제2차 세계대전 때 시행했던 식량 쿠폰제를 1980년대 말에 다시 도입하였다. 1985년에 비해 재정 적자는 1090억 루블로 늘었으며, 금 보유량도 2000t에서 200t으로 줄었고 외국에 진 빚도 1200억 달러로 증가하였다. 이러한 경제와 정치 상황에서 1989년 4월 고르바초프의 개혁에 의해 소련 최고의 권력 기구로 설립된 '소련인민대표회의'의 투표가 실시되었다. 이 투표에서 각 공화국의 독립을 지지하는 사람들이 대거 당선된 반면 소련공산당원들은 대부분 낙선했다. 소련인민대표회의는 1990년 3월 고르바초프를 대통령으로 선출하였다. 그는 15인의 대통령 평의원(Presidential Council)을 임명하여 소련공산당이나 개혁주의자들로부터 독립된 권력 기반을 구축했다. 때맞춰 급진적 개혁주의자인 보리스 옐친(Boris Yeltsin)이 러시아 연방 최고회의 의장에 당선되어 실질적인 러시아 사회주의연방공화국

(Russian SFSR)의 지도자로 떠올랐다.

1989년 중반 이후 조지아의 수도 트빌리시(Tbilisi)에서는 독립 지지자들이 격렬한 거리 집회를 가졌으며, 소련군들은 이들을 무자비하게 진압했다. 우즈베키스탄에서도 우즈벡계와 터키계 사이에 유혈 충돌이 일어났다. 에스토니아와 리투아니아, 라트비아는 1988~1989년 사이에 독립을 선언했다. 이 사건은 소련연방을 이루는 공화국들과 소련연방과의 정면충돌을 불러왔으며, 다른 공화국들에도 독립을 선언하게 하는 계기가 되었다. 같은 해 12월에는 소련의 관망 속에 바르샤바 조약국들이 소련에서 떨어져 나갔다. 이것을 지켜본 소련연방 공화국들은 자기들이 독립해도 고르바초프 정부가 무자비하게 내려누르지 않을 것이란 기대를 하게 되었다.

반면 소련연방의 결속을 약화시키는 어떠한 개혁도 반대하던 보수주의자들인 부통령 게나디 야나예프(Gennady Yanayev), 수상 발렌틴 파블로프(Valentin Pavlov), KGB(Committee for State Security: 소련의 국가보안위원회) 의장 블라디미르 크류치코프(Vladimir Kryuchkov), 국방장관 드미트리 야조프(Dmitriy Yazov), 내무장관 보리스 푸고(Boris Pugo)를 포함한 8명은 '국가위기위원회(State Committee of the State of the Emergency)를 조직하고 1991년 8월 19일 쿠데타를 일으켰다. 웬일인지 그들은 옐친을 체포하지 않았다. 옐친은 8월 19일 오전 9시에 러시아연방의 수상 이반 실라예프(Ivan Silaev)와 측근을 대동하고 러시아 국회의사당에 나와 반동분자들에 의한 불법 쿠데타가 일어났음을 알렸고, 군부는 쿠데타에 가담하지 말 것을 종용했다. 옐친은 탱크에 올라가 모여든 군중에게 연설을 했는데 이상하게도 국영 TV에 이 장면이 그대로 방영되었다. 러시아연방의 옐친에게 호응하는 군중과 강제로 제압하기를 꺼리는 군대로 인해 국가위기위원회가 주도한 쿠데타는 실패하였다.

쿠데타 시도의 여파로 소련공산당이 러시아에서 불법화되었고 소련연방은 급속히 와해되었다. 1991년 8월 24일 우크라이나를 선두로 몰도바와 에스토니아, 라트비아, 리투아니아, 타지키스탄이 독립했으며 11월까지 독립하지 않은 공화국은 러시아와 카자흐스탄, 벨라루스, 우즈베키스탄뿐이었다. 12월 8일에는 러시아, 벨라루스, 우크라이나의 수뇌들이 벨라루스의 수도 민스크(Minsk)에 모여 독립국가연방(CIS: Commonwealth of Independent States)을 만들었다. 1991년 12월 24일 CIS 국가들의 승인 하에 러시아 대통령 옐친은 러시아가 소련연방의 자리와 안전보장이사국 자리를 계승한다고 유엔(UN: United Nations, 국제연합)에 통보하였다. 같은 달 12월 25일 고르바초프는 소련연방 대통령직을 사임하였다. 이로써 소련연방은 더 이상 존재하지 않게 되었다.

4
소련 탄도탄의 재배치

소련연방의 붕괴는 러시아의 전략 미사일 부대인 RVSN(Strategic Missile Force)에 심각한 타격을 주었다. 1958년까지는 소련이 보유한 핵폭탄의 54%를 미사일이 운반했지만, 불과 1년 뒤인 1959년에는 미사일로 운반하는 핵폭탄이 70%까지 증가하였다. ICBM R-7의 개발에 성공하자 1959년 12월 니키타 흐루쇼프는 RVSN 창설을 선언했고, 그 후 RVSN은 육해공군과 방공군(Air Defense Force)에 비해 모든 면에서 우선권을 행사해왔다.[150] 미국에서도 처음에는 기존의 육해공군 모두 ICBM에 대해 부담스러워했지만, 범세계적 전략에 익숙한 공군과 해군은 미래의 전쟁에서 장거리 로켓 무기가 가지게 될 의미를 이해하고 새로운

---

[150] Steven J. Zaloga, "The Kremlin's Nuclear Sword: The Rise and Fall of Russia's Strategic Nuclear Forces, 1945~2000", (Smithsonian Institution Press, Washington D.C., 2002) p.58.

분야의 주도권을 잡기 위해 적극적으로 장거리 미사일 개발에 뛰어들었다. 그러나 육군은 세계 최고의 로켓 설계 기술자들로 구성된 폰 브라운의 페네뮌데(Peenemuende: 발트 해 연안의 작은 섬으로 로켓을 개발하는 비밀 기지가 있는 곳) 팀을 가지고 있었으면서도 로켓 경쟁에서 밀려났다. 마찬가지로 소련의 육해공군은 미래 전쟁을 좌우할 새로운 무기 시스템을 이해하지 못했던 것 같다. 육군은 막강한 야포 전력과 탱크 부대에 자만심을 가졌고, 공군은 제트전투기 전력 개발에 총력을 기울이느라 장거리 미사일에까지 관심을 돌릴 여유가 없었던 듯하다. 결과적으로 기존의 육해공군이 ICBM을 장악하는 대신 RVSN이라는 새로운 조직이 태어났다.

1959년 RVSN이 창설될 때 규모는 육해공군이나 방공군에 비해 형편없이 작았지만, 소련 핵전력의 주체로 성장하였다. 흔히 미국의 핵전력을 ICBM, SLBM과 폭격기(Bomber)가 균등하게 핵전력을 분담하고 있다고 해서 '삼원 핵전력(Nuclear Triad)'이라 하는 데 비해, 소련의 핵전력은 하나의 월등한 ICBM 전력과 고만고만한 작은 규모의 SLBM 및 전략폭격기 부대로 이루어져 있어서 '삼륜 자전거 핵전력'이라고 한다.[151] 삼륜 자전거의 가장 큰 바퀴인 RVSN은 소련연방의 붕괴로 심한 타격을 받았지만, 더욱 심한 타격을 받은 전략군은 전략폭격기 부대였다.

소련연방의 붕괴 이후 소련 핵무기의 대부분을 영토 내에 관장하고 있던 러시아연방이 소련연방의 전략군을 모두 인수하기로 했다. 하

---

[151] Steven J. Zaloga, "The Kremlin's Nuclear Sword: The Rise and Fall of Russia's Strategic Nuclear Forces, 1945~2000", (Smithsonian Institution Press, Washington D.C., 2002) p.59.

지만 전략 미사일과 전략 폭격기의 상당수는 러시아 영토 밖에 배치되어 있었다. 소련연방 붕괴시점에서 보면 소련이 관장하던 ICBM 전력의 23.9%가 러시아 국경 밖에 배치되어 있었고, 폭격기의 절반은 독립한 소련연방 공화국의 영토에 배치되어 있었다. 그러나 모든 SSBN은 러시아 영토 내에 기지를 두고 있었기 때문에 SLBM 전력은 온전히 러시아의 관할 하에 들어오게 되었다. 사실 RVSN의 더욱 심각한 손실은 미사일이나 폭격기 등 장비의 손실보다도 ICBM의 연구 개발 인력, 연구 개발시설과 생산시설, 부품 제조시설 등 ICBM 기반 산업시설의 대부분과 시험시설의 상당 부분은 물론 ICBM의 명령·통제 시설이 러시아 영토 밖에 놓이게 되었다는 사실이었다.

소련연방이 붕괴될 당시 ICBM 생산시설의 75% 정도가 러시아 영토 밖에 있었다. 우크라이나의 드네프로페트로프스크(Dnepropetrovsk)에는 소련의 가장 중요한 ICBM 설계국인 얀겔 설계국(Yangel Design Bureau)과 가장 규모가 큰 ICBM 생산시설인 유즈마시 콤플렉스(Yuzmash Complex)가 있었다. 그뿐만 아니라 우크라이나의 하리코프(Kharkov)에는 소련 ICBM의 관성항법장치 연구 개발 센터와 생산 공장이 있었고, 파블로그라드(Pavlograd)에는 소련이 새로 건설한 고체로켓 공장이 있었다. 하리코프의 관성항법장치 공장에서는 소련 ICBM 유도장치의 90%를 생산하고 있었고,[152] 우크라이나의 모놀리트(Monolit) 공

152 Steven J. Zaloga, "The Kremlin's Nuclear Sword: The Rise and Fall of Russia's Strategic Nuclear Forces, 1945~2000", (Smithsonian Institution Press, Washington D.C., 2002) p.220.
153 팔(PAL)이란 전략 미사일을 발사하거나 핵탄두를 무장(Arming)하는 데 필요한 암호 시스템을 말한다. 이러한 암호 시스템은 최고 명령권자의 허가 없이 핵무기를 사용할 수 없도록 통제하는 수단으로 사용하고 있다.

장에서는 소련 핵무기에 들어가는 안전보안장치인 '팔(PAL: Permissive Action Link)'을 생산했다.[153]

모스크바 동쪽의 레우토프(Reutov)에 있던 첼로메이 설계국은 UR-100N의 성능을 두고 RVSN과 불화를 겪은 끝에 1976년 ICBM 개발 생산 라인에서 퇴출되었다. 따라서 소련연방이 붕괴되는 시점에 러시아 영토 내에 존재하는 탄도탄 설계 관련 시설은 모스크바에 있는 MITT (Moscow Institute of Thermal Technology)와 첼랴빈스크(Chelyabinsk) 주의 미아스에 있던 마케예프 설계국이 전부였다. 고체로켓 ICBM 설계국인 MITT와 소련의 유일한 SLBM 설계국인 마케예프 설계국은 둘 다 러시아 영토 내에 있었기 때문에 온전히 러시아로 승계될 수 있었다. 특히 소련의 모든 SLBM 생산 공장 역시 러시아에 있었다. R-39는 즐라토우스트(Zlatoust)에서, R-29R은 크라스노야르스크-26(Krasnoyarsk-26)에서 생산했으며, SLBM의 관성항법장치는 러시아의 옴스크(Omsk)에서 생산했기 때문에 러시아는 SLBM의 개발과 생산, 유지·보수 능력을 온전히 보존할 수 있었다.

그러나 소련의 핵전략은 항상 ICBM 위주로 개발해왔기 때문에 우크라이나에 있던 ICBM 연구 개발시설과 생산시설의 상실은 미래의 전략무기 생산 능력을 급격히 감소시켰을 뿐만 아니라 기존에 배치한 ICBM의 유지 관리에도 심각한 어려움을 불러왔다. 특히 ICBM용 관성 플랫폼과 같은 소모품은 우크라이나 공장에서 생산되었으며, 그 밖의 성능 개선에 필요한 부품 조달 역시 러시아 국경 밖에서 생산되었기 때문에 소련 붕괴 후 소련의 전략무기를 계승한 러시아가 당면한 문제는 심각했다.

시설의 상실보다 더 급한 문제는 러시아 국경 밖에 놓이게 된 소련의 핵무기를 러시아로 회수하는 문제였다. 특히 여러 지역에 배치한 전술무기를 회수하는 것이 급선무였다. 소련연방이 붕괴된 후 독립한 국가들 간의 관계가 적인지 아군인지 정립되기도 전에 통제할 수 없는 수천 기의 핵무기가 이웃 나라에 여기저기 배치되어 있다는 사실은 모두에게 악몽이었다. 1991년 말 소련연방이 붕괴되었을 때 약 1만 5000〜1만 7000기의 전술핵무기가 소련연방 전역에 분포되어 있었고, 그 가운데 4000여 기는 벨라루스와 카자흐스탄, 우크라이나에 분산되어 있었으며, 그중 최소한 3000여 기는 우크라이나에 배치되어 있었다.

미국과 나토 국가 등은 러시아가 구소련 핵무기의 유일한 계승국이 되어 구소련의 모든 핵무기를 확실하게 통제해주기를 바랐다. 만약 우크라이나와 카자흐스탄이 자국 내의 핵무기를 통제하게 될 경우 우크라이나는 세계 3위, 카자흐스탄은 세계 4위의 핵보유국이 되어 핵 확산 방지 및 군축 등 여러 면에서 복잡해지고 위험해질 수 있었다. 더구나 지금 당장은 비러시아 구소련 국가들이 구소련의 핵무기를 통제하려 하지 않지만, 시간이 지나면 핵무기를 물리적으로 보유한 국가가 통제하려고 할 가능성이 커진다. 러시아 입장에서 보면 언제 이 무기들이 러시아를 표적으로 삼게 될지 모를 일이었다.

핵 비확산에 대한 노력은 비러시아 구소련 공화국들이 보유한 핵물질을 포함하도록 확장되었고, 핵탄두 기술자와 미사일 기술자들이 대량 학살무기를 제조하려는 국가나 테러 집단들에게 들어가지 않도록 통제해야 했다. 국제사회와 러시아는 정치적·법적·경제적 수단뿐만 아니라 기술 협정까지 동원하여 구소련의 모든 핵무기를 러시아로 이송하고, 미국과 구소련 사이에 체결했던 제1차 전략무기감축협정 '스타트-I(START-I)'을 준수하도록 비러시아 독립국가들을 유도하였다. 1991년 12월 구소련에 속했던 11개국이 카자흐스탄의 알마티(Almaty: 전에는 Alma-Ata라고 함)에 모여 러시아를 유일한 핵무기 계승국으로 인

정하고 모든 전술핵무기는 1992년 7월 1일까지, 전략무기는 1994년 말까지 러시아로 반환할 것을 선언했다. 이것을 '알마아타 선언(Alma-Ata Declaration)'이라고 한다.[154]

1992년 5월 23일 벨라루스와 카자흐스탄, 러시아, 우크라이나 4개국은 리스본(Lisbon)에 모여 이들 4개국이 스타트-I의 당사국이었던 구소련을 계승하여 협정을 준수하겠다고 성문화하였다. 동시에 벨라루스와 카자흐스탄, 우크라이나 3개국은 핵비확산조약(NPT: Nuclear Non-Proliferation Treaty)을 준수하고 빠른 시간 내에 비핵국가(Non-Nuclear-Weapon State)가 되는 것에 동의하였다. 이것을 리스본 의정서(Lisbon Protocol)라고 부른다. 어떤 나라가 비핵국가가 되겠다는 것은 핵무기를 개발하지도, 유지하지도, 통제하지도 않을 뿐만 아니라 국제원자력기구(IAEA: International Atomic Energy Agency)의 사찰을 받아들인다는 뜻이다. 미국은 리스본 의정서 당사국들에게 상당한 수준의 경제적ㆍ기술적 지원을 약속함으로써 이러한 결과를 이끌어낼 수 있었다.

알마아타 선언과 리스본 의정서로 러시아는 구소련의 유일한 핵무기 계승국이 되었으며, 벨라루스와 카자흐스탄, 우크라이나는 빠른 시간 내에 모든 핵무기를 러시아로 반환해야 했다. 전략무기는 PAL이 장착되어 있었기 때문에 러시아로서는 전략무기보다 전술무기의 회수가 훨씬 더 시급한 문제였다. 물론 우크라이나 입장에서 보면 PAL은 우크라이나의 모놀리트 공장에서 생산했기 때문에 ICBM 표적을 재지정하고 암호를 바꾸는 것이 불가능하지는 않았다. 그러나 PAL이 있건 없건간에 구소련이 개발했던 모든 ICBM의 최소사거리는 3000km를 넘었

---

[154] Joseph Cirincione, Jon B. Wolfsthal, and Miriam Rajkumar, "Deadly Arsenals" (Carnegie Endowment for International Peace, Washington D.C., 2005) pp.365~367.

다. 그렇기 때문에 러시아의 대부분 주요 지역은 우크라이나 영토에 있는 ICBM으로부터 안전했다. 특정 미사일의 최소사거리란 그 미사일로 사격할 수 있는 최소거리로 그보다 짧은 거리 내의 표적을 공격하는 것은 불가능하다는 것을 의미한다. RT-23(SS-24)의 최소사거리는 5000km이며 UR-100N(SS-19)의 최소사거리는 3000km 이상이다. 따라서 우크라이나 국경에서 모스크바까지의 거리는 수백 km에 불과하고, 러시아의 주요 도시가 있는 우랄 산맥 서쪽 지역은 우크라이나에 존재하는 ICBM으로부터 안전하다고 볼 수 있었다. 이러한 이유로 새로 탄생한 러시아연방의 가장 시급한 문제는 여기저기에 분산된 전술무기를 안전하게 회수하는 일이었다.

전술핵은 전략핵에 비해 사용 절차가 덜 까다롭고 이동과 은익이 쉬워 테러리스트 등에게 흘러들어 갈 가능성이 높기 때문에 구소련의 전술핵은 미국과 러시아를 포함한 전 세계 국가에겐 초미의 관심사가 될 수밖에 없었다. 벨라루스는 구소련이 와해될 당시 725기의 전술무기를 보유하고 있었고, 카자흐스탄은 숫자 미상의 전술무기를 보유하고 있었다. 우크라이나는 2650~4200기 사이의 전술핵을 보유했던 것으로 알려졌다.[155] 알마아타 4개국은 위험스러운 전술무기들을 빠른 시간 내에 모두 러시아로 옮겨가기를 원했기 때문에 이송 작업은 신속하고 원만하게 진행되었다. 러시아 국외에 배치되었던 전술무기는 1992년 말까지 모두 러시아로 반입된 것으로 알려졌다.[156]

1991년 말 구소련이 붕괴될 당시 대략 3350발의 전략 탄두를 탑재

[155] Joseph Cirincione, Jon B. Wolfsthal, and Miriam Rajkumar, "Deadly Arsenals" (Carnegie Endowment for International Peace, Washington D.C., 2005) pp.367~380.
[156] Interview with Sergey Kislyak, Russian Ambassador to the United States, http://www.armscontrol.org/taxonomy/term/134?page=2.

한 전략무기들이 벨라루스와 카자흐스탄, 우크라이나에 분산 배치되어 있었다. 먼저 우크라이나에는 120기의 ICBM UR-100NUTTKh(SS-19: Stiletto)와 46기의 철도 이동식 ICBM RT-23(SS-24: Scalpel), 22기의 TU-95MS와 20기의 TU-160 폭격기가 배치되어 있었다. 같은 시기에 벨라루스에는 54기의 도로 이동식 ICBM RT-2PM 토폴(Topol)만 배치되어 있었지만, 카자흐스탄에는 104기의 초중량급 ICBM R-36M(SS-18: Satan)과 49기의 TU-95MS 폭격기가 배치되어 있었다.

이들 3개국에 배치되어 있는 전략무기, 특히 ICBM은 PAL에 의해 보호되고 있었으며 최소사거리도 3000km 이상으로 길어서 이 무기들을 세 나라가 그대로 보유하게 되면 러시아보다는 미국 등에 훨씬 더 불리한 상황이었다. 미국은 '위협 감소 협력 프로그램'인 CTRP(Co-operative Threat Reduction Programs)를 만들어 신생 공화국들의 어려운 경제 상황을 고려한 경제 및 기술 원조 프로그램을 가동하였다. 전술무기는 여러 나라들의 이해관계가 잘 맞아떨어져 순조롭게 러시아로 반환되었다. 1995년 4월에는 카자흐스탄이 보유하고 있던 마지막 전략 탄두가 러시아로 이송되었고, 1996년 11월 벨라루스의 마지막 RT-2PM(토폴: SS-25)과 탄두도 러시아에 인계되었다. 하지만 우크라이나는 모든 전략무기를 러시아로 반환하기까지 좀 더 복잡한 과정을 겪었다.[157]

소련 붕괴 이후 러시아는 우크라이나 영내에 있는 모든 전략무기의 무장 및 표적 지정 코드를 관장하고 있었다. 독립 초기부터 우크라이나는 자국의 영토 내에 있는 전략무기를 러시아가 마음대로 사용해

---

[157] Interview with Sergey Kislyak, Russian Ambassador to the United States, http://www.armscontrol.org/taxonomy/term/134?page=2.

서는 안 된다고 주장했으며, 탄두의 부품과 폭격기, 미사일에 대한 관할권을 주장하였다. 우크라이나 국내 정치계에서도 러시아의 위협에 대항하기 위해서라도 전략무기를 확보해야 한다는 목소리가 높았다. 1992년 5월 23일 우크라이나 대통령 레오니드 크라브추크(Leonid Kravchuk)는 구소련의 모든 핵무기는 러시아가 계승한다고 명시된 START-I의 리스본 의정서에 서명하였다. 하지만 우크라이나 국회인 라다(Rada)는 리스본 의정서에 따라 START-I을 비준하면서 미국과 러시아가 받아들일 수 없는 조건을 붙였다. 조건은 우크라이나에 배치된 구소련 미사일의 36%와 전략 탄두의 42%만 폐기하고 나머지는 우크라이나 정부가 접수하여 운용한다는 내용이었다. 단, 미사일 해체 비용과 탄두의 핵 물질을 원자로의 연료로 전환하는 비용, 우크라이나의 안전 보장 등이 충족되면 나머지 전략무기도 폐기한다고 했다. 이러한 문제를 해결하기 위해 우크라이나와 러시아, 미국은 고위급 회담을 계속했고, 결국 우크라이나는 만족할 만한 보상을 받아내었다. 1994년 1월 14일 레오니드 크라브추크, 보리스 옐친, 빌 클린턴(Bill Clinton)은 이러한 거래를 승인하였고, 이로부터 7년 뒤인 2002년 10월 우크라이나가 마지막 ICBM 사일로를 폭파함으로써 10여 년을 끌어온 우크라이나의 비핵화 작업이 끝났다. 우크라이나는 3기의 TU-95MS와 8기의 TU-160을 러시아로 반환하였고 나머지 전략폭격기는 폐기하였다.

5
전략 탄도탄 수의 감소와 군축

앞의 〈그림 3-1〉을 보면 소련연방이 붕괴되기 직전인 1989～1991년 사이에 소련과 미국의 전략 탄도탄 수가 급격히 감소하기 시작한 것을 알 수 있다. 이러한 감소는 소련 붕괴와는 직접적인 상관 없이 급진전하고 있던 미국과 소련 사이의 START-I에 대한 기대와 낡은 미사일을 퇴역시키는 과정에서 생긴 현상이었다. 미국의 전략 탄도탄 감소는 그동안 미국 ICBM의 거의 절반을 차지하던 미니트맨-II 450기를 1990년에 한꺼번에 퇴역시켜서 발생한 것이다. 1990～1991년 사이에 나타난 소련 전략 탄도탄의 급격한 감소는 그동안 소련 ICBM의 주축을 이뤘던 '붉은 미니트맨' UR-100를 위시하여 RT-2(SS-13: Savage)와 MR-UR-100(SS-17: Spanker)이 한꺼번에 퇴역한 데에 따른 것이다.

〈그림 3-1〉은 1965년 이후 탄도탄 수가 거의 일정하게 유지되다 1978년을 전후해 조금 감소한 후 1990년까지는 거의 일정한 수를 유지하는 것을 보여주고 있다. 미국의 ICBM 수는 1967년을 전후해 1054기

였고, 그 후 일정하게 유지되다 54기의 타이탄-II가 퇴역함에 따라 1000기로 감소하였다. 1986년부터 새로운 ICBM 피스키퍼 50기가 MM-II 50기를 대체했지만, 그 수는 1000기 그대로 변동이 없었다. 그 사이 해군의 SLBM은 한동안 41척의 폴라리스 잠수함에 각각 16기씩을 탑재해 운용되었지만, 트라이던트-I 도입 과정에서 그 수가 약간 줄어들었다. 1980년 초에 수가 감소하고 그 후에는 약간씩 줄거나 늘거나 했지만 평균적으로는 별 변동 없이 1990년까지 지속되었다. 구소련도 1975년쯤 미국과 디프 패리티를 달성한 후 미국보다 평균 1.4배 많은 수의 전략 탄도탄을 1990년도까지 유지해왔다. 중간에 약간씩 늘기도 하고 줄기도 하는 것은 기존의 미사일을 새로운 미사일로 교체할 때 생기는 현상이다.

앞의 〈그림 3-3〉은 탄두 수의 변화를 보여주고 있다. 미국의 탄두 수는 1970~1975년에 급격히 증가한 후 1980년대 중반까지 작은 폭의 증감을 보이지만 평균적으로 같은 값을 갖고 있다. 1980년대 초 12척의 포세이돈 SSBN에 탑재했던 포세이돈-C3가 트라이던트-IC4로 1:1로 교체되었다. 따라서 포세이돈 SSBN을 트라이던트-C4용으로 개조하던 1980년대 초에 일시적으로 작전 배치된 SLBM의 수가 줄어드는 것이 〈그림 3-1〉에 나타나 있다. 그러나 트라이던트 SSBN이 취역하고 여기에 트라이던트-IC4가 SSBN당 24기씩 배치되었으며, 트라이던트-D5가 계속 생산 배치됨에 따라 SLBM 수는 1989년까지 서서히 증가하는 것을 알 수 있다.

반면 소련의 탄두 수는 MIRV화가 시작된 1975년 이후부터 1990년까지 급격히 증가하였다. 같은 목적을 가진 탄도탄의 경우 소련 탄도탄의 투사량이 미국 것의 2배 이상이고 크기도 미국 것보다 크기 때문에 탑재할 수 있는 MIRV 수도 많고 폭발력도 강력했다. R-36 계열을 도입하고 그중 일부에는 MRV를 탑재했으며, 그 후 R-36를 R-36M 계열로 개량하면서 R-36M 계열에 탑재한 RV 수는 무려 2810기에 달했다. MR-UR-100, UR-100N, RT-23 등 다른 미사일도 4기에서 10기까지 MIRV를 탑재하게 됨에 따라 소련의 전략 탄두 수는 1990년까지 계속 증가했다.

〈그림 3-1〉과 〈그림 3-3〉에 나타난 1991년도 이후의 감소 추세는 낡은 미사일의 퇴출이 아닌 START-I 준수와 소련 붕괴로 냉전이 종식됨에 따라 필요 없어진 잉여 전략무기의 감축으로 이해하면 된다. 더구나 신생 러시아연방의 피폐한 경제 사정은 전략무기를 제2차 전략무기 감축협정 'START-II'에서 요구하는 양 이상으로 감축시켰고, 이에 발맞춰 미국도 전략무기의 현대화와 수량 감축을 동시에 진행해 능률적이고 경제적인 전략무기 체계로 변모시켰다. 현재 미국이 보유하고 있는 ICBM은 미니트맨-III 한 종류이고, SLBM은 트라이던트-IID5 한 종류뿐이다. 훈련, 보급, 운용, 유지 · 보수 등 모든 면에서 간결하고 경제적인 무기 시스템을 보유하게 된 것이다. 더구나 이 미사일들은 단계적이고 체계적인 수명 연장 프로그램을 통해 높은 신뢰도와 유지 · 보수가 용이한 시스템으로 변모하였다.

반면 소련의 양적 감축은 미국을 능가하였고, 모든 중량급 다탄두 ICBM은 START-II의 규정에 따라 모두 퇴출되어야 했다. 러시아는 잡다한 ICBM과 SLBM 대신 ICBM은 단일 탄두 야지 이동식 RT-2PM1(SS-27: Topol-M)으로 대체하고 SLBM은 다탄두 불라바(Bulava) 미사일로 대체할 계획이었으나 두 가지 문제 때문에 계획에 차질이 생겼다.

첫째는 열악한 경제 사정으로 다탄두미사일인 R-36M의 최신 계열과 낡은 RT-2PM을 대체할 만큼 충분한 수의 토폴-M을 생산할 수가 없었고, 둘째는 미국이 ABM(Anti-Ballistic Missile) 조약(1972년 체결한 미국과 러시아 간의 요격미사일망 규제 조약)을 일방적으로 탈퇴하자 이에 대한 불만으로 러시아가 START-II의 무효를 선언했기 때문이다. 따라서 R-36MUTTKh, R-36M2와 같은 다탄두미사일을 폐기할 의무 또한 없어졌다. 러시아는 발사시험을 통해 기대수명이 훨씬 지난 미사일들의 명목상 수명을 계속 연장해왔고, 우크라이나와 계약하여 R-36M2의 유지·보수를 받기로 하였다.[158] 전략 로켓군 사령관 세르게이 카라카예프(Gen. Sergei Karakayev)에 따르면 러시아는 R-36M2를 2026년까지 운용할 것이라고 한다.[159] 더구나 불라바의 개발이 부진함에 따라 차세대 SLBM으로 R-29RM을 개량한 R-29RMU(시네바 미사일)를 개발하여 차세대 SLBM으로 배치하고 있다. 그렇다고 불라바 계획을 폐기할 수도 없는 형편이라 ICBM과 SLBM을 각기 한 가지 미사일로 '간결화' 하려던 애초의 계획은 달성하기 힘들어 보인다. 러시아는 앞으로도 상당 기간 잡다하게 많은 미사일을 배치할 수밖에 없을 것이다. 따라서 RVSN을 이어받은 로켓 부대(Strategic Rocket Forces)와 전략 해군(Strategic Fleet)을 훈련하고 유지·보수하는 데 앞으로도 많은 어려움이 따를 것으로 예측된다.

---

[158] Russia and Ukraine will Maintain R-36M2 Missiles,
http://russianforces.org/blog/2008/01/russia_and_ukraine_will_mainta.shtml.
[159] Rocket Forces will Keep R-36M2 Missiles until 2026,
http://russianforces.org/blog/2010/12/rocket_forces_will_keep_r-36m2.shtml.

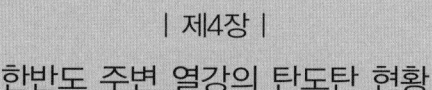

| 제4장 |

한반도 주변 열강의 탄도탄 현황

1
미국의 탄도탄 현황

미국의 전략핵은 지상 배치 ICBM과 SLBM 그리고 순항미사일을 탑재한 폭격기로 구성된 세 축으로 형성되어 있다. 미국도 과거에는 여러 종류의 ICBM과 SLBM을 실전에 배치했으나, 현재는 〈표 4-1〉에서 보는 것과 같이 각각 한 종류의 ICBM과 SLBM만 운용하고 있다.

표 4-1_ 미국의 전략무기[160](RV 모델은 Mk로, 탄두 모델은 W로 구분)

	탄도탄	탄두/RV 혹은 폭탄	탄도탄/잠수함 또는 폭격기	탄두 수
ICBM	미니트맨-III	1–3 x W78 / Mk12A	200	250
		1 x W87 / Mk21SERV	250	250
SLBM	트라이던트-IID5	4 x W76 / Mk4	288/14	568
		4 x W76-1 / Mk4A	200	
		4 x W88 / Mk5	384	
전략폭격기	B-52H	ALCM / W80-1	44	216
	B-2A	B-83-1	16	100
		B61-7, B61-11		

---

160 Bulletin of the Atomic Scientists, "U.S. Nuclear Forces, 2010", http://www.thebulletin.org/files/066003008.pdf.

ICBM

1970년에 배치하기 시작한 미니트맨-III(MM-III: Minuteman-III 또는 LGM-30G)는 현재 미국이 보유하고 있는 유일한 ICBM으로, 미국은 이를 2030년까지 운용할 수 있도록 일련의 수명 연장 프로그램을 추진해왔다.[161] MM-III는 러시아의 토폴-M의 대척점에 있는 미국의 미사일이며, 앞으로도 한동안 그 지위에 변동이 없을 것으로 보인다. 따라서 MM-III에 관하여 상세히 알아보기로 한다.

원래 MM-III는 3기의 MIRV 탄두를 탑재하고, 각 탄두를 미리 지정한 표적에 각각 독립적으로 유도해주는 MIRV 미사일이다. 지금은 MM-III의 대부분이 PBV에 1기의 RV만 탑재하고, 일부만이 〈사진 4-1〉과 같이 2기의 MIRV를 탑재한다.[162] MIRV 미사일의 필요성은 다음 두 가지의 완전히 독립적인 이유 때문에 촉발되었다. 첫째는 미국이 보유한 2세대 미사일 탄두를 요격할 수 있는 ABM 시스템 A-35를 모스크바 주위에 구축하고 있다는 점이고, 둘째는 소련 내의 전략표적 수가 미국이 보유하고 있는 미사일 수보다 훨씬 많아졌다는 점이다. MIRV 개념의 미사일은 이러한 요구를 한꺼번에 만족시킬 수 있는 경제적인 방법으로 제시되었다. 물론 미국이 MIRV화를 추진하면 소련을 자극하여 소련의 MIRV화를 촉진할 것이라는 우려가 나온 것도 사실이다. 더구나 페이로드 면에서 훨씬 유리한 소련 미사일이 MIRV화되는 순간 미국은 더욱 심각한 위협에 직면할 수도 있고, 당시에 논의되던 군축

---

[161] Bulletin of the Atomic Scientists, "U.S. Nuclear Forces, 2010", http://www.thebulletin.org/files/066003008.pdf.
[162] PBV란 RV를 장착하고 자체 엔진을 이용해 RV의 속도를 표적에 맞는 람베르트 속도로 맞춰주며, 재돌입 각도에 맞춰 RV를 방출하는 RV 운반체로 보면 된다.

사진 4-1_ 2기의 Mk-12A를 탑재한 버스를 정비하는 모습 [미국 공군]

가능성도 벽에 부딪힐 것이라는 의견도 만만치 않았다. 솔직히 이러한 의견들은 별 의미가 없는 것이 사실이다. 소련이 기술적으로 준비가 되면 미국이 MIRV를 도입하든 안 하든 상관없이 소련은 MIRV를 도입할 것이기 때문이다. 다만 미국이 먼저 MIRV를 도입하느냐, 아니면 소련이 먼저 도입하느냐 그 차이만 있을 뿐이다. 당시의 미국으로서는 MIRV 외에 달리 탈출구가 없었다.

MIRV화는 값비싼 미사일 증강 계획이나 ABM 배치 계획보다 훨씬 경제적인 전력 배가 수단이며, 동시에 ABM 돌파 수단이었기 때문이다. 특히 MIRV에 의해서만 가능한 '교차사격(Cross Targeting)'을 통한 견고표적의 무력화 가능성은 선제공격(Counter Force) 능력을 뜻하므로 ICBM 운용 개념의 변화와 관련해 그 의미가 실로 크다고 봐야 한다. 여기서 교차사격이란 서로 다른 미사일에 탑재된 2개의 MIRV가 동시에 한 표적을 공격하는 것을 뜻한다. 교차사격은 ABM망을 교란하고 포화시켜 쉽게 돌파할 수 있게 할 뿐만 아니라, 어느 한 미사일이 목표 도달에 실패해도 다른 미사일 탄두가 공격하기 때문에 특정표적이 온전히 살아남는 상황을 피할 수 있다. 즉 단일 미사일에 탑재한 2기의 RV로 단일표적을 공격하는 경우보다 교차사격을 함으로써 어느 미사일이 표적에 이르지 못하는 경우에도 특정표적이 전혀 공격을 받지 않는 확률을 최소화할 수 있다.

미국은 그동안 축적한 미사일과 탄두 기술을 가장 효과적으로 이용하여 미사일 1기에 여러 개의 탄두를 탑재하고 각 탄두의 표적을 독립적으로 지정함으로써 MIRV의 분산거리(Foot Print)[163] 내에 존재하는 다수의 표적을 한꺼번에 공격할 수 있는 미사일을 보유하게 되었다. 미국 공군의 일부에서는 기존 미사일의 MIRV화로 탄두 수를 늘리기보다는 단일 탄두 미사일 수를 늘려야 한다고 주장하기도 했다. 그러나 결국 미국 공군은 미니트맨-III에 3기의 W62/Mk12 RV를 탑재하기로 결정하였고, 1970년부터 배치하기 시작한 MM-III는 아직도 미국의 유일한 ICBM으로 자리 잡고 있다. 〈표 4-2〉는 미니트맨-III의 특성을 보여주고 있다.

표 4-2_ 미니트맨-III의 개략 제원

무게 (tonne)	길이 (m)	1단 직경 (m)	최대사거리 (km)	투사량 (kg)	원형공산오차(CEP) (m)
35.3	18.2	1.67	13000	1150	200(SERV 모델은 120)

---

[163] RV의 분산거리는 MIRV 미사일 1기에 탑재한 RV로 커버할 수 있는 표적 간의 최대거리라고 보면 된다.

MM-III는 기본적으로 3기의 Mk-12나 Mk-12A를 탑재하지만, 1970년대 어느 시점에서는 7기의 MIRV를 탑재하고 시험비행한 것으로 알려져 있다. 그러나 실제로 3기보다 많은 RV를 탑재한 MM-III가 실전에 배치된 적은 없다.

2010년 12월 현재 전략 경계에 임하고 있는 450기의 MM-III 중 200기는 W78/Mk12A를 250발 탑재하고, 나머지 250기는 퇴역한 피스키퍼(LGM-118A) 미사일에서 회수한 탄두와 RV를 사용해 안전성과 정확도가 개선된 W87/Mk21 SERV를 1기씩 탑재한다. 여기서 SERV는 '안전성이 보강된 RV(Safety Enhanced Reentry Vehicle)'의 영어 약자다. START-II에 따르면 모든 다탄두 ICBM 모델은 단일 탄두 모델로 다운로드하거나 폐기하게 되어있었다. 그러나 미국은 탄도탄 방어망 GMD-2004를 개발하기 위해 2001년 ABM 조약에서 탈퇴를 선언하였고, 이에 대한 대응으로 러시아는 START-II의 무효를 선언했다. 이것으로 MIRV 미사일을 제거해야 하는 법적 규제는 사라졌다. 그러나 미국과 러시아는 2001년 이른바 '모스크바 협약'이라고 부르는 전략공격무기감축협정(SORT: Strategic Offensive Reductions Treaty)에 다시 합의했고, 2002년 5월에 정식으로 조인하였다. 이 협정에 따르면 미국과 러시아는 2012년 12월까지 전략 탄두 수를 1700~2200기로 감축해야 한다. SORT는 START-II와 달리 미사일 1기에 몇 기의 탄두를 장착해야 하는지는 각자가 선택할 수 있도록 재량권을 남겨두었다. 원래 미국의 계획은 500기의 MM-III에 각각 탄두 1기씩을 장착하여 500기의 탄두를 ICBM에 할당하는 것이었지만, 지금은 SLBM과 연계하여 상당히 유동적일 수밖에 없게 되었다. 결국 MM-III 중 200기는 1기 혹은 2기의 W78/Mk12A를 탑재하고 250기는 단일 SERV 탄두를 탑재하는 것으로 결정되었다. 앞의 〈사진 4-1〉은 2기의 W78/Mk12A를 탑재한 MM-III

버스를 정비하는 모습이다.

여기서 흥미로운 점은 미국 국방부에서 MM-III에 대한 국민의 시선을 다른 곳으로 돌리고 싶을 때에는 '수십 년 된 낡은 무기 시스템' 또는 '1960년대 형식의 구형 미사일(1960s Vintage Missile)' 이라고 표현하고, 반대로 그 필요성을 강조하고 싶을 때에는 '최신 첨단 기술 무기(State of the Art Weapon)' 라고 부르는 것이다. MM-III를 배치하여 전략 경계(Strategic Alert)에 들어가기 시작한 것이 1970년이므로 지금은 43세가 다 된 낡은 미사일임에는 틀림없다. 그러나 MM-III가 세계 최초의 MIRV 미사일로 세상에 등장하던 1970년 당시 MM-III는 획기적인 미사일 기술의 결정체였다. 미국 공군은 MM-III의 수명 연장에 꾸준한 노력을 기울여왔고, 그 결과 MM-III는 지금도 가장 신뢰도 높은 미국의 유일한 ICBM으로 전략 경계에 임하고 있으며 앞으로도 20여 년을 더 현역으로 남아있을 예정이다.

1970년에 MM-III를 처음 배치하던 시점에는 Mk-12 RV로 포장한 170kt의 위력을 가진 W62를 3기씩 탑재하였고, 각 탄두는 수십 km씩 떨어진 표적을 독립적으로 공격할 수 있었다. 발사 명령을 접수하면 수분 안에 즉각 발사가 가능했으며, 생산 유지비는 액체로켓 미사일에 비해 몇 분의 1 수준밖에 되지 않을 뿐만 아니라 미사일과 발사 통제소는 서로 멀리 떨어진 지하시설 속에 안전하게 위치했다. 비록 1970년의 MM-III와 오늘의 MM-III가 겉보기에 똑같다고 해도 이들 사이에는 42년이라는 기술 격차가 스며 있다. 처음으로 작전에 돌입한 이후 MM-III는 나날이 발전하는 과학기술에 발맞추어 성능이 향상되었고, 주요 부품은 모두 교체되었다. 1970년대 말에는 Mk-12 재돌입체를 보다 정확한 Mk-12A로 교체하였으며, 탑재된 탄두 W62도 폭발력이 2배 가까이 강력한 W78 탄두로 교체되었다. 그러나 W78/Mk-12A의 무게가

W62/Mk-12에 비해 16kg 정도 더 무거운 관계로 Mk-12A를 탑재할 경우 MM-III의 사거리가 줄어들었고,[164] 그 결과 구소련 내의 표적 중 일부는 미국 남부에 배치한 MM-III의 사정권 밖에 놓이게 되었다. 따라서 300기의 MM-III만 Mk-12A를 탑재하고 나머지는 좀 더 가벼운 Mk-12를 그대로 탑재하였다.

MM-III는 길이가 18.5m이고, 제1단의 직경은 1.67m이며, 발사 중량은 35.3t이다. Mk-12 3기를 탑재할 경우 최대사거리는 1만 3000km로 알려졌으며, 군축 협상에 보고된 페이로드의 무게는 1.15t이다. 미사일의 정확도에 대해서는 믿을 만한 자료가 없어 확실한 데이터는 알 수 없지만, NS-20 미사일 유도 시스템을 사용할 경우 Mk-12A의 CEP는 대략 220m 정도로 추정된다. MM-III 수명 연장 프로그램의 일환으로 추진한 '유도장치 교체 프로그램(GRP: Guidance Replacement Program)'에 따라 최근에 NS-20를 대체한 NS-50 MGS(Missile Guidance System: 미사일 유도 시스템)도 CEP를 줄이기 위한 목적이 아니라 부품을 원활하게 공급하고 신뢰도를 향상시키기 위한 조치의 산물이다. 따라서 NS-50을 장착한 MM-III의 CEP는 150~180m 정도가 아닐까 생각한다. 1970년에 MM-III를 배치한 후 미국 공군은 미사일의 성능을 꾸준히 개선하였고, 아울러 미사일 발사 통제시설(MAF: Missile Alert Facility)[165]과 미사일 사일로 LF(Launch Facility)의 시설 및 장비와 각종 통신 시설도 교체하였다(RIVET-Mile 프로젝트).

1993년에 미국과 러시아는 START-II를 조인하였다. START-II의

---

164 The Minuteman III ICBM,
http://nuclearweaponarchive.org/Usa/Weapons/Mmiii.html.
165 MAF는 LCC(Launch Control Facility: 발사 통제시설)의 최근 이름으로 LCC와 주변의 모든 시설 및 장비를 포함한다. LF는 미사일 사일로와 관련 시설을 말한다.

규정은 미국과 러시아의 모든 중량급 ICBM(미국의 피스키퍼, 러시아의 R-36M 시리즈와 RT-23)을 폐기하도록 명시하였고, 그 밖의 모든 다탄두 ICBM은 폐기하든가 단일 탄두로 다운로드하도록 규정했다. 뿐만 아니라 START-II는 1단계와 2단계로 나누어 각 단계 말에 각국이 보유할 수 있는 전략 탄두 수에 한계를 정해놓았다. 1단계에서는 ICBM 탄두 수를 3800~4250기로, 2단계 말에는 3000~3500기로 감축해야 한다. 그러나 지상의 ICBM과는 달리 SLBM의 경우에는 다탄두를 허용하는 대신 SLBM에 탑재할 수 있는 총 탄두 수를 1700~1750기 이내로 제한 했다. START-II를 조인한 후 미국은 다탄두미사일인 피스키퍼를 폐기 하고, 모든 MM-III에는 단 1기의 탄두만 장착하기로 계획하였다. 1991 년 7월 31일 START-I을 체결한 지 6개월 만에 구소련은 붕괴되었지만, 1992년 5월 23일 체결한 리스본 의정서에 따라 미국은 이미 MM-II 500기를 제거하는 작업을 시작하였다. 따라서 START-II를 조인할 당 시에는 이미 1995년도까지 500기의 MM-II를 모두 폐기하기 위한 작업 이 한창 진행되고 있었다. 더구나 START-II의 규정대로 모든 피스키퍼 는 2005년 전략 경계 임무에서 물러났고, 개발된 지 35년도 넘는 500기 의 MM-III가 미국의 유일한 ICBM 시스템으로 남았다. 냉전 시대 핵 억지력(Nuclear Deterrence)의 대명사처럼 여겨지던 미국의 가장 강력한 ICBM인 피스키퍼를 퇴역시키고 '낡은' MM-III만 보유하게 되면 미국 의 핵 억지력이 급격히 쇠퇴하지 않을까 하는 우려도 제기되었다. 이러 한 예측과 우려에 따라 미국은 1970년대에 생산된 MM-III를 2020년까 지 사용할 수 있도록 21세기형 미사일로 바꾸는 방법을 찾아야만 했다.

1970년대에 생산된 전자 부품의 성능 개선 필요성은 말할 것도 없 거니와 21세기에 들어오면서 그런 낡은 기술로 만든 부품들을 더 이상 구입할 수도 없었기 때문이다. 고체로켓 추진기관도 내구연한이 지나

176

기 전에 교체해야 하고 MAF와 LF, NCA(National Command Authority: 발사 명령권자)를 연결하는 통신망도 신뢰도 높은 최신 시설로 교체해야 했다. 이리하여 START-II 조인과 함께 1993년부터 시작된 것이 각종 부품 개량, 모터의 재생산 및 시설 보수를 위한 미니트맨 수명 연장 프로그램이다. 수명 연장 프로그램의 우선 목표는 MM-III의 유효 수명을 2020년까지 연장하는 것이고, 이 기간 중에 차세대 ICBM을 개발하여 2020년 후를 대비할 수 있게 시간을 벌어주는 것이었다. 미국 공군은 MM-III의 수명 연장 프로그램을 다음과 같이 크게 다섯 가지 분야로 나누어 추진하였다.

MM-III 수명 연장 프로그램
· 통신 및 표적 지정(Target Setting) 능률 향상 프로그램: REACT(Rapid Execution And Combat Targeting service life extension)
· 유도장치 교체 프로그램: GRP(Guidance Replacement Program)
· 추진기관 교체 프로그램: PRP(Propulsion Replacement Program)
· RV 버스 추진기관 수명 연장 프로그램: PSRELEP(Propulsion System Rocket Engine Life Extension Program)
· RV 안전성 증대 프로그램: SERV(Safety Enhanced Reentry Vehicle Program)

REACT 프로그램에서는 MM-III 미사일의 표적 재지정 시간을 단축하여 500기의 표적을 모두 재지정하는 데 걸리는 시간을 종전의 반으로 줄일 수 있도록 장비를 현대화하고, MAF와 NCA 사이의 통신을 일원화했다. 어떠한 상황에서도 MAF와 NCA 사이에 원활한 실시간 통신을 보장하기 위해 낡은 통신시설을 현대화된 통신 수단으로 교체하

는 작업과 전시에 MAF 발사요원들의 생존 확률을 높이기 위한 작업도
이 프로그램에서 수행하였다. MAF 내에서 통상적 업무들을 가능한 한
자동화함으로써 발사요원들의 일을 대폭 덜어주는 것도 이 프로그램의
주요 목표 중 하나였다.

REACT 프로그램 이전에는 500기의 MM-III 표적을 재지정하는
데 20여 시간이 소요되었는데, 이것을 10시간으로 단축시키는 것이
REACT의 목표였다. 물론 단일 미사일의 표적을 재지정하는 것은 거의
순간적으로 이루어진다. 전체 ICBM 표적 지정에 10시간이나 소요되는
것은 표적 재지정을 하려면 '단일통합작전계획(SIOP: Single Integrated
Operation Plan)'에 따라 ICBM과 SLBM, 장거리 폭격기의 상호 연계된
표적을 모두 재지정해야 하기 때문인 것으로 추정된다. 삼원 핵전략에
입각해 배정된 표적들은 상호 배타적일 수도 있고 서로 보완적일 수도
있어 어느 한 종류의 무기에 할당된 표적을 바꾸면 나머지 전력의 표적
도 함께 재지정해야 한다. 2002년 1월 부시 행정부가 '핵태세검토보고
서(NPR: Nuclear Posture Review)'를 발표하면서 미국은 새로운 '신삼원
전략(New Triad)'을 지향하게 되었다. 핵전력과 재래식 전력 및 ABM
개념을 적절히 조화시켜 핵에 대한 의존도를 줄이자는 것이 신삼원전
략의 목표였다. 그러나 신삼원전략의 개념에 따르면 더욱 잦은 ICBM
목표 재지정 필요성이 대두될 것이다. 물론 미래에 나올 부시 행정부의
정책을 염두에 두고 REACT 프로그램을 착수한 것은 아니었겠지만, 결
과적으로는 REACT 프로그램이 ICBM에 상당한 유연성을 부여한 것은
사실이다. 1996년 중반에는 50개소의 MAF가 REACT 프로그램에 의해
새로운 장비로 개선되었고, 지금까지 원활하게 작동하고 있다.

미사일 유도장치(MGS: Missile Guidance Set)는 미사일리어(Missileer)
사이에서 '캔(Can)'이란 애칭으로 불린다. MM-I과 MM-II에 탑재했던

미사일 유도 조종장치(MGCS: Missile Guidance Control System)는 요즘의 MM-III MGS에 비해 부피가 크고, 신뢰도나 정확도가 크게 떨어졌다. 그뿐만 아니라 자이로나 유도 컴퓨터의 고장이 잦았고, 이외에 여러 가지 품질 문제도 안고 있었다. 어떤 때에는 군수품 품질 규격인 밀스펙(Mil-spec)에 맞는 부품이 부족하자 일반 전자 부품상이나 잉여 부품 취급점에서 구입한 부품을 공급하는 비리도 발견되었다. MM-I과 MM-II의 MGCS는 정비 관리 측면에서도 골칫거리였던 것 같다. 미사일에서 탄두와 MGCS를 분리하고 표적 데이터를 겹쳐 쓰기 한 후 MGCS를 다시 장착하고 탄두를 재결합하기 위해 10명 이상의 기술자가 작업해야 했다. 고장이 잦다 보니 관리 요원의 수가 그만큼 많아야 했고, 미사일의 경계 해제시간 역시 길었다. MM-II의 MGCS 표적을 프로그램화하는 일이 정말로 지루한 작업이었다는 것은 쉽게 상상이 간다. 방위를 측정하는 경위의(Theodolite)를 여러 개 설치하고, 각종 플랫폼과 방위각 기준(Azimuth Marker)들을 이용해 MGCS가 북극성의 빛을 받을 수 있도록 조정해야 한다. MGCS가 자이로를 정렬하기 위한 기준점으로 삼고 있는 것이 북극성이기 때문이다. 이 과정은 시간과 자이로의 각도를 정확히 계산하는 등 복잡하고 귀찮은 작업을 포함하고 있다. 더구나 이 모든 작업을 헤드램프와 작업대에 달린 조명만 사용하여 캄캄한 사일로 내에서 수행하기 때문에 위험과 고충은 더욱 심했을 것으로 본다.

MM-III에서는 MGS와 소프트웨어를 개선하여 표적 지정(Target Setting)을 원격으로 조작할 수 있도록 개선한 결과, 정비 요원들이 현장에서 고된 작업을 더 이상 하지 않아도 되게 되었다. MM-I과 MM-II 시절에 북극성의 빛을 MGCS까지 끌어들이는 데 사용했던 이른바 '폴라리스 관(Polaris Tube)'은 없어지지 않고 아직도 아주 가끔 사용되고 있다고 한다. 사일로 안에서 정비하는 사람들에게 샌드위치를 전달하

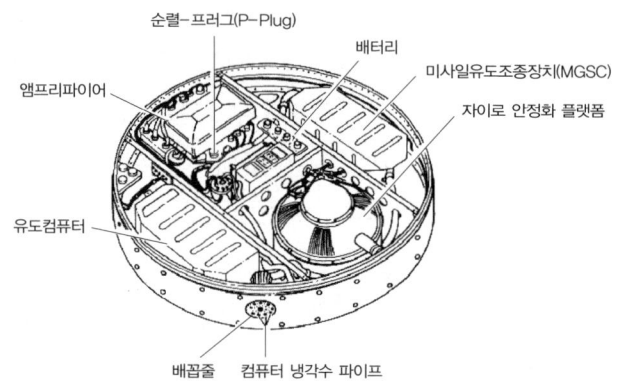

순렬-프러그(P-Plug)

배터리

미사일유도조종장치(MGSC)

자이로 안정화 플랫폼

앰프리파이어

유도컴퓨터

배꼽줄   컴퓨터 냉각수 파이프

그림 4-1_ 미니트맨-III(MM-III: Minuteman-III)의 MGCS 구조 166

는 목적으로 말이다.

〈그림 4-1〉은 MM-III의 MGS 구조를 개략적으로 보여주고 있다. 'P-플러그(P-Plug)' 또는 '순열-플러그(Permutation Plug)'로 불리는 이 조그만 장치는 전략무기 보안 개념인 발사 허가 코드 PAL의 일부이며, 미사일 발사 코드의 반쪽을 저장하고 있다. 유도 조종 컴퓨터는 표적과 탄도 및 신관 세팅을 위한 데이터를 저장하고 사일로 내의 미사일 상태를 MAF에 알려주는 역할도 한다. MAF에서 보내는 데이터와 명령은 〈그림 4-1〉의 탯줄(Umbilical Connection)을 통해 MGS로 전달되며, 컴퓨터 냉각제 역시 이곳에 연결된 라인을 통해 공급된다. 미사일이 최종 카운트다운 단계로 진입하면 탯줄은 분리되고 미사일의 전원은 배터리로 교체되며 컴퓨터 냉각도 탑재 시스템으로 대체된다. MGCS와 증폭기(Amplifier)는 유도 조정 컴퓨터와 추력 벡터 조종장치(TVC) 그리고 자

---

166 http://www.captainswoop.com/icbm/mgs.html.

이로를 연결해 컴퓨터에서 계산하는 경로를 따라 미사일을 표적까지 유도하는 역할을 한다.

자이로 안정화 플랫폼(GSP: Gyro Stabilized Platform)은 관성항법장치의 핵으로 미사일의 비행 방향에 대한 기준을 설정하고, 가속도를 측정한다. 유도 조종 컴퓨터는 가속도에 관한 데이터를 통해 미사일의 속도와 위치를 계산할 수 있다. GSP는 아주 미약한 가속도와 방향 변화를 감지하도록 설계 및 제작되었기 때문에 조그마한 움직임이나 충격에도 아주 민감하게 반응한다. 따라서 미사일의 점검이나 관리를 위해 미사일에 접근하려면 그 전에 먼저 MAF 발사 요원들이 유도 컴퓨터에 자이로에서 들어오는 모든 정보를 무시하라는 명령을 내려야 한다. 만약 실수로 미사일을 건드리거나 지진 등에 의해 미사일이 충격을 받으면 기준점을 잃어버리게 된다. 그래서 적 탄두의 근접 폭발이나 지진으로부터 자이로 플랫폼을 보호하고 컴퓨터에 혼란을 주지 않기 위해 충격을 받을 경우 컴퓨터는 미사일의 상태를 '안전 모드(Safe Mode)' 상태로 바꾼다고 한다. 실제로 약한 지진에 의해 미사일 대대 전체가 안전 모드로 전환되어버린 경우도 있다고 한다.

유도 조종장치 교체 프로그램인 GRP는 1993년에 5개년 계획으로 '공학 설계 및 제작 기법 개발(EMD: Engineering and Manufacturing Deve-lopment)'을 시작하여 1998년에 완료했다. GRP의 목표는 MM-III 미사일 유도장치 MGS를 최신 기술로 새로 설계하고, 노후한 부품 대신 21세기 부품을 사용해 앞으로 2020년 이후까지 안심하고 사용할 수 있도록 MGS를 일신하는 것이었다. MM-III에서 원래 사용하던 MGS NS-20는 '짐벌(Gimbals: 수평 유지장치)'이 있는 관성감지장치(IMU: Inertial Measurement Unit)를 사용한 관성항법장치였다. NS-20에 들어있는 여러 가지 전자 부품과 유도 조종 컴퓨터는 더 이상 부품을 구할 수 없을 정도로 오래된 구형이라 2020년까지 사용하려면 최신 기술과 부품을 사용해 완전히 새로 설계 및 제작해야만 했다. 그러나 재정상의 이유를 들어 미국 공군은 NS-20에서 사용하고 있는 IMU를 새로운 MGS에서도 그대로 사용할 것을 주장하였다. 그 이유는 피스키퍼에서 사용한 '관성 기준구(Inertial Reference Sphere)'와 같이 짐벌이 없는 정교한 시스템으로 IMU를 대체할 경우 MGS의 정확도는 피스키퍼급으로 향상되겠지만, NS-20의 CEP 200m와 W78 탄두의 폭발력 330kt은 공군의 요구를 대부분 충족시킬 수 있기 때문이다. 공군은 새로운 MGS에서도 IMU만은 NS-20의 것을 그대로 사용하되, 1960년대 기술로 만든 컴퓨터를 포함한 기타 모든 전자 부품은 최신 부품으로 교체하기로 계획했다. 즉 MGS의 신뢰도를 크게 향상시키고 부품 공급을 원활하게 하는 것이 GRP의 주요 목표였던 것이다. 미국 공군은 이렇게 새로 설계한 MGS를 NS-50라고 명명하였다.

초기의 NS-50 비행시험 결과는 공군의 기대에 훨씬 못 미친 듯했다. 공군의 내부 소스를 인용한 〈타임(Time)〉의 보도에 따르면 2001년 6월까지 비행시험한 결과 NS-50로 업그레이드된 MM-III의 CEP는 NS-20를 사용할 때보다도 훨씬 더 컸다고 한다. 미국 공군도 이때까지 실시한 일곱 번의 NS-50 비행시험에서 비록 작지만 정밀도에 영향을 주는 바이어스(Bias)가 들어오고 있음을 시인하였다. 미국 공군은 바이어스 문제를 정밀 추적 분석하여 그 원인이 하드웨어가 아닌 항법 소프트웨어에 있음을 알아냈다. 오차의 주요 원인 중 하나는 항법 계산을 할 때 반올림을 해야 할 끝수를 그냥 버린 것으로 판명되었고, 어떤 경우에는 요구되는 정밀도를 얻기 위해 좀 더 정확한 근사치 계산이 필요한 상황도 발견되었다. 또 다른 주요 원인은 RV를 분리할 때 잔여 속도 바이어스가 RV 비행각도 계산에 잘못 사용된 것으로 밝혀졌다. 항법 소프트웨어의 오류와 바이어스를 제거하여 정밀도 문제를 해결한 후 2002년에 두 번, 2003년에 두 번 도합 네 번의 NS-50 비행시험을 실시 하였다. 미국 공군은 네 차례의 비행시험을 통해 먼저 실시한 일곱 번 의 시험에서 나타났던 사거리 방향 바이어스 오차가 없어졌음을 확인 하고 NS-50를 안정적이고 신뢰할 수 있는 MGS로 인정하였다. 이로써 MM-III의 수명 연장 프로그램 중 중요한 한 가지가 해결된 셈이다. 정 확도 문제가 해결됨으로써 GRP는 정상 궤도에 오르게 되었다. 500기 의 MM-III용과 예비용 152세트를 포함한 652세트의 NS-50 생산을 2008년까지 마치기 위해 연산 80세트 생산 체제에 들어갔다.

1970년부터 생산한 미니트맨-III 로켓 모터의 수명은 대략 17년 정 도로 추정하기 때문에 2020년까지 사용하려면 MM-III의 모든 로켓 모 터를 새로 생산해야 했다. 1999년 2월 미국은 제조된 지 약 33년 4개월 된 1단 모터를 지상 연소시험을 통해 성능 평가를 실시했다. 이 낡은 모터는 오늘날 요구하는 생산 품질 보증 조건도 만족시킬 만큼 완벽하 게 작동했다. 하지만 고체 연료 모터는 시간이 지남에 따라 라이너와 추진제 사이가 떠서 빈틈이 생길 수도 있고, 추진제에 금이 가거나 틈 이 생길 수도 있다. 이러한 틈들은 자칫 폭발 사고를 유발할 수도 있기 때문에 고체 모터는 충전하고 적정 시간이 지난 후에는 새로운 모터나 새로 충전한 모터로 교체해야 안전하다. 따라서 MM-III 수명 연장 프 로그램에서 해결해야 할 또 한 가지 중요한 과제는 MM-III의 모든 모 터를 새로 제작하는 것이었다. 추진기관과 유도 조종 부품 수명 연장 프로그램을 추진기관 교체 프로그램(PRP)이라고 한다. 여기서 두 가지 문제가 불거졌다. 첫째는 고체로켓 연료가 친환경적이어야 한다는 것 이고, 둘째는 2단과 3단에서 채용한 '액체 분사식 추력 벡터 조종장치 (LITVC: Liquid Injection Thrust Vector Control)'에서 사용해온 프레온가스

(Freon Gas)를 더 이상 사용할 수 없다는 것이다.

1970년에 발족한 미국 환경보호청(EPA: Environmental Protection Agency)은 환경 규약을 도입하였다. 환경 규약에 따라 염소를 포함한 추진제와 제조 공정을 허용하지 않으며, 프레온가스는 외계로부터 지구로 쏟아지는 해로운 자외선을 막아주는 오존층을 파괴하기 때문에 환경 파괴물질로 분류되어 사용이 금지되었다. 추진기관 교체 프로그램을 시행하기 위해 미국 공군은 EPA의 환경 규약에 맞는 새로운 추진제를 개발했으며, 프레온가스 대체품도 개발했다. 새로 개발한 친환경적인 고체 연료는 종전의 연료에 비해 밀도가 높아 로켓 모터 각 단의 무게는 증가한 반면 추력은 감소하는 결과를 초래했다. 그 결과 새로운 추진 모터를 장착한 MM-III의 최대사거리는 종전에 비해 감소한 것으로 알려지고 있다. 그러나 최대사거리가 얼마나 감소했는지는 공개되지 않았다. 새로운 추진제로 인해 사거리가 어느 정도 감소한다고 해도 탑재한 RV 수가 1기 내지 2기로 줄어든 지금은 전혀 문제 될 것이 없다. "탄두가 떨어질 적국의 영토는 EPA의 규제 밖에 있기 때문에 친환경적인 탄두는 개발할 필요가 없었다"라는 우스갯소리가 나올 만도 하다. 환경보호가 이토록 중요하게 다루어진 것은 상당히 인상적이다.

PSRELEP은 PBV 추진기관의 수명 연장 프로그램이다. '버스'라는 애칭으로 더 잘 알려져 있는 PBV는 유도 컴퓨터의 지령에 따라 MIRV 탄두를 각 표적에 조준하고 RV를 분리하는 역할을 맡고 있다. PSRE는 PBV를 탑재한 MIRV를 각각 표적을 향해 방출하기 위해 필요한 위치로 이동하고 필요한 속도와 자세가 되도록 PBV를 정밀 조종하는 데 필요한 저추력 로켓엔진이다.

MM-III의 PSRE는 모노메틸히드라진(MMH: Monomethylhydrazine)과 4산화2질소로 추진되는 재점화 가능한 액체 추진 로켓이다. 미국과 러시아의 합의에 따라 PSRE는 사거리 방향 속도를 1km/s 이상 늘릴 수 없도록 규제했기 때문에 제4단 로켓으로 분류되지는 않는다. 그러나 이름이 무엇이든 간에 PSRE가 맡은 역할은 정밀 기동을 하는 4단 로켓 그 자체라고 할 수 있다. 미니트맨-III에서 PSRE로 안전성이 높은 고체 연료 로켓 대신 재점화가 가능한 액체 연료 로켓을 사용하는 이유는 추력의 정밀 제어가 용이하고, 작동시간이 길어 RV의 분산거리가 고체로켓 가스 발생기를 사용하는 경우보다 훨씬 크기 때문이다. 이 점이 바로 고체로켓 가스 발생기를 사용하는 트라이던트-D5보다 MM-III나 피스키퍼의 MIRV가 훨씬 더 멀리 떨어진 표적을 커버할 수 있는 이유다. 트라이던트-D5는 버스의 기동을 위해 가스 발생용 고체로켓을 사용하기 때문에 분산거리가 비교적 작다.

MM-III의 PSRE는 에어로제트 제너럴(Aerojet General)사는 지금까지 850개 이상의 PSRE를 생산하였고, 지난 30여 년간 200여 회의 비행 시험을 성공적으로 마쳤다. 2020년까지 사용할 수 있는 PSRE로 개조하기 위해서 미국 공군의 ICBM 주 계약사인 노스럽 그러먼(Northrop Grumman)과 도급 계약사 에어로제트 제너럴이 PSRE의 수명 연장 프로그램을 추진하고 있다.

1993년 이후 계속 진행해온 미니트맨-III 수명 연장 프로그램 덕분에 미니트맨-III는 애초에 계획했던 2020년보다 더 긴 2030년까지 사용할 수 있게 되었고, 2018년부터 미니트맨-III를 교체하려던 후속 미사일 개발 계획은 뒤로 미룰 수 있게 되었다. START-II의 조인으로 미니트맨-III의 단일 탄두 탑재 계획이 세워졌지만 미국의 ABM 조약 탈퇴에 대한 반발로 러시아가 START-II의 무효화를 선언하였으며, 결과적으로 러시아나 미국이 ICBM을 단일 탄두화해야 할 의무는 없어졌다. 그러나 미국은 START-II로 계획했던 대부분의 목표를 그대로 추진함과 동시에 현대화를 수행하였다.

이어서 2002년 미국과 러시아는 모스크바 협약을 체결하였고, 이후 미국의 ICBM과 SLBM 및 폭격기 전력은 꾸준히 변하였다. 현재는 500발의 RV가 450기의 미니트맨-III에 탑재되어 있지만, 앞으로는 새로 조인한 신전략무기감축협정 '뉴스타트(New START)'에 따라 더욱 변화할 수도 있다. 버락 오바마(Barack Obama)의 핵태세검토보고서(NPR)에 따르면 오바마 정부는 ICBM의 단일 탄두화(de-MIRV)는 완료하되, 필요할 경우 다시 다탄두화(re-MIRV)할 수 있는 능력을 보유하겠다는 것이기 때문이다.[167]

W78/Mk12A와 NS-50의 조합으로 된 RV의 CEP는 200m 미만이고 폭발력은 330kt인 데 반해 W87/Mk21 SERV의 CEP는 120m 정도일 것으로 추정되고 폭발력은 300kt이지만 필요할 경우 475kt으로 올리는 것도 가능하다. W87/Mk21 SERV는 MM-III에 1기만 탑재한다. 반면 NS-50으로 유도되는 W78/Mk12A의 조합은 200기의 MM-III에 250발을 탑재하고 있다. 1기 혹은 2기의 RV만 탑재할 경우 미니트맨-III의 최대 사거리는 1만 3000km보다 훨씬 길어질 것이고, 3기의 MIRV를 탑재하였던 원래의 미니트맨-III보다 훨씬 개선된 ABM 돌파용 '카운터메저(Countermeasure)'를 탑재할 수 있을 것으로 확신한다. 이러한 관점에서 본다면 비록 미니트맨-III라는 이름 자체는 1970년에 도입한 낡은 미사일을 연상시키지만, 그간 수명 연장과 현대화 과정을 통해 미니트맨-III는 임무 수행 능력 면에서 러시아가 최근에 도입한 토폴-M에 비해 조금도 손색이 없는 ICBM으로 여겨진다.

---

[167] 'de-MIRV'는 MIRV에 반대되는 의미의 신조어다. MIRV 미사일을 단일 탄두미사일로 바꾸는 것을 뜻한다.

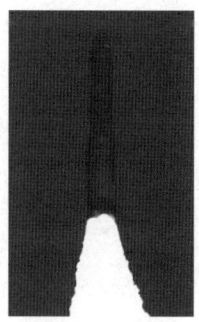

사진 4-2_ 미니트맨-III(LGM-30G)의 발사 장면 [미국 공군]

〈사진 4-2〉은 미니트맨-III가 발사되어 하늘로 올라가는 장면이다. 근 70억 달러를 투입한 미니트맨-III의 성능 향상 계획은 거의 마무리 단계에 있으며, 오바마 정부의 NPR에 따르면 미국 공군은 2011~2012 년 사이에 2030년 이후 미니트맨-III를 대체할 새로운 ICBM에 대한 검토를 시작할 것으로 보인다.[168]

SLBM

미국은 〈표 4-1〉에서 보는 것과 같이 ICBM 외에 14척의 오하이오 (Ohio)급 잠수함에서 발사하는 트라이던트-D5를 중요한 전쟁 억지력 으로 보유하고 있다. 미국의 잠수함 발사 탄도미사일은 폴라리스-A1에 서 시작해 폴라리스-A2, 폴라리스-A3와 포세이돈(Poseidon)-C3를 거 쳐 트라이던트-I(C4)에 이르렀다. C4 미사일은 우선 8척의 오하이오급

---

168 Bulletin of the Atomic Scientists, "U.S. Nuclear Forces, 2010",
http://www.thebulletin.org/files/066003008.pdf.

잠수함에 탑재되었고, 그 후 12척의 포세이돈 잠수함에 포세이돈-C3를 대체하여 장착되었다. 트라이던트-IID5 미사일 개발이 완료됨에 따라 C4 미사일은 부분적으로 D5로 대체되었다. 지금은 미국이 운용하는 14척의 오하이오급 잠수함 모두에 D5를 탑재하고 있다. D5는 천측관성항법(Stellar Inertial) 혹은 GPS-관성항법(GPS-Inertial)을 사용하여 CEP가 최대사거리 1만 3000km에서 90~120m로 알려져 있다. D5는 W88/Mk5를 8기 혹은 W76/Mk4를 최대 10기까지 탑재할 수 있지만, 전략무기감축협정(START-I)에 따라 탑재 탄두 수를 8기로 제한하였다. 그 후 모스크바 협약에 의해 탄두 수를 더욱 제한함에 따라 미국은 D5에 탑재하는 탄두 수를 4발의 W88/Mk5 또는 4발의 W76/Mk4로 제한하였다.

　근래 들어 W76 탄두에 신뢰도 문제가 생기자 개선하는 김에 탄두뿐만 아니라 RV까지도 대폭 개선하였다. W76 탄두는 W76-1으로 개선했고, Mk4 RV를 개선하여 종말 유도를 할 수 있는 MaRV Mk4A를 도입하였다. W76-1의 폭발력은 W76와 같은 100kt이지만 충격신관(衝擊信管, Impact Fuse) 옵션을 추가했으며, Mk4A의 CEP는 GPS급으로 대폭 향상되었다. W76-1/Mk4A의 폭발력은 100kt밖에 안 되지만 GPS급의 정밀도 때문에 어떠한 견고 표적도 파괴할 수 있어 D5가 W88/Mk5를 탑재하였건, 아니면 W76-1/Mk4A를 탑재하였건 상관없이 D5는 명실공히 카운터포스 무기로 거듭났다. 그러나 Mk4를 GPS급의 MaRV로 전환하는 과정에서 중량이 많이 늘어나 W76-1/Mk4A의 무게는 거의 W88/Mk5와 같아진 것으로 추정된다.

　Mk5의 CEP는 피스키퍼의 Mk21에 필적하며, Mk4A의 CEP는 10m 근방으로 추정됨에 따라 D5는 대량 보복무기가 아니라 초정밀 선제공격무기로 취급한다. ICBM에 비해 월등히 많은 SLBM의 탑재 탄두 수를 고려하면 SLBM 전력은 가장 중요한 전쟁 억지력이며 공격력이라고 볼 수 있다. 미국은 현재 태평양 지역을 커버하기 위해 8척의 오하이오급 SSBN을 워싱턴 주의 키트샙(Kitsap) 기지에 배치하고 있으며, 대서양을 커버하기 위해 조지아 주의 킹스베이(Kings Bay) 기지에 6척의 오하이오급 SSBN을 배치하고 있다. 모든 SSBN에는 트라이던트-IID5를 탑재하고 그중 2척은 항상 오버홀(Overhaul)을 받고 있으며, 12척은 실제 작전에 투입하고 있다. 14척의 SSBN 중 오버홀 중인 2척의 SSBN과 여기에 탑재한 48기의 트라이던트-IID5는 뉴스타트 조약이 정한 '현역배치된(Deployed)' 미사일 발사대(Launcher)와 미사일 카운트에서 제외된다. 따라서 이 조약에 따르면 미국은 12척의 SSBN과 288기의 D5를 보유하고 있는 것으로 계산된다. 2010년 NPR에 따르면 미국은 당분간 14척의 SSBN을 유지할 것이지만 2척의 SSBN은 2020년 전에 퇴역할 것으로 보인다. 비록 12척의 SSBN이지만 여기에 탑재한 288기의 D5가 운반하는 탄두 수는 1152발로 미니트맨-III의 500발보다 2배 이상 많아 뉴스타트 조약 하에서는 특히 SLBM이 미국 전략무기의 가장 중요한 한 축임을 보여주고 있다.

미국은 2009년에도 31회의 SSBN 패트롤(Patrol: 초계 항해)을 실시하여 냉전 시대나 마찬가지의 패트롤 빈도수를 보이고 있다. 냉전 시대의 SSBN 패트롤은 소련의 서부 지역을 커버하기 위해 패트롤 횟수의 7분의 6이 대서양에서 이루어졌지만, 지금은 패트롤의 3분의 2가 태평양에서 실시되고 있다. 이것은 미국의 전략적인 관심사가 러시아에서 중국과 북한 등으로 옮아갔음을 단적으로 보여주는 증거로 볼 수 있다.[169]

트라이던트-II 미사일은 수중에서 발사된다. 미사일 하부에 부착된 별도의 가스 발생기에서 발생한 고온 가스가 물을 증발시켜 만든 수

증기의 압력에 의해 D5는 수면까지 치솟게 된다. 이때 미사일 내부는 질소 가스에 의해 고압으로 유지되어 물이 미사일 내로 유입되는 것을 막아준다. 미사일이 제대로 수면에 도달하지 못할 경우에는 SSBN과 승무원을 보호하기 위해 미사일 탄두의 무장을 해제하고 로켓 모터 점화를 방지하는 등 여러 가지 안전장치가 마련되어 있다. 관성 센서 등에 의해 로켓이 수면 위로 나온 것을 감지하면 로켓의 1단 모터가 점화되고, 공기의 충격파를 뭉툭한 몸체로부터 격리시키기 위한 '에어로스파이크(Aerospike)'가 D5의 보호 덮개(Shroud) 끝 부분에 자동으로 설치된다. 에어로스파이크만으로도 공기 마찰을 거의 반으로 줄일 수 있고, 그 효과를 사거리로 환산하면 550km 이상에 해당한다.[170]

〈사진 4-3〉에서 보는 것과 같이 에어로스파이크와 보호 덮개 사이에 3개의 충격파가 생긴다. 에어로스파이크 끝 부분의 디스크에서 생긴 가장 강력한 선수파(Bow Shock)는 보호 덮개로부터 분리되고, 미사일 기체 효과로 선수파와 보호 덮개 사이에 또 다른 충격파가 생기며, 마지막으로 덮개가 튀어나온 구조 때문에 또 하나의 충격파가 덮개 근처에 발생한다.

제조된 지 가장 오래된 오하이오급 SSBN은 수명이 다하여 2017년부터 퇴역이 예정되어 있고, 그다음 SSBN은 2030년에 퇴역한다. 그 후로는 12척의 SSBN으로 2040년까지 SSBN 함대를 꾸려나갈 예정이다. 이와 같이 오하이오급의 퇴역에 따른 자리를 메우기 위해 미국 해군은 2019년에 새로운 SSBN(SSBN-X)을 건조하기 시작하여 2022년에 두 번

---

[169] Bulletin of the Atomic Scientists, "U.S. Nuclear Forces, 2010", http://www.thebulletin.org/files/066003008.pdf.

[170] Drag-resistant Aerospike, http://en.wikipedia.org/wiki/Drag-resistant_aerospike.

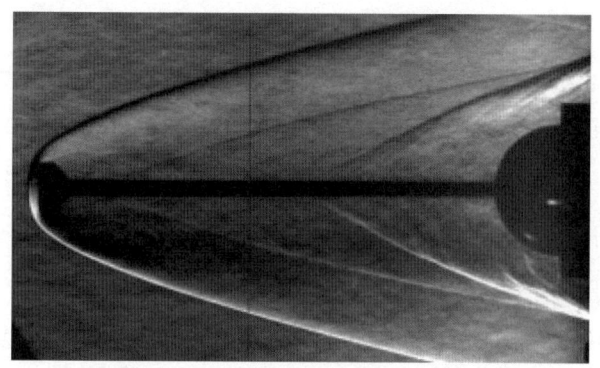

사진 4-3_ 에어로스파이크 모델이 만드는 보호 덮개 주변 충격파의 슐리렌(Schlieren) 사진 171

째 SSBN-X 건조에 착수하고, 2024년부터 2033년까지 매해 1척씩 건조할 계획이다. 여기서 SSBN-X의 'X'는 아직 '미정'이란 뜻을 나타낸다. 앞으로 대두될지도 모르는 새로운 군축 회담에서 가능한 한 많은 수의 SSBN을 확보하기 위한 이유와 경제적 이유 때문에 미국은 SSBN 1척당 SLBM 탑재 수를 16기 정도로 줄일 계획에 있다. 이러한 SSBN-X의 비용은 대략 800억 달러로 추정된다.

2002년 미국 해군은 오하이오급 SSBN과 트라이던트-D5의 수명을 2040년까지 연장하기 위한 D5LEP 계획(D5 Life Extension Program)을 수립하였고, 현재 추진 중에 있다. 민수용 부품을 이용해 최소한의 경비로 트라이던트-IID5의 성능을 현행대로 유지하는 것이 D5LEP의 목표다. 록히드 마틴(Lockheed Martin)사는 425기의 D5를 2007년까지 미국 해군에 납품하였다. 미국 해군은 Mk4 RV와 유도장치를 개선하기 위한

---

171 Lawrence D. Huebner and Anthony M. Mitchell, "Experimental Results on the Feasibility of an Aerospike for Hypersonic Missiles", 33rd Aerospace Sciences Meeting and Exhibit, January 9-13, 1995. http://www.cs.odu.edu/~mln/ltrs-pdfs/aiaa-95-0737.pdf.

노력으로 2007년 록히드 마틴사와 RV를, 찰스 스타크 드레이퍼 연구소 (Chales Stark Draper Laboratory)와 유도장치 시스템을 개선하는 계약을 체결하였다. 록히드 마틴사는 2008년부터 트라이던트-IID5(이후 D5로 부름) LEP의 초도 생산을 시작하였으며, 2010년까지 108기의 D5 LEP 를 생산하여 훈련 발사 등으로 생긴 부족분을 우선적으로 채워나갈 것 을 계획하였다.

2003년 5월 미국 해군은 W76 탄두의 단점을 보완하고 기존의 공 중 폭발 옵션 외에 지하 시설물을 격파하기 위해 필요한 충격신관 옵션 을 추가하여 W76-1이라는 개선된 탄두를 개발하였다. 동시에 Mk4 RV 의 정확도를 보완하기 위해 GPS에 의해 종말 유도되는 기동성 RV인 Mk4A MaRV를 개발하기로 결정하였고,[172] 첫 번째 W76-1/Mk4A를 2008년 10월에 공급했으며 2009년 2월부터는 비축하기 시작했다. 2005년 부시 정부는 2021년까지 W76 2000여 발을 W76-1으로 성능을 개선하려고 계획했으나, 2010 NPR에서는 W76 개선 작업을 서둘러서 2017년까지 계획을 앞당겨 완료하기로 결정하였다.

---

[172] Hans M. Kristensen, "Global-Strike: A Chronology of the Pentagon's New Offensive Strike Plan", (Federation of American Scientists, 2006) p.84.

2
러시아의 탄도탄 현황

2010년 7월 현재 러시아는 2679발의 전략 탄두와 이 탄두들을 운반하는 611기의 탄도탄과 폭격기를 보유하고 있다. 〈표 4-3〉에서 보는 것과 같이 전략 탄두 운반체는 375기의 ICBM과 160기의 SLBM, 76기의 전략폭격기로 구성되어 있다. 〈표 4-3〉은 파벨 포드비크(Pavel Podvig)가 관리하는 '러시아 군사력 블로그(Russianforces Blog)'에 나와 있는 데이터를 이용해 만들었다.[173] 또 다른 권위 있는 데이터 소스인 로버트 노리스(Robert S. Norris)와 한스 크리스텐센(Hans M. Kristensen)의 '러시아 핵전력, 2010(Russian Nuclear Forces, 2010)'[174]과는 탄도탄 수에서 1~2기의 차이를 보이지만, 대체로 두 데이터는 일치하고 있다.

---

[173] Russian Strategic Nuclear Forces, http://russianforces.org/.
[174] Russian Nuclear Forces, 2010, http://bos.sagepub.com/content/66/1/74.full.

표 4-3_ 2010년 12월 현재 러시아가 보유하고 있는 전략무기 현황

	탄도탄		탄도탄/폭격기 수	탄두	탄두 수
ICBM	SS-18	R-36M2	58	10×800kt	580
	SS-19	Stiletto	70	6×400kt	420
	SS-25	Sickle	171	1×800kt	171
	SS-27	Topol-M, Silo	52	1×800kt	52
		Topol-M, Mobile	18	1×800kt	18
		RS-24	6	3×400kt(?)	18
SLBM	SS-N-18M1	Stingray	16기×4 Delta III	3×50kt	192
	SS-N-23	Skiff	16기×2 Delta IV	4×100kt	128
	SS-N-23M1	Sineva	16기×4 Delta IV	4×100kt	256
	SS-N-32	Bulava	16기×1 Typhoon	6×100kt	—
			16기 x 1 Borei	6×100kt	—
전략폭격기	TU-95	TU-95MS6	32	6×AS-15A, bombs	192
		TU-95MS16	31	16×AS-15A, bombs	496
	TU-160	Blackjack	13	12×AS-B or AS-16 SRAMs, bombs	156

ICBM

2010년 7월 현재 러시아 전략 로켓군(Russian Rocket Forces)의 ICBM 전력은 58기의 R-36M2, 70기의 UR-100NUTTH(Stiletto), 171기의 이동식 ICBM 토폴(Sickle), 52기의 사일로 배치식과 18기의 야지 이동식 토폴-M 및 6기의 다탄두미사일 야르스(Yars: RS-24)로 구성되어 있다.[175] 한동안 정체를 몰라 소문만 무성하던 야르스는 결국 다탄두를

---

[175] Pavel Podvig의 논문 「The Window of Vulnerability That Wasn't: Soviet Military Buildup in the 1970s」에 따르면 러시아는 R-36MUTTKh 250기와 R-36M2 58기를 생산한 것으로 보고 있다. 지금 현재 R-36M 패밀리 미사일 58기를 보유하고 있다고 발표되는 것으로

장착한 토폴-M으로 밝혀졌다.[176]

현재 러시아의 ICBM 전력은 미사일 4종의 여섯 가지 파생형으로 구성되어 있다. 그중 UR-100NUTTH와 토폴은 원래 예정했던 사용 수명을 2~3배 이상 초과하고 있으며, 비행시험을 통해 사용 수명을 계속 연장하고 있지만 앞으로 수년을 더 버티기는 곤란할 것으로 판단된다. R-36M2는 R-36MUTTKh보다 10여 년 후에 배치되기 시작했고, 상당히 내구성이 좋다는 것이 그동안의 시험비행을 통해 입증되었기 때문에 수명을 계속해서 연장해왔다. 러시아의 가장 중요한 ICBM 중 하나인 R-36M2는 우크라이나의 얀겔 설계국에서 개발하고 유즈마시(PA Yuzhmash) 공장에서 생산하였다. 러시아가 소련연방의 핵무기를 단독으로 인수한 후 지금은 다른 나라가 된 우크라이나에서 개발하고 생산한 ICBM을 유지·관리하는 데 상당한 어려움이 있었을 것은 말할 것도 없다. 전략무기의 유지·관리를 외국 부품과 외국인 기술자들에게 맡기기도 힘들었고, 소련 붕괴 후 극도로 황폐한 경제 상황에서 순수한 러시아산의 새로운 ICBM으로 대체하기도 쉽지 않았다. 시험 발사를 통해 미사일 상태를 확인해가며 퇴역하는 미사일의 부품으로 남은 미사일들의 수명을 연장해왔을 것으로 추측한다.

결국 2006년 3월 러시아는 우크라이나와 R-36M2 58기의 유지·보수 계약을 맺었다.[177] 러시아 의회 두마(Duma)는 2년간이나 협약의

보아 모든 R-36M은 약 10년 뒤에 생산된 R-36M2로 판단할 수 있다.
http://russianforces.org/podvig/2008/06/the_window_of_vulnerability_that_wasnt.shtml.
[176] Russian Strategic Nuclear Forces, "Solomonov confirms that RS-24 is MIRVed Topol-M", http://russianforces.org/blog/2007/09/solomonov_confirms_that_rs24_i.shtml.
[177] Ukraine will Help Extend Life of SS-18 Missiles,
http://russianforces.org/blog/2006/03/ukraine_will_help_extend_life.shtml.

비준을 미뤄왔으나, 2008년 결국 승인할 수밖에 없었다. 2008년 2월 12일 블라디미르 푸틴 대통령이 협약에 서명함으로써 이 계약은 효력을 발생했다. 러시아는 우크라이나와 협력을 통해 R-36M2의 수명을 10~25년 더 연장할 수 있을 것으로 판단한다. 러시아는 2008년 10월 UR-100NUTTH를 성공리에 발사하였고, 그 결과 UR-100NUTTH의 수명을 33년으로 연장할 수 있었다. 따라서 이 미사일들도 2012년에서 2017년까지 유지할 수 있게 되었으며, 그 이후에는 토폴-M이나 야르스(RS-24)로 교체할 것으로 보인다.

R-36M2와 UR-100NUTTH 및 토폴의 개발 과정과 성능에 관해서는 이 책의 자매 도서격인 『ICBM, 악마의 유혹』[178]에서 자세히 설명하였기에 더 이상의 설명은 생략하기로 하고, 소련 붕괴 후 러시아가 설계 및 생산하고 있는 최신 ICBM 토폴-M과 그의 다탄두 버전인 야르스에 대해서만 자세히 살펴보기로 하겠다.

지난 몇 년 동안 우리는 사일로 배치식 토폴-M과 야지 이동식 토폴-M 그리고 다탄두미사일 야르스에 대한 비행시험과 러시아 미사일들의 환상적인 성능에 대해 들어왔다. 러시아 지도부는 미사일 비행시험이 성공할 때마다 '미국이나 다른 나라의 어떠한 대탄도탄 방어망도 돌파할 수 있는 미사일'이라든가 '세계 어느 나라도 갖지 못한 새로운 핵미사일'이라고 강조해왔다. 가장 최근에 비행시험을 시작한 야르스는 탄두를 10기까지 탑재할 수 있는 RT-23 몰로데츠급의 새로운 다탄두미사일이라고도 소개되었으나 야르스는 결국 다탄두를 탑재한 토폴-M으로 밝혀졌다.[179]

---

[178] 정규수, 『ICBM, 악마의 유혹』(출판 준비 중).

[179] Russian Strategic Nuclear Forces, "Solomonov confirms that RS-24 is MIRVed Topol-M", http://russianforces.org/blog/2007/09/solomonov_confirms_that_rs24_i.shtml.

러시아의 미사일 개발 현황에 대해 언론에 공개된 정보를 접하다 보면 상당히 어수선하고, 혼란스럽고, 신비롭기까지 하다. 물론 ICBM이 등장한 1959년 이후 지금까지 자국의 ICBM이나 SLBM에 대한 궁금증을 다 풀어준 나라는 그 어디에도 없다. 구소련은 미사일 개발 계획은 물론, 미사일의 특성과 부대 배치 등 미사일 전반에 대해 완전히 비밀에 부쳐왔다. 따라서 구소련 미사일 개발에 관한 한 오직 가정과 추측만 무성할 뿐이다. 과거의 혼란이 정보 부재에 기인한 것이었다고 본다면 지금의 혼란은 러시아 지도부가 다분히 의도적으로 흘린 과다하고 애매한 정보에서 야기된 듯싶다. 러시아 대통령, 국방장관, 전략 로켓군 사령관, 미사일 설계 연구소 소장 또는 국방부 대변인 등이 수시로 기자회견이나 발표 형식을 빌려 일반에 공개한 미사일 자료들은, 러시아 미사일의 꿈같은 성능에 대해 감탄을 자아내게 만들었다. 그러나 이러한 발표는 실체를 파악하는 데는 큰 도움이 되지 않았다.

기자회견장에서 흘러나온 정보를 기준으로 성능을 예측해보면 토폴-M은 '슈퍼미사일'이 틀림없다. 발사 단계에서 표적에 이르기까지 전 구간에서 비행경로를 이리저리 무작위로 계속 바꿀 수도 있다. 특히 재돌입 과정에서는 극초음속 기동으로 대기권을 들락날락할 뿐만 아니라 표적을 향해 자동으로 종말 유도되기도 한다. 만약 레이저로 요격을 당하면 외피에 덧붙인 융제가 내부를 보호하고, 500m 거리에서 요격용 핵탄두가 폭발하는 경우에도 미사일이나 페이로드를 파괴할 수 없도록 내핵특성(Nuclear Proof)도 강화했다고 한다. 이와 같은 발표나 회견에서 상상력을 자극하는 화려한 수식어를 걷어내고 실제로 토폴-M의 특성을 들여다보자.

러시아 미사일은 유난히 많은 이름을 가지고 있다. 같은 토폴-M을 놓고도 누가 말하느냐에 따라 토폴-M, RT-2PM2, 15Zh65, RS-

12M2, SS-27 그리고 시클(Sickle) 등 다양하게 불린다. 한 가지 미사일이 이렇게 많은 이름으로 불리는 것은 비단 토폴-M만이 아니다. 구소련과 러시아의 모든 전략 미사일이 가진 공통점이 바로 복잡한 이름 체계다. 토폴-M은 러시아군에서 부르는 공식적인 '애칭'으로 미국의 피스키퍼나 트라이던트와 같은 맥락으로 보면 된다. 한편 RT-2PM2라는 이름은 러시아(혹은 소련) 군부에서 부르는 공식 명칭이고, 15Zh65는 생산 공장과 부품업체에서 사용하는 이름으로 Zh는 고체로켓을 나타내는 코드다. 미국과 소련은 군축 회담(SALT & START)에서 서로 혼동하지 않고 부를 수 있는 공식 명칭을 새로 만들었는데, RS-12M2가 토폴-M을 지칭하는 전략무기 회담용 명칭이다. 한편 나토는 구소련과 러시아의 미사일마다 암호명(Reporting Name)을 지어 부르고 있는데, '시클'이 바로 토폴-M의 그러한 이름이다. 그러나 시클은 원래 토폴(SS-25)의 나토 코드명이었기 때문에 더욱 혼란스럽다. 한편 미국의 국방정보국(DIA)은 정보국대로 같은 미사일을 SS-27이라고 부른다. 이 외에도 이동식 모델이냐 사일로 모델이냐에 따라 토폴-M1〔〈사진 4-4〉〕 또는 토폴-M2로 달라진다. 러시아 미사일의 복잡하고 다양한 이름은 이미 혼란스러운 상황을 더욱 혼란스럽게 만들고 있다. 얼마 전 뉴스에서는 러시아 군부 수뇌들이 모인 자리에서 토폴-M을 SS-27이라고 말했다가 푸틴 대통령의 질책을 받은 적도 있다고 전한다. 미사일의 이름이 부담스러운 것은 비단 우리뿐만이 아닌 듯싶다. 우리는 가능한 한 러시아 미사일을 러시아군의 공식 명칭이나 애칭으로 부르도록 하겠다.

이름이야 어찌 되었든 토폴-M과 야르스는 2015년 이후 러시아 ICBM 전력의 중심에 서게 될 것이 분명하다. 불과 2~3년 전까지만 해도 혼란과 신비의 베일 속에 가려진 채 언론에만 오르내리는 이 미사일들도 지금은 어렴풋이나마 그 정체가 드러나고 있다. 앞으로 5~10년

사진 4-4_ 러시아의 자랑인 야지 이동식 ICBM 토폴-M1[180]

이 지나면 러시아 핵전력의 주축으로 우리 앞에 실체를 드러내게 될 것
이다. 러시아가 추구하는 미래 미사일 시스템의 특징과 성능을 5년 먼
저 미리 알고 있으면 앞으로 러시아가 추구하는 전략적 선택을 예측하
고 이해하는 데 많은 도움이 될 것으로 본다. 따라서 현시점에서 이들
미사일을 둘러싼 여러 가지 오해와 진실을 가려보는 것은 분명 의미 있
는 일이라고 생각한다. 참고로 러시아 미사일에 대해 앞으로 기술하는
내용 중 상당 부분은 필자가 「러시아 슈퍼미사일」이라는 제하로 2008
년 7월부터 12월까지 6회에 걸쳐 월간 〈과학과 기술〉에 기고한 내용을
포함하고 있다.[181]

---

[180] http://vitalykuzmin.net/?q=node/444.
[181] 정규수, 「러시아 슈퍼미사일」, 월간 〈과학과 기술〉(한국과학기술단체총연합회 출판팀,
2008년 7월~12월)

토폴-M

토폴-M과 야르스는 모두 러시아의 미사일 설계국인 MITT에서 개발한 러시아의 차세대 ICBM이다. 토폴-M은 야지 이동식 토폴-M1과 사일로 배치식 토폴-M2 두 가지가 있다. 〈사진 4-4〉는 야지 이동식 토폴-M1의 모습이다. 이 미사일들은 순수 러시아 기술로 설계되었고, 러시아 부품만으로 제작되는 공통점을 지니고 있다.

소련이 붕괴되기 전에 우크라이나 지역에 있는 유즈노예 설계국과 러시아의 MITT에서 공동으로 '유니버설 미사일'을 개발하고 있었다. 유니버설 미사일은 사일로 배치식과 야지 이동식으로 모두 사용 가능한 ICBM으로 1990년대 초에 개발을 시작했다. 한 가지 미사일을 두 가지 배치 모드로 사용할 수 있다는 데서 유니버설 미사일이란 이름도 유래하였다. 원래 계획은 유즈노예 설계국이 사일로 모델을 개발하고, MITT는 이동식 모델을 개발하는 것이었다. 하지만 소련이 붕괴되고 유즈노예 설계국과 MITT가 서로 다른 국가에 소속되게 됨에 따라 공동 사업을 더 이상 지속할 수가 없었다. 1992년 3월 러시아 정부는 순수 러시아 미사일인 토폴-M을 개발하기로 결정하고, MITT의 수석 설계사 라피긴(B. N. Lapygin)과 솔로모노프(Yury S. Solomonov)에게 그 임무를 맡겼다. 러시아연방 정부는 순수 러시아 미사일로 전략 로켓군을 꾸려갈 계획의 첫 단계로 토폴-M의 본격적 개발을 법령으로 정하였다. 유즈노예 설계국은 유니버설 미사일 프로젝트에서 손을 떼게 되면서 1992년 4월 프로젝트 전체를 모스크바의 MITT로 이관하였다. 이렇게 개발이 시작된 것이 토폴-M으로, 이 미사일은 러시아 기술로 설계하고 러시아 부품을 사용하여 러시아에서 생산한 첫 번째 ICBM이 되었다. 토폴과 마찬가지로 토폴-M도 3단 고체로켓으로 야지 이동식과 사일로 배치식 두 가지 종류로 개발되었다.

　　토폴-M의 전신이라고도 할 수 있는 토폴(Topol)은 도로를 따라 이동할 수는 있지만 발사는 미리 측량이 끝나고 정해진 지점에서만 가능하였다. 반면 토폴-M은 야지 이동 능력도 향상되었고, 어떤 장소에서도 즉시 발사할 수 있도록 발사대에 독자적 항법장치를 갖추고 있다. 완전히 새로운 미사일로 개발하는 대신 MITT는 어려운 경제 상황을 고려하고 원활한 부품 조달을 위해 이미 개발 완료한 토폴을 토대로 토폴-M을 개발하기로 결정했다. 토폴에 비해 발사 중량은 약 5% 정도 무거워졌고, 탑재량은 20% 증가하였다. 이러한 외형상의 차이 외에도 토폴-M은 미국이 현재 보유한 MD(Missile Defense) 시스템이나 미래에 예측되는 더 발전된 ABM 시스템도 돌파할 수 있는 여러 가지 ABM 대응 수단을 갖추고 있는 것으로 알려져 있다.

　　2001년 미국이 탄도탄 방어망(BMD: Ballistic Missile Defense)을 추진하기 위해 일방적으로 ABM 조약 탈퇴를 선언한 후 러시아는 지나치다 싶을 정도로 BMD 돌파 능력을 강조해왔다. 토폴-M은 연소 단계(Boost Phase), 자유낙하 단계(Midcourse Phase) 그리고 재돌입 단계(Reentry Phase) 등 비행의 전 과정에서 예측되는 갖가지 요격을 회피하기 위한 각종 대응 수단을 구비한 것으로 러시아 당국자들은 주장하고 있다. 언론 매체에 공개된 토폴-M과 토폴-M의 RV가 보유한 ABM 대응 수단을 요약해보면 대략 다음과 같다.

· 미사일 축을 중심으로 회전(Spin)
· 융제 외피(Ablative Coating)
· 3단 모터 완전 소진(GEMS)
· 지그재그 부스트 궤도(Dog-Leg Trajectory)
· 짧은 연소시간(Fast Burn)

- 낮은 탄도(Depressed Trajectory)
- 극초음속 기동성 RV(MaRV)
- 종말 유도(Terminal Homing)
- 스텔스 RV(Stealth RV)
- 내핵 설계(Nuclear Hardening)

사실 위에 열거한 특성들이 어디까지가 사실이고 어디까지가 허구인지 알 수 있는 정보는 없다. 그래서 일단 러시아가 주장하는 대로 토폴-M이 위와 같은 특성을 가지고 있다고 가정하고 다음과 같이 두 가지 측면에서 진실에 접근해보고자 한다. 첫째는 위와 같은 토폴-M의 특성을 러시아나 미국의 현재 과학기술 수준으로 실현할 수 있느냐 하는 것이고, 둘째는 설사 과학기술적으로는 가능하다고 할지라도 경제성 또는 ICBM 운용 전략 측면에서 그렇게 하는 것이 과연 득이 있겠느냐 하는 것이다.

동력비행(Boost Phase) 단계에서 미사일을 축을 중심으로 회전시키고 1·2·3단 모터 케이스에 융제를 덧붙임으로써 발사 단계에서 토폴-M을 레이저로 요격할 가능성을 봉쇄하는 것이 가능한가? 답은 '충분히 가능하다'이다. 현재 탄도탄 요격용 레이저의 출력은 작동 중인 액체로켓 표면의 한 부분을 집중적으로 수초 이상 조사(Irradiation)할 수 있을 때에만 겨우 파괴할 수 있을 정도라고 판단한다.[182] 고체로켓의 모

---

[182] 로켓 케이스가 알루미늄이냐 강철이냐에 따라 요격용 레이저로 작동 중인 액체로켓 표면에 15 또는 32MJ/m²의 에너지로 집중 조사할 때 파괴할 수 있다고 추정한다. 따라서 이러한 레이저의 후보로 고려되는 COIL(Chemical Oxygen-Iodine Laser: 화학 산소 요오드 레이저)의 출력을 4MW 정도로 가정할 경우 4~8초 정도 연속해서 조사할 때 파괴 조건에 도달할 수 있다. 케이스에 6mm의 코르크를 덧붙인다면 시간은 3배 이상 늘어나야 한다.

터 케이스는 훨씬 견고하므로 파괴하기가 더욱 힘들 것으로 생각된다. 연소 중인 미사일은 연료 소모로 질량이 줄어들고, 이에 따라 가속도는 끊임없이 변화한다. 따라서 미래의 위치를 예측하여 레이저를 한 점에 집중하기가 결코 쉽지 않다. 더구나 로켓 모터가 2~3초당 1회 꼴로 천천히 스핀(진행 축을 중심으로 하는 회전)을 한다면 한 부분에 집중적으로 레이저를 조사하는 것 자체가 불가능하다. 설사 요격용 레이저가 한 부분에 아주 짧은 시간만 조사해도 모터를 파괴할 수 있을 정도로 강력해진다고 하더라도 모터 케이스를 5~6mm 두께의 코르크로 둘러싼다면 레이저의 에너지가 안으로 침투하는 것을 막을 수 있다. '카본-카본 복합체'와 같은 융제물질을 사용한다면 코르크로 보호된 경우보다도 2~3배는 더 강력한 레이저가 요구된다.

융제를 덧붙이는 방법 또는 스핀을 시키는 방법은 모두 기술적으로나 경제적으로나 그리 큰 부담은 없을 것으로 판단된다. 어차피 미국이나 소련이나 대기와 공기 마찰로 인한 고체 연료의 온도 상승을 막기 위해 단열재로 코르크 같은 융제물질을 제1·2단의 외피에 덧붙여왔기 때문에 융제 코팅에 별다른 기술적 문제는 없을 것이다.[183] 실제로 미국 미니트맨 미사일의 외피에는 6mm 두께의 코르크를 부착하는데, 이것은 '부스트 단계' 요격용 레이저를 막기 위해서가 아니라 대기를 뚫고 가속하는 과정에서 공기 마찰로 인한 고체 연료의 온도 상승을 막기 위한 조치다.[184] 원래 도입된 이유야 어찌 되었건 부스터 외부의 코르크층은 레이저로부터 로켓 모터를 보호할 수 있고 모터를 경화(Hardening)

---

[183] David K. Barton et al., "Report of the American Physical Society Study Group on Boost-Phase Intercept Systems for National Missile Defense", Rev. of Modern Physics. 76, S1 (2004), p.151.

[184] 고체로켓 연료(그레인: Grain)의 연소속도는 연소전의 그레인 온도에 민감하다.

하는 좋은 방법이 될 것이다. 다만 융제 코팅의 추가로 미사일의 탑재량이 그만큼 줄어드는 것은 감수해야 한다.

토폴-M은 ICBM에 통상적으로 적용하는 TTP에 의한 연소종료속도 조절 방법을 쓰는 대신 3단 모터를 소진시키는 GEMS 속도 조절 방법을 사용할 것으로 예측된다. 현재 러시아 내에서 관성항법장치를 제조할 수 있는 곳은 옴스크에 있는 SLBM 관성항법장치 생산 공장뿐이다. 따라서 MITT는 토폴-M에 사용할 ICBM의 관성항법장치를 우크라이나에서 수입하여 사용하든가, 아니면 러시아의 옴스크에서 생산한 SLBM의 유도장치를 채택하든가 둘 중 하나를 선택해야 했을 것이다. 그러나 토폴-M이 처음부터 순수 러시아제로 계획된 것을 감안한다면, 러시아제 외에 다른 선택은 있을 수 없다. 근래에 와서는 토폴-M과 불라바 SLBM이 같은 관성항법장치를 사용한다는 주장도 나오고 있다. 러시아는 이미 단일 탄두미사일인 R-31(SS-N-17 Snipe)에 GEMS 유도 방식을 적용한 이후 R-29R과 R-29RM, R-39 등 다탄두 SLBM의 유도에 모두 GEMS 방식을 사용하고 있는 것으로 추측된다. 따라서 같은 유도 방식을 토폴-M에 적용한다고 해도 기술적 또는 경제적으로 아무런 문제가 없을 것으로 본다.

미사일의 최대사거리에 있는 표적을 겨냥하는 경우에는 다른 선택이 없지만, 최대사거리보다 가까운 표적을 겨냥할 때에는 잉여 에너지를 GEMS로 소모해야 하기 때문에 필요하다면 궤도를 임의의 지그재그 형태로 프로그램화할 수도 있다. 부스트 단계의 궤도를 예측하여 ABL(Air-borne Laser: 항공기 탑재 레이저)로 한 부분을 수초간 조사하는 것 자체가 아주 힘든 기술이라는 것은 잘 알려져 있다. 더구나 부스트 궤도가 임의로 이리저리 바뀐다면 ABL로 이러한 미사일을 요격한다는 것은 거의 불가능하다. GEMS 기술을 응용하는 부스트 궤도 변형 기술은 이미 러시아에서 자리 잡은 기술로 그 응용에 별 난관은 없을 것이다.

　　MITT는 집중적 노력을 기울인 결과 토폴-M의 부스트 타임(Boost Time: 연소시간)을 R-36M2 보이보드(Voivode) 부스트 타임의 25% 미만으로 줄였다고 주장했다.[185] 3단 고체로켓인 토폴-M의 제1단 모터는 모스크바에 있는 '소유즈 민군겸용기술연방 센터(Soyuz Federal Center for Dual-Use Technologies)'에서 개발한 3개의 로켓 모터로 구성되었고, 기존의 ICBM 부스터에 비해 아주 빠른 가속도를 가졌다고 한다.[186] 연소종료속도는 7320m/s에 이르고 거의 평편한 DT 궤도를 따라 1만 km 사거리를 비행할 수도 있다. 모터 연소시간이 아주 짧다는 사실은 '부스트 단계 방어 시스템(BPI: Boost Phase Intercepter)'으로부터 안전하다는 뜻이고, 극단적인 DT를 따라 비행한다는 것은 앞으로 미국이 개발할 수도 있는 우주 배치 탄도탄 요격 시스템으로부터도 안전하다는 의미로 볼 수 있다.

　　적외선 탐지기를 탑재한 인공위성은 탄도탄 발사를 부스트 단계에서 탐지할 수 있는 가장 확실한 방법으로 인정되고 있다. 현재 미국이 활용하고 있는 탄도탄 발사 탐지용 적외선 위성으로는 DSP(Defense Support Project)라는 정지위성 시스템이 있다. 첫 번째 DSP 위성이 1970년에 발사된 후 지금까지 약 40년간 DSP 시스템은 전 세계에서 발사되는 모든 탄도탄을 발사 단계에서 빠짐없이 탐지해왔다. 지상의 적외선 '잡음'을 방지하기 위해 DSP 위성은 일부러 물 분자가 흡수하는 적외선 대역인 2.7~2.9㎛ 파장을 가진 적외선을 사용하고 있다. 지상의 모

---

[185] http://forum.keypublishing.co.uk/archive/index.php?t-52537.html.
[186] Topol-M: Missile Defense Penetrator,
http://forum.keypublishing.co.uk/showthread.php?t=52537.

든 적외선 '잡음'은 수증기에 의해 차단되어 DSP에는 감지되지 않는다. 이러한 이유로 DSP는 발사된 탄도탄이 수증기가 별로 없는 10km 이상의 고도에 도달해야 비로소 미사일의 분사 가스를 탐지할 수 있다. 차세대 탐지위성으로 개발하고 있는 STSS(Space Tracking Surveillance System: DSP를 대체할 고궤도 우주추적감시시스템)에서는 대략 7km 고도에 올라온 로켓의 분사 가스를 탐지할 수 있다고 한다. 일례로 미니트맨-I 과 같은 고체로켓이 10km 고도에 이르려면 발사 후 약 35초가 지나야 하고, DSP 위성이 이것을 발견하여 1km³ 내로 위치를 확인하기까지 다시 30여 초의 시간이 소요된다. 다시 말하자면 미니트맨이 발사되고 65초가 지나야 미사일의 대략적인 위치를 확인할 수 있다는 뜻이다. 지금 계획하고 있는 STSS가 실현될 경우 미사일은 발사 30초 후에 대략 7km 상공에서 발견될 것이고, 위치 확인을 위해 다시 15초 정도가 소요되므로 미사일이 발사된 후 요격미사일을 발사하기까지 최소한 45초가 필요하다. 2011년 7월 8일 실시한 STSS 기술 실증시험에서 희미한 적외선과 가시선 소스를 감지하고 추적하는 데 성공하였다.[187] 그러나 STSS는 예산 초과와 기술적 문제 때문에 언제 실용화가 될지 불투명하다. STSS 위성그룹이 완성될 때까지 미국이 가진 ICBM 발사 탐지 능력은 앞으로도 상당 기간 DSP 수준을 유지할 것으로 봐야 할 듯싶다. 미니트맨 타입 미사일이 발사되고 65초가 경과해야 방어 측이 부스트 단계 방어 미사일을 발사하기 위한 준비로 들어가거나 ABL을 이용해 요격 준비를 할 수 있게 된다. 그러나 만약 발사된 토폴-M의 연소시간이

---

187 STSS Demonstrator Satellites Track Short-Range, Air-Launched Rocket in Missile Defense Test, http://www.asdnews.com/news/36974/STSS_Demonstrator_Satellites_Track_Short-Range,_Air-Launched_Rocket_in_Missile_Defense_Test_.htm.

120초 이내라고 한다면, BPI로 이러한 미사일을 요격하는 것은 현실적으로 불가능하다. 65초 전에 발사한 토폴-M과 같은 빠른 미사일을 그보다 느린 요격미사일로 55초 안에 따라잡아 요격하는 것은 기대할 수 없다. ABL의 경우도 비슷하다고 본다. DSP에서 '큐'를 받은 ABL 탑재 항공기가 예측되는 지점으로 레이저를 조준하고 미사일을 추적해 레이저로 공격하기 전에 연소가 끝나기 때문에 ABL 공격도 무위로 돌아갈 수밖에 없다. 더구나 극도로 평편하고 낮은 궤도를 택할 경우 미래 인공위성에 배치될 가능성이 있는 운동에너지탄이나 빔 에너지 무기도 거리가 너무 멀어 실효를 거두기 힘들다. 따라서 토폴-M을 BPI 개념으로 요격하는 것도 거의 불가능하다고 판단한다.

1960년대에 미국은 100G(중력가속도의 100배) 이상으로 가속되는 스프린트 미사일을 개발한 적이 있다. 스프린트 미사일은 5초 안에 음속의 10배(3.4km/s) 속도로 가속될 수 있었고, 기체는 구조적으로도 튼튼하여 2만 5000G의 충격에도 견딜 수 있었다. 이때 공기 마찰로 인해 표면온도는 무려 3400°C까지 올라갔다. 스프린트도 환상적인 가속도를 가진 미사일이었지만, 같은 시점에 ARPA(Advanced Research Project Agency: 국방성 고등연구계획국)에서 연구용으로 개발하던 HIBEX(High Boost Experiment)는 더욱 환상적인 가속도를 자랑했다. HIBEX는 400G의 가속도를 낼 수 있었으며, 사일로를 벗어나는 데 4분의 1초밖에 걸리지 않았다. 하지만 스프린트나 HIBEX는 소형 로켓으로 수초 내에 연료를 소진하고 에너지의 대부분을 공기 마찰로 손실함으로써 사거리는 아주 짧을 수밖에 없었다. 이와 같이 미국은 1960년대 중반에 이미 초고가속 미사일의 고체 모터 설계(Grain Design)에 성공하였고, 초고가속에 따른 기체와 부품들의 열적·기계적 스트레스 문제를 해결했으며, 특히 충격에 예민한 기계식 자이로의 문제점은 레이저 자이로

(Laser Gyro)로 대체함으로써 해결하였다. 약 50년이 지난 지금 러시아가 짧은 연소시간을 가진 로켓을 개발했다고 해도 그리 놀랄 일은 아니라고 생각한다. 토폴-M의 가속도는 연소종료시간으로 미루어 평균적으로 미니트맨의 1.5배 내외일 것으로 추정된다. 토폴-M은 미니트맨-III와 비슷한 크기와 무게 및 외양을 가지고 있지만 연소시간은 미니트맨-III의 67%에 불과하다. 반면 페이로드와 사거리는 미니트맨과 비슷하므로 러시아는 상당히 어려운 기술적 문제를 어떻게든 해결한 것이 틀림없다.

통상적으로 ICBM은 최대사거리 탄도 MET로 발사되도록 프로그램화되는 것이 보통이다. MET는 또 다른 표현으로는 최소운동에너지 탄도라고 한다. MET는 가장 작은 속도로 가장 멀리 가는 탄도이기도 하지만 연소종료속도에 들어오는 각도 오차가 CEP에 미치는 영향이 가장 작은 탄도이기도 하다. MET에서 1만 km 사거리를 기준으로 볼 때 궤도의 최고고도는 대략 1200km가 조금 넘고 RV의 재돌입 각도는 23° 근방이다. 그러나 모든 정황으로 보아 토폴-M은 MET뿐만 아니라 ICBM 사거리에 대한 DT 사격도 염두에 두고 개발한 것으로 보인다.

〈그림 4-2〉는 2004년 2월 18일 토폴의 비행시험 직후 러시아 국방부가 언론에 공개한 RV의 비행 궤적이다. 점선은 통상적인 자유낙하 탄도를 나타내는 반면 실선은 토폴의 RV가 실제로 비행한 궤적을 나타낸다. 토폴-M의 탄두 비행시험에서 토폴-M을 사용하지 않고 토폴을 사용한 이유는 토폴-M의 생산이 여의치 않은 데다 토폴의 비행 특성도 비슷하기 때문에 RV 비행시험에 굳이 아까운 토폴-M을 사용할 필요가 없었을 것이라는 추측이다. 〈그림 4-2〉에서 보는 것과 같이 토폴-M RV의 실제 궤도는 자유낙하 탄도로부터 상당히 벗어나 복잡한 궤도를 그리는 것을 알 수 있다. RV의 궤도가 이렇게 예측할 수 없는 형태

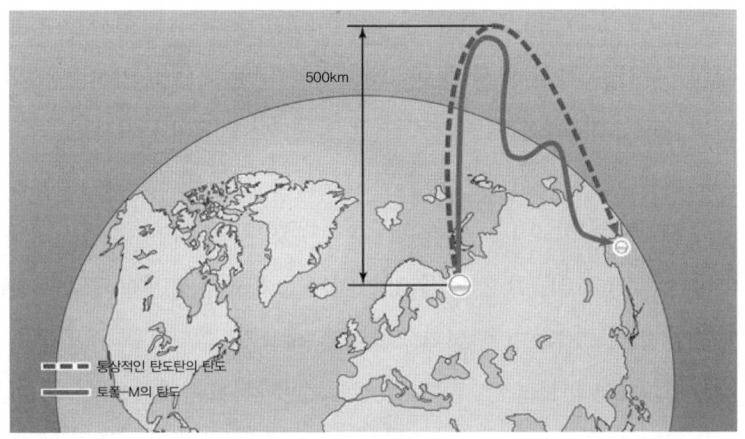

그림 4-2_ 러시아 국방부가 발표한 토폴-M RV의 비행 궤적. 2004년 2월 18일 토폴에 실려 발사된 토폴-M MaRV의 비행 궤적[188]. 점선은 통상적인 탄도탄의 탄도 표시이고, 실선은 기동하는 토폴-M의 탄도를 표시한다.

를 가진다면 푸틴 대통령의 장담처럼 요격은 거의 불가능하다. 그림에서 보는 것이 사실이라면 토폴-M의 최고고도는 500km를 넘지 않을 것으로 추정되고, 이는 통상적인 미사일 최고고도의 반도 되지 않는 것이다. 이와 같이 탄도가 낮고 평편할 경우 RV는 탄도의 대부분이 조기경보 레이더와 추적 레이더의 지평선(Radar Horizon) 밑에 놓이게 되어 표적에 아주 근접할 때까지 탐지되지 않는다. 고도가 500km 미만인 경우 레이더에 탐지되지 않고 접근할 수 있는 거리는 대략 2250km 정도로 추정한다.[189] 설사 2250km 거리에서 탐지된다고 해도 초속 6km/s 이상의 RV가 표적에 명중할 때까지 소요되는 시간은 고작 6~7분밖에 되지 않아 방어 측은 당황할 수밖에 없다.

---

188 http://pics.livejournal.com/sciencesecurity/pic/0002w5qw.

189 Countermeasures, p.74, http://www.ucsusa.org/assets/documents/nwgs/cm_all.pdf.

일반적으로 DT를 따른 비행시간은 MET를 따른 비행시간보다 훨씬 짧다. 이러한 특성 역시 방어 측의 가뜩이나 짧은 준비시간을 더욱 짧게 만들어 ABM을 무력화시키는 역할을 한다. 그러나 DT는 탄도탄 방어망 돌파 능력을 향상시켜주지만 재돌입 탄두의 정확도를 낮추고 열 차폐에 어려움이 있다는 약점을 가지고 있다. 하지만, 자유낙하하는 RV 대신 비교적 간단한 기동성 재돌입체 MaRV를 탑재함으로써 MET와 대등한 또는 좀 더 나은 정확도를 보장해줄 수 있다.

〈그림 4-2〉에서 볼 수 있는 실제 토폴-M의 RV 궤적은 더 이상 탄도를 따르는 DT가 아니다. 재돌입하는 RV의 고도가 극단적으로 바뀐 것을 알 수 있고, 이와 같은 사실은 또 다른 발표에서도 확인된 바 있다. 대기층으로 재돌입하던 RV가 다시 대기권 밖으로 나갔다가 재돌입하고, 그 후에는 표적으로 종말 유도된다고 한다. 이러한 발표 후 토폴-M의 RV는 극초음속 스크램제트(Scramjet)라고 언론 매체에 오르내리기 시작했으며, 스크램제트 RV의 이름은 이글라(Igla)라고 구체적으로 언급되기도 했다. 더구나 SLBM 불라바에도 같은 극초음속 MaRV를 탑재할 것이라고 한다.

스크램제트는 대기권 내에서만 작동이 가능하고 많은 양의 연료를 보통 짧은 시간에 소모한다. 대기 중에서 초음속 비행체를 극초음속으로 가속시키든가 비교적 짧은 시간 동안 극초음속 기동을 하는 것이 목적이라면 분명 산화제를 싣고 다니지 않아도 되는 스크램제트가 로켓에 비해 큰 이점이 있다. 그러나 비추력(Isp: Specific Impulse)이 280초인 로켓 모터를 이용해 초속 6km/s로 움직이는 비행체의 방향을 30도만 바꾸려고 해도 페이로드 무게의 2배에 맞먹는 연료와 산화제가 필요하다. 따라서 재돌입 과정에서 로켓 모터를 이용해 방향을 전환하는 것은 페이로드 무게에 극심한 제약을 가져오므로 현실성이 별로 없다. 스크램제트의 비추력은 일반적으로 로켓에 비해 월등히 높지만 속도가 증가함에 따라 스크램제트와 로켓과의 상대 비추력은 현저하게 줄어든다. 탄화수소를 연료로 사용하는 경우 스크램제트의 비추력은 낮은 속도(《마하 5: 음속의 5배 미만)에선 로켓보다 2~3배 크지만 고속으로 갈수록 줄어들어 마하 10 가까이에서는 1.5배 정도밖에 되지 않는다. 수소연료를 사용할 경우에는 이보다도 훨씬 높아 마하 5~6 가까이에서는 거의 10배에 달하지만 마하 20 이상에서는 로켓 수준으로 떨어진다.

스크램제트가 로켓에 비해 단연 유리한 마하 5~10 사이의 속도 영역에서 연속적인 기동이 필요하다면 스크램제트를 첫 번째 고려 대상으로 생각해볼 수 있다. 스크램제트가 몇 초 이상 성공적으로 작동한 것은 2002년 7월 30일 퀸즐랜드 대학교(University of Queensland)의 '하이샷-II(Hyshot II)'가 처음이었고,[190] 2004년 11월 16일 X-43A의 세 번째 비행에서 마하 10으로 11초간 비행하는데 성공한 것이 현재 개발 수준을 말해주고 있다.[191] 어느 속도 영역에서도 실용적인 비행에 성공한 스크램제트 엔진은 적어도 아직은 없는 것 같다. 따라서 필자는 2004년 2월 18일 러시아가 토폴을 이용해 실시한 MaRV 시험에서 스크램제트는 사용할 수 없었다고 단언한다. 무게와 크기를 무시한다고 해도 스크램제트를 MaRV에 이용하기에는 기술적으로 아직도 요원해 보인다. 러시아가 주장하는 토폴-M RV의 재돌입 속도에서의 곡예비행이 사실이라 할지라도 그것이 스크램제트를 의미하는 것은 아니다. 설사 미래의 어느 시점에 스크램제트가 실용화된다고 해도 RV의 무게와 부피 면에서 오는 제한과 경제적 부담은 피할 수 없을 것으로 보인다. 더구나 RV

---

[190] http://en.wikipedia.org/wiki/HyShot.

[191] http://www.nasa.gov/missions/research/x43-main.html.

의 직경이 극도로 제한될 수밖에 없는 불라바에도 탑재하는 것을 전제로 한다면 스크램제트 극초음속 RV는 고려 대상에서 아예 제외해도 무방할 듯싶다.

구소련은 이미 40년 전 존드 6(Zond 6)라는 '달 주위 비행(Circum-lunar Flight)'에서 이른바 물수제비(Pebble Skipping) 방법으로 우주선을 지구로 귀환시키는 데 성공한 적이 있다.[192] 존드 6호는 지구를 떠나 달을 돌아 지구로 귀환한 소련의 달로켓 이름이다. 아래 〈그림 4-3〉이 보여주는 물수제비 방법을 사용하면 지구 탈출 속도보다 훨씬 더 큰 속도로 재진입할 때에도 역추진 로켓 없이 지구로 귀환할 수 있다. 탈출 속도 이상으로 재돌입할 때 대기권을 적당한 각도로 스치듯이 진입하게 되면 작은 양력으로도 마치 물수제비처럼 다시 대기권 밖으로 튕겨나가게 되지만 공기 마찰에 의해 속도는 많이 줄어든다. 속도가 탈출 속도보다 작아졌다면 지구인력에 의해 다시 대기권으로 재돌입하게 된다. 그러나 이번에는 속도가 처음보다 작기 때문에 보다 큰 각도로 재진입시켜도 안전하게 귀환할 수 있을 것이다. 아직도 재돌입 속도가 너무 크면 이론상으로는 이 과정을 몇 번이고 반복할 수 있지만, 대개는 한두 번이면 충분하다고 판단한다. 〈그림 4-3〉이 보여주는 재돌입 방법을 '스킵 재돌입(Skip Reentry)' 또는 '물수제비 재돌입 방법'이라고 한다.

스킵 재돌입은 원래 달 탐험에서 비롯되었고, 앞으로도 미국이나 러시아의 우주탐사에서 귀환선의 연료와 무게를 절감하는 방법으로 사용되리라 믿는다. 이 방법은 우주선의 귀환뿐만 아니라 탄도탄의 RV

---

[192] http://www.astronautix.com/details/zond6810.htm.

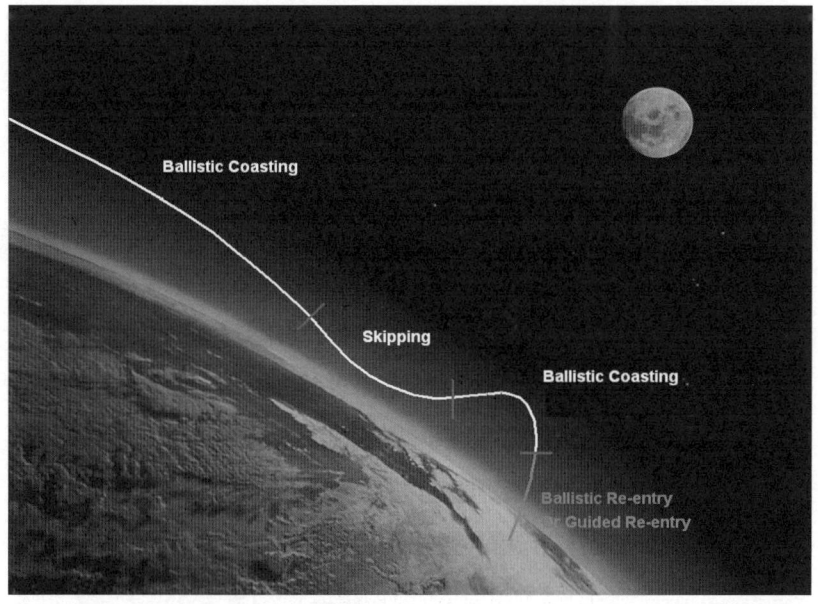

그림 4-3_ 물수제비 재돌입 방법(Skip Reentry)

재돌입에도 적용할 수 있는 개념이다. 보조 로켓이나 스크램제트에 의한 동력비행을 하지 않고도 RV에 비교적 간단한 트림-플랩(Trim-Flap)을 장착한 비동력-공기역학적인 MaRV만 사용해도 정밀한 스킵(Skip)을 유도하기에 충분하다고 생각한다. 스킵의 첫 단계는 상승(Pull-up)이고, 두 번째 단계는 통제된 대기권 탈출(Controlled Exit)이다. 통제된 탈출이란 다음 단계인 자유낙하 재돌입(Ballistic Reentry)에서 RV가 표적을 명중시킬 수 있도록 스킵에 의한 대기권 탈출 속력과 각도를 정밀 제어하는 것을 말한다. 스킵 후 두 번째 재돌입은 충분한 각도를 가지고 자유낙하에 의한 재돌입을 하도록 프로그램화할 수 있을 것으로 본다. 물론 재돌입 후 20~30km 고도에서 러시아의 위성항법 시스템인 글로나스(GLONASS)의 도움을 받아 트림-플랩에 의한 회피 운동과 종말 유도

213

를 하는 것도 가능하다. 스킵 재돌입 방법을 사용하면 사거리도 많이 연장할 수도 있고, 방어 측에 의한 요격을 불가능하게 할 수도 있다. 토폴-M의 속도가 통상적인 ICBM의 속도보다 빠르고 탄도가 낮다면 이러한 탄도는 스킵 재돌입을 적용할 수 있는 아주 이상적 조건을 제공한다고 할 수 있다.

1960년대 중반에서 1970년대 중반에 걸쳐 미국은 Mk500-이베이더(Evader)라는 비동력 MaRV의 비행시험을 여러 차례 성공적으로 수행한 적이 있지만, 당시에는 경제성과 운용의 효율성 때문에 실제로 미사일에는 탑재하지 않았다.[193] 현재 미국은 GPS급 정밀도를 가지는 Mk4A MARV를 개발해 트라이던트-D5에 탑재하고 있다. 러시아도 미국과 유사한 비동력-공기역학적인 MaRV 능력을 보유하고 있을 것이다. 이러한 상황으로 미루어 토폴-M의 RV는 가볍고 간단한 트림-플랩을 사용해 물수제비 방법으로 재돌입하는 MaRV일 가능성이 크다고 생각한다.

이번에는 스텔스(Stealth) RV의 가능성에 대해 생각해보자. 일반적으로 RV를 탐지하는 방법으로는 레이더에 의한 능동적 탐지 방법과 적외선(IR: Infrared) 탐지기와 같은 IR 센서에 의한 수동적 탐지 방법이 있다. 레이더에 의한 탐지를 피하는 방법은 RV 표면을 레이더파 흡수 페인트(RAM: Radar Absorbent Material)로 도장하는 방법과 레이더파를 레이더 쪽으로 반사시키지 않는 형태로 설계하는 방법이 있다. 그러나 RV의 형상은 재돌입 과정에서 내부의 탄두를 마찰열로부터 보호하고 표적을 정확히 명중하기에 적합한 뾰족한 원뿔 형태로 이미 고정되어 있다. 같은 원뿔 형태의 RV라도 레이더를 향해 어느 면을 노출시키느냐

193 U.S. Submarine-Launched Ballistic Missiles,
http://www.alternatewars.com/BBOW/Weapons/US_SLBM.htm.

에 따라 레이더가 탐지할 확률은 수천수만 배 달라진다. 이러한 성질을 이용하여 알려진 레이더 기지를 향해 원뿔의 뾰족한 끝을 향하게 함으로써 탐지될 확률을 극소화할 수 있다. 모든 조기 경보 레이더와 탐지 레이더의 위치는 이미 알려져 있기 때문에 RV의 자세제어 시스템만 소형화할 수 있다면 충분히 고려할 수 있는 방법이기는 하다. 그러나 러시아가 RV를 RAM으로 도장할 가능성은 크지만 탐지 확률을 줄이기 위해 RV의 방향까지도 조종할지는 의문이다.

RV는 지상의 대기 온도와 같은 온도로 발사되어 절대영도에 가까운 우주를 배경으로 비행하게 된다. 이러한 RV를 IR 탐지기로 관측하면 깜깜한 우주를 배경으로 밝게 빛나는 표적으로 나타날 것이다. 더욱이 태양빛을 받는 면은 더욱 두드러져 보이게 된다. 이러한 문제를 해결하기 위해 액체질소를 흘려 RV를 냉각시키거나, RV와 동반하는 모의 RV들을 알루미늄 풍선으로 둘러싼 뒤 내부를 배터리를 이용해 모두 같은 온도로 유지시키는 것은 잘 알려진 방법이다. 미국 GBI(Ground Based Intercepter: 지상 발사 요격미사일)의 운동에너지탄은 IR 센서에 의해 종말 유도되므로 IR 탐지를 피하는 것은 아주 중요하다. 따라서 러시아는 IR 탐지를 피하기 위한 풍선 또는 액체질소 냉각 방법을 틀림없이 사용할 것이라고 생각한다.

끝으로 내핵 설계에 대해 생각해보자. 여기서 내핵설계란 가까이에서 핵탄두가 폭발했을 때 미사일이나 RV가 살아남도록 설계한다는 뜻으로 이해하면 된다. 대기권 내에서 핵폭발이 일어나면 그 주변에 수천 기압 이상의 초과 압력을 가진 충격파와 이에 수반되는 폭풍이 생기고, 중성자와 감마선 같은 투과력이 강한 방사선 외에 연엑스선같이 RV 표면이나 미사일 표면을 녹이고 증발시켜 벗겨내는 고에너지 방사선을 방출하는 것으로 알려졌다. 이러한 방사선들은 RV 내부의 핵탄두를 직접 고장 내거나, 아니면 표면을 비대칭적으로 녹이고 증발시켜 재돌입 시 불타버리게 한다. 이 외에도 핵폭발 때 발생하는 강력한 전자기파 (EMP: Electro-Magnetic Pulse)는 탑재한 전자 장비들을 못 쓰게 만들 수 있다. 이러한 핵폭발이 대기권 밖에서 일어난다면 공기 중에서 발생하는 충격파가 없는 대신 폭발 잔해의 운동에너지와 방사선이 더욱 강하게 나타날 것이다. 폭발부의 핵심에서 발생하는 중성자와 감마선, 엑스선을 흡수하고 산란시킬 주변 공기가 없기 때문에 방출된 중성자와 감마선, 엑스선이 훨씬 더 멀리 퍼져나갈 수 있다. 지금은 운동에너지탄이나 파편탄을 사용해 RV를 요격하는 개념으로 ABM 시스템이 발전되었지만, 초창기에는 모든 ABM은 핵탄두를 장착했었다. 대기권 밖의 요격 시스템에는 엑스선 방출을 대폭 증강시킨 탄두를 사용하였고, 대기권 내 요격미사일에는 중성자탄을 주로 사용하였다. 미국이나 러시아는 현재 자국 내의 핵폭발에 대한 피해와 여론을 고려하여 모든 ABM을 재래식 탄두로 무장하고 있지만, 상황이 변하면 언제 다시 핵탄두로 교체될지 모른다는 우려에서 러시아는 토폴-M의 탄두와 RV를 내핵 특성을 갖도록 설계한 듯싶다.

토폴-M의 RV는 500m 거리에서 폭발하는 핵폭발도 견딜 수 있게 설계되었다고 주장하지만, 이러한 주장이 정확히 무엇을 의미하는지는 알 수 없다. 예상한 ABM 탄두의 위력이 얼마인지, 또는 어떤 특성을 가진 탄두인지 알 수 없는 상황에서 이러한 주장은 별 의미가 없기 때문이다. 1kt의 폭발이 있을 때와 1Mt의 폭발이 있을 때 RV의 생존 확률이 같을 수가 없고, 생존을 위한 설계의 난이도 또한 천양지차이기 때문이다. 아마도 러시아가 미국의 단거리 요격미사일 스프린트의 1kt급 위력을 가진 중성자 탄두를 염두에 두고 개발한 것이 아닌가 생각한다. 다만 지금은 포괄적 핵실험금지조약(CTBT: Comprehensive Test Ban

Treaty) 때문에 핵실험을 할 수 없으므로 토폴-M RV의 생존 여부를 실험으로 확인할 수는 없었을 것이다. 그러나 러시아의 축적된 데이터와 기술로 500m 거리에서 1kt급 중성자탄 폭발에 살아남을 수 있는 RV를 설계하는 것은 그리 힘든 문제가 아니라고 생각한다. 1960~1970년대에 영국이 개발한 폴라리스-T3(Polaris-T3) 셰발린(Chevaline) 시스템도 500m 거리에서 10kt급 가젤(Gazelle) 탄두 폭발 시에 살아남는 것이 설계 목표였다. 가젤은 낙하하는 RV를 80~100km 거리에서 10kt 탄두로 요격할 수 있는 모스크바 주위에 배치된 ABM 시스템이다. 1.2t의 페이로드를 가진 토폴-M에 단 1기의 RV만 탑재한다면 RV에 상당히 두꺼운 방사선 차폐물을 부착할 여유가 있을 것이다. 더구나 짐작하듯이 러시아가 실제로 스킵 재돌입 방법을 적용하고 있다면 가중된 마찰열을 차단하기 위해서도 어차피 두꺼운 차폐물은 필수적이기 때문에 한꺼번에 두 가지 목적을 달성하는 셈이다. 기술적으로 가능하다고 하더라도 그렇게까지 할 필요가 있을지는 의문이다. 지금 미국의 MD에서 사용하는 운동에너지탄두 EKV(Exoatmospheric Kill Vehicle)의 무게는 대략 64kg이고, 대부분은 추진제 무게라 미래에도 EKV에 핵탄두를 탑재할 가능성은 거의 없어 보인다. 물론 EKV 자체를 ABM 핵탄두로 대체할 수는 있겠지만, 그렇게 하려면 완전히 새로운 MD 시스템을 구축하는 노력이 필요하기 때문이다.

앞에서 말한 바와 같이 소련연방 붕괴 후 러시아 정부는 로켓 관련 프로젝트에서 설계, 개발, 시험, 생산 및 부품 조달에 이르는 '네트워크'에 외국 연구소와 기업을 철저히 배제하였다. 이러한 정책 하에 토폴-M은 설계에서 생산까지 모든 작업을 MITT가 주도하는 500여 개의 러시아 부품업체로 이루어진 컨소시엄에서 수행하였고, 모스크바 근교의 봇킨스크 기계 공장(Votkinsk Mechanical Plant)에서 완성품으로 조립하였다. 초기 진도는 상당히 빨라 1994년 12월에 첫 번째 비행시험을 했으며, 네 번의 비행시험 후에는 부대 평가를 위한 배치를 시작하였다. 부대 평가용 토폴-M에는 탄두를 장착하지 않았지만 아무튼 상당히 서두른 감이 없지 않다. 네 번의 비행시험 중 냉각 시스템에 이상이 있는 것으로 판명되었지만 미사일 비행시험에 대한 평가는 성공적으로 보고되었으며, 부대평가를 위한 배치를 실시하였다.

소련연방 시절에는 개발을 위한 미사일 비행시험을 15~20회 이상 실시하였다. START-I에서도 미사일이 원형 모델(Prototype)로 인정되기 전에 7회의 비행시험을 허용하였고, 작전 배치 이전에 20회의 비행시험을 허용하고 있다.[194] 토폴-M의 비행시험 횟수가 적은 이유는 첫째로 자금 부족을 들 수 있고, 둘째는 이미 성능이 입증된 토폴과 많은 부품을 공유하고 있으며, 셋째는 미사일 완제품으로 비행시험을 실시하였고, 넷째는 모든 부품을 지상에서 철저히 시험하고 검사했기 때문인 것으로 생각한다. 그 후 12회에 걸쳐 시행한 비행시험 중 11회의 성공을 거둠으로써 2000년 9월 토폴-M은 러시아 전략 로켓군(RVSN)에 공식적으로 배치되었다.

토폴-M은 3단 고체로켓으로 추진되는 ICBM으로 길이 17.9m(페이로드 섹션은 추가로 3.3m), 직경 1.86m, 발사 중량 47.2t으로 미니트맨-III보다 3.2m 길고 19cm 굵으며 15t 정도 더 무겁다. 탑재 중량 1.2t, 사거리 1만 km 이상, CEP 220m로 미국의 미니트맨-III(MM-III)에 비견되고, 3기 혹은 6기까지 MIRV를 장착할 수 있는 것으로 알려져 있으나 토폴-M 자체는 1기의 RV(혹은 MaRV)만 탑재하고 있고, MIRV를 탑재

---

194 Russia : Topol-M ICBM Overview,
http://www.nti.org/db/nisprofs/russia/weapons/icbms/topovr.htm.

하도록 개조한 미사일은 토폴-M이 아닌 야르스 또는 RS-24로 불리고 있다.

토폴-M은 애초의 유니버설 미사일 프로젝트에서 파생되었고, 신생 러시아연방 입장에서는 잡다한 ICBM을 정리해 한 가지 미사일로 통일하고자 했던 것이다. 따라서 토폴-M은 처음부터 사일로 발사식과 야지 이동식 발사형의 두 가지로 모델로 개발되었다. 포드빅에 따르면 러시아는 2010년 12월 현재 토폴-M1 18기, 토폴-M2 52기를 배치하고 있다.[195] 그러나 연간 30~40기를 효율적으로 생산할 수 있는 봇킨스크 기계 공장의 가동률은 적정 가동 시 생산량의 5분의 1도 채 되지 않는 것 같다. 공장을 계속해서 돌리려면 연간 최소 7기 정도는 생산해야 하는데, 현재 생산량은 이 숫자에도 턱없이 모자라는 것으로 보이며 이러한 이유로 낡은 토폴과 UR-100NUTTh(SS-19)의 퇴역이 지연되고 있다. 토폴-M의 생산량이 적다는 것은 러시아 ICBM의 현대화가 그만큼 지지부진한 상태에 있다는 반증이기도 하다.

RS-24: 야르스(Yars)

2007년 5월 29일, 러시아는 RS-24(야르스)라고 부르는 이동식 다탄두 ICBM 발사에 성공했다. 러시아 국방부 대변인은 플레세츠크에 위치한 이동식 발사대에서 발사된 RS-24로부터 분리된 RV가 캄차카 반도에 있는 쿠라 시험장의 목표를 정확히 명중했다고 주장하였다. 당시 국방장관이던 이바노프는 "이 미사일은 MIRV를 탑재하도록 변형된 토폴-M"이라고 언론에 흘렸다. 국방부 대변인은 "RS-24는 보이보드(R-36M2)와 SS-19을 대체하기 위해 개발한 다탄두미사일로 최대 10기

---

[195] http://russianforces.org/missiles/.

의 MIRV를 탑재한다"고 발표했지만, 이번 비행시험에서 몇 기의 RV를 탑재하고 있었는지는 전혀 언급하지 않았다. 러시아는 2007년 12월 25일 두 번째로 RS-24 비행시험을 실시했는데, 이번에도 실제로 몇 기의 RV를 탑재했는지는 공식적으로 확인되지 않았다. 그러나 여러 가지 정황으로 미루어 RS-24는 3기의 RV를 탑재했을 것으로 추정한다. 러시아 국방 관계자들의 서로 상반되는 발언들은 RS-24에 관한 혼란을 더욱 부추기고 있다. 이바노프가 암시했듯이 RS-24가 토폴-M을 단순히 MIRV화한 미사일이라면 10기의 탄두를 탑재하는 것은 전략적으로 별 의미가 없어 보인다. 10기의 탄두를 탑재하기 위해서는 탄두의 위력이 폭죽 수준이 될 수밖에 없고, 탄두를 독립적으로 다른 표적으로 유도하는 것도 불가능할 것으로 보인다.

토폴-M에 탑재할 수 있는 최대 탑재 탄두 수를 알기 위해서는 탑재할 RV의 질량과 모양, 크기 등을 미리 알고 있어야 한다. RS-24와 토폴-M의 비교에 관해 아주 흥미로운 주장이 파벨 포드비크의 블로그에 올라와 있다.[196] 2007년 5월 29일 발사된 RS-24의 TV 클립과 그 이전에 발사된 토폴-M의 사진을 직경이 같아지도록 조정한 후 비교하면 두 미사일은 완전히 같아 보인다는 것이다. 두 사진의 직경이 같도록 조정한 이유는 RS-24를 토폴-M의 이동식 발사대 캐니스터(운반 및 저장용 케이스)에서 발사했다는 러시아 당국자의 발표가 있었기 때문이다. 토폴-M과 같은 도로 이동식 발사대와 캐니스터를 RS-24에서도 그대로 사용하면 직경과 길이가 거의 같을 수밖에 없다. 물론 직경이 5% 정도 다르다고 해도 이런 조잡한 사진에서 판단할 수 있느냐는 의심이 들

---

196 RS-24 and Topol-M Side by Side,
http://russianforces.org/blog/2007/07/rs24_and_topolm_side_by_side.shtml.

수도 있다.

하지만 현실적으로 직경이 5% 다른 미사일을 만들기 위한 연구 개발은 완전히 새로운 미사일을 개발하는 연구 개발(R&D) 노력과 별반 다를 것이 없다고 본다. 경제적으로 힘든 상황에서 러시아가 이렇게 노력과 돈을 낭비했을 리가 없다.

이러한 배경을 고려하면 두 미사일의 직경과 길이는 실제로 같을 수밖에 없다는 결론이 나온다. 더구나 토폴-M을 MIRV화하겠다는 러시아 당국자들의 의견은 이미 여러 차례 있었다. 다만 토폴-M의 MIRV화는 START-I의 규정에 위배되기 때문에 토폴-M과 상관이 없어 보이는 RS-24 또는 야르스라는 이름을 붙였을 것으로 생각한다. 그리고 START-I이 만료되는 2009년 12월 5일까지만 버티면 토폴의 MIRV화도 더 이상 문제 될 것이 없다는 점도 계산에 넣었을 것으로 본다.

토폴-M과 RS-24를 둘러싼 이러한 논란은 2010년 11월 말에 확실히 해결되었다. 2010년 11월 30일, 전략 로켓군 사령관 세르게이 카라카예프 중장은 "모든 새로운 이동식 토폴-M은 MIRV 탄두를 탑재할 것"이라고 밝혔다.[197] 이로써 다탄두를 탑재할 수 있게 개조한 토폴-M이 RS-24인 것이 공식적으로 확인된 셈이다. 2010년 초에 3기의 RS-24를 테이코프(Teykov) 기지에 배치했고, 앞으로 배치할 이동식 토폴-M은 모두 MIRV 탄두를 탑재한 RS-24가 될 것이지만 사일로에 배치한 토폴-M은 단일 탄두만 탑재할 것으로 알려졌다. 그러나 아직도 RS-24에 대한 궁금증이 다 풀린 것은 아니다. 3기에서 10기까지 오락가락하는 탄두 수와 탄두의 폭발력이 문제다. 실제로 RS-24에는 최대 몇 기의

---

[197] Mobile Topol-Ms go MIRV,
http://russianforces.org/blog/2010/11/mobile_topol-ms_go_mirv.shtml.

RV를 탑재할 수 있고, 배치된 RS-24는 몇 기를 탑재하고 있느냐 하는
것이 아직도 풀리지 않은 궁금한 사항이다. 이러한 의문은 다음 섹션에
서 논의하기로 하겠다.

SLBM

러시아는 2010년 현재 4척의 델타-III(Delta-III) 잠수함에 탑재한
64기의 R-29R(SS-N-18M1 Stingray)와 2척의 델타-IV에 탑재한 32기의
R-29RM(SS-N-23 Skif), 4척의 델타-IV에 탑재한 R-29RMU(SS-N-
23M1) 시네바(Sineva) 64기를 운용하고 있다. 그러나 스팅레이를 탑재
한 4척의 델타-III는 수명이 다해 머지않아 3척은 퇴역할 것으로 보인
다. 러시아는 현재 무르만스크 주의 세베로모르스크(Severomorsk)에 함
대 사령부를 둔 북해 함대에 6척의 델타-IV를 배치하고, 블라디보스토
크에 사령부를 둔 태평양 함대에 4척의 델타-III만 배치하고 있다.[198]

이 외에도 보레이(Borei)급 탄도탄 발사용 잠수함인 유리 돌고루키
(Yuriy Dolgorukiy)와 타이푼(Typhoon)급 SSBN 드미트리 돈스코이
(Dmitry Donskoy)가 전략 함대 소속으로 운항 중이다. 드미트리 돈스코
이는 무려 12년간의 오버홀을 거쳐 R-39 대신 차세대 SLBM인 RSM-56
불라바를 탑재할 수 있도록 개조되어 2005년부터 불라바의 비행시험을
수행하고 있지만, 연속된 비행시험의 실패로 불라바의 개발은 난항을
겪고 있다. 특히 2009년 12월 9일 백해(White Sea)에서 발사된 불라바가

---

[198] 북해 함대의 델타-IV 중 한 척은 2010년 현재 오버홀을 받고 있다.

제3단 모터의 고장으로 노르웨이의 밤하늘에 환상적인 불꽃의 소용돌이를 만들어 사람들을 놀라게 한 것은 유명한 일화다.[199, 200] 그러나 환상적인 소용돌이도 불라바 미사일의 수석 설계사인 MITT의 솔로모노프에게는 가슴이 미어지는 일이었을 것이다. 연속된 불라바 비행시험의 실패로 그는 2009년 7월에 이미 MITT의 책임자 자리에서 물러났다. 그러나 미사일을 가지고 하늘에 이렇게 몽환적인 그림을 그린 것은 러시아뿐만이 아니었다. 미국도 러시아보다 20여 년 전인 1988년 트라이던트-D5를 시험할 때 이와 같은 희귀한 그림을 바다 위의 하늘에 그린 적이 있다.[201, 202]

　　2009년 12월 9일의 실패를 마지막으로 그 후 불라바 시험은 7회를 연속적으로 성공하여 불라바 개발은 순조롭게 마무리되고 있는 것으로 보인다. 특히 2011년 12월 23일에 실시한 마지막 두 발은 연속으로 발사하는 '살보(Salvo Launch)' 모드로 진행되었다. 이로써 구소련의 해체 이전부터 시작된 차세대 SLBM 프로젝트는 결실을 맺게 되었고, 불라바 미사일은 불라바 미사일 개발이 실패할 경우에 대비하여 마케예프 설계국에서 R-29RM(SS-N-23)을 개선해 개발한 R-29RMU 시네바(Sineva)와 함께 앞으로 러시아 해군의 핵 억제력을 대표할 것으로 판단한다.

[199] Strange Lights Over Norway, UFO,
http://www.youtube.com/watch?v=e0oDMpM8Z7E&NR=1.에 올린 youtube.com 동영상.
[200] Rocket, not Santa, Blamed for Norway Spiral,
http://us.cnn.com/2009/WORLD/europe/12/10/norway.ufo.light/index.html.
[201] http://www.defence.pk/forums/military-forum/37091-lockheedmartin-built-trident-ii-d5-missile-achieves-record-129-successful-test-flight.html.
[202] http://www.greenpeace.org.uk/blog/peace-awe-aldermaston-now-us-hands-20081219.

신형 SLBM '불라바(Bulava: RSM-56)'

ICBM의 경우와는 달리 구소련의 유일한 SLBM 개발 기구인 마케예프 설계국이나 생산 시설은 모두 러시아 내에 존재했고, 러시아에는 다행스럽게도 SLBM용 관성항법장치 역시 러시아의 옴스크 지역에서 생산하고 있었다. 이론적으로는 SLBM에 관한 한 필요한 인력과 기술은 물론 공장까지 모두 러시아에 있으니 SLBM 개발은 ICBM에 비해 훨씬 순조로워야 했다.

불라바는 ICBM 사거리를 가진 3단 고체로켓 SLBM으로 새롭게 진수하는 제4세대 보레이급 전략핵 잠수함에 탑재할 계획으로 개발하고 있다. 하지만 미사일 개발 사업은 그리 순조롭게 진행되지 않았다. 불라바는 1999년부터 개발에 들어갔으나 처음부터 불라바가 러시아의 차세대 SLBM으로 선정되었던 것은 아니다. 타이푼급 SSBN에 탑재했던 R-39 SLBM의 내구연한이 다가옴에 따라 구소련은 이를 대체하기 위해 3단 고체로켓 R-39M '바크(Bark: SS-N-28)'를 개발하도록 마케예프 설계국에 지시하였다. 바크는 R-39를 모델로 삼아 정확도를 개선한 미사일로 개발이 그리 어려울 것이라고는 아무도 예상하지 않았다. 바크는 타이푼은 물론 차세대 SSBN에도 탑재할 예정이었으므로 바크 발사관을 장착한 보레이급 잠수함의 개발도 함께 착수하였다. 1980년대 말에 시작한 바크의 개발은 소련이 붕괴된 후에도 마케예프 설계국에서 그대로 지속하였다. 그러나 신생 러시아연방의 열악한 경제 사정으로 자금 조달이 어려웠으며, 사업도 계획보다 많이 지연되었다. 1998년에 처음으로 실시한 세 번의 비행시험이 연거푸 실패하자 옐친 대통령은 바크의 개발을 보류시켰고, 안전위원회(Security Council)는 바크 대신 새로운 SLBM인 불라바를 개발하기로 결정하였다.

바크의 개발이 취소됨에 따라 보레이급 잠수함의 1번 함인 유리

돌고루키는 바크의 발사관을 불라바의 발사관으로 교체하기 위한 재설계에 들어갔다. 불라바는 바크보다 훨씬 작은 미사일이었기 때문에 유리 돌고루키의 설계 변경은 불가피했다. 불라바의 개발은 SLBM 전문 설계국인 마케예프가 아닌 ICBM 전문 설계국인 MITT에 맡겨졌으며, 마케예프 설계국은 잠수함의 발사 시스템 개발을 돕도록 지시받았다. 단 세 번의 시험을 했을 뿐이고 사업이 73% 이상 진척된 상황에서 갑자기 새로운 미사일을 개발하기로 결정한 것은 기술적 결정이라기보다는 정치·경제적 결정으로 보는 견해도 있다. 그러나 열악한 경제 상황에서 90t이나 되는 바크를 개발하고 운용하는 것 자체가 큰 부담이었을 것이다. 원래 마케예프 설계국은 액체로켓 SLBM의 개발이 전문이지만 R-39이라는 고체로켓을 개발한 바 있다. R-39의 투사량은 2.55t으로 미국 트라이던트-IID5의 2.8t에 못 미치지만, 중량은 90t으로 D5의 58.5t에 비해 훨씬 무겁고 길이는 16m로 D5의 13.41m에 비해 훨씬 길다. 이것은 마케예프 설계국의 고체로켓 SLBM 기술 수준이 미국에 비해 많이 뒤처졌다는 반증이기도 하다. 따라서 소형 경량의 ICBM 토폴과 토폴-M을 성공적으로 개발한 경험이 있는 MITT가 제안한 소형 경량의 불라바가 군부와 정치권에 매력적으로 보였을 것으로 보인다. 하지만 MITT는 SLBM을 개발한 적이 없다는 게 문제가 될 수 있었다.

MITT는 자신들이 개발한 토폴-M을 토대로 불라바를 개발할 계획이었고, 개발에 필요한 비행시험도 10회로 줄임으로써 개발 경비를 대폭 줄이겠다고 약속했다. 통상적으로 SLBM 개발에 사용되던 지상 발사시험이나 수중 발사시험도 경비와 시간을 절약하기 위해 모두 생략했다. 최근에 와서 윤곽이 드러나기 시작한 불라바와 토폴-M의 주요 제원을 서로 비교해 〈표 4-4〉로 정리하였다. 〈표 4-4〉에서 보듯이 토폴-M과 불라바는 떠도는 소문과는 달리 외형상 어떠한 공통점도 없어

표 4-4_ 토폴-M과 불라바의 주요 데이터 비교[203]

항목	토폴-M	불라바
단 수	3	3
탑재량(Throw Weight) (톤)	1.20	1.15
탄두부를 제외한 길이 (m)	17.9	11.5
탄두부를 포함한 길이 (m)	22.7	12.1
발사 중량 (톤)	47.2	36.8
1단 직경 (m)	1.86	2.0
2단 직경 (m)	1.61	2.0
3단 직경 (탄두부 직경) (m)	1.58	2.0

보인다. 물론 추진제와 관성항법장치, RV, 탄두, 유도 프로그램 등 두 미사일의 시스템이 공통으로 사용할 수 있는 부분이 많을지 몰라도 외견상 토폴-M과 불라바는 완전히 다른 시스템으로 공통점이라고는 찾아볼 수 없다.

탄두부(Front Section 또는 Front End)를 장착하지 않은 상태의 미사일 길이와 탄두부를 장착한 상태의 미사일 길이의 차이를 우리가 관심 갖고 봐야 하는 항목이다. 여기서 탄두부란 페이로드가 장착된 PBV에 공기저항을 막아주고 페이로드를 보호하기 위한 보호 덮개를 합친 미사일의 앞부분을 의미한다. 토폴-M은 그 차이가 3.3m이고 불라바는 0.6m이다. 참고로 미니트맨-III(MM-III)의 경우에는 차이가 3.4m인 반면 D5의 경우에는 차이가 전혀 없다. 일반적으로 지상 발사용 ICBM에서는 그 차이가 크고 잠수함 발사용 ICBM에서는 차이가 작거나 아예 없는 것을 알 수 있다.

---

[203] Strategic Arms Reduction Treat Aggregate Memorandum of Understanding Exchange (As of July 1, 2009),
http://www.fas.org/programs/ssp/nukes/armscontrol/MOU-Jul2009ex.pdf.

ICBM과 SLBM이 이렇게 다른 이유는 두 미사일의 탄두 버스 구조와 RV 배치 방식에 차이가 있기 때문이다. 지상 발사용 ICBM에서는 길이가 그리 큰 문제가 되지 않으므로 3단 모터 위에 탄두부를 직렬로 얹는 방법을 주로 사용해왔다. 따라서 이때 길이 차이는 PBV에 RV를 배치하고 보호 덮개를 씌운 높이가 된다. 이 높이는 대략 3~5m 사이로 비교적 높은 편이다. 앞에서도 언급한 적이 있지만, 아무리 큰 탄도탄 발사용 잠수함이라도 선체(Hull)의 높이가 11~18m 미만으로 제한되기 때문에 SLBM의 길이는 이보다 작아야 한다. 길이를 키우지 않고 탄두부를 3단 미사일에 장착하는 데 주로 사용하는 방법은 탄두부의 중간을 비워두고 이 공간을 3단 모터로 채우는 것이다. D5 같은 경우는 PBV 유무에 상관없이 미사일 길이에 변함이 없다.

제1장의 〈사진 1-3〉에서 설명한 바 있는 R-39의 PBV 섹션을 보면 미국 PBV와는 달리 RV가 PBV 밑면에 장착된 점이 특이하다(MIRV 섹션의 가운데 사진과 오른쪽 그림 참조). PBV 밑면의 가운데 공간은 비워두고 가장자리를 따라 10기의 RV가 배열되어 있다. 이 가운데 공간과 원뿔형 PBV의 밑면을 관통하여 3단 모터가 장착될 것으로 짐작된다. 3단 모터를 장착한다고 하기보다는 2단 위에 장착된 길고 가느다란 3단 모터에 모자를 씌우듯이 탄두부를 덮어씌운다는 표현이 오히려 적절하다고 할 수 있다. 따라서 PBV와 MIRV를 장착해도 3단 모터만 장착했을 때와 비교해 길이는 별로 늘어나지 않을 것이다. 이러한 '콤팩트 디자인' 개념은 액체로켓의 경우에도 동일하게 적용된다. 구소련이나 러시아에서는 3단 모터와 PBV를 통합하여 설계하는 것이 관행으로 된 듯싶다.

여기서 불라바가 트라이던트 타입의 PBV를 사용하는지, 아니면 R-39 타입의 PBV를 사용하는지 궁금한 것은 사실이다. 여태까지 구소련의 관례를 따르면 불라바의 탄두부는 R-39의 탄두부와 유사한 형태일 것으로 추정할 수 있지만, 불라바의 탄두부가 D5 타입이건 R-39 타입이건 상관없이 불라바에 탑재되는 RV는 가장자리에만 배열될 수밖에 없다. 그러나 이러한 RV 배열 방법은 탑재할 수 있는 RV의 최대 직경을 크게 제한할 뿐만 아니라 TTP를 사용할 수 없게 만든다. 따라서 이러한 분석의 부수적인 결과로 불라바의 유도 조종 방법은 GEMS이고 RV의 직경은 작을 수밖에 없다는 결론에 도달하게 된다.

2003년 12월 11일 불라바 모크업(Mockup)의 '팝업(Pop-up)' 시험을 시작했다. 팝업 시험이란 압축가스로 미사일 모크업을 수면 밖으로 밀어내는 시험이다. 그 후 2005년 9월 27일 처음으로 비행시험을 실시하였고 2011년 6월 28일 이전에 실시한 비행시험은 불라바 시험을 위해 특별히 개조된 '아쿨라(Akula)'급 초대형 잠수함 '드미트리 돈스코이'에서 실시해 왔지만, 2011년 6월 28일에는 처음으로 불라바를 탑재하기 위해 개발한 보레이급 잠수함에서 발사하였다. 비행시험 내용을 보면 상당히 초라했다고 볼 수 있다. 2005년 9월 27일 비행시험을 시작한 이래 2009년 12월 9일까지 총 12회 실시한 비행시험 중 성공으로 취급할 수 있는 시험은 단 4회에 불과했다.

이러한 비행시험 이력이 말해주듯이 불라바의 개발은 순조롭지 못했다. 더구나 2008년 12월 23일과 2009년 7월 15일 시행한 비행시험이 연속적으로 실패하자, 불라바의 개발을 주관하는 MITT의 책임자 겸 수석 설계사였던 솔로모노프는 사직서를 제출했지만 수석 설계사의 지위는 그대로 유지하는 선에서 마무리되었다. 그러나 불라바 프로젝트가 지지부진했어도 러시아로서는 불라바를 대체할 방법이 마땅치 않았다. 불라바를 탑재하도록 보레이급 잠수함의 설계를 바꿔 이미 한 척은 시험 운항 중이고 다른 한 척도 건조 중에 있기 때문에 또다시 보레이의 설계를 바꿀 수도 없는 상황이었다. 하지만 2010년 10월 7일 이후 7회의 비행시험을 연속으로 성공하였다. 2011년 8월 27일에 백해에서 발사된 불라바가 9000km 떨어진 태평양 상의 목표에 명중함으로써 '최대사거리' 발사시험도 무사히 마쳤으며, 2011년 12월 23일에는 2기의 미사일을 짧은 시간 내에 연속 발사하여 '살보(Salvo)' 능력을 과시하기도 했다. 이로써 불라바 미사일의 신뢰도도 높아졌고, 실전 상황에서도 사용할 수 있는 성능이 입증된 셈이다. 2011년 12월 23일까지 모두 19회의 비행시험을 실시했으며 그중 11회는 성공했고, 8회는 실패로 끝나 전체적으로는 60점도 안 되는 성적이지만, 마지막 6회의 연속 성공으로 상당히 고무적이다.[204] 우여곡절 끝에 불라바 프로젝트는 결국 성공한 것으로 판단되며 곧 실전 배치가 임박한 것으로 보인다.

R-29RMU 시네바(Sineva: RSM-54)

1998년 불라바의 개발을 MITT가 주도하도록 결정한 러시아 정부의 조치에 불만을 가지고 있던 마케예프 설계국은 차기 SLBM으로 자신들이 개발한 액체로켓 R-29RM 슈틸(Stil)(NATO에서는 SS-N-23 Skiff라고 함)의 개선형인 R-29RMU 시네바를 제안하였다. 시네바는 슈틸을 탑재한 델타-IV 발사관에서 발사하도록 함으로써 새로운 잠수함도 필요 없었고, 성능 개선 작업도 순조롭게 진행되었다. 2004~2005년경 시네바는 개발을 위한 비행시험을 완료한 후 4척의 델타-IV에 탑재되어 현재 운용 중이다.

2007년 7월 러시아 해군에 정식으로 취역한 시네바는 ICBM 사거리를 가진 제5세대 SLBM으로 시네바 프로젝트는 러시아 군수산업의

---

204 Bulava Missile Test History, http://russianforces.org/navy/slbms/bulava.shtml.

성공적 사례라고 할 수 있다. 현재 러시아 SLBM 전력의 중요한 몫은 시네바가 담당하고 있고, 2030년까지 운용될 것으로 보인다. 시네바는 러시아 말로 '진한 청색'을 뜻하지만, 동시에 러시아 공수부대의 비공식 '군가'의 이름이기도 하다. 슈틸은 4기의 100kt급 탄두를 탑재했지만, 시네바는 10기의 50kt급 MIRV를 탑재할 수 있고 사거리도 8300km보다 훨씬 긴 1만 1500km 이상으로 늘어났다. 2008년 10월 11일, 바렌트 해의 델타-IV에서 발사된 시네바는 1만 1547km 떨어진 태평양의 목표점에 명중하였다.[205] 물론 최대사거리는 MIRV 수를 4기 정도로 줄였을 때의 사거리로 판단되고, 〈표 4-3〉에서 보는 것과 같이 실제로 배치된 시네바에는 100kt의 MIRV 4기가 탑재된 것으로 알려져 있다.

R-29RMU 시네바는 길이 14.8m, 직경 1.9m로 추정되고, 탑재량은 2.8t으로 미국 트라이던트-IID5(이하 D5)의 길이 13.42m, 직경 2.11m, 탑재량 2.8t, 사거리 1만 3000km에 맞먹는다. CEP는 250∼500m로 W76/Mk4와 비슷하다. 하지만 미국 해군은 D5의 Mk4를 GPS 수준의 정확도를 가진 W76-1/Mk4A로 대체하고 있다.

야르스와 불라바에 탑재할 수 있는 최대 MIRV 수

토폴-M의 다탄두 변형인 야르스(RS-24)에 탑재할 수 있는 최대 MIRV 수를 추정해보기로 하자. 어느 특정 탄도탄에 실제로 몇 기의 RV를 탑재했는지는 탄도탄을 배치한 국가에서 발표하지 않는 한 알 길이

---

[205] Sineva Extended Range Launch,
http://russianforces.org/blog/2008/10/sineva_extended_range_launch.shtml.

없다. 탄도탄이 탑재할 수 있는 최대 탑재량인 투사량이 정해져 있고, 탄두를 장착하는 PBV의 직경과 보호 덮개의 높이 등도 정해져 있다. 여기에 탑재하고자 하는 RV의 최대 직경과 높이 및 질량은 탄도탄의 유효 탑재량(페이로드)과 탄두부 크기에 의해 정해질 것이므로 이들 데이터로부터 각 탄도탄에 탑재할 수 있는 최대 RV 수를 추정할 수가 있다. 그러나 이러한 계산을 하기 위해서는 PBV의 직경과 페이로드 탑재 방법, 페이로드에 할당된 질량을 알아야 하고 여기에 탑재하고자 하는 RV의 질량과 최대 직경 및 높이도 알아야 한다.

투사량이란 단어는 1979년 구소련과 미국이 체결한 SALT-II에서 처음으로 정의된 후 군축 협상에서 미사일들을 분류하고 제한하는 기준으로 사용하고 있다.[206] 미사일의 로켓 추진이 끝나고 마지막 로켓 모터가 분리되면 RV 운반체인 PBV와 여기에 탑재된 페이로드만 남게 되는데, PBV와 페이로드 무게의 합을 투사량이라고 한다. RV(탄두를 포함한)와 각종 침투 보조장치(모의 RV, 레이더 교란장치 등)를 모두 합쳐 페이로드라고 부르는 반면 PBV는 RV를 각각의 표적으로 유도하기 위한 유도장치, RV를 표적 겨냥에 필요한 장소로 이동시키고 필요한 속도로 가속시켜주는 주 엔진, RV의 재돌입 각도를 조절해주는 자세제어 모터, PBV 기동을 위한 연료, RV의 분리 미케니즘 등을 모두 포함한다. 따라서 투사량 중 PBV의 무게를 제외한 나머지가 소위 유효 하중인 페이로드 무게가 된다. 페어링(Fairing) 또는 슈라우드(Shroud)라고 부르는 보호 덮개는 연소종료 훨씬 전에 떨어져 나가기 때문에 투사량 계산에서는 제외된다.

---

[206] http://www.airpower.maxwell.af.mil/airchronicles/aureview/1982/nov-dec/tritten. html.

SALT-II는 체결된 이후 지금까지 개발이 완료되었거나 실전 배치된 미사일의 투사량, 탑재 RV 수, 탄두부 또는 프런트엔드라고 하는 부분의 직경을 포함한 여러 가지 기술 데이터를 서로 교환하도록 규정하고 있다. 하지만 페이로드 질량과 페이로드의 주요 내용인 탄두, RV, '침투보조장치'의 무게와 치수(Dimension)는 각국이 감추려고 하는 설계 비밀을 내포하고 있으므로 데이터 교환에서 제외되었다. 설사 어떤 경로로 공개된 경우가 있다고 해도 크게 신뢰할 수 없는 것이 바로 이런 종류의 데이터다. 그러나 투사량을 통해 페이로드 무게를 추정할 수만 있다면 특정 미사일에 탑재 가능한 RV의 최대질량과 최대직경 그리고 최대로 탑재 가능한 RV 수를 추정하는 것이 가능하다.

미사일의 페이로드 무게 대 투사량의 비율은 미사일마다 약간씩 다른 것이 사실이지만, 대부분의 경우 0.5~0.65 사이의 값에서 크게 벗어나지 않는다. 기술의 발전으로 PBV의 엔진, 구조물, 유도장치의 무게는 가볍게 제작하는 것이 가능해졌지만 RV의 분산거리를 어느 정도 크게 유지할 필요가 있으므로 이동을 위한 연료 역시 늘어나야 한다. 따라서 RV 수가 늘어나면 연료량도 증가해야 하기 때문에 '알파(α)'로 표시하는 페이로드와 투사량의 비율은 0.5 근방에서 맴돌 수밖에 없다. 따라서 별도의 데이터가 없는 경우에는 페이로드 값으로 투사량의 50%를 택하면 크게 틀리지 않을 것으로 본다. 0.65라는 값은 미국의 피스키퍼 미사일에 해당하는 값으로 예시했지만, 지금의 러시아도 이와 비슷한 수준일 것으로 보기 때문에 야르스와 불라바의 알파값의 상한으로 0.65를 취했다. 러시아가 START-I 데이터로 제시한 이들 미사일의 투사량, 최대 직경으로부터 추정한 페이로드 특성을 〈표 4-5〉에 정리하였다.

페이로드 무게는 바로 탑재한 모든 RV의 무게(RV 수×RV 무게)와 침투 보조 수단 무게의 합을 의미한다. 침투 보조 수단을 탑재하지 않

표 4-5_ 야르스와 불라바의 주요 제원[207]

	야르스	불라바
탄두부 최대직경 (cm) (3단 모터 직경)	158	200
투사량 (kg)	1200	1150
페이로드/투사량=α (추정치)	0.50~0.65	0.50~0.65
페이로드 (kg) (추정치)	600~780	580~748

을 경우 페이로드 무게는 MIRV 수에 RV 무게를 곱한 것이 되어 이 값
으로부터 미사일에 최대로 탑재할 수 있는 RV 수를 추정할 수 있다. 물
론 탑재할 수 있는 RV 수가 페이로드 무게만으로 결정되는 것은 아니
다. 무게 외에도 그만한 수의 MIRV를 탑재할 수 있는 공간이 있느냐
하는 문제가 때로는 더 심각할 수도 있기 때문이다.

다탄두미사일은 RV를 2기 이상 탑재한 미사일을 모두 지칭한다.
지금까지 배치된 미국과 러시아의 ICBM이나 SLBM을 살펴보면 2기,
3기, 4기, 6기, 8기, 10기 혹은 그 이상의 MIRV를 탑재하고 있는 것을
알 수 있다. 모든 다탄두미사일의 RV 모양은 뾰족하고 긴 원뿔형이다.
원뿔 밑면의 직경 크기에 따라 RV 버스에 탑재할 수 있는 최대개수가
결정되지만, MIRV의 배열 방법을 바꾸면 최대개수가 1~2기 바뀔 수
도 있다. 다양한 탑재 방법이 개발되었고 실제로 미사일에 적용되었다.
구체적인 MIRV 배열 방법은 미사일 마지막 단의 로켓 모터 구조와 버
스 특성에 따라서도 달라진다. 이와 같은 문제를 미국과 구소련은 나름
의 철학에 따라 상이한 방법으로 해결해왔다. 몇 가지 대표적인 MIRV
배열 방법은 〈사진 1-3〉에서 볼 수 있다. 첫 번째 사진은 미국의 피스키

---

[207] Bulava has Six Warheads,
http://russianforces.org/blog/2006/04/bulava_has_six_warheads.shtml.

퍼 미사일 버스에 장착된 Mk-21 MIRV 중의 일부를 보여준다. 가장자리에는 9기의 Mk-21을 원기둥을 따라 배열하였고, 가운데의 1기를 중심에서 한쪽으로 치우치게 배치하였다. 피스키퍼에는 최대 11기의 Mk-21을 탑재하도록 설계되었지만 10기 이상은 탑재하지 않기로 미소 간에 협약을 체결했기 때문에 마지막 1기는 탑재하지 않았다. 중심의 빈 공간에 1기의 RV를 더 탑재하면 11기가 되는 것이다. 물론 11기의 W87/Mk21을 탑재할 경우 사거리가 감소하고 RV의 분산거리가 줄어드는 것은 감수해야 한다.

구소련이 즐겨 사용하던 SLBM MIRV 탑재 방법 중 하나는 〈사진 1-3〉의 오른쪽 그림과 같은 배열이다. ICBM 사거리를 갖는 고체 연료 로켓 탄도탄은 3단 모터가 절실하게 필요하다.[208] 그러나 아무리 큰 잠수함이라도 지상의 ICBM을 수직으로 탑재할 정도로 선고(船庫)가 클 수는 없다. 따라서 ICBM급 사거리를 갖는 고체로켓 SLBM을 설계할 때 제일 힘든 문제가 바로 SSBN의 발사관에 들어갈 정도로 로켓의 길이를 줄이는 것이다. 미국 해군은 트라이던트 미사일을 설계하면서 이른바 '스루 덱 디자인(Through Deck Design)'이란 개념을 도입하여 이 문제를 해결했다. 즉 통상적인 ICBM에서 RV를 배치하는 PBV 섹션의 중앙부를 〈사진 1-3〉의 두 번째 사진처럼 비워두고 대신 3단 모터를 이곳에 돌출하도록 설계하는 방법이다. 그런데 같은 문제를 해결하는 데 있어 구소련은 〈사진 1-3〉의 오른쪽 그림에서 보는 것과 같이 3단 모터의 노즐이 RV 사이의 빈 공간에 놓이도록 함으로써 문제를 해결했다. 10기의 RV는 모두 로켓 진행 방향의 반대쪽(역방향)을 향해 가장자리에 원

---

[208] 참고로 ICBM이란 사거리가 5500km 이상 되는 탄도탄을 일컫는 포괄적인 단어로 통상적 의미의 지상 발사용 ICBM뿐만 아니라 5500km 이상의 SLBM에도 쓸 수 있는 단어다.

형으로 배열하고 가운데는 3단 모터의 노즐을 수용하기 위해 비워놓았다. 같은 문제를 해결하는 데 있어 미국이 순방향 배열을 사용한 것과는 대조적으로 소련은 역방향 배열을 사용하고 있다. 물론 버스의 기동을 위한 모터와 연료, 유도 조종장치와 RV의 분리장치도 완전히 다를 수밖에 없다. 트라이던트에서는 버스의 이러한 부품들을 RV가 장착된 밑부분의 실린더 부위에 모두 장착한 반면, R-39에서는 원뿔형 케이스 외부 밑면에 MIRV와 3단의 노즐을 장착하고 3단 연소실과 유도장치 등은 모두 원뿔형 케이스 안쪽에 장착했다. 3단 모터와 PBV 모터는 추진제 탱크를 공유할 수도 있다. 이러한 차이가 페이로드 무게와 탑재량 비율의 관계에서 어떠한 차이를 가져오는지 알 수는 없지만, 편의상 대등할 것으로 가정하겠다. 3단 고체로켓 SLBM의 PBV와 3단 모터 간의 이러한 배열은 미사일의 유도 방식에도 큰 영향을 주고 있다.

지금까지 우리는 미국과 구소련 미사일의 버스 모양과 MIRV 배열 방법을 사진과 그림을 통해 알아보았다. 여기에서 분명하게 알 수 있듯이 최대로 탑재 가능한 MIRV 수는 정해진 직경(Base Diameter)을 가진 MIRV를 PBV 장착 부분에 겹치지 않도록 장착할 수 있는 최대개수와 페이로드 무게를 넘지 않는 최대개수 중에 작은 숫자가 탑재 가능한 MIRV의 최대개수가 된다. 물론 이 또한 절대적 판단 기준은 될 수 없다. RV의 기울기를 조정하든가, 아니면 이웃하는 MIRV와 번갈아가며 MIRV 밑면의 높이를 조금씩 달리함으로써 조금 더 큰 MIRV를 장착하는 것도 가능하기 때문이다. 그러나 앞서 말한 판단 기준에서 많이 벗어나지는 않을 것으로 기대한다.

야르스와 불라바에 탑재할 수 있는 RV의 사이즈와 중량의 한계 그리고 최대탑재 수를 구해보도록 하자. 우리는 러시아가 탑재하려는 탄두/RV 복합체의 치수나 무게에 대해 아는 것이 전혀 없다. 그러나 가장 가벼운 MIRV 탄두로 알려진 포세이돈 탄두 W68/Mk3(이하 Mk3)와 지금도 트라이던트 미사일에 탑재하고 있는 W76/Mk4(이하 Mk4)의 무게에 대한 데이터가 공개 자료에 나와 있다. 물론 이 데이터의 신빙성에 대해서는 이론이 있을 수 있겠지만, 개략적인 RV 탑재 수를 추정하는 데 사용하기에는 별문제가 없을 것으로 본다. 포세이돈 C-3에는 최대 14기의 Mk3를 탑재하거나, 아니면 10기의 Mk4를 탑재할 수 있게 설계한 것으로 알려져 있다. 그러나 C-3를 대체하기 위해 개발한 트라이던트-IC4는 최대 8기의 Mk4를 탑재하도록 설계되었으며 Mk3를 탑재할 경우에는 최대 10기까지 가능하다고 한다. C-4를 대체한 트라이던트-IID5는 원래 W88/Mk5(이하 Mk5) 8기를 탑재하도록 설계되었지만, W88 생산에 차질이 생겨 대부분의 D5는 Mk4를 탑재할 수밖에 없었다. 같은 Mk4라 해도 트라이던트-D5에 탑재할 때에는 10기까지 탑재할 수 있었지만 미소 협약에 따라 8기만 탑재하였다. 이러한 데이터로부터 탄두/RV 복합체의 크기와 무게를 유추해낼 수 있다. 이러한 데이터를 통해 Mk3와 Mk4의 원뿔 밑면 직경을 각각 44cm, 47cm로 추정할 수 있으며, 이렇게 추정한 RV 직경값은 Mk3와 Mk4가 가질 수 있는 최대직경 값을 의미한다고 보면 된다.

러시아 전략무기에 관해 신뢰할 수 있는 데이터를 발표해온 포드비크는 그의 블로그에서 구소련 첩보 데이터를 인용해 미국 W76/Mk4의 무게가 91.7kg이라고 주장했다.[209] 또 테드 그린우드(Ted Greenwood)는 자신의 박사 학위 논문 「MIRV 만들기(Making the MIRV)」에서 익명의 소스를 인용해 W68/Mk3의 무게가 73kg이라고 주장했다.[210] 침투 보조 수

---

[209] Pavel Podvig의 "How Many Warheads?",
http://russianforces.org/blog/2007/05/how_many_warheads.shtml.

단을 탑재하지 않았다는 가정 하에 무게와 RV 원뿔 밑면의 직경을 추정했기 때문에 침투 보조 수단이 탑재되어 있었다면 실제의 RV 무게와 직경은 이들 값보다 작을 수도 있다.

러시아의 소형 탄두와 RV 설계 능력은 미국과 대등하다고 가정하고 야르스와 불라바에 Mk3와 Mk4를 탑재한다면 최대 몇 기나 탑재할 수 있는지 알아보는 것으로 러시아 미사일에 탑재할 수 있는 러시아 RV의 최대개수 추정을 대신하고자 한다.

토폴-M은 피스키퍼와 마찬가지로 버스의 가장자리뿐만 아니라 충분한 공간이 마련된다면 중심부에도 RV를 장착할 수 있다. 토폴-M은 페이로드 대 탑재량 비율의 값이 0.65이면 최대 8기의 Mk3 또는 8기의 Mk4를 탑재할 수 있지만, 비율이 0.5라면 8기의 Mk3 또는 6기의 Mk4를 탑재할 수 있다고 추정한다. 만약 토폴-M에 W87/Mk21(이하 Mk21)을 탑재한다면 최대 3기를 넘을 수 없다. 즉, 야르스에는 Mk21급 RV를 최대 3기, Mk4급 RV를 최대 8기 탑재할 수 있다.[211]

반면 불라바는 앞서 말했듯이 길이가 12.1m밖에 안 되는 잠수함 탑재용 3단 고체로켓이다. 따라서 이 짧은 로켓에 추진 모터 3개와 PBV, 페이로드를 모두 다 장착하려면 R-39 타입의 버스나 트라이던트-C4/D5타입의 RV 버스를 채택할 수밖에 없다. 아마도 R-39형을 채택한 것으로 보이지만, 두 가지 형태의 PBV 중 어느 것을 선택했더라도 RV 탑재 수는 변함이 없다. 모든 RV는 가장자리를 따라 원형으로 배치해야 하고 중심부에는 RV 대신 3단 모터의 노즐을 장착할 것이다. 불

---

[210] Ted Greenwood, "Making the MIRV", (University Press of America, Inc., 4720 Boston Way, Lanham, MD 20706) p.169.

[211] 우리는 무게와 치수에 관한 한 Mk21이나 Mk5를 거의 동일한 의미로 사용하고 있다.

라바의 버스 직경은 2m로 야르스의 버스 직경 1.58m에 비해 상당히 큰 편이다.

페이로드 대 탑재량 비율의 값이 0.5이면 불라바에는 Mk4 6기를 빠듯하게 탑재할 수 있으며, 그 이상이면 여유 있게 6기를 장착하고 나머지 공간과 중량을 여러 가지 침투 보조장치로 채울 수 있다. 그러나 Mk4 대신 좀 더 작고 가벼운 Mk3를 탑재할 경우에는 8기에서 최대 10기까지 탑재할 수 있다. 아마도 이러한 산출 근거 때문에 불라바는 10기의 탄두를 탑재할 수 있는 미사일로 소개되고 있는 듯싶다. 그러나 아무리 10기를 탑재할 수 있다고 해도 폭발력이 40~50kt밖에 안 되는 W68급 탄두를 채택할 것인지는 분명치 않다. 가장 현실적인 대안은 100kt의 위력을 가진 W76급 탄두 6기를 탑재하고, 무게의 여유가 있는 대로 침투 보조 수단을 탑재하는 것이라고 생각한다. 실제로 6기의 탄두를 탑재한다는 발표에 비중이 실리는 것도 이런 이유 때문이다.

불라바 PBV의 중앙부에는 직경 0.9~1m 내외의 제3단 모터가 들어간다고 볼 때, 비교적 치수가 클 것으로 예상되는 스크램제트 RV와 같은 동력 기동성 RV를 탑재할 공간은 없어 보인다. 그러나 토폴-M에는 1.58m 미만의 직경에 높이가 4.8m 미만, 1t 내외의 무게를 갖는 원뿔형 RV도 탑재할 수 있으므로 비교적 큰 MaRV나 몇 기의 작은 비동력 MaRV를 탑재하는 것은 충분히 가능할 것으로 보인다. W87/Mk21이나 W88/Mk5의 최대직경은 56cm 내외, 길이는 175cm, 무게는 대략 240kg 내외로 추정된다. 야르스에는 3기, 불라바에는 최대 3기의 W87급을 탑재할 수도 있겠으나 만약 3단 모터의 직경이 90cm 이상이면 불라바에는 단 한 기의 W87도 탑재할 수 없다. 따라서 불라바에 500kt급 탄두를 탑재할 수 있느냐 없느냐의 문제는 3단 모터 노즐이 차지하는 공간의 직경이 90cm 미만이냐 그 이상이냐의 문제로 귀결되고, 이 문

238

제는 다시 불라바의 최대사거리가 얼마나 되느냐의 문제로 이어진다. 이것은 유효 탑재량 대 탑재량 비율이 0.65 근방일 때를 가정한 결론이다. 탑재량비가 이보다 작다면 크기 때문이 아니라 무게 때문에도 3기의 W87/Mk21을 탑재할 수 없다. 모든 정황으로 보아 불라바에는 100kt급 탄두 6기 장착할 것으로 본다.

3
중국의 탄도탄 현황

미국과 구소련/러시아는 START에 따라 자국이 배치한 ICBM과 SLBM의 종류, 숫자, RV 수, 투사량, 사일로 위치 등을 6개월마다 교환하고 있고, 이를 통해 어느 정도 신빙성 있는 데이터가 공공 영역에도 나와 있다. 이에 반해 중국 미사일 전력의 내용과 규모를 정확하게 파악하는 것은 힘든 일이다. 확실한 내용을 알고 있는 주체는 중국뿐인데, 중국은 자국이 배치한 미사일의 종류와 수량에 대해 발표한 적이 없다. 중국의 전략무기 시스템에 관한 데이터는 거의 모두가 미국 정보 기관이 발표한 데이터에 의존하고 있는 실정이지만, 미국 정부 기관과 사설 기관의 중국 전략무기에 대한 예측은 항상 부정확했고, 때로는 상반되는 예측을 내놓기도 했다.[212] 이러한 이유로 대중에 공표된 중국 전

---

212 Hans M. Kristenson, Robert S. Norris, and Matthew G. Mckinzie, "Chinese Nuclear Forces and US Nuclear War Planning", p.35,
http://www.fas.org/nuke/guide/china/Book2006.pdf.

표 4-6_ 현재 중국이 운용 중인 각종 탄도탄과 순항미사일[213]

		탄도탄	사거리 (km)	탑재량/폭발력 (kg/kt)	CEP (m)	탄도탄/폭격기
지상 배치 탄도탄	SRBM[214]	DF-11(11A)	300(700)	500/20 or HE	500~600	700~750
		DF-15	600	500/350~500	150~500 (35~50 GPS)	350~400
	MRBM	DF-3A	3100	2140/3300	1000	~16
		DF-21/21A	2150	600/250		~60
		DF-21C	2500	2000/-	30~50	~25~35
		DF-21D	1500	ASBM	종말 유도	개발 중
	IRBM	DF-4	5400+	2200/3300	1190	~12
		DF-31	7200+	700/250	-	10~20
	ICBM	DF-5A, Silo	13000+	3000+/4500	500~3500	20
		DF-31A, Mobile	11200+	700/250	100~300	10~20
잠수함 발사 탄도탄	SLBM	JL-2	7200+	700/250?	-	n.a.
폭격기	H-6	DH-10	2000+	-	GPS/Tercom	150~350
		Bombs	-	-	-	~20

략무기의 구성과 규모에 관한 자료는 미국이나 러시아의 자료에 비해 훨씬 더 큰 불확실성을 내포하고 있으며, 현재 중국이 운용 중인 탄도탄들을 정리한 〈표 4-6〉도 이러한 맥락에서 이해해야 한다.

　〈표 4-6〉에서 보는 것과 같이 중국은 5대 핵 강국 중 유일하게 SRBM, MRBM, IRBM, ICBM, SLBM을 모두 보유하고 있으며 냉전 이후 핵전력을 계속 증강하고 있는 국가다.

　중국은 1964년 이후 지금까지 핵무기에 관한 한 어떤 경우에도 먼

---

[213] Robert S. Norris and Hans M. Kristensen, Chinese nuclear forces, 2011, http://bos.sagepub.com/content/67/6/81.full.pdf.

[214] DoD's Annual Report to Congress, "Military Power of the People's Republic of China, 2009" p.66, http://www.defense.gov/pubs/pdfs/China_Military_Power_Report_2009.pdf.

저 사용하지 않겠다고 천명해왔다. 이것이 바로 중국의 '선제 핵사용 포기(No-First-Use)' 정책이다. 즉 중국은 핵무기를 중국에 대한 핵무기 사용을 억제하기 위해 개발해왔으며, 핵 공격을 받을 경우 그 국가에 대해 보복하는 데에만 사용할 것이라는 말이다. 중국은 자국에 핵 공격을 감행할 가능성이 있는 국가들에 보복 공격을 하기 위해 이른바 '표적 지향적'으로 탄도탄을 개발해왔다. 그 결과를 요약한 것이 〈표 4-6〉이다.

처음에는 한국과 일본, 필리핀, 괌에 있는 미군 기지들과 미국 본토를 표적 삼아 탄도탄을 개발했지만 시간이 흐르면서 소련이 미국보다도 더 시급하고 위험한 대상으로 떠올랐고, 지금은 핵을 보유한 인도와 파키스탄, 북한도 중국 미사일의 가상 표적이 되고 있을 것으로 생각한다. 중국과 가까운 사이일 뿐 아니라 중국으로부터 전략무기에 대한 인적·물적·기술적 도움까지 받은 국가가 북한과 파키스탄이지만, 이들이 핵을 보유하는 순간 그 핵의 사거리 안에 들어오는 핵 무장 국가들의 가상 표적이 되는 것은 당연하다고 볼 수 있다. 핵미사일의 표적은 어느 두 나라 간의 현재 외교와 경제 관계에 의해 결정되는 것이 아니고, 상대방의 핵미사일 기술 능력 여하에 따라 결정된다고 본다. 핵 억지력이란 상대방이 나를 핵으로 공격하는 '만약의 경우'에 대비하는 것인데, 상대방이 그러한 기술 능력이 없다면 '만약의 경우'도 없지만 상대방이 그러한 기술 능력이 있다면 '만약의 경우'에 대비하는 것은 당연하다. 위험한 무기를 보유한 국가의 배려와 약속에만 자국의 운명을 맡길 수는 없기 때문이다. 어쩌면 이러한 상호 불신이 핵 억지력이 가지는 본질이라 하겠다.

현재 미국과 중국이 경제적으로는 가장 중요한 파트너이지만 뒤에서는 서로 가장 많은 미사일로 상대방을 노리고 있음을 생각하면 상황이 쉽게 이해될 것이다. 또 다른 예는 중국과 구소련의 관계다. 한때 소련은 중국의 핵 개발을 돕기 위해 1000명 이상의 기술자를 중국에 파견했지만, 사이가 급격히 악화되어 결국 1969년 3월 우수리 강의 전바오다오(소련에서는 다만스키 섬Damanskii Island이라고 함)에서 대규모 무력 충돌까지 벌였다. 위협을 느낀 소련은 중국의 핵 시설에 대한 핵 공격까지 생각하고 미국에 양해를 구했으나 미국의 강력한 반대로 무산되었다. 그 결과 중국과 소련은 서로 핵을 겨누는 사이가 되었고, 미국과 중국은 급격히 가까워져 대소 공동전선을 펼치는 사이가 되었다.[215]

이들 국가를 가상 표적으로 생각하는 중국이 필요한 전략무기는 300km에서 1만 3000km를 커버하는 탄도탄이다. 그러나 하나의 탄도탄으로 이 목적을 달성할 수는 없기 때문에 SRBM, MRBM, IRBM와 ICBM을 모두 개발하였고 우리는 그 결과를 〈표 4-6〉에서 보는 것이다. 중국은 총 240여 발의 핵탄두와 140여 기의 육상에서 발사하는 핵탄도탄을 보유하고 있으나 평시에는 탄두를 탄도탄과 분리해 보관하는 것으로 알려지고 있다.[216] 선제 핵사용 포기와 일치하는 핵 배치 방법이라고 볼 수도 있다.

〈표 4-6〉에 명시된 탄도탄 중 한반도에 직접적으로 영향을 주는 미사일은 DF-15, DF-21 같은 비교적 사거리가 짧은 SRBM과 MRBM이고, IRBM과 ICBM은 우리에게 직접적인 물리적 위협은 되지 않는다. 하지만 한반도에 가장 큰 영향을 미치는 중국과 미국의 상호 견제 속에 그 영향이 우리에게 직접 미치기 때문에 중국의 ICBM도 우리의 관심 대상이 된다.

---

[215] Sino-Soviet Border Conflict, http://en.wikipedia.org/wiki/Sino-Soviet_border_conflict.
[216] Robert S. Norris and Hans M. Kristensen, Chinese nuclear forces, 2011, http://bos.sagepub.com/content/67/6/81.full.pdf.

SRBM과 MRBM

〈표 4-6〉에서 요약한 중국이 현재 운용 중인 사거리 300km의 단거리 탄도탄 DF-11/M-11(CSS-7)과 사거리 600km의 DF-15(CSS-6), 사거리 1700km 이상의 DF-21과 그 파생형 그리고 사거리가 2000km 이상인 순항미사일 DH-10의 사거리를 표시한 지도가 〈그림 4-4〉이다. DF-11은 대만을 커버하기 위해 개발되었고, M-11은 재래식 탄두를 장착한 DF-11으로서 수출용으로 설계된 탄도탄이다. DF-11의 사거리는 가장 안쪽의 굵은 점선으로 표시했으며 북한, 대만, 라오스, 미얀마의 절반과 히말라야 등이 M-11의 사거리 안에 들어간다. M-11은 짧은 사거리에도 불구하고 중국 인접국과의 최전선(FEBA: Forward Edge of Battle Area)을 효과적으로 커버할 수 있는 고체로켓 이동식 탄도탄으로 1995년을 전후해 배치되기 시작한 것으로 보인다.

DF-15는 300km 이상 600km 안의 표적을 공격하기 위해 개발한 탄도탄으로 우리나라의 영남 지역을 제외한 전역이 중국 국경에서 발사하는 DF-15와 그의 변형 DF-15A · DF-15B · DF-15C의 사거리에 들어간다. 가는 점선이 DF-15의 사거리 영역을 표시한 것이다. 우리나라 외에도 베트남과 태국의 절반 정도가 사거리 내에 있고, 인도와 파키스탄 북부 그리고 몽골 남부 등 인접국의 상당 부분이 DF-15의 위협에 놓여 있다. DF-15의 초기 운용은 1995년에 시작된 것으로 보이며, 500kg의 RV를 600km까지 운반할 수 있는 이동식 1단 고체로켓 탄도탄이다. 탄두는 50~350kt의 핵탄두 혹은 재래식 탄두를 탑재하는 것으로 알려져 있다.[217] 미국 국방성에서 2011년도에 발표한 자료에 의하면 중국이 보

---

[217] DF-15 [CSS-6/M-9], http://www.globalsecurity.org/wmd/world/china/df-15.htm.

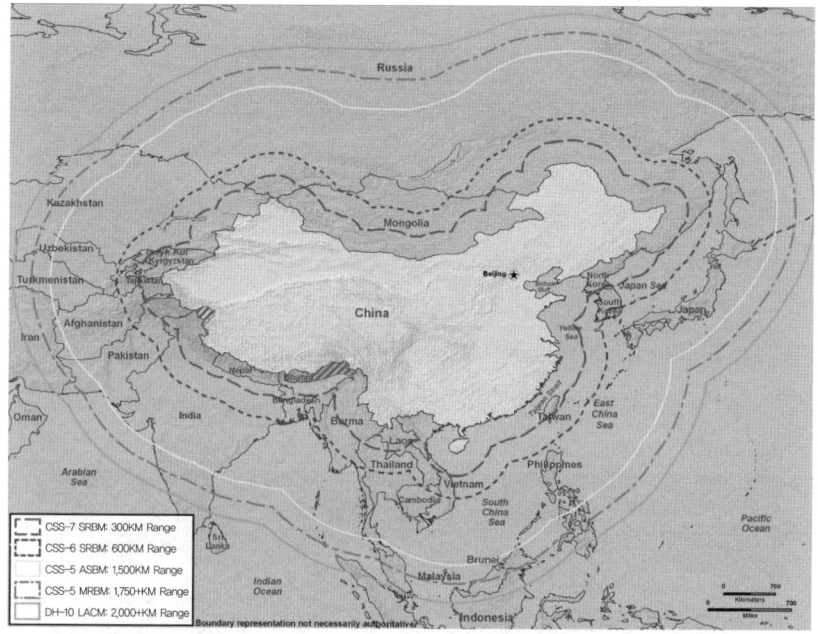

그림 4-4_ 현재 운용 중인 중국의 단 · 중거리 핵과 재래식 미사일 사거리 지도 [미국 국방부]218

유한 SLBM 발사대 수는 200~250기이고 미사일 수는 1000~1200기에 이른다.219 이 숫자는 지난 몇 년간 거의 일정하게 유지되고 있지만, 현대화 계획에 따라 정확도는 개선되고 있다. 〈사진 4-5〉와 〈사진 4-6〉은 DF-11A와 DF-15B의 퍼레이드를 보여주고 있다.

사거리가 1700km급인 DF-21과 그의 발전형인 DF-21A · DF-21C는 필리핀의 절반과 일본 전역, 러시아 동북부 그리고 파키스탄의 대부

---

218 Annual Report to Congress: Military Power of the People's Republic of China 2008, http://www.defense.gov/pubs/pdfs/China_Military_Report_08.pdf.

219 Annual Report to Congress: Military and Security Developments Involving the Peoples's Republic of China 2011,
http://www.defense.gov/pubs/pdfs/2011_cmpr_final.pdf.

사진 4-5_ DF-11과 TEL [Carlo Kopp][220]

사진 4-6_ DF-15B가 퍼레이드 하는 장면 [Carlo Kopp][221]

분과 인도 남부를 제외한 전역을 커버한다. 〈그림 4-4〉에서 보듯이 DF-21의 도달 가능한 사거리를 표시한 가장자리 부분의 쇄선은 마치 중세 성곽 밖의 '해저드(Hazard)'처럼 중국을 지켜주고 있지만, 그림이 보여줄 수 없는 것이 바로 DF-21의 다양성이다. DF-21은 중국 국경에

---

[220] PLA(People's Liberation Army) Ballistic Missiles,
http://www.ausairpower.net/APA-PLA-Ballistic-Missiles.html.
[221] ibid.

서 1700km 이내의 하늘(우주)과 땅과 바다를 커버한다.

DF-21 패밀리의 변형은 지상표적을 공격하는 통상적인 탄도탄에 그치지 않고 DF-21을 개조한 KT 시리즈 대탄도탄 요격미사일(ABM)과 대위성미사일(Anti Satellite)로 이어졌다. 2007년 1월 18일 중국은 KT 시리즈 중 한 가지인 SC-19 모델로 자국의 기상위성 FY-1C를 요격한 적이 있다. SC-19은 DF-21의 변형인 KT-2에 운동에너지탄을 탑재한 것으로 추정하고 있다.[222] DF-21 패밀리의 마지막 멤버는 항모 전단 킬러(Carrier Killer)로 알려진 ASBM DF-21D를 꼽을 수 있다. DF-21 탄도탄을 이용하여 빠른 속도로 움직이는 해상표적을 공격할 수 있는 세계 최초의 ASBM(Anti-ship Ballistic Missile: 대함탄도탄)인 DF-21D를 개발하였다. 중국은 DF-21이라는 기본 모델을 바탕으로 지상표적, 인공위성과 탄도탄 같은 우주표적, 항모 전단 전단(CSG: Carrier Strike Group, 이하 항모 전단) 같은 해상표적을 공격할 수 있는 탄도탄 시스템을 개발하였다. 중국의 SRBM과 MRBM은 이를 보완하는 DH-10 초정밀 순항미사일, 수적으로 우세한 공격용 잠수함, 최신 전투기 부대와 함께 중국을 이 지역의 유일한 군사 강국으로 만들어주고 있다.

DF-21 · DF-21A · DF-21C · DF-21D

DF-21은 중국의 주된 전역 미사일(Theater Nuclear Missile)이라고 할 수 있다. 1988년부터 배치하기 시작했으나 1991년까지 배치한 수량은 미미하였다. 2005년까지만 해도 배치한 수가 20~30기 정도였으나 최근에는 그 수가 급격히 늘어 2010년에는 배치한 모든 DF-21과 변형 모

---

[222] 2007 Chinese Anti-satellite Missile Test,

http://en.wikipedia.org/wiki/2007_Chinese_anti-satellite_missile_test#cite_note-15.

델의 수는 85~95기에 달하고 있다.[223]

1965년 저우언라이 수상은 고체 연료 로켓 기술 개발을 지시했고, 1967년 중국인민해방군(PLA: People's Liberation Army)은 원자력 잠수함에 탑재하는 2단 로켓-탄도탄 J-1(Julang-1)을 개발 목표로 잡았다.[224] 1970년대 초에 중국은 고체로켓 기술에 상당한 진전을 보였으며 PLA는 SLBM뿐만 아니라 육상 발사 MRBM 개발에도 관심을 보였다. PLA는 육상 발사 탄도탄을 DF-21로 명명하였고, 캐니스터에 넣어 TEL에 장착하고 이동하는 이동식 탄도탄으로 개발하였다. DF-21은 1985년과 1987년도에 성공적인 비행시험을 거쳤다. DF-21의 탑재량은 600kg, 사거리는 2150km, CEP는 300~400m로 알려져 있지만 이 모델은 실제로 배치하지는 않았다.

중국은 사거리 2500km의 DF-3와 사거리가 3000km인 DF-3A를 대체할 목적으로 DF-21보다 사거리가 60% 정도 증가한 DF-21A를 개발하기로 결정했다. DF-21A(CSS-5 Mode-1) 모델은 1996년부터 배치되기 시작했으며, DF-21 기본형에 비해 DF-21A는 2700km로 훨씬 증가된 사거리를 가졌고 CEP는 100~300m로 정확해졌다. DF-21A는 GPS와 레이더를 이용해 종말 유도(Terminal Guidance)를 하고, 그 결과 CEP를 100~300m로 줄일 수 있었다. 원래 DF-21에는 500kt급 탄두 1기를 탑재할 예정이었지만, DF-21A는 사거리가 대폭 늘었고 정확도가 향상되었기 때문에 이보다 훨씬 가볍고 위력이 작은 탄두를 탑재했을 것으로 추정하며, 아마도 90kt급 탄두 1기를 탑재했을 것으로 본다.[225] DF-

[223] Robert Norris and Hans M. Kristensen, "Chinese Nuclear Forces, 2010" in the Bulletin of the Atomic Scientists, http://bos.sagepub.com/content/66/6/134.full.pdf+html.
[224] DongFeng 21 (CSS-5) Medium-Range Ballistic Missile, http://forum.globaltimes.cn/forum/showthread.php?t=22213.

21A는 핵탄두 외에는 탑재하지 않는 것으로 알려졌다.

미국 국방부가 해마다 미국 의회에 보고하는 「중국의 군사력」이라
는 보고서의 2007년판(Military Power of the People's Republic of China
2007)에는 핵탄두만 탑재하는 DF-21과 DF-21A 두 버전만 나와 있었는
데,[226] 2010년도 보고서에는 핵과 재래식 탄두를 함께 사용할 수 있고
훨씬 정확한 DF-21C를 개발하여 배치했으며, 더 나아가 미국의 항모
전단과 같은 대형 선박을 공격하기 위한 기동성 재돌입체를 탑재하는
DF-21D라는 세계 최초의 ASBM까지 개발하고 있다고 보고되어 있
다.[227]

실제로 중국은 충분한 무게의 재래식 탄두를 탑재한 전술·전략
미사일의 필요성은 1970년대 이후 꾸준히 제기되었으나 중국 전략 로
켓을 책임지고 있는 제2포병부대(The Second Artillery Corps)에는 1990년
대 초까지도 마땅한 재래식 미사일이 없었다. 1996년 대만해협 위기 당
시 제2포병부대는 30~50기의 SRBM을 보유했으나 지금은 1050~
1150여 기의 SRBM을 보유하고 있다. 중국 정부는 2006년 「방위백서」
에서 "제2포병부대는 잘 정돈되고 효율적인 핵전력과 재래식 전력을
추구하기로 했다"고 밝혔다. 과거 남사군도(Spratly Islands, 南沙群島)에
서의 영토 분쟁과 대만해협을 둘러싼 미국 항모 전단과의 대결에서 중
국은 속수무책이었다. 중국은 공·해군의 결여된 장거리 전력 전개 능
력 때문에 국경에서 멀리 떨어진 곳에서 군사작전을 수행할 능력이 전

사진 4-7_ DF-21과 DF-21A를 탑재한 TEL [Carlo Kopp] [228]

사진 4-8_ 재래식 겸용으로 개발한 DF-21C와 TEL [Carlo Kopp] [229]

[228] PLA Ballistic Missiles, http://www.ausairpower.net/APA-PLA-Ballistic-Missiles.html.
[229] ibid.

혀 없었다. 중국은 이러한 약점을 보완하기 위해 재래식으로 무장한 SRBM과 MRBM 능력을 보유하는 것이 절실하다고 판단했고, 재래식 탄두를 탑재할 수 있는 탄도탄 DF-21C를 개발하였다. DF-21C의 사거리는 1700km 내외이지만 탑재량은 2000kg이나 되고 종말 유도 시스템을 사용하며 재래식 탄두를 탑재하는 CEP가 30~40m다. DF-21C는 2006년 처음으로 그 존재가 드러났다.

DF-21의 또 다른 변형은 항모 전단을 공격하기 위한 ASBM으로 개발한 DF-21D이다. 사거리가 3000km로 추정되는 DF-21D 대함탄도탄은 DF-21C의 탄두무게를 줄이고 기동성 탄두(MaRV)를 탑재한 것으로 알려지고 있다.[230,231] 시속 30Kt(노트: 15.43m/s)로 달리는 항모 전단을 공격하기 위해서는 단순히 작은 CEP 이상의 과학기술이 필요하다. 발사 전과 발사 후에 항모 전단의 정확한 위치와 속도를 실시간으로 파악하는 정보 능력이 있어야 하고, 비행 중 수시로 바뀌는 표적을 추적하고 따라갈 수 있는 기동성 RV(MaRV) 기술이 필요하다. 10분 이상의 비행시간 동안에 15m/s 이상 움직이는 항모 전단은 발사할 때 있던 위치에서 임의의 방향으로 9km 이상을 이동할 수 있다. 단순히 CEP만 작다고 해결되는 문제가 아닌 고도의 탐색, 추적, 계산, 유도, 통신, 센서, 종말 유도가 유기적으로 관련된 종합적 문제가 바로 ASBM 문제다. 대만 문제가 생길 때마다 7함대의 항모 전단에 의해 가로막혔던 중국은 미국 항모 전단 문제를 해결하는 방안의 하나로 ASBM인 DF-21D를 개발하기로 결심했던 것으로 보인다.

---

[230] DongFeng 21 (CSS-5) Medium-Range Ballistic Missile,
http://forum.globaltimes.cn/forum/showthread.php?t=22213.
[231] DF-21, http://en.wikipedia.org/wiki/DF-21#DF-21C_.28CSS-5_Mod-3.29.

2010년 12월 말, 미국 태평양 함대 사령관 로버트 윌러드(Robert Willard) 제독은 중국이 미국의 항모 전단을 위협할 수 있는 대함탄도탄 DF-21D를 배치하기 시작했다고 발표하였다.[232] DF-21D는 지상 이동식 탄도탄으로 3000km 밖에서 고속으로 항해하는 항모 전단을 공격할 수 있도록 설계한 세계 최초의 대함탄도탄이다. GPS-관성항법(GPS-INS)으로 유도 조종하는 MaRV와 '합성 개구(開口) 레이더(Synthetic Aperture Radar)' 또는 '열 영상(Thermal Image)'에 의한 종말 유도를 결합한 미사일을 개발한다고 ASBM 문제가 다 해결되는 것은 아니다. 망망대해에서 항모 전단을 찾아야 하고, 찾은 항모 전단의 정확한 위치와 속도를 실시간으로 추적할 수 있어야 한다.

중국은 ASBM 프로젝트를 뒷받침하기 위해 2009년에 '야오간 VII(Yaogan VII)'이라는 광학-전자 해상 탐지 위성과 합성 개구 레이더 위성 '야오간 VIII(Yaogan VIII)'을 발사하였고, 2010년에도 해양 감시 위성 야오간 시리즈를 네 번이나 더 발사하였다. 야오간이란 중국어로 '원격 감지(Remote Sensing)'를 뜻한다. 중국은 2006년부터 지금까지 모두 13기의 야오간 위성을 발사하여 DF-21D 시험비행을 뒷받침한 것으로 보인다.[233] 해양 감시 위성과 GPS(또는 중국의 위치 추적 위성 시스템) 위성 데이터를 근거로 항모 전단의 위치와 속도를 계산하고 ASBM에 전송하기 위한 실시간 초고속 컴퓨팅과 통신 시스템을 확보했을 것이다. 설사 DF-21D 자체는 당장 미국 항모 전단에 심각한 위협이 되지 않더라도 중국은 DF-21D를 개발하는 과정에서 ASBM 개발과 운용에 필요

---

[232] Bill Gertz, The Washington Time, "China has Carrier-killer Missile, U.S. Admiral Says", http://www.pittsreport.com/2010/12/china-has-carrier-killer-missile-u-s-admiral-says.
[233] Yaogan, http://en.wikipedia.org/wiki/Yaogan.

한 상당한 수준의 인프라를 형성했음을 알 수 있으며, 이렇게 형성한 인프라는 앞으로 미국 항모 전단에 진정한 위협이 될 수 있다.

2010년에는 세계 최고속도를 기록하는 슈퍼컴퓨터를 개발했다고 발표하였다. ASBM과 같이 지휘, 통제, 통신, 계산, 정보, 감시 및 정찰(C4ISR) 등 모든 것이 실시간에 유기적으로 작동하는 데 가장 필수적인 요소가 슈퍼컴퓨팅임을 상기한다면 중국이 왜 극초고속 컴퓨터 개발에 열을 올리고 있는지 알 수 있다.[234] C4ISR는 ASBM뿐만 아니라 인공위성 요격무기, 대탄도탄 방어망 등 21세기 우주무기 개발에 절대적으로 필요한 과학-기술-정보의 기반이다.

2007년 1월 11일, 중국은 전 세계의 비난을 각오하면서까지 865km 고도에서 극궤도를 돌고 있는 자국의 기상위성 FY-1C를 운동에너지탄으로 요격하는 데 성공했다.[235] 이 시험에 사용한 ASAT(Anti-Satellite: 공격 위성 또는 킬러 위성)는 미국 국방정보국에선 SE-19KKV로 부르며, DF-21을 개조하여 개발한 운반체 KT-2에 운동에너지탄(KKV: Kinetic Kill Vehicle)을 장착한 것으로, 성능과 방법에서는 미국이 현재 배치하고 있는 BMD용 지상 발사 요격미사일에 비견된다. 중국이 자국 위성을 요격한 진정한 목적은 아마도 ASBM의 요격시험을 위성 요격으로 대체하기 위한 것으로 추정한다. 위성을 KKV로 요격하는 데 필요한 정보와 기술은 항모 전단을 공격하는 데 필요한 기술 정보와 별반 다르지 않기 때문이다. SE-19KKV/KT-1은 DF-21C와 같이 WS-2400 TEL에 탑재되

[234] C4ISR는 Command, Control, Communication, Computation, Information, Surveillance and Reconnaissance의 약자다.

[235] "2007 Chinese Anti-Satellite Test",

http://en.wikipedia.org/wiki/2007_Chinese_anti-satellite_missile_test.

어 이동하는 시스템이며, 표적으로 삼은 위성을 요격하기에 가장 유리한 위치로 수시로 이동할 수 있기 때문에 사일로에 고정된 미국 시스템과 달리 발사할 때까지 발견하기가 매우 힘들다.

앞의 〈사진 4-7〉와 〈사진 4-8〉를 보면 DF-21A와 DF-21C는 상당한 차이가 있음을 알 수 있다. 핵탄두를 탑재한 DF-21A는 캐니스터의 이곳저곳에 점검을 위한 돌출부가 마련되어 있는 반면 DF-21C의 캐니스터는 비교적 매끈하다. DF-21A는 견인 트레일러에 탑재되지만 DF-21C는 자주식 TEL에 탑재되어 어느 정도의 야지 주행 능력도 있는 것으로 판단된다.

ICBM

지금까지 한반도와 그 주변 지역을 직접 공격권에 두는 DF-15에 대해 간단히 소개하였고, DF-21 패밀리에 대해서도 자세히 살펴보았다. 중국이 보유한 ICBM은 그 개발 목적이 소련과 미국에 대한 핵 억지력에 있었고, 배치한 수량도 적었다. 한반도와 주변 지역은 중국 ICBM의 최소사거리 안에 있기 때문에 우리에게 직접 물리적 위협을 주지는 못하지만, 중국의 ICBM은 한반도 문제로 서태평양에서 미국과 중국의 군사적 충돌이 생길 경우 미국 본토를 위협할 수 있기 때문에 한반도 유사시 미국의 개입을 제한할 수 있는 위협 수단으로 사용될 수도 있다. 미국의 ICBM과 SLBM이 한반도 주변에서 중국의 힘을 억제하고자 하는 것과 같이 중국의 ICBM도 한반도의 안위에 중요한 요소가 되고 있다. 그러므로 현재 중국이 보유하고 있는 두 종류의 ICBM DF-5A와 DF-31A에 대해 좀 더 자세히 살펴볼 필요가 있다.

DF-5A

DF-5는 2단 액체로켓이다. 제1단은 4기의 75t 추력을 가진 선회 가능한 노즐을 장착한 YF-20 엔진 클러스터로 구성되었고, 제2단은 75t의 추력과 고정된 노즐을 가진 YF-22로 추진되며 4.8t의 추력을 가진 4기의 선회 가능한 보조 로켓(Swivelling Vernier Motor)에 의해 조종된다. 보조 로켓은 주 엔진이 연소종료한 후에도 190초 동안 계속 작동하도록 설계되었다. 제1·2단의 엔진은 주유 후 저장이 가능하고 '자동 점화성(Hypergolic Storable Propellant)'인 비대칭 디메틸하이드라진(UDMH)과 사산화이질소(N_2O_4)를 추진제로 사용하고 있다. 자동 점화성 추진제란 굳이 인위적으로 점화를 시키지 않아도 연료와 산화제가 접촉하게 되면 자연적으로 연소가 시작되는 연료와 산화제를 말한다. 대표적인 연료와 산화제가 바로 UDMH와 N_2O_4이다. 추진제 탱크는 가벼운 고강도 알루미늄-구리 합금으로 제조되었고, 재돌입체 RV의 열 차단막은 탄소/석영(Carbon/Quartz) 융제물질로 제작되었다.

미사일의 유도는 관성항법장치와 탑재 컴퓨터에 의해 이뤄지고, CEP는 1km 내외로 추정된다. DF-5의 최대 탑재량은 3.2t으로 3~5Mt(메가톤)급 탄두 1기와 여러 가지 ABM 침투용 위장 탄두 및 기만장치들을 탑재할 수 있다. DF-5의 최대사거리 1만 2000km는 미국 내 주요 표적을 커버하기에 충분하며, CEP 3km는 4Mt급 탄두로 도시에 대한 보복 공격을 하기에 충분한 정밀도다. 탄도탄 조기 경보 능력이 빈약한 중국은 적의 선제공격으로부터 자국 ICBM의 생존 가능성을 높이기 위해 DF-5를 지하 사일로에 배치했으며, 1~2시간의 준비 과정을 거쳐 사일로 내에서 DF-5를 발사할 수 있었다. 물론 필요한 경우에는 이동식 발사대를 이용해 다른 곳으로 이동하여 지상 발사대(Launch Pad)에서 발사할 수도 있지만, 이 경우는 3~5시간의 준비시간이 필요할 것으로 추정된다.

DF-5의 개발은 1966년 5월에 시작되었다. 당시 한창 진행 중이던 문화혁명의 소용돌이 속에서 개발 사업의 시작은 여의치 않았지만, 중국 지도부의 강력한 의지에 따라 1969년부터 본격적으로 사업이 진행되었다. 제1단 로켓 개발은 1969년 7월 14일에, 미사일 설계는 1969년 6월에 각각 완료했으며, 1971년 6월에는 첫 번째 비행시험용 DF-5를 제작하였다.[236]

솽청쯔(雙城子, Shuang Cheng Tzu) 미사일 센터(지금은 주취안酒泉 위성 발사 센터Jiuquan Satellite Launch Center로 바뀜)에서 첫 번째 DF-5 비행시험을 실시했는데, 이때가 1971년 9월이었다. 탑재 컴퓨터 프로그램에 오류가 있어 제2단 로켓은 예정보다 빨리 연소종료되었고, 미사일은 목표에 565km 못 미쳐 충돌하였으나 제1·2단 모터 자체는 제대로 작동했기 때문에 부분적인 성공으로 간주되었다. 1972년 11월에 두 번째 미사일 발사시험을 시도했지만, 4기의 엔진 중 2기가 점화되지 않은 관계로 안전 규칙에 따라 발사를 중지하였다. 점검을 거쳐 1973년 4월 다시 발사한 로켓은 공중에서 폭발했다. 연거푸 두 번의 비행시험이 실패하자 1973년 10월 저우언라이 수상은 DF-5의 개발을 잠정적으로 중지시키고, 이미 제작한 4기의 DF-5는 모두 CZ-2(Long March-2) 우주발사체로 전환하도록 지시하였다. 1974년 11월 중국은 '회수시험위성 FSW(Fanhui Shi Weixing: Recoverable Test Satellite)'라는 회수 가능한 첩보위성을 발사했으나 발사된 후 곧 통제를 벗어났기 때문에 비행 안전 요원이 명령을 내려 자폭시켰다.

1975년 5월 중국 PLA는 DF-5의 개발을 다시 명령하였고, 1977년

---

[236] Dongfeng 5(CSS-4), http://www.sinodefence.com/strategic/missile/df5.asp.

9월 중국 지도부는 DF-5의 비행시험을 허락하였다.[237] 중국은 신뢰도를 높이기 위해 제1단 엔진의 설계를 개선했으며, 1975년 1월부터 1978년 1월까지 실시한 세 번의 CZ-2 시험 발사를 모두 성공시켰다. 그 뒤 1978년 10월부터 1979년 10월까지 실시한 DF-5 비행시험은 모두 성공했으며, 11월에는 RV의 개발도 성공하였다. 그러나 이때까지도 최대사거리 비행시험은 지도부에서 유보하고 있었기 때문에 DF-5는 근거리 사격에 적합한 저궤도 탄도를 따라 발사되었으며, 사거리는 자연히 제한되었다.

1980년 2월 중국 지도부는 드디어 DF-5의 최대사거리 발사시험을 허용했다. 1980년 5월 18일 쌍청쯔 미사일 센터에서 발사된 DF-5는 29분 57초의 비행 후 9070km 떨어진 남태평양의 표적지점에 정확히 낙하했으며, RV는 중국 해군의 프로젝트 팀이 인양하였다. 이어서 5월 21일 발사된 DF-5는 제2단 엔진의 연소가 예정보다 6.4초 빨리 끝남에 따라 목표지점에서 1400km 못 미치는 지점에 낙하하고 말았다. 작전 배치 전에 마지막 시험은 1981년 12월 7일 우자이(Wuzhai: 五寨)의 지하 사일로에서 실시되었고, 1981~1982년 2기의 DF-5가 제2포병부대에 인계됨으로써 중국은 명실상부한 ICBM 보유국이 되었다. 중국은 1978~1981년 사이에 모두 16기의 DF-5를 생산하여 그중 8기는 시험 발사에 사용했으며, 2기는 제2포병부대에 인도하였고 나머지 6기는 CZ-2로 전환하여 FSW 위성 발사에 사용하였다.

1983~1986년 사이에 DF-5를 개선하는 프로그램을 추진하였는데 그 결과가 DF-5A로 나타났다. DF-5A의 사거리는 1만 3000km로 늘었고, CEP는 500m 정도로 줄었다. 그 뒤 DF-5는 점차 DF-5A로 대체하

---

[237] Dongfeng 5(CSS-4), http://www.sinodefence.com/strategic/missile/df5.asp.

여 지금은 20기의 DF-5A가 지하 사일로에 배치되어 있을 것으로 추정한다. 선제공격으로부터 이들 사일로의 생존성을 높이기 위해 중국은 많은 수의 가짜 사일로를 만들어놓았다. 그러나 미국 정보기관들의 정보에 따르면 중국은 1999년부터 2010년까지 DF-5A를 20기만 유지해온 것으로 알려져 있다. 〈사진 4-9〉는 노천 발사대에서 발사 준비를 하는 DF-5의 모습이다.

현재 DF-5A에는 무게 3200kg의 3～5Mt급 탄두를 1기만 탑재하지만, 1983년 DF-5A를 개발할 당시 MIRV에 대한 연구도 함께 진행한 것으로 알려졌다. 여기서 우리는 궁금해진다. 만약 중국이 DF-5A를 MIRV화하려고 한다면 과연 몇 기의 MIRV를 탑재할 수 있을까? DF-5A의 투사량은 최대 3.2t이고, 탄두부의 직경은 3.35m다. 이 경우 직경은 이미 충분히 크기 때문에 MIRV 수를 결정하는 것은 MIRV의 크기가 아니라 무게가 관건이다. 단일 탄두를 탑재할 경우에는 PBV를 꼭 사용할 필요가 없기 때문에 탑재량이 페이로드 무게와 거의 같고, 페이로드는 RV 그 자체다. 물론 기만체(Countermeasures)를 탑재할 경우에는 투사량에서 기만체의 무게를 제한한 값이 RV의 무게가 된다. 그러나 MIRV를 탑재하기 위해서는 PBV가 필요하며, 투사량에서 PBV의 무게를 뺀 값이 페이로드의 무게가 되고 페이로드에서 기만체의 무게를 뺀 값이 탑재 가능한 MIRV의 총중량이 된다.

앞에서 러시아 미사일을 분석했을 때에도 페이로드 대 투사량의 비를 알 수 없었기 때문에 우리는 투사량의 50～65%가 페이로드가 될 것이라는 '어림셈 법칙(The Rule of Thumb)'을 사용했다. 따라서 DF-5A에 탑재할 수 있는 MIRV의 총무게는 1.6t 내외로 생각할 수 있다. 허용된 1.6t 한도 내에 몇 기의 RV를 장착할 수 있느냐 하는 것은 RV 한 개의 무게에 달렸다. 1기의 MIRV 무게가 200kg이면 최대 8기의 MIRV를,

사진 4-9_ DF-5가 노천 발사대에서 발사 준비를 하는 모습 [Carlo Kopp][238]

300kg이면 5기를, 500kg이면 3기의 MIRV를 탑재할 수 있다.

거의 모든 MIRV 미사일이 그러하듯이 DF-5A가 MIRV를 탑재하기 위해서는 별도의 PBV가 필요하다는 가정을 했다. 그러나 앞에서 언급한 바와 같이 DF-5A의 2단은 선회 노즐을 가진 유도 조종용 보조 로켓 4기를 장착하고 있다. 특이한 점은 제2단 엔진이 작동을 멈춘 후에도 190초 동안이나 더 작동하면서 탑재한 단일 RV의 궤도를 조종하도록 되어 있다는 점이다. 즉 DF-5A 제2단의 유도 조종용 보조 엔진 자체가 이미 PBV의 주 엔진 역할을 하고 있으므로 다른 MIRV 미사일들과는 달리 별도의 PBV가 필요 없다는 의미로 해석할 수도 있다. 따라서

238 PLA Ballistic Missiles, http://www.ausairpower.net/APA-PLA-Ballistic-Missiles.html

MIRV화하더라도 단일 탄두 때와 마찬가지로 DF-5A의 페이로드는 거의 3t 가까이 될 것이라고 추정할 수 있다. 다시 말해 DF-5A에는 1t 무게의 MIRV 3기 또는 600kg 무게의 R-31A RV 5기를 탑재할 수 있다. 200kg 무게의 RV를 탑재한다면 이론적으로는 15기까지 탑재할 수 있지만, 보조 엔진이 작동하는 동안 15기의 MIRV를 모두 방출해야 하므로 현실적으로 190초는 너무 짧다고 생각한다.[239] 따라서 DF-5A를 MIRV화할 때 탑재 가능한 RV 수는 15기보다는 훨씬 적을 것으로 판단한다. 그러나 DF-5A에 관한 이러한 추정을 공개된 자료에서 확인할 방법은 없는 것이 사실이다. 중국은 현재 모든 탄도탄에 단일 탄두를 장착하고 있지만, MIRV를 장착해야 한다면 DF-5A가 확실한 선택이 될 것이다.

미국과 러시아의 ICBM과 SLBM의 CEP가 90~200m 내외로 정확해지면서 지상에 고정된 표적은 아무리 강화해도 생존하기 힘들게 되었다. 이러한 이유로 대부분의 중국 탄도탄은 처음부터 이동식으로 개발되었지만, 이동식 액체로켓은 부수적인 지원 인력과 지원 차량 수가 워낙 많기 때문에 감시위성에 노출될 우려가 클 뿐 아니라 고정식에 비해 경비도 많이 들고, 발사 준비시간도 길다는 약점을 피하기 어려웠다. 더구나 크기와 무게가 방대한 DF-5와 DF-5A는 이동식으로 운용할 수가 없었다. 미국과 러시아에 대한 핵 억지력을 가지기 위해서는 중국은 반응시간이 짧은 이동식 고체로켓 ICBM이 절실하게 필요해졌다.

---

[239] 탑재한 모든 MIRV를 각 표적을 겨냥할 수 있는 최적의 위치로 이동시키고, 각 RV의 속력과 방향을 맞춰 살피며 방출하고, 다음 RV에 대해서도 같은 조작을 하여 모든 MIRV를 다 방출할 때까지 걸리는 시간을 'MIRVing Time'이라고 한다. DF-5A의 MIRVing Time은 190초라고 할 수 있다.

DF-31A

중국은 낡고 기술적으로 뒤처진 DF-4를 교체하여 현대화할 목적으로는 사거리 8000km의 고체로켓 ICBM인 DF-31을 개발하고, DF-5에 의존하는 ICBM 전력을 현대화하는 작업으로 DF-41을 개발하는 계획을 세웠다. 1986년 중국은 사거리가 1만 2000km에 10기의 MIRV를 탑재하는 철도 및 도로 이동식 3단 고체로켓 ICBM을 개발하기 시작한 것으로 보인다.[240] DF-41의 직경은 2.25m, 페이로드는 2.5t에 길이는 21m이고 단일 탄두 혹은 6~10기 사이의 MIRV를 탑재할 수 있는 것으로 알려졌다.[241] 인터넷이나 공표된 자료에서 주장하는 DF-41의 사진을 보면 RT-21M 파이어니어 TEL에 토폴-M을 얹어놓은 것 같은 모습이나 토폴의 TEL 위에 장착한 키가 커진 토폴처럼 보인다. 한때 DF-41은 구소련에서 몰래 빼내오거나 구매한 토폴-M 기술로 제작한다는 소문도 있었다.[242] 그러나 DF-41의 크기로만 본다면 토폴-M과 RT-23 몰로데츠(Molodets: SS-24)의 중간에 속하고, 성능과 운용 개념에서 본다면 철도 이동식 RT-23와 유사했다. 다만 페이로드가 2.5t으로 몰로데츠의 4t에 비해 가볍고, 탄두부의 직경도 몰로데츠의 2.4m에 비해 2.25m로 작다. 따라서 공공 영역에 떠도는 데이터가 모두 사실이었다고 해도 10기의 MIRV를 탑재할 경우 탄두의 위력은 몰로데츠 탄두보다 훨씬 떨어질 수밖에 없었을 것이다. 아마도 W76/Mk4급 MIRV 10여 기를 겨우 탑재할 수 있었을 것으로 추정된다. 그러나 DF-41의 개발은

---

[240] DF-41(CSS-X-10)(China), Offensive Weapons, http://articles.janes.com/articles/Janes-Strategic-Weapon-Systems/DF-41-CSS-X10-China.html.
[241] CSS-X-10(DF-41),
http://www.missilethreat.com/missilesoftheworld/id.35/missile_detail.asp.
[242] ibid.

2002년경에 중단되었고, 대신 DF-31을 모체로 한 DF-31A가 DF-41 대신 등장했으며, 10~20기 정도가 이미 작전 배치된 것으로 추정하고 있다.

DF-31A는 DF-31의 사거리를 7200~8000km에서 1만 1200km 이상으로 연장하고, 정확도를 향상시킨 모델이다. DF-31은 1986년(혹은 1980년)부터 DF-4를 교체하기 위해 개발하기 시작하였다. DF-31은 3단 로켓으로 소련의 RT-21M 파이어니어 설계를 많이 고려한 듯하다. 비행시험에 성공하기는 했으나 기술적 문제와 정교하지 못한 생산 방식으로 개발이 지지부진했고, DF-31의 생산량도 적어 앞의 〈표 4-6〉에서 보는 것과 같이 현재 10~20기 정도를 배치한 것으로 알려져 있다.[243] DF-31의 원래 개발 목적은 DF-4로 커버할 수 없는 유럽 쪽 소련 표적을 제압하는 것이었고, 동시에 개발하고 있던 DF-41은 미국 본토를 겨냥한 것이었다. 그러나 소련에 고르바초프 정권이 들어서면서 국제 정세가 대결 모드에서 화해 모드로 바뀜에 따라 미국과 소련 간에 군축 논의가 활발해졌다. 1988년 6월 1일부터 INF(중거리핵전력) 조약이 발효되면서 1991년 6월 1일까지 사거리가 500~5500km 사이에 있는 미국과 소련의 모든 핵미사일이 폐기되었다. 미국은 846기, 소련은 1846기의 INF 미사일을 전량 폐기했다. 이 가운데는 나토 국가나 중국이 두려워하던 3기의 MIRV를 탑재한 사거리 5000km의 RT-21M도 포함되어 있었다. 이어서 당시 중국이 가장 큰 적으로 생각하고 있던 소련도 붕괴되었고 냉전도 끝남에 따라 중국은 SS-31의 양산도 필요 없어졌으며 DF-41 프로젝트도 잠정적으로 중단하였다.

---

[243] Robert S. Norris and Hans M. Kristensen, Chinese nuclear forces, 2011, http://bos.sagepub.com/content/67/6/81.full.pdf.

이러한 안보 환경의 변화와 기술적 문제에도 불구하고 DF-31 자체는 DF-5와 비교하여 '기술적 도약'이라고 할 수 있었다. 미국과 러시아가 2000년대에 들어와 전략무기의 수량은 대폭 줄이면서도 무기의 현대화를 통해 정확도와 신뢰도를 대폭 늘리는 것에 자극받은 중국은 생존 가능성이 높은 이동식 고체로켓 ICBM의 개발을 다시 검토하게 되었으며 중국은 DF-41 대신 DF-31의 사거리와 정확도를 향상시킨 DF-31A를 개발하는 방향으로 정책을 수정했다. DF-31A의 사거리는 1만 1000km, 페이로드의 무게는 700kg, 제1 · 2단 모터의 직경은 약 2m이고, CEP는 150~300m 정도가 될 것으로 추정하고 있다.

수많은 DF-31과 DF-31A의 사진이 인터넷에 떠돌지만 DF-31이나 DF-31A의 미사일은 캐니스터에 봉인되어 보이지 않기 때문에 미사일의 실체를 알 수가 없는 것은 DF-21 시리즈와 같다. 〈사진 4-10〉은 캐

사진 4-10_ 퍼레이드에 참가한 DF-31A의 모습 [Carlo Kopp] [244]

---

[244] PLA Ballistic Missiles, http://www.ausairpower.net/APA-PLA-Ballistic-Missiles.html.

니스터를 싣고 퍼레이드를 하고 있는 HY473 운반 차량의 모습이다.

DF-31의 실체는 항상 캐니스터에 가려 볼 수가 없었다. 'APA(Air Power Australia)'에 DF-31A의 제2단과 탄두를 보여주는 사진이 게재되어 우리의 궁금증을 풀어주었다.[245,246] 〈사진 4-11〉의 왼쪽 부분은 DF-31A의 RV 섹션을 보여주고 오른쪽 부분은 제2단 모터와 제1단의 일부를 보여주고 있다.

DF-31A의 탄두는 중국이 미국에서 빼낸 W-88 또는 W-87 탄두 기술을 이용한 소형 경량의 고위력 탄두를 탑재하고 있다는 주장도 있지만 확인할 만한 근거는 없다.

미국 캘리포니아 출신 하원의원인 크리스 콕스(Chris Cox)의 주도로 미국 내에서 중국의 비밀 정보 수집 활동에 대한 조사를 실시했고,

사진 4-11_ DF-31A의 탄두부와 제2단 부분을 보여주는 사진 [Carlo Kopp] [247]

[245] PLA Ballistic Missiles, http://www.ausairpower.net/APA-PLA-Ballistic-Missiles.html.

[246] http://sinodefence.files.wordpress.com/2011/01/df-31a-second-stage.jpg.

[247] PLA Ballistic Missiles, http://www.ausairpower.net/APA-PLA-Ballistic-Missiles.html.

조사 결과를 모아서 '콕스 보고서(Cox Report)'로 알려진 비밀 보고서를 작성하였다.[248] 콕스 보고서는 "1980~1990년대에 걸쳐 중국은 미국 내에서 비밀리에 군사 및 우주 분야 기술을 빼돌렸으며, 그 기술 중에 현용 탄두의 설계 정보뿐만 아니라 미국의 핵무기 연구소가 개발한 '핵 설계 코드'도 빼내갔을 가능성이 있다"고 주장하였다.[249] 콕스 보고서에서 설계를 도난당했다고 주장한 탄두 중에는 미국이 가장 최근에 개발한 SLBM 탄도탄인 트라이던트-IID5의 탄두 W-88를 비롯해 트라이던트 I-C4의 탄두인 W-76, 피스키퍼의 탄두인 W-87과 중성자 폭탄 W-70도 포함하고 있다. 이러한 미국의 주장에 대해 중국은 자국이 보유한 모든 탄두는 자체적으로 개발한 것이며, 첩보 활동의 결과가 아니라고 반박하였다.

중국의 미사일 전략

2006년 미국 국방부(DoD)의 보고에 따르면 미국은 중국을 아시아-태평양 지역에서 테러, 전략무기 확산, 마약 및 해적 퇴치 같은 공통적인 안보 위협에 대처하는 파트너이자, 미국과 군사력으로 경쟁할 수 있는 가장 큰 잠재력을 가진 국가이며 동시에 다양한 군사기술을 개발하여 시간이 흐르면 결국 미국의 군사적 우위를 상쇄할 수 있는 국가로 보고 있다.[250] 2008년 9월 미국 국방부와 에너지부(DOE: Department of Energy)가 공동으로 작성해 미국 하원에 제출한 '21세기의 국가 안보와 핵무기(National Security and Nuclear Weapons in the 21st Century)'라는

---

[248] Cox Report, http://www.gpo.gov/congress/house/hr105851-html/index.html.

[249] ibid., p.68.

[250] Quadrennial Defense Review Report, 2006, p.29,
http://www.defense.gov/qdr/report/Report20060203.pdf.

보고서에 따르면 중국은 지난 30여 년간 핵무기를 보유해온 5개의 주요 국가 중 유일하게 현재 핵무기의 규모를 늘리고 있는 국가로 평가되고 있다.[251] 중국은 국방비를 1996년 이후 2006년까지 매해 평균 11.8%씩 늘려왔다.[252] 2007년 중국은 국방비를 전년 대비 19.47% 증가시킨 460억 미국 달러라고 발표했다. 중국의 국방비는 전략군 운영 경비, 외국 조달품, 군사용 연구 개발비 및 준군사 조직 경비 등을 포함하고 있지 않다. 따라서 중국의 군사비를 다른 국가의 국방비와 같은 기준에서 비교하기 위해서는 중국이 발표한 액수에 앞서 열거한 경비들을 추가해야 한다. 추가 비용에 대한 정보를 발표하지 않기 때문에 정확한 중국 국방비를 추정하는 것은 불가능하지만, 다른 국가에서 비슷한 국방력을 갖추는 데 필요한 경험을 토대로 산출한 액수를 보면 중국의 국방비는 발표된 것보다 적게는 2배, 많게는 약 3배 정도가 될 것으로 추정한다. 중국이 2010년 3월 4일 발표한 2010년도 국방 예산은 786억 달러였지만 실제로는 1400억 달러보다 많을 것으로 추정한다.[253] 중국은 러시아보다 최소 2배 이상, 일본보다 3배 이상 많은 돈을 국방비에 할애하고 있음을 알 수 있다.

중국의 이러한 가파른 국방비 상승은 탄도탄 전력의 현대화, 지역거부(Anti-access, Area Denial) 능력과 장거리 전력 전개 능력 향상에 투입되었다. 중국의 단기적 목표는 대만해협을 둘러싸고 발생할지도 모를 군사적 충돌 시 미국의 개입을 막기 위한 군의 현대화 작업이었다.

---

[251] National Security and Nuclear Weapons in the 21st Century, 2008, pp.6~7,
http://carnegieendowment.org/publications/?fa=22666.
[252] DoD Annual Report to Congress on China Military 2010, p.41,
http://www.defense.gov/pubs/pdfs/2010_CMPR_Final.pdf.
[253] ibid., p.42 참조.

아울러 중·장기적으로는 미국에 대한 핵 억지력을 현대화하고, 아시아-태평양 지역의 미군 기지를 사거리에 넣으며, 미국 항모 전단(Carrier Task Force)의 중국 접근을 막기 위해 재래식 탄두로 무장한 탄도탄의 현대화를 목표로 삼고 있다.

중국은 아시아-태평양 지역 안에서 미국의 재래식 전쟁을 억제하는 수단으로는 핵무기가 현실적으로 도움이 되지 않는다고 판단하였다. 대신 중국은 사거리가 각각 300km, 600km인 재래식 탄두를 탑재할 수 있는 단거리 미사일 DF-11A와 DF-11B, DF-15A와 DF-15B를 개발하였고, 한국과 일본 등을 사거리에 두는 사거리 1500km 이상의 재래식 탄두를 탑재하는 DF-21C도 개발하였다. 중국은 미국의 항모 전단이 자국 해안의 1500km 이내로 접근하는 것을 막기 위해 재래식 탄두로 무장한 ASBM DF-21D를 거의 개발 완료한 상태다. 중국이 새로 개발한 단거리 및 준중거리 미사일은 모두 적의 선제공격에서 생존할 확률을 높이기 위해 이동식 고체로켓 미사일로 개발되었고, 반응시간도 액체로켓에 비해 훨씬 짧아졌다.

중국은 탄도탄뿐만 아니라 사거리가 2000km 이상이고 GPS 정확도를 가지는 재래식 순항미사일 DH-10(CJ-10)도 개발하였다.[254] 1991년 걸프 전쟁 당시 1600km 밖에서 발사된 토마호크(Tomahawk: BGM-109) 순항미사일의 80%가 표적에서 3m 이내에 충돌했다. 중국은 이러한 토마호크의 놀라운 성능을 지켜보았고, 전략 순항미사일과 순항미사일 기술을 확보하기 위해 걸프 전쟁 이후 상당한 노력을 기울여왔다. 중국은 지상 발사 순항미사일(LACM)을 개발하기 위해 러시아, 우크라이나 혹은 미국의 순항미사일 기술을 확보하려고 적극적으로 나섰다.

---

[254] DH는 Donghai(東海)의 약자이고, CJ는 Chang Jian(長江: 양자강)의 약자다.

중동에서는 불발된 토마호크나 토마호크의 파편들을 구하기 위해 백방으로 노력하는 한편, 러시아와 우크라이나로부터 소련의 순항미사일과 그 기술을 확보하기 위해 노력한 결과 최근 우크라이나에서 최소한 18기의 Kh-55와 시험 장비들을 구입했다는 주장이 나오고 있다.[255]

우크라이나는 Kh-55를 중국뿐만 아니라 이란에도 판매한 것으로 알려지고 있다. Kh-55는 나토에서 AS-15 켄트(Kent)라고 부르는 소련의 공대지 순항미사일로 사거리는 2500~3000km이고, 200kt급 탄두를 장착할 수 있으며 성능은 미국의 함대지 순항미사일 토마호크와 대등하다. 러시아는 핵탄두용인 Kh-55를 재래식 탄두용으로 개조하여 500kg의 재래식 탄두를 장착하고 2500~3000km를 비행할 수 있는 Kh-555라는 재래식 순항미사일을 개발하는 중이다.

걸프 전쟁 이후부터 본격적으로 개발한 장거리 순항미사일 DH-10은 2007년부터 부대에 배치되기 시작하였다. 중국은 다른 미사일과 마찬가지로 DH-10에 대한 자료를 밝히지 않았기 때문에 그 성능과 배치된 수량에 대해서는 미국 정부 기관이 추정한 정도밖에는 알 수가 없다. KH-55를 본떴다고 가정한다면 터보팬으로 추진되는 미사일의 사거리는 ~2000km 정도일 것이고, DH-10은 재래식 또는 핵탄두 겸용으로 사용할 것으로 추정한다. 장거리 순항미사일의 가장 핵심적 기술은 유도장치라고 할 수 있다. 미국의 토마호크나 러시아의 Kh-55처럼 중국의 순항미사일 DH-10 역시 INS(관성항법장치)나 GPS, 테르콤(TERCOM: 지형 비교 항법)을 조합한 것을 사용할 것으로 추정한다. 〈사

255 First public display of the DH-10, http://china-defense.blogspot.com/2009/09/first-public-display-of-dh-10-longsword.html.

PLA Cruise Missiles/PLA Air-Surface Missiles,

http://www.ausairpower.net/APA-PLA-Cruise-Missiles.html.

 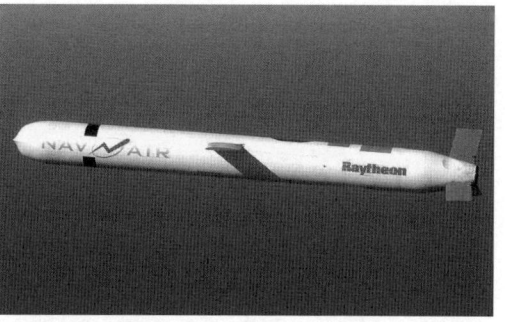

사진 4-12_ 중국 인터넷에 떠도는 DH-10으로 믿어지는 중국의 순항미사일(왼쪽)[256]과 미국의 토마호크 순항미사일(오른쪽). 겉모양만 보면 DH-10과 토마호크는 완전히 쌍둥이다.

진 4-12〉에서 보듯이 DH-10과 토마호크의 겉모양은 완전 판박이라고 할 수 있다.

　중국이 DH-10을 효과적으로 운용하기 위해서는 표적 지역을 포함한 광범위한 지역의 세세한 지형지도(Topographic Map)가 필요하고, 미국이 운용하는 GPS나 러시아의 글로나스(GLONASS) 또는 유럽이 운용하게 될 갈릴레오(Galileo) 항법 신호를 사용할 것이 틀림없다. 가까운 장래에 중국이 광범위한 지역에서 사용할 수 있는 독자적 위성항법 시스템을 구축하기는 힘들 것으로 보이기 때문이다. 중국과 미국이 대립하는 상황이 온다면 미국은 당연히 중국과 인접 지역을 커버하는 GPS 신호를 차단할 것이지만, 이렇게 될 경우 중국은 글로나스나 갈릴레오 시스템을 사용할 것으로 보인다. 이마저 끊겨도 INS와 테르콤 시스템을 사용할 수 있는 한 DH-10은 아직도 효율적으로 운용될 수 있다. 중국도 미래에는 5기의 정지위성과 30기의 중간 궤도 위성으로 구성된 독자적 위성항법 시스템인 '나침반 위성항법 시스템(Compass Satellite

[256] http://www.sinodefence.com/strategic/missile/dh10.asp.

중국은 핵미사일 외에 재래식 탄두로 무장한 이동식 고체로켓 탄도탄 DF-11A, DF-15B, DF-21C/D는 물론 순항미사일 DH-10을 배치하고 있다. 대만을 둘러싼 미중 간의 대립을 통해 중국 지도부는 자국이 보유한 핵미사일이 핵전쟁 억지 수단일 뿐 재래식 국지전을 승리로 이끌 무기가 아닌 것을 알게 되었다. 중국은 이 지역에서 충분한 핵 억지력을 보유하고 있음에도 불구하고 열악한 공·해군의 재래식 전력 때문에 대만해협도 건널 수 없는 것이 현실이었다. 중국은 미국이나 나토 국가들의 초정밀 재래식 무기 앞에 수적으로 우세한 중국의 재래식 전력이 얼마나 취약한지를 걸프 전쟁과 이라크 전쟁을 통해 알게 된 후 대대적인 재래식 무기 현대화 작업에 착수하였다. 최근에 와서는 1년에 100기 이상씩 늘어나는 단거리 및 준중거리 재래식 미사일 전력 증강에 따라 상황은 급격히 중국에 유리하게 전개되기 시작하였다.

이 재래식 미사일들이 커버하는 영역이 앞의 〈그림 4-4〉에 잘 나타나 있다. 물론 이 미사일들에는 재래식 탄두 대신 핵탄두도 탑재할 수 있지만, 대부분의 미사일은 재래식 탄두로 무장할 것으로 판단한다. 중국 지도자들은 자국에 대한 선제 핵공격을 억지할 수 있을 만한 소규모 핵미사일 전력과 대규모 재래식 미사일 전력이야말로 중국에 필요한 것이며, 또 국가 이득에 부합한다고 생각하기 때문이다. 핵미사일은 상호 궤멸을 각오하지 않고는 먼저 쓸 수도 없고 재래식 국지전을 승리로 이끌 수도 없다. 중국 국경 밖에서 일어난 재래식 전쟁에서 중국의 핵미사일은 사용이 극히 제한된 무기이지만, 재래식 탄두로 무장한 CEP 10~50m 내외의 초정밀 미사일은 서태평양에서 발발할지도 모를 전쟁을 중국의 의도대로 끌고 갈 수 있는 아주 효율적인 무기 시스템으로 부각되고 있다.

2006년 국가주석 후진타오(胡錦濤, Hu Jintao)는 "중국은 해군력이 막강하고, 이러한 해군은 해양에서 중국의 권리와 이익을 수호할 것"이라고 천명하였다. 중국 해군의 우선 목표는 〈그림 4-5〉에서 보는 '제1해양방어선(First Island Chain)'이고, 그다음 목표는 '제2해양방어선(Second Island Chain)' 안에서 중국이 자유롭게 작전할 수 있는 환경을 만드는 것이라고 생각한다. 중국이 특히 신경 쓰는 것은 대만 문제를 둘러싸고 미국 해군과 대치하는 상황이 벌어질 가능성이다. 제1해양경계선은 중국 초미의 관심사인 대만과 남사군도를 포함한 해역에서 자국의 국익을 보호하기 위해 중국이 설정한 가상 경계[257]로 쿠릴 열도(Kuril Islands)에서 일본 남부, 센카쿠 열도, 대만 동쪽, 필리핀 서쪽을 연결하는 선이다.

1985년 중국 해군은 '연안 방어' 개념에서 '근해 방어'로 방침을 바꾸었다. 연안 방어란 소련의 태평양 함대가 중국을 침공할 경우를 가상한 방어 개념으로 해안선으로부터 370km(200nm) 되는 해역에서 적을 방어한다는 개념이었지만, 지금은 러시아의 침공 가능성이 거의 없는 대신 대만을 둘러싼 미국과의 대립 가능성이 높아졌다. 이러한 상황 변화는 중국의 방어 개념을 연안 방어선에서 '제1해양경계선'으로 확장하는 근해 방어 개념으로 바꾸게 했다.

아직까지도 미국에 비해 상대가 되지 않는 해군력을 보완하기 위해 중국은 DF-15B, DF-21C 등의 정밀 탄도탄, 초정밀 DH-10 순항미사일과 DF-21D ASBM을 개발하였다. 〈그림 4-4〉와 〈그림 4-5〉에서 보듯이 이들 미사일은 제1해양경계선 안의 모든 지역을 커버하고 있다.

---

[257] 남사군도는 필리핀, 베트남, 인도네시아 및 브루나이와 영유권 분쟁이 일어나고 있는 지역이다.

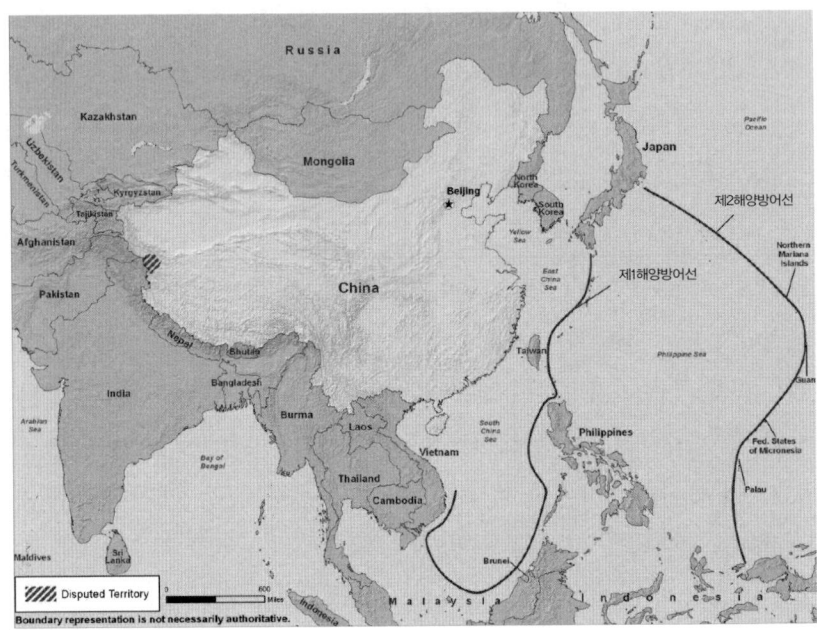

그림 4-5_ 제1 · 제2해양방어선(Island Chains)[258] [미국 국방부]

사실 중국 정부는 제1 · 2해양경계선을 정확히 공표한 적이 없다. 애초에는 황해와 동중국해, 남중국해를 장악하는 것이 근해 방어 개념의 주요 목표였고 이 바다들을 포함하는 경계선을 생각했으나, 많은 중국 전략가들은 제1해양방어선을 인도양의 미군 주요 시설이 있는 디에고 가르시아(Diego Garcia)까지 연결하는 방어선으로 확장하여 중동에서 수입하는 원유 수송 라인의 안전을 꾀해야 한다고 주장하고 있다.

제2해양방어선은 소위 '블루워터(Blue Water)' 방어 개념으로 북쪽의 오가사와라 군도(Bonin Islands)에서 시작해 마리아나 군도, 괌과 캐

---

258 Military Power of the People's Republic of China 2010, Annual Report, p.23, http://www.defense.gov/pubs/pdfs/2010_CMPR_Final.pdf.

롤라인 군도로 연결되는 블루워터 영역을 포함하는 가상적 선이다. 현재 중국의 능력은 제1해양방어선에 한정되지만, 미래의 어느 시점에는 제2해양방어선도 중국의 작전 범위 내에 들 것으로 중국 전략가들은 내다보고 있다. 우리가 관심 있게 봐야 할 사항은 중국이 황해를 마치 자국의 내해처럼 생각하고 있다는 사실이다. 우리가 무엇을 어떻게 해야 우리 쪽 황해와 남해 같은 연안 바다를 지킬 수 있을지 우리 모두가 깊이 생각해볼 때라고 생각한다.

4
북한의 탄도탄 현황

북한의 미사일 현황

1987년 한반도 남쪽 3분의 2를 커버할 수 있는 화성5호가 양산에 들어가면서 북한의 미사일 개발은 아주 빠른 속도로 추진되었다. 1987~1996년 사이 10년 동안 북한은 무려 여섯 가지 탄도탄을 개발하기 시작했다. 제주도를 포함한 한국 전역을 커버하는 화성6호, 서울과 오산의 미군 기지를 표적으로 삼는 단거리 고체로켓 KN-02, 일본을 사거리에 두는 MRBM 노동과 대포동1호, 괌을 공격할 수 있는 IRBM 무수단, 미국 본토를 공격하기 위한 ICBM 대포동2호 등이 이 기간 동안 북한이 개발에 착수한 탄도탄들이다.[259, 260] 이 같은 다양한 탄도탄 시스

---

[259] Daniel A. Pinkston, The North Korean Ballistic Missile Program, http://www.strategicstudiesinstitute.army.mil/pdffiles/pub842.pdf.

템을 단기간에 개발하는 정책은 일견 무모해 보이지만, 북한이 처음은 아니다. 중국도 1965년에 MRBM인 DF-2A와 DF-3, IRBM DF-4와 ICBM DF-5 등 네 가지 탄도탄을 8년 안에 개발한다는 이른바 '8년4 탄' 계획을 채택한 바 있다.[261, 262]

노동과 대포동1호는 일본과 오키나와를 공격권에 둘 수 있고, 무수단은 괌을 사거리에 두고 있다. 노동 미사일은 개발을 완료하고 이란과 파키스탄에 수출하여 탄도탄과 위성 발사체의 모체로 활용되고 있으며, 북한도 200여 기를 배치한 것으로 추정하고 있다. 이미 사거리가 훨씬 늘어난 노동A와 노동A1까지 개발을 완료했기 때문에 사거리는 비슷하지만 복잡하고 취약한 대포동1호를 굳이 생산 배치하지는 않았을 것으로 판단한다. 그러나 대포동2호는 아직도 개발 중이지만 머지 않아 개발을 완료할 것으로 추정한다. 〈표 4-7〉은 북한에서 미국 주요 도시까지의 거리를 나타낸 것이다.[263] 괌까지의 거리는 3500km 정도로 무수단의 사거리 안에 놓일 것으로 추정하며, 은하2호의 제1·2단만으로 구성한 대포동은 미국 본토를 사거리 안에 둘 것으로 생각한다.

현재 북한이 배치해 운용하고 있거나 개발이 끝나가는 탄도탄 시

표 4-7_ 북한에서 표적으로 삼은 미국 주요 도시까지의 거리

표적	워싱턴 D.C.	뉴욕	샌프란시스코	로스앤젤레스	앵커리지	괌
거리(km)	11070	10950	8600	9570	7100	3500

[260] KN-02, http://www.military-today.com/missiles/kn_02.htm.

[261] John Wilson Lewis and Hwa Di, "China's Ballistic Missile Programs", International Security, Fall 1992(Vol. 17, No. 2) p.16.

[262] John Wilson Lewis, and Xue Litai, "China Builds the Bomb" (Stanford University Press, Stanford, California, 1988) pp.211~214.

[263] Steven A. Hildreth, "North Korean Ballistic Missile Threat to the United States", http://www.security-research.at/bmd/wp-content/schiller_17022010.pdf.

표 4-8_ 북한이 현재 배치했거나 개발하고 있는 각종 탄도탄

		최대사거리(km)	탑재량(kg)	CEP(m)	수량
SRBM	KN-02	100~120	250	〈 100	
	화성5호	300	1000	450	600
	화성6호	600	770	50	
MRBM	노동[264]	1000~1300	760~1158	-	
	노동A[265]	1600	550~650	190~250	200
	노동A1[266]	2000	500~650	190	
	대포동1호	1500~2500	2000~1000	-	
IRBM	무수단[267]	3000~4000	1000	1300	
ICBM	대포동2호[268]	9000	500est	-	

스템들을 〈표 4-8〉에 요약하였으며, 각 미사일이 한반도에 끼치는 영
향과 특징을 설명하고자 한다. 미사일을 개발하려면 막대한 자금과 기
술력이 필요하다. 북한이 외부의 자금 지원과 외부 기술자들의 도움을
받았다고 판단되는 여러 가지 정황 증거가 있다.[269]

스커드-B를 역설계하던 탄도탄 개발 초기에는 이집트의 도움으로
스커드-B와 TEL을 공급받았고, 그후로 이란에 화성5호와 화성6호를
판매하여 미사일 개발 자금을 조달했을 것으로 본다. 이란과 북한의 미
사일 협력 관계는 1983년으로 거슬러 올라간다. 스커드-B의 역설계 자
금을 이란이 대는 대신 북한은 양산용 스커드-B를 이란에 판매하기로
했다. 이란은 판매 대금으로 석유를 제공하고 북한 미사일의 비행시험

264 http://www.fas.org/nuke/guide/dprk/missile/nd-1.htm.

265 http://www.globalsecurity.org/wmd/world/dprk/nd-a-specs.htm.

266 http://www.globalsecurity.org/wmd/world/dprk/nd-a1-specs.htm.

267 http://en.wikipedia.org/wiki/BM25_Musudan.

268 http://en.wikipedia.org/wiki/Taepodong-2.

269 Greg J. Gerardi and James A. Plotts, "An Annotated Chronology of DPRK Missile
Trade and Developments" http://cns.miis.edu/npr/pdfs/gerard21.pdf.

을 위해 이란의 시험장을 이용하기로 한다는 계약도 체결한 것으로 전해지고 있다.[270]

러시아 커넥션

제2차 세계대전 후 독일의 로켓 기술자들이 소련과 미국의 로켓 프로그램을 도왔듯이, 소련의 과학 기술자들이 북한의 미사일 개발을 도와준 흔적이 여기저기에서 발견된다.[271] 이러한 관계는 소련연방이 와해되기 훨씬 전인 1988년경부터 시작된 것으로 보이며, 과학 기술자들은 소련이나 러시아 정부와 관계없이 개인 자격으로 행동했을 것으로 판단한다. 1988년경 소련의 액체로켓 SLBM 프로젝트는 고체로켓 SLBM에 자리를 내주게 되었고, 지난 30년간 SLBM만 개발해온 마케예프 설계국의 고도로 훈련된 SKB-385 액체로켓 전문가들은 할 일이 없어졌다. 이들은 다른 나라에서라도 안정된 직장을 얻고 싶어했고, 북한은 이들의 도움을 받기 위해 치밀한 계획을 세웠던 것으로 보인다.

소련연방이 와해되기 직전 1991년 4월 러시아의 고체물리학자 아나톨리 루브초프(Anatoliy Rubtsov)는 북한에 로켓 산업의 과학적 토대를 만들기 위해 200명의 러시아 과학자들을 북한으로 보낼 계획이었다고 말했다.[272] 처음에는 러시아 정부 기관도 승인한 사업이었지만, 러시아 정부는 중간에 정책을 바꿔 북한에 로켓 및 핵 관련 학자들을 파견하는

---

[270] http://en.wikipedia.org/wiki/Taepodong-2.

[271] Greg J. Gerardi and James A. Plotts, "An Annotated Chronology of DPRK Missile Trade and Developments", http://cns.miis.edu/npr/pdfs/gerard21.pdf.

[272] No-dong-B, http://www.globalsecurity.org/wmd/world/dprk/nd-b5.htm.

일을 제약하기 시작하였다.[273]

　1992년 8월 루브초프가 모집한 10명의 전략무기 전문가들이 북한으로 입국했다. 그러나 1992년 10월에는 10명의 핵물리학자들이 북한으로 가는 것을 러시아 정부가 막았고, 10월 15일 탄도탄의 현대화를 돕기 위해 북한으로 가려던 32명의 엔지니어들이 모스크바의 세레메티예보-2 국제공항에서 경찰에게 저지되었다. 32명 중 대부분이 미아스에 있는 마케예프 설계국 소속 엔지니어들이었다. 마케예프 설계국은 구소련/러시아 유일의 SLBM 설계국이고 스커드 미사일을 개발한 곳이다. 1992년 11월 5일 22명의 미사일 기술자들이 북한으로 가려다 러시아 당국에 의해 다시 저지되었다. 1993년 1월 북한 정부는 러시아 외무차관 게오르기 쿠나제에게 러시아의 미사일 전문가와 핵무기 전문가를 고용하지 않겠다는 약속을 했고, 1993년 2월에는 쿠나제가 북한으로 직접 날아가 러시아 전략무기 과학 기술자 모집을 중지하라고 요구했다.

　루브초프가 모집했던 사람 중에는 로켓엔진 전문가 아르카디 바흐무토프(Arkadiy Bakhmutov) 교수와 특수기계과학연구소(Scientific Research Institute of Special Machine Building) 소장인 발레릴리 스트라호프(Valerily Strakhov) 박사, 후에 노동-B 또는 무수단으로 불리게 될 R-27 Zyb(SS-N-6)의 설계자 중 한 사람인 유리 베사라보프(Yuriy Bessarabov)가 포함되어 있었다.[274] 1994년경 북한은 마케예프 설계국 기술자들에게 노동 미사일 외에 노동-B Zyb에 관한 기술도 전수받은 것이 분명해

[273] Charles P. Vick, "The Operational Shahab-4/No-dong-B Flight Tested in Iran for Iran & North Korea Confirmed",
http://www.globalsecurity.org/wmd/library/report/2006/cpvick-no-dong-b_2006.htm.
[274] ibid.

졌고, 이러한 기술 이전은 소련연방이 와해되기 훨씬 전인 1987~1988
년부터 이루어진 것으로 보인다.[275] 1992년에 마케예프 설계국의 고위
급 인사들이 북한으로 가려고 했다는 사실은 이미 그 전에 실무자급 선
에서 기술 및 기술 자료 교환이 충분히 이루어졌다는 반증이기도 하다.
이렇게 외부로 드러난 관계만 보아도 마케예프 설계국의 과학 기술자
들과 북한 미사일 기술은 밀접하게 연관된 것으로 보인다.

　북한 미사일 개발 과정의 또 한 가지 특징은 북한이 미사일 개발 단
계에서 비행시험을 전혀 하지 않거나 아니면 횟수가 너무 적다는 것이
다. 이러한 배경에는 북한의 지정학적 이유와 함께 이란과 파키스탄에
의한 비행시험 대행 외에도 마케예프 설계국 기술자들의 기여가 한몫한
것으로 추정된다. 하지만 상식적으로 이해하기 힘든 것도 사실이다.

SRBM: KN-02, 화성5호와 화성6호

　앞의 〈그림 1-1〉에서 보듯이 스커드 미사일의 북한 버전인 화성5호
와 화성6호는 제주도를 포함한 남한 전역을 사정거리 안에 두고 있다.
따라서 한국을 직접 위협할 수 있는 북한의 미사일은 화성5호와 화성6
호 그리고 북한이 비교적 최근에 개발하여 배치한 KN-02 단거리 미사
일이다.

　KN-02의 모체인 토치카(Tochka)는 소련이 프로그-7(FROG-7) 화력
지원 미사일을 대체하기 위해 개발한 1단 고체로켓 미사일로, 사거리는
70km이고 CEP는 160m 정도다. 소련에서는 9K79 토치카, 나토에서는

---

[275] http://www.globalsecurity.org/wmd/world/dprk/nd-b5.htm.

SS-21 스카랩(Scarab)이라고 부르는 재래식 또는 핵탄두를 탑재할 수 있는 전술 미사일을 북한식으로 개조한 미사일이 KN-02다. SS-21의 역설계에 필요한 샘플 로켓과 데이터는 시리아에서 공급받은 것으로 알려졌다.[276] 시리아는 1996년 SS-21을 북한에 넘겨주었고, 북한은 성공적으로 미사일을 역설계하여 KN-02라는 이름으로 불렀으며 2006년 5월 1일 처음으로 비행시험을 실시하였다. 역설계 과정에서 북한은 SS-21을 개선하여 사거리를 100~120km로 늘렸고, CEP도 100m 정도로 개선한 것으로 추정하고 있다.

KN-02는 스커드와 달리 고체 연료 로켓으로 추진되며, 연료 차량이나 산화제 차량 없이 간편하게 이동하기 때문에 이동 시 발견하기가 스커드보다 훨씬 더 어렵고, 반응시간도 빨라 대처하기가 몹시 까다로운 탄도탄이다. 서울과 오산까지 사거리에 들기 때문에 대량으로 배치할 경우 우리에게는 상당히 위협적인 무기가 될 수 있다. SS-21의 기본적인 탄두는 9N123F 고폭 파편탄이고, 9N123K 탄두는 소형 클러스터 탄두(Cluster Warhead) 혹은 지뢰를 탑재하는 탄두로 중량은 120kg 정도로 추정한다.[277] 〈사진 4-13〉은 소련의 토치카 SS-21이 전시되어 있는 모습이다.

원래 소련은 스커드 미사일을 전술 핵탄두 운반 수단으로 개발하였다. 소련에서는 25기의 미사일당 1기는 화학탄을 장착하고 나머지는 핵탄두를 장착하는 것이 상례로 되어 있었다. 스커드-B는 1톤(1000kg) 무게의 표준 탄두 패밀리를 탑재하도록 설계했으며, 탄두의 종류에 상관없이 하나의 사표(Firing Table)를 사용하는 것이 특징이다. 소련 스커

---

[276] http://www.globalsecurity.org/wmd/world/dprk/kn-2.htm.
[277] http://www.fas.org/man/dod-101/sys/missile/row/ss-21.htm.

사진 4-13_ 소련이 개발한 9K79 토치카. 북한이 역설계하여 개선된 모델을 개발한 것으로 알려져 있지만 위에 보이는 사진과 비슷할 것으로 추정한다.[278]

드-B의 표준 탄두 버스는 8F14로 1950년대 말에 스커드-A에 5~80kt의 탄두를 장착할 때 쓰던 것과 같다. 1960년대에 들어와 스커드 탄두는 10kt, 20kt, 40kt, 100kt의 폭발력을 가진 9N33 탄두로 바뀌었고, 1970년대에는 200kt, 300kt, 500kt의 폭발력을 가진 9N72 탄두로 교체되었다.

　소련은 재래식 탄두를 장착한 스커드 미사일은 보유하지 않았으나 8F44 패밀리의 재래식 탄두를 개발해 수출용 스커드-B에 장착하였다.[279] 소련은 전시를 대비해 바르샤바 조약군에 스커드-B를 미리 배치

---

278 http://upload.wikimedia.org/wikipedia/commons/a/a7/Tochka-U_rep_parad_Yekat.jpg.

279 Steven J. Zaloga, "Scud Ballistic Missile and Launch Systems 1955-2005" (Osprey Publishing Ltd., N.Y., 2006) pp.17~18.

하고 발사 요원들을 훈련시켜야 했지만, 핵탄두를 양도할 수는 없었기 때문에 재래식 탄두를 개발하여 장착해준 것이다. 재래식 탄두를 이용한 스커드-B의 취급과 발사 훈련을 통해 바르샤바 조약군이 스커드 시스템에 익숙해지게 하기 위한 필연적 조치였다. 소련은 1971년 이집트에 24기의 발사대와 수량 미상의 스커드-B를 수출하였고, 뒤이어 이라크·리비아·시리아·예멘·베트남·아프가니스탄에도 수출하였다. 소련은 아프가니스탄에서 철군하면서 아프가니스탄 정부군에게 1700기 이상의 스커드-B를 양도하였다. 수출용 탄두 8F44 패밀리에는 고폭탄두 8F44F, 555kg의 고농도 VX를 탑재한 8F44G, 투만-3(Tuman-3) 화학 탄두와 클러스터 탄두인 8F44K 카세트카(Kasetka)가 있다. 8F44G는 표준 화학탄이고, 8F44K에는 42개의 122mm 고폭 파편탄이 들어 있다. 북한이 화성5호와 화성6호에 어떤 탄두를 탑재하는지는 알 수 없지만, 북한의 탄두 능력이 1950년대 말에서 1960년대 중반 소련의 능력을 가지게 되면 8F44 패밀리 탄두와 8F14급 탄두도 개발할 수 있다고 판단한다.

화성5호에 대한 정보는 미약하지만 스커드-B와 대등하다고 가정하면 화성5호에 대해 여러 가지 특성을 예측해볼 수 있다. 화성5호의 최소사거리는 50km이고 이때 CEP는 180×100m이며, 최대사거리는 300(285~330)km이고 이때 CEP는 610×350m이다.[280] 로켓 모터의 작동시간은 62~64초로 추정되고, 최소사거리 비행시간은 165초, 최대사거리 비행시간은 313초이다. 최고고도는 사거리에 따라 달라지지만, 최소사거리 사격에서는 24km이고 최대사거리 사격에서는 86km에 달

---

[280] Charles P. Vick, 2005,

http://www.globalsecurity.org/wmd/world/iran/shahab-1-specs.htm.

한다. 통상적으로 스커드-B의 발사 준비시간은 90분 정도로 고체로켓에 비해 상당히 긴 편이다. 반응시간이란 발사 명령을 접수하고 나서 미사일이 발사될 때까지 걸리는 시간으로, 미사일을 개선할 때마다 반응시간을 단축하려는 노력은 당연하다. 화성5호의 반응시간은 스커드-B에 비해서는 많이 단축되었을 것으로 짐작되나 북한이 화성5호의 반응시간을 얼마나 줄일 수 있었는지는 알 수 없다. 아마도 60분 전후가 아닐까 생각한다.

화성5호와 화성6호의 발사 과정을 머릿속에 그려보기 위해서는 스커드-B의 발사 준비 과정을 자세히 살펴볼 필요가 있다. 각 스커드-B의 TEL(9P117)에는 7명의 발사 요원이 배정되어 있다. 1명의 지휘자 밑에 미사일의 표적 조준과 상태 점검을 담당하는 2명의 기술 담당이 있고, 1명의 TEL 운전 담당과 3명의 보조 요원이 1개 조로 편성되어 있다. 스커드의 발사 준비는 모두 여섯 단계로 나누어진다.

제6단계는 미사일이 저장 창고에 보관되어 있는 단계로 2년마다 한 번씩 유지 관리와 상태 점검을 한다. 제5단계에서는 미사일과 부품을 미사일 연대의 기술 대대 조립장으로 이송한다. 제4단계에서는 탄두를 미사일 몸체에 장착하고 미사일에 연료와 산화제를 주입한다. 미사일 연대는 전투 발사에 임하기 위해 미사일을 트레일러(2T3M Semi-trailer)에 싣고 야지로 이동한다. 제3단계에서는 크레인을 이용해 미사일을 트레일러에서 TEL로 옮겨 싣는데, 이때 대략 45분의 시간이 소요된다. 이 동안에 발사 장소 측지 팀은 발사 위치의 측량을 마치고, 배터리 차는 발사 장소에서 대기한다. 제2단계는 9P117 TEL이 발사 장소에 도착하는 순간부터 시작된다. 미사일의 유도장치는 #1 핀(Number 1 Fin) 방향으로 정렬되기 때문에 9P117 TEL은 표적 방향의 오른쪽 45도 각도로 맞추어 세운다. 미사일 연대의 기상 담당 부서는 기구에 탑재한 '라디오존데(Radiosonde)'와 기상 레이더를 이용해 고도 60km까지의 바람 속도와 방향, 대기압과 습도 등을 측정한 후 스커드 통제 차량에 전달 하고 유도 데이터 보정 계산을 한 후 각 TEL에 전달한다. 일단 9P117 TEL이 기본 방향으로 자리를 잡고 나면 후방 스태빌라이저 잭(Stabilizer Jack)을 내리고 연료 터보펌프에 스타터 연료를 주입한 다음 미사일 배 터리를 점검한다. 이 작업이 끝나면 미사일을 정확히 90도 수직으로 세 우고 경위의(Theodolite)를 이용해 자이로 정렬을 확인한 후 이상이 없 으면 미사일 '이렉터 크레이들(Erector Cradle)'을 다시 TEL 지붕 위로 내려놓고 마지막으로 정밀 조준을 확인한다. 이러한 작업에는 대략 3 분의 시간이 소요된다. 이제 제1단계에 도달한 것이다. 미사일 배터리 가 작동하고 자이로가 회전하면 미사일을 15분 내에 발사해야 한다.[281] 화성5호와 화성6호도 비슷한 발사 준비 단계를 거칠 것으로 생각한다.

MRBM: 노동(Nodong)

노동은 한국의 남단과 제주도를 포함하여 일본의 대부분 지역을 사거리에 두기 위해 북한이 개발한 준중거리 미사일이다. 화성6호를 개발하는 방식에서는 스커드-B의 엔진은 그대로 사용하되, 탱크와 구 조물을 경량화하고 탄두 무게를 줄여 사거리를 늘렸다. 그러나 북한은 노동을 새로운 엔진과 몸체를 가진 새로운 미사일로 설계하였고, 더 나 아가 앞으로 장거리 미사일을 개발할 때 엔진과 부품을 그대로 쓸 수

---

[281] Steven J. Zaloga, "Scud Ballistic Missile and Launch Systems 1955~2005" (Osprey Publishing Ltd., N.Y., 2006) pp.21~23.

있도록 노동을 '기본 로켓(Base Rocket)'으로 계획하고 개발한 것으로 보인다.

이란은 노동 미사일 개발을 재정적으로 지원했으며, 북한은 노동 미사일을 이란과 파키스탄에도 판매하였다. 북한은 노동 미사일을 제1 단 로켓으로 사용한 대포동1호(Taepodong-1)를 개발하여 인공위성 발사도 시도하였다. 이러한 거래와 광범위한 응용에도 불구하고 한동안 노동 미사일의 실체는 베일에 싸여 있었다. 1993년 5월 1일 노동으로 추정되는 미사일이 함경북도 화대군 대포동의 이동식 발사대에서 발사되어 일본의 노토 반도 쪽으로 500km를 비행한 후 대화퇴(大和堆) 근방에 낙하한 것으로 보인다.[282] 미국과 일본은 비행시험을 모니터하고 있었지만, 비행 중인 노동으로부터 발신되는 어떠한 텔레메트리(Telemetry) 신호도 감지하지 못했다. 이것은 한국과 미국, 일본으로부터 노동 미사일의 비행 특성을 숨기고자 의도한 것으로 보인다. 북한 배 2척이 미사일 충돌지점 근방에 2일 동안이나 머물러 있었던 것으로 미루어 노동 미사일은 실패하여 500km밖에 못 나간 것이 아니고, 지정학적 이유 때문에 의도적으로 사거리를 500km로 제한했던 것이라고 생각한다. 남대화퇴의 평균 수심은 280~330m이고 가장 얕은 곳은 236m이므로 비행 데이터가 기록된 장치를 회수했을 가능성도 아주 배제할 수는 없다. 이러한 방법은 중국이 DF-5A 등 탄도탄을 개발할 때 써왔던 방법이기도 하다.

노동의 겉모양은 스커드-B를 확대해놓은 모습이지만, 문제의 핵심은 노동 엔진의 실체다. 1994년 데이비드 라이트(David C. Wright)와

---

[282] http://ko.gravity.wikia.com/wiki/%EB%B6%81%EB%8C%80%ED%99%94%ED%87%B4.

티무르 카디셰프(Timur Kadyshev)는 노동 엔진이 이사예프(Isayev) S5.2 엔진 4기를 묶은 클러스터 엔진일 것으로 추정하였다.[283] 1t의 페이로드를 장착하고 1000km 거리를 비행하는 노동의 성능은 화성6호(스커드-C)의 케이스를 더욱 경량화하고 유도장치의 무게를 줄여서 도달할 수 있는 성능의 한계를 훨씬 넘는다. 따라서 노동과 같은 사거리를 실용적인 탄두를 탑재한 채 비행하기 위해서는 S5.2보다 몇 배 이상 강력한 엔진이 필요했다. 라이트와 카디셰프는 북한이 사거리 1000km를 상회하는 로켓을 개발하더라도 스커드 기술을 사용할 수밖에 없다고 판단하였다. 당시 북한의 기술로는 새롭고 강력한 하나의 연소실을 가진 새로운 엔진을 개발할 수 없을 것으로 판단했기 때문에 4기의 스커드 엔진 클러스터를 사용할 것으로 생각한 것이다. 이러한 클러스터 엔진은 기술적으로도 별문제가 없어 보였고, 이 방법으로 충분히 강력한 추력을 얻을 수 있다고 판단하였다. 그러나 이러한 추정은 곧 잘못된 것으로 드러났다. 이란은 노동 미사일을 구입하여 제작한 샤합-3 미사일에 대한 발표에서 샤합-3의 엔진을 공개했고, 샤합-3의 엔진은 단일 연소실을 가진 새로운 엔진으로 확인되었다. 이는 단일 연소실을 가진 노동 엔진을 새로 개발했다는 것을 의미하며, 동시에 북한이 이러한 엔진을 독자적으로 개발했음을 의미하였다.

파키스탄과 이란은 북한에서 구입한 노동 미사일을 각자 보유한 기술과 목적에 따라 보완하여 노동과 거의 같은 성능을 가진 가우리-I(Ghauri-I)과 샤합-3 미사일을 각각 개발하였다. 북한은 자국 미사일에 대한 정보를 외부에 노출하지 않았지만, 파키스탄과 이란은 노동 미사

---

[283] David C. Wright and Timur Kadyshev, "An Analysis of the North Korean Nodong Missile", http://www.princeton.edu/sgs/publications/sgs/pdf/4_2wright.pdf.

일을 도입한 후 가우리-1과 샤합-3 미사일로 조금씩 개조한 다음 여러 번에 걸쳐 비행시험을 실시하였으며 비행 데이터와 사진을 언론에 발표해왔다. 따라서 파키스탄과 이란의 미사일 비행시험 결과를 분석함으로써 북한이 개발한 노동 미사일의 성능과 특성에 대해 어느 정도 파악할 수 있게 되었다.

1998년 4월 6일 파키스탄은 가우리 미사일을 발사했고, 미사일의 최대사거리가 1500km라고 발표하였다. 이날 실시한 시험에서 미사일은 1100km를 9분 58초 동안 비행했으며, 최고고도는 350km인 것으로 알려졌다. 파키스탄이 발표한 비행시험 데이터에 근거해 미사일 분석가들은 가우리 미사일의 페이로드는 700kg, 이륙 중량은 16t, 추진제 중량은 13t으로 추정하였다. 이러한 특성을 가진 미사일은 최소에너지 탄도(MET: Minimum Energy Trajectory; 동시에 최대사거리 탄도)로 발사할 경우 사거리는 1100km가 되고, 탄도의 최고고도는 300km에 이르며 비행시간은 9.6분이다. 그러나 약간 높은 궤도(Slightly Lofted Trajectory)로 발사해 같은 사거리를 사격할 경우 최고고도는 350km, 비행시간은 10분으로 파키스탄의 미사일 시험 결과와 거의 일치한다.[284] 만약 탑재량을 700kg에서 200kg로 줄이면 파키스탄 측이 발표한 최대사거리 1500km 달성이 가능하지만, 탄두를 탑재하기 위한 노즈콘(Nose Cone) 구조물의 무게만 해도 200여 kg이 되는 것을 생각하면 탄두에 할당되는 중량이 거의 없다고 보면 된다.

가우리 탄도탄을 시험할 때까지만 해도 노동은 4기의 스커드 엔진 클러스터로 추진되는 줄 알고 있었다. 이란은 비행시험을 할 때마다 엔

---

[284] David C. Wright, "An Analysis of the Pakistani Ghauri Missile Test of 6 April 1998", http://www.fas.org/news/pakistan/1998/05/980512-ghauri.htm.

진 같은 로켓 부품의 사진과 미사일 발사 비디오 및 비행시험 결과 등을 언론에 공개하였다. 노동 미사일의 경우도 예외가 아니었다. 이란은 엔진 노즐이 보이는 샤합-3 미사일의 사진을 발표했고, 이 사진에 의해 노동 미사일의 엔진은 단일 연소실을 가진 새로운 엔진으로 밝혀졌다.[285] 물론 이러한 자료를 공개할 때 이란은 자국 미사일의 성능을 감추기 위해 혼란스러운 자료를 섞어서 발표하였고, 그 결과 이란 미사일에 대한 부정확한 자료들이 돌아다니는 것도 사실이다.[286] 그러나 〈사진 2-3〉과 〈사진 4-14〉에서 보는 것과 같이 이란이 공개한 노동 엔진과 이미 잘 알려진 스커드 엔진의 사진을 비교해보면 노동 엔진은 라이트와 카디셰프가 가정했던 스커드 엔진 클러스터가 아니라 하나의 연소실을 가진 새로운 엔진임이 확실해졌다. 이란은 노동 미사일의 연료 탑재량을 늘린 '가드르(Ghadr-II)' 미사일을 개발하였고, 이것을 제1단으로 사용하는 2단 로켓 위성 발사체 '사피르(Safir IRILV)'도 개발하였다. 이란은 2008년 2월 4일에 시도한 위성 발사는 실패한 것이 분명하지만, 2009년 2월 3일 '오미드(Omid)'라고 부르는 인공위성을 궤도에 진입시키는 데 성공하였다. 이란 국영 매체는 사피르의 사진도 공개하였다.[287]

〈사진 4-14〉은 샤합-3의 엔진과 스커드 엔진 노즐 부위를 비교한 사진이다. 앞의 〈사진 2-3〉과 〈사진 4-14〉를 비교해 보면 스커드 엔진과 샤합-3 엔진, 즉 노동 엔진은 크기만 다를 뿐 모양이 아주 흡사하고

[285] Norbert Brügge, "The North-Korean Nodong missile family",
http://www.b14643.de/Spacerockets_1/Diverse/Nodong/Dong.htm.
[286] Theodore Postol, "A Technical Assessment of Iran's Ballistic Missile Program",
http://docs.ewi.info/JTA_TA_Program.pdf.
[287] Norbert Brügge,
http://www.b14643.de/Spacerockets_1/Diverse/Safir-IRILV/Safir.htm.

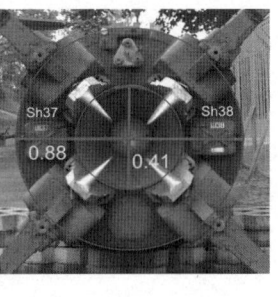

사진 4-14_ 노동의 이란 모델인 샤합-3(Shahab-3) 미사일의 뒷모습(왼쪽)[288]과 스커드-B의 뒷모습 (오른쪽).[289] 샤합-3는 노동 엔진을 바탕으로 설계한 MRBM이다. 이란은 같은 엔진을 사피르 1단에도 사용하였다. [Norbert Brügge][290]

구조물과 그 부착 위치도 유사한 것을 알 수 있다. 연료 터보펌프와 펌프 배기관의 모양은 물론 연소실과 노즐 모양도 똑같고, 노즐을 식히기 위해 유입되는 '복열 냉각 시스템(Regenerative Cooling System)'의 파이프 모양과 위치도 같을 뿐 아니라 자세제어용 공력 핀 모양, 로켓 배기가스를 편향시키는 '제트 베인(Jet Vane)'의 모양과 위치도 모두 같다. 참고로 〈사진 4-14〉은 노르베르트 브뤼게(Norbert Brügge)가 스커드 엔진의 모든 치수를 1.5배 늘린 것이 노동 미사일의 엔진이라는 것을 보여주기 위해 두 엔진을 비교 분석한 것이다.[291]

[288] Photo Gallery R-18/Nodong missile and their derivative. http://www.b14643.de/ Spacerockets_1/Diverse/R-18_Nodong_Photogallery/Shahab_3.jpg.

[289] Wz8K14_RB3. http://upload.wikimedia.org/wikipedia/commons/thumb/6/ 64/Wz8K14_RB3.jpg/540px-Wz8K14_RB3.jpg.

[290] http://www.b14643.de/Spacerockets_1/Diverse/Nodong/index.htm.

이러한 사진과 데이터들은 노동 엔진 개발에 이사예프 설계국 (Iasayev Chemical Machine-Building Design Bureau)과 마케예프 설계국의 기술자들이 관련되었을 것이라는 의구심을 더욱 강하게 해주고 있다. 1988년부터 노동을 개발하기 시작하여 1990년도에 원형 모델을 개발하였을 정도로 개발 속도가 엄청나게 빨랐다. 이와 같은 속도는 스커드-B의 엔진을 스케일 업(Scale Up)해본 경험이 있는 기술자들의 직접적 개입이 있지 않고서는 가능할 수 없는 속도라고 생각한다.

소련 최초로 충전 후 저장 가능한 액체 연료 로켓엔진을 개발한 곳이 이사예프 설계국이다. 처음에는 스커드 미사일, 대공미사일 또는 대형 로켓의 상단 로켓과 같은 소형 로켓 개발을 전문으로 하였으나, 나중에는 마케예프 설계국에서 개발하는 모든 액체로켓 SLBM의 엔진을 개발하였다. 앞에서 살펴본 것과 같이 북한과 마케예프 설계국의 기술자들 사이에는 1987~1988년부터 긴밀한 협조 관계가 있었던 것으로 추측된다. 1993년 이후 대포동1호, 무수단, 대포동2호 등의 개발이 주춤해진 것은 1992년 10월 이후 러시아 당국이 마케예프 설계국 소속 로켓 전문가들의 북한행을 적극적으로 저지한 결과라고 유추할 수도 있다.

이란과 파키스탄이 공표한 데이터와 노동을 제1단 로켓으로 사용하는 대포동1호와 관련해 발표된 데이터를 분석하면 노동의 최대 탑재량은 700~750kg이고, 사거리는 1000~1300km인 것으로 추정할 수 있다. 그 후 노동의 사거리는 1550~1600km로 향상되었으며, 탑재량은 500~600kg인 것으로 추정한다.[292] 만약 노동A의 탑재량을 1160kg

---

[291] http://www.b14643.de/Spacerockets_1/Diverse/Nodong/index.htm.

[292] 최대사거리를 줄이면 탑재량이 증가하고 탑재량을 줄이면 최대사거리가 증가한다. 여기

으로 가정하면 최대사거리는 1350km, 987kg이면 1400km, 650kg이면 1540km, 550kg이면 1600km로 늘어간다. 그러나 탑재량이 240kg이면 최대사거리는 1780km로 늘어나지만 미사일의 목적인 탄두 운반은 불가능할 것이다. RV 장착 및 분리 장치와 RV 케이스 무게의 합이 240여 kg이 넘을 것으로 추정되기 때문이다. 따라서 550kg을 탑재하고 도달할 수 있는 1600km가 노동A의 최대사거리로 추정하는 것이다.[293]

노동 원형은 연료를 11.51t 적재하였으나 노동A에서는 사거리를 늘리기 위해 연료통을 연장하여 12.91t을 탑재하도록 하였다. 이란의 가드르-I과 파키스탄의 가우리-II도 연료량이 12.91t으로 증가하였다.[294] 북한은 노동A의 사거리를 늘리기 위해 연료통을 더 늘려 15.26t을 탑재하도록 개조하였다. 이렇게 개조한 노동A를 노동A1이라고 부른다. 이러한 개선 작업은 이란에서도 시행되어 가드르-II를 생산했다. 연소시간도 노동A의 110초에 비해 무려 20초가 늘어난 130초가 되었고, 길이도 노동A에 비해 3m나 더 늘어났다. 그 결과 500~650kg을 탑재할 때 최대사거리는 2000~1600km로 증가하였다. 노동A나 노동A1의 유도는 GPS로 보완하는 관성유도로 이루어지는 것으로 보이며, 노동A의 CEP는 대략 190~250m 정도, 노동A1의 CEP는 190m 정도로 추정한다.

앞의 〈사진 2-6〉이 2010년 10월 10일 평양 군사 퍼레이드에 등장한 신형 노동A1 미사일로 이란이 개발한 트리콘 형태의 탄두를 탑재한

서는 비행시험에서 측정한 사거리와 추진제의 양 및 총중량의 비율인 질량비가 0.85(탄두를 뺐을 경우 0.88)라고 가정했을 때의 값으로 보면 된다.
http://www.globalsecurity.org/wmd/world/dprk/nd-1-hist.htm.
[293] http://www.globalsecurity.org/wmd/world/dprk/nd-1-hist.htm.
[294] 가드르-I은 샤합-3M과 거의 동일하지만 길이만 40cm 더 길다.

것이다. RV의 모양이 단일 RV를 탑재한 SS-N-6 또는 무수단의 RV와 상당히 유사하다. 이는 300~450kg 무게의 탄두를 노동A1과 무수단에 함께 사용하겠다는 의미로 해석할 수 있다.

IRBM: 대포동1호와 무수단

1998년 8월 31일, 아무런 예고도 없이 북한은 대포동1호라고 불리게 되는 3단 로켓을 발사하였다. 대포동1호는 광명성이라는 인공위성을 탑재하고 있었는데, 제3단 로켓이 궤도 진입 2초 전에 폭발하여 위성의 궤도 진입에는 실패한 것으로 알려졌다. 대포동1호 제1·2단 로켓의 지상 충돌지점과 북한이 발표한 대포동 비행시간대별 사건은 일관성이 있다. 이러한 데이터를 분석한 결과 대포동1호의 제1단 로켓은 노동 미사일을 개조한 것으로 나타났고, 제2단 로켓은 스커드-B의 기체와 북한이 이미 장시간에 걸쳐 운용 중인 장거리 대공미사일 SA-5 가몬(Gammon)의 가변 추력 엔진을 결합한 것으로 추정한다. 또 제3단에 사용한 고체로켓은 SS-21의 북한 복제품인 KN-02 모터를 이용했을 것으로 추정한다.[295] 물론 이러한 주장이 사실로 확인된 것은 아니지만, 최소한 일반에 공개된 자료와는 기술적으로 합치한다.

제1단은 더 많은 추진제를 넣기 위해 길이를 연장한 노동이 거의 확실하고, 제2단의 기체는 스커드 기체가 확실하다. 만약 제2단에 스커드 엔진을 장착했다면, 엔진은 60~80초간 거의 일정한 추력으로 작동하고 분리되어야 한다. 그 후 분리된 제3단과 페이로드 결합체는 60~90초간 '코스팅(Coasting: 무동력비행)'한 뒤 궤도 근지점(Perigee)에 도달하게 되고, '킥모터(Kick Motor: 추진기)'인 제3단 고체 모터에 의해 궤도에 진입하게 된다. 문제는 코스팅하는 동안 제3단의 자세제어가 힘들고, 자세제어가 정밀하지 않다면 제3단 모터가 점화될 때 추력 방향을 정확히 조종하기 힘들다는 것이다. 이것이 북한이 제2단에 스커드 엔진을 사용하지 않았을 것이라는 근거다[296].

이렇게 해서 나온 주장이 대포동1호의 제2단에는 SA-5 엔진을 사용했다는 것이다. 스커드와 SA-5 엔진의 연료 대 산화제 부피비가 거의 같고, 스커드의 직경은 88cm인 데 비해 SA-5 주 몸체의 직경은 84cm로 스커드 기체 안에 SA-5의 탱크와 엔진을 장착하는 것은 그리 어렵지 않았을 것이다. 스커드 엔진과 SA-5 엔진의 가장 두드러진 차이는 추력의 가변성 여부다. 스커드-B의 엔진 9D21(S5.2)은 13.4t의 추력을 일정하게 낸다. 반면 SA-5의 엔진(고체로켓 부스터는 제외)은 비행 중에 추력을 변화시킬 수 있고 추력이 약한 대신 연소시간이 길다. 제2단 엔진으로 SA-5 엔진을 사용한다면 코스팅 없이 위성의 근지점에 접근하고, 킥모터를 점화하기에 적합한 자세를 유지할 수가 있다. 미국 MIT의 시어도어 포스톨(Theodore Postol)은 러시아로부터 북한이 사용했을 것으로 생각되는 세 가지 로켓의 특성에 관한 정보를 얻었고, 일본으로부터는 제1·2단의 충돌지점에 대한 정보를 얻었다. 북한의 발표를 통해 궤도 진입 고도와 세 로켓의 연소시간에 대한 정보도 얻을 수 있었다.

〈표 4-9〉에서 북한이 발표한 대포동1호의 각 로켓 모터가 작동한 시간과 제3단 모터 점화시점의 고도를 알 수 있다.

---

[295] Theodore Postol, "A Technical Assessment of Iran's Ballistic Missile Program", p.25, http://docs.ewi.info/JTA_TA_Program.pdf.
[296] ibid. p.27.

표 4-9_ 북한이 발표한 대포동1호 각 단의 연소시간과 제3단 점화시점의 고도[297]

제1단 연소시간 (초)	95초
제2단 연소시간 (초)	171초
제3단 모터 연소시간	27초
제1단과 제2단이 연소한 총 연소시간 (초)	266초
제3단 모터가 점화됐을 고도 (km)	218km

　　포스톨은 이러한 정보가 모두 SA-5 엔진이 대포동 2단에 사용되었다는 주장과 일치함을 증명하였다.[298] 북한이 발표한 제3단의 연소시간 27초와 무게는 3단 로켓이 KN-02(SS-21)의 모터일 것이라는 강한 암시를 주고 있다. 만약 대포동1호의 제2단 엔진이 스커드 엔진이었다면 80초 이상은 견디지 못했을 것이다. 그러나 SA-5의 주 엔진이라면 고출력으로 55초, 저출력으로 116초 이상을 낼 수 있다. SA-5의 추진장치는 3~5초의 연소로 로켓을 급격히 가속한 뒤 분리되는 4기의 고체 모터와 단일 연소실을 가진 액체로켓의 주 엔진(Sustainer)으로 구성되어 있다. 처음에는 이사예프 5D12가 SA-5의 주 엔진으로 사용되다가 나중에는 이사예프 5D67로 교체되었다. SA-5 엔진을 비행 중에 재점화하는 것은 불가능 하지만, 추력을 3.2t에서 10t 사이에서 변화시키는 것은 가능하다.[299] 포스톨은 SA-5 엔진 출력을 10t 추력으로 55초, 3.2t 추력으로 118.6초 동안 작동한다고 가정한 후 궤도 계산을 실시했고, 실제 대포동1호의 궤적과 아주 유사한 궤도를 얻을 수 있었다.

　　비록 궤도 진입에는 실패했지만, 북한은 대포동1호를 이용한 위성

[297] Theodore Postol, "A Technical Assessment of Iran's Ballistic Missile Program" p.30.

[298] ibid. p.28.

[299] http://www.ausairpower.net/APA-S-200VE-Vega.html.

발사 시도를 통해 장거리 탄도탄에 필요한 기술적 목표를 대부분 달성했을 것으로 생각한다. 제1단 로켓은 연소종료 후 분리되었고, 제2단 로켓도 예정대로 점화되었으며 171초 동안 연소한 후에 성공적으로 분리되었다. 제3단 로켓은 자세제어를 위한 스핀도 성공했고 점화도 순조로웠지만 궤도 진입 2초 전에 알 수 없는 이유로 폭발한 것으로 보인다. 북한은 대포동1호 발사를 통해 다단 로켓 개발의 난관 중 하나로 여겨졌던 '단 분리 및 점화'를 뜻하는 '스테이징(Staging)' 기술을 습득한 것으로 생각한다. 이와 함께 북한은 장거리 미사일 RV의 안정되고 균형 잡힌 재돌입을 위해 재돌입 각도를 일정하게 유지해주는 RV의 스핀 테크닉도 달성하였다. 만약 대포동1호의 발사가 위성 발사가 아닌 2단 로켓 탄도탄시험이었다면 아마도 비행시험은 성공했을 것이다. 1998년 시험 데이터는 대포동1호에 1000kg을 탑재하면 사거리가 2500km이고, 1500kg을 탑재하면 사거리는 2000km가 될 것을 암시한다.

대포동1호의 사거리와 탑재량과의 관계를 보면 대포동1호의 사거리는 노동A1과 거의 같고 탑재량을 대폭 줄이면 무수단과 같아지기 때문에 탄도탄으로서 대포동1호의 목적은 불분명하다고 볼 수 있다. 대포동1호는 노동 MRBM과 무수단 IRBM, 대포동2호로 알려진 ICBM을 개발하고 있던 북한이 1990년대 중반에 인공위성을 발사하기로 결정하고 기존에 북한이 보유하고 있던 로켓들을 위성 발사체로 짜 맞춘 일종의 기술 증명용 로켓이 아닌가 생각한다. 기술적으로도 노동A1과 무수단이 훨씬 발전된 형태이기 때문에 같은 목적을 가진 낙후되고 복잡한 2단 로켓을 군사용으로 배치하지는 않았을 것으로 예측된다.

북한이 보유한 미사일 중 기술적으로 가장 앞선 미사일은 R-27 Zyb를 개량한 무수단 IRBM이다. R-27 Zyb는 소련이 개발한 제2세대 SLBM으로 소련 해군이 1968년부터 1988년까지 양키-I(Yankee-I)급에 탑재하였던 미사일이며, 성능은 미국 해군의 폴라리스-A3에 버금간다. 1992년 10월 15일, 11월 5일, 12월 8일 등 수차례에 걸쳐 북한으로 들어가려던 러시아의 미사일 및 핵 전문가들은 러시아 보안 당국에 의해 저지되었지만, 러시아의 고위급 미사일 및 핵 전문가들이 대거 북한으로 가려고 했다는 것은 그 이전에 이미 모종의 계약이 추진되었다는 의미로 볼 수 있다. 또한 노동 미사일의 개발을 돕기 위한 실무자급의 자료 및 기술 교환이 어느 정도 이루어졌다는 뜻이고, R-27 Zyb에 대한 계약이 이미 진행 중이었다고 보는 것이 타당하다.[300] 물론 노동A는 북한이 고유 미사일로 설계한 것은 사실이다. 하지만 마케예프 설계국의 경험과 기술이 세부적으로 큰 도움이 되었을 것이다. 북한에서 영구적인 일자리를 얻기로 계약했던 사람 중에 R-27 Zyb의 주요 설계자였던 유리 베사라보프가 포함되어 있었다는 것은 특히 주목할 만하다.

　　R-27의 무게는 14.2t, 직경은 1.5m, 길이는 8.9m, 탑재량은 650kg이고 1Mt급 탄두 1기를 탑재하며 최대사거리는 2400km이다. R-27은 나중에 3기의 200kt급 MRV를 탑재하는 모델 R-27U로 향상되었는데, 다른 파라미터는 대동소이하지만 최대사거리는 3000km로 늘어났다. 북한은 마케예프 설계국에서 R-27 Zyb를 개발하였던 기술자들의 도움을 받아 R-27 Zyb의 최대사거리 3500km를 상회할 것으로 추정되는 도로 이동식 IRBM 무수단을 개발했다. 사거리를 늘리기 위해 R-27 Zyb의 연료 및 산화제 탱크 길이를 1.7m 늘렸고, 3기의 MRV 대신 단일 탄두를 탑재하도록 개조하였다. 그 결과 미사일의 길이는 12m, 무게는 20.65t으로 늘어났으며 이렇게 개발된 무수단 미사일은 2010년 10월

300 Charles P. Vick, "No-dong-A Design Heritage",
http://www.globalsecurity.org/wmd/world/dprk/nd-1-hist.htm.

10일 군사 퍼레이드에서 서방에 공개되었다. 원래 2007년 퍼레이드에 참가했던 것으로 전해지고 있으나 외부 세계의 언론 매체에는 공개되지 않았기 때문에 무수단의 존재는 2010년 10월까지 의문시되고 있었다.

현재 12기의 무수단이 함경북도와 평안남도에 배치되어 있다는 주장이 있지만 확인되지는 않았다.[301] 무수단은 대포동-X, 미림(Mirim), 노동-B, 때로는 BM25 무수단(BM25 Musudan)으로 불려 상당히 혼란스럽다. 더욱 혼란스러운 것은, 무수단은 개발을 시작하고 지금까지 단 한 번도 비행시험을 하지 않았다는 점이다. R-27 시스템을 개발한 기술자들의 도움을 받았을지는 모르지만, 비행시험을 한 번도 하지 않은 무기 시스템을 양산하여 수출도 하고 부대 배치도 한다는 것은 상식적인 판단으로는 이해가 되지 않는다. 미국이 무수단의 존재를 러시아에 아무리 주장해도 러시아가 믿지 못한 이유로 비행시험이 없었다는 사실을 꼽고 있다. 러시아가 국가사업으로 지금 무수단을 개발한다고 해도 10~20회 이상의 시험비행이 필요할 것이기 때문이다. 어찌 되었건 2010년 10월에 보여준 〈사진 2-5〉의 미사일이 실제 무수단이 아닌 '모크업'이라는 것이 증명되지 않는 한 그 존재는 믿어야 할 것이다. 비행시험이 없었다는 것은 RV의 재돌입시험도 없었다는 뜻이다. 이것이 의미하는 바는 단 하나로 무수단의 RV는 '이미 실증된 R-27의 RV를 그냥 사용하고 있다'라는 것이다. 즉 마케예프 설계국 또는 마케예프 소속 고위 기술자들의 도움 없이는 불가능하다고 생각한다.

그러나 잘 생각해보면 무수단의 비행시험은 이미 했을 수도 있다. 2009년에 위성 발사를 시도했던 은하2호(Unha-2)의 제2단이 무수단이

---

[301] North Korea Rolls Out Ballistic Missiles,
http://www.globalsecuritynewswire.org/nw_20101013_1452.php.

었다면 무수단의 비행시험은 한 번의 시도에 성공했다고 볼 수도 있다. 북한에서 발사한 무수단은 괌을 포함한 서태평양의 모든 기지를 커버할 수 있기 때문에 미국에는 상당히 위협적인 무기로 간주될 수밖에 없다. 무수단의 원형인 R-27 Zyb는 상당히 신뢰할 수 있는 시스템이다. 1974년부터 1990년까지 61기의 R-27 Zyb를 발사하여 93%의 성공률을 보였다. 무수단은 북한이 보유한 미사일 중에 기술적으로 가장 발전된 형태의 탄도탄이며 제작하기도 어려운 미사일이라고 생각한다.

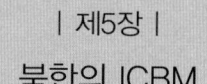

| 제5장 |
북한의 ICBM

1
은하2호와 대포동2호

장거리 로켓 개발과 비행시험

2009년 3월 12일 이전까지 북한의 ICBM 대포동2호에 대해 공개된 정보는 소문과 추측에 불과했다. 자국의 장거리 탄도탄 개발 현황을 곧이곧대로 공표하는 나라는 물론 없다. 하지만 ICBM의 개발은 알려질 수밖에 없고, 성능과 배치 예정 시기도 어느 정도 예측할 수 있는 것이 상례다. 탄도탄의 개발에는 비행시험이 필수적인데 장거리 탄도탄의 비행시험을 숨기는 일은 불가능하기 때문이다. 비행시험과 시험 횟수는 탄도탄의 성능과 개발 진행 정도를 알려주는 척도다. 냉전 시대의 소련과 미국이 상대방의 ICBM 개발 진척 상황과 개발 중인 탄도탄의 성능을 예측할 수 있었던 것도 바로 상대방의 비행시험을 감시하고 관측할 수 있었기에 가능했다.

미국과 구소련(러시아)은 각자 상대방의 ICBM 탄도와 탄착지를 관측할 수 있는 지역에 온갖 센서를 갖춰놓고 ICBM 비행시험을 관측해 왔다. 소련의 ICBM 시험 발사장인 플레세츠크(Plesetsk)와 바이코누르 (Baikonur)에서 발사되는 ICBM과 탄착 시험장이 있는 캄차카(Kamchat-ka) 반도의 쿠라 시험장(Kura Test Range)을 동시에 커버할 수 있는 셰미야(Shemya) 섬의 이어렉슨 공군 기지(Eareckson Air Station)[302]에 초대형 위상 배열 레이더 '코브라 데인(Cobra Dane)'을 건설하였고, RV 추적용 항공기 '코브라 볼(Cobra Ball)'과 관측선 '코브라 주디(Cobra Judy)'로 소련 ICBM의 탄도와 RV의 재돌입 과정을 관측해왔다.[303] 소련도 반덴버그(Vandenberg) 공군 기지와 로널드 레이건 시험장(Ronald Reagan Ballistic Missile Defense Test Site)[304] 그리고 케이프케네디(Cape Kennedy) 발사장 근방에서 관측선을 이용해 미국 ICBM의 비행시험을 정밀 감시해왔다. 이렇게 얻은 동력비행 궤도, 탄도비행 궤도, 모의 탄두 충돌지점 및 텔레메트리 데이터를 분석함으로써 상대방이 개발하고 있는 ICBM의 개발 진도와 성능에 대해 꽤 많은 것을 알 수 있었다. 미국과 소련이 서로 자국의 비행시험 정보를 수집하고 있는 것을 알면서도 비행시험을 할 수밖에 없었던 이유는 신뢰할 수 있는 ICBM을 개발하는 방법이 비행시험뿐이기 때문이었다.

항공기의 경우 수백 회에 걸쳐 수천 시간의 비행시험을 실시해 각종 부품의 설계 결함과 제작 과정에서 일어나는 문제를 찾아내고 보완한다. 비행시험은 사실 비행기의 설계, 생산 및 조립 방법에 별 이상이

---

[302] 전에는 셰미야 공군 기지로 불렸다.

[303] RV는 'Reentry Vehicle'의 약자로 탄두가 초고속으로 대기권에 진입할 때 생기는 높은 열과 충격으로부터 탄두를 보호하기 위한 열 차단 케이스이며, 보통 RV라고 말할 때에는 안에 탄두를 포함한 것으로 이해하면 된다.

[304] 전에는 콰잘린(Kwajalein) 시험장으로 불렸다.

없음을 확인할 수 있는 유일한 방법이다. 이러한 비행시험을 통해 비행기의 비행 특성과 안전 운항 조건이 확립된 연후에라야 대량생산을 추진한다. 탄도탄 개발도 항공기 개발과 비슷하다. 임무 수행에 적합한 탄도탄의 구체적인 모델을 제시하고, 시뮬레이션을 통해 설계를 확인 및 보완하는 작업을 수없이 거친 후에 원형 모델 설계가 나온다. 아무리 과학기술이 발전하고 탄도탄 개발에 경험이 많고 능력 있는 설계팀이 동원된다고 해도 기본 원리(First Principles)에서 완벽한 탄도탄을 설계하는 것은 아직까지 현실적으로 불가능하다. 설령 설계가 완벽하다고 해도 모든 부품을 설계대로 완벽하게 제작하고 조립하는 것도 불가능할뿐더러 피할 수 없는 오차가 여기저기 생길 수밖에 없다. 따라서 설계와 제작, 조립의 각 과정에서 생기는 오차가 임무 수행에 지장을 주는지 안 주는지는 비행시험을 통해서만 확인할 수 있다.

탄도탄이 비행 중 경험하는 하중과 스트레스도 미리 예측하기 힘들고, 실전에서 사용될 비행 궤도에 따라 달라진다. 탄도탄의 무게 중 구조물의 무게가 적으면 적을수록 탑재량을 크게 할 수 있지만, 구조물을 너무 줄이면 하중과 공기역학적 스트레스를 견딜 수 없다. 잘 설계된 탄도탄의 경우 실제 탄도탄의 구조물 무게와 탄도탄의 하중 및 스트레스를 견딜 수 있는 구조물의 한계값 차이가 별로 크지 않기 때문에 시뮬레이션만 가지고 안전한지 아닌지 알아내는 것은 거의 불가능하다. 더구나 실제로 비행시험을 해보기 전에는 어떤 문제가 있는지조차 알 수 없는 경우도 있다. 이러한 이유로 탄도탄 개발에는 여러 번의 '개발 비행시험(DFT: Developmental Flight Tests)'이 필수적이다.

V2 로켓을 개발하기 위해 베른헤르 폰 브라운 팀은 총 750여 회의 A4(무기용은 V2라고 함) 비행시험을 실시하였다.[305, 306] 물론 폰 브라운 팀은 아무런 사전 지식도 없이 세계 최초로 탄도탄을 개발했으니 많은 수

의 비행시험이 필요했다고 생각할 수도 있다. 냉전 시대의 미국과 소련은 많은 미사일 개발 경험을 축적한 후에도 한 종류의 ICBM을 개발해 군부대에 배치하기까지 많은 경우 100여 회의 비행시험을 거쳐야 했다. 50여 년에 걸쳐 수십 종의 장거리 탄도탄을 개발한 경험이 쌓인 지금에도 새로운 탄도탄을 개발하여 군에 배치하기까지는 최소 15~20기 이상의 비행시험이 요구되고 있다. 아직도 로켓 설계는 '과학'이 아니라 '예술(Art)'의 범주에 속한다고 보는 것이 옳다.

비행시험 중 상당수는 탄도탄의 안전과 신뢰도를 높이고, 비행 특성과 CEP를 파악하여 실제 상황에서 사용할 수 있는 탄도탄을 개발하기 위해 필요한 과정이다. 개발 기간 중에 실시하는 비행시험 외에도 작전 배치한 탄도탄을 발사하여 발사 요원들을 훈련시키고, 노화현상을 점검하고, 부품 개선을 확인하는 이른바 '작전용 비행시험(OFT: Operational Flight Tests)'도 있다. 2010년 6월 16일 미국 공군은 200회째 미니트맨-III OFT를 실시한 바 있고,[307] 미국 해군은 1989년 이후 2011년 3월 1일까지 트라이던트-D5(Trident-IID5) 탄도탄의 비행시험을 135회나 연속적으로 성공시켰다.[308] 미국과 구소련/러시아 등은 충분한 수의 DFT와 OFT를 거쳐 현재 실전 배치한 주요 ICBM과 SLBM의 발사 성공률을 95% 이상으로 끌어올렸다.

평화 시의 발사 성공률이 95% 이상 된다고 해도 불시에 닥친 전쟁

---

[305] List of V-2 Test Launches, http://en.wikipedia.org/wiki/List_of_V-2_test_launches.

[306] Dungan, T. D., "V-2: A Combat History of the First Ballistic Missile", (Westholme Publishing, LLC, Eight Harvey Avenue, Yadley, PA, 2005) p.201.

[307] 200th Test Launch of a Minuteman III Missile, Vandenberg Air Force Base CA(SPX) Jul 14, 2010, http://www.spacedaily.com/reports/200th_Test_Launch_Of_A_Minuteman_III_Missile_999.html.

[308] UGM-133 Trident II, http://en.wikipedia.org/wiki/UGM-133_Trident_II.

상황에서는 발사 성공률이 이렇게 높을 것으로 기대할 수는 없다. 따라서 탄도탄은 개발이 끝난 후에도 신뢰도를 높이기 위해 부품 개선과 운영 관리를 소홀히 할 수 없으며, 수시로 또는 정기적으로 비행시험을 실시해 확인하고, 결과에 따라 보완해나가는 것이 관례로 되어 있다. ICBM은 큰 도시 하나를 폐허로 만들 수 있는 강력한 탄두를 탑재하기 때문에 사고는 큰 재앙을 몰고 올 수도 있다. 특히 발사 시에 일어나는 사고는 자국에 엄청난 피해를 줄 수도 있으니 최선을 다할 수밖에 없다. 탄도탄이 표적에 이르지 못하는 요인은 수천수만 가지가 있으며, 몇 번의 비행시험이나 지상 점검으로는 이 요인들이 다 드러나지 않기 때문에 가능한 한 많은 비행시행과 점검을 계속하는 수밖에 없다. 철저한 비행시험 과정은 탄도탄을 본격적으로 개발하는 국가들이 거쳐 가야 하는 길이고, 동시에 국외의 탄도탄 분석가들에게 탄도탄의 성능에 대해 귀중한 정보를 제공하는 데이터 공급원이기도 하다.

그러나 특이하게도 북한은 탄도탄을 개발하면서 비행시험을 극도로 자제하거나 아예 하지 않기 때문에 외부에서 북한의 탄도탄 개발 상황을 분석할 데이터를 수집할 기회가 거의 없다. 북한이 개발하고 있고 우리의 관심사이기도 한 대포동2호도 예외가 아니다. 성공적인 대포동2호의 발사를 단 한 번만 지켜볼 수 있어도 미사일의 성능에 대해 상당한 정보를 얻을 수 있었겠지만, 2009년 4월 5일까지 그러한 기회는 전혀 없었다.

1997년 한국으로 망명한 김길손은 북한이 1987년부터 제2연구소에서 대포동을 개발하기 시작했다고 주장하였다. 대포동에는 대포동1호와 대포동2호가 있으며, 이 탄도탄들이 본격적으로 개발되기 시작한 시기는 1990년대 초인 것으로 추정된다.[309] 1998년 8월 31일 북한이 대포동1호를 이용한 위성 발사를 시도하기 이전에는 대포동1호에 대해서도 아는 바가 전혀 없었다.

우리의 관심은 ICBM의 사거리를 갖는 대포동2호의 개발 현황을 파악하는 데 있다. 대포동2호에 대해서도 소문과 추측만 난무했지 실상을 알려줄 어떤 단서도 공개된 적이 없다. 2006년 6월 대포동2호로 보이는 대형 탄도탄을 무수단 발사장에서 조립하는 모습이 촬영되었고, 2006년 7월 4일 북한은 이 미사일을 발사하였다. 대포동2호는 발사된 지 40초 후에 기체가 부서졌고 잔해는 동해에 추락하였다. 너무 일찍 비행이 중단되었기 때문에 비행시험이 대포동2호의 탄도탄시험이었는지 위성 발사시험이었는지조차도 불분명했고, 한국과 미국, 일본은 대포동2호를 분석하는 데 도움이 될 만한 기술적 정보를 수집할 기회가 거의 없었을 것으로 본다. 이 탄도탄의 실패 원인은 기체가 동압 스트레스를 견디지 못했거나, 아니면 추진기관의 고장일 것으로 추정하고 있을 뿐이다. 대포동2호의 제1단은 중국의 DF-3 또는 DF-4의 제1단과 매우 유사하고, 제2단은 노동 미사일과 유사한 것으로 판단되지만 너무 일찍 비행이 끝남에 따라 미사일의 페이로드-사거리 성능이나 각 단의 엔진 성능을 분석할 만한 데이터를 얻지 못한 것이 아쉽다.

북한은 2009년 2월 24일 위성 발사를 준비하고 있다고 발표했으며, 같은 해 3월 12일에는 2009년 4월 4일과 8일 사이에 시험용 통신위성을 발사하겠다고 국제민간항공기구(ICAO: International Civil Aviation Organization)에 공식적으로 통보하였다.[310]

---

[309] Steven A. Hildreth, "North Korean Ballistic Missile Threat to the United States", http://www.fas.org/sgp/crs/nuke/RS21473.pdf.

[310] http://legacy.icao.int/icao/en/nr/2009/pio200902_e.pdf.

기존의 은하2호에 대한 분석과 문제점

북한이 은하2호를 발사하기 전인 3월 20일, 데이비드 라이트는 일반에 공개된 자료만을 이용해 은하2호의 분석을 시도하였다.[311]

북한이 연소종료한 엔진의 낙하 해역 두 곳을 위험 지역으로 공표한 이후였기 때문에 라이트는 은하2호에 대해 단순한 추정 이상의 정보를 가지고 분석을 시도할 수 있었다. 위험 지역이 두 곳이라는 사실은 은하2호가 3단 로켓으로 구성되었다는 것을 의미했다. 연소종료한 제1단과 제2단이 떨어질 장소가 위험 해역일 것이고, 제3단은 인공위성과 함께 궤도에 진입할 것이기 때문이다. 더구나 두 곳의 위험 지역과 발사장을 연결하면 은하2호의 비행 궤도는 발사지점인 무수단리에서 정동 방향이라는 것을 알 수 있었다. 북위 40도 근방에서 정동 방향으로 위성을 발사한다는 사실은 제3단 로켓의 연소종료속도에 지구의 자전으로 인한 속도 0.35km/s를 더한 만큼 득을 볼 수 있다는 의미이고, 두 곳의 위험 해역으로부터 제1단 엔진의 연소종료속도와 제2단의 연소종료속도의 대략적인 값을 추정할 수 있었다. 물론 은하2호를 발사하기 이전이고, 북한은 위성 궤도를 발표하지 않았기 때문에 북한이 발사하고자 하는 위성의 궤도 파라미터는 알 수가 없었다. 위성 궤도를 모르기 때문에 제3단의 연소종료속도는 알 수 없었지만, 라이트는 400~500km 사이의 원 궤도에 위성을 진입시킨다는 가정을 함으로써 궤도 진입 속도를 7.62~7.67km/s로 추정할 수 있었다. 지구 자전 효과를 감안하면 제3단 로켓의 연소종료시점의 실질적 속도는 대략

---

[311] David C. Wright, "An Analysis of North Korea's Unha-2 Launch Vehicle", http://www.ucsusa.org/assets/documents/nwgs/Wright-Analysis-of-NK-launcher-3-18-09.pdf.

7.3km/s가 되어야 한다. 물론 지구 중력에 의한 감속과 공기저항으로 인한 감속을 고려한 속도이기 때문에 로켓은 이보다도 1~1.8km/s 이상 더 빠른 연소종료속도를 내야 한다.

이러한 세 가지 조건만 가지고 은하2호의 제원(諸元)을 유일하게 결정할 수는 없다. 따라서 라이트는 우선 적절한 은하2호의 모델을 정해놓고 각 단의 무게 등을 조절하여 알려진 비행 특성을 맞춰보는 방법을 택했다. 비행 특성을 맞춘다고 해도 실제 은하2호와 모델 은하2호가 일치한다는 이야기는 물론 아니다. 다만 발표된 위험 지역에 연소가 끝난 제1단과 제2단이 떨어지게 되고, 페이로드 400~500km의 원 궤도에 진입시킬 능력이 있는 수많은 로켓 모델 중 하나라는 뜻으로 보면 된다.

라이트는 은하2호의 모델을 구축하기 위해 은하2호의 제1단 엔진은 4기의 노동 엔진 클러스터로 가정하였고, 제2단은 공기가 희박한 고고도에 적합하게 개선한 노동 엔진 1기로 구성됐다고 가정하였다. 라이트는 추진제 0.8t을 포함한 제3단의 무게는 1t으로 가정한 후 제1단과 제2단의 낙하 지역과 위성 궤도를 만족하도록 은하2호 모델의 파라미터를 정했다. 시뮬레이션을 통해 라이트가 추정한 은하2호의 발사 중량(Liftoff Mass)은 78t이고, 제1단 추력은 112t, 위성 무게는 100kg, 페어링(Fairing: 위성 보호 덮개)의 무게는 400kg이었다.[312] 라이트는 은하2호 모델을 탄도탄으로 사용할 경우 500kg의 탄두를 탑재하면 9000km, 1000kg의 탄두를 탑재하면 6000km의 최대사거리를 가질 것으로 추정하였다.

2009년 4월 5일, 북한은 실제로 은하2호를 발사하였다. 이날 발사

---

[312] David C. Wright, "An Analysis of North Korea's Unha-2 Launch Vehicle", p.7.

된 은하2호의 제1단은 순조롭게 작동하였으며 연소종료 후에는 제2단 로켓에서 분리되어 발사대로부터 540km 되는 곳에 낙하하였다. 이어서 점화된 제2단 역시 정상적으로 비행했으며, 초기 보고에 따르면 발사지점으로부터 3200km 되는 곳에 낙하했다고 한다. 그러나 그 후 제2단의 낙하지점은 이전 발표보다도 640km 더 먼 3846km 지점에 낙하한 것으로 알려졌다.[313] 북한은 은하2호에 의해 발사된 통신위성 광명성2호는 근지점 490km, 원지점 1426km, 궤도 경사각 40.6도 되는 타원 궤도를 돌고 있다고 발표했으나 미국과 일본을 포함한 서방세계의 어느 국가도 이 궤도에서 북한이 주장한 위성을 찾아낼 수 없었다. 아마도 제3단과 위성은 제2단으로부터 분리되었으나 점화되지는 않은 것으로 판단된다. 북한은 위성을 궤도에 진입시키는 데는 실패했지만, 북한이 주장하는 위성 궤도는 위성 진입을 시도했던 궤도일 것이므로 은하2호의 성능을 평가하는 데는 상당히 중요한 의미를 가진다. 이러한 궤도에 위성을 진입시키기 위해서는 근지점에서 3단 엔진의 연소가 종료되고, 이때 접선 방향의 속도는 7.87km/s가 되어야 한다.

북한의 은하2호 발사 후 라이트와 포스톨은 은하2호 시험비행에서 얻은 데이터를 토대로 새로운 은하2호 모델을 제시하였다.[314, 315, 316] 그

---

[313] Craig Covault, "North Korean Rocket Flew Further than Earlier Thought", http://spaceflightnow.com/news/n0904/10northkorea/.

[314] Theodore Postol, "Technical Addendum on Iran's Ballistic Missile Program", http://docs.ewi.info/JTA_TA_Program.pdf.

[315] David Wright and Theodore A. Postol, "A Post-launch Examination of the Unha-2", Bulletin of the Atomic Scientists, 29 June 2009, http://www.thebulletin.org/web-edition/features/post-launch-examination-of-the-unha-2.

[316] David Wright, North Korea's Missile Program-Wright, http://www.globalcollab.org/projects/dprk-policy/Wright.pdf.

들은 라이트가 했던 것처럼 은하2호의 제1단은 4기의 노동 엔진으로 구성된 클러스터 엔진에 의해 추진된다고 가정했지만, 제2단은 노동 미사일이 아니라 러시아가 개발한 SLBM인 R-27(SS-N-6) 1기로 이루어 졌다고 가정하였다. R-27은 노동에 비해 기술적으로 많이 앞선 탄도탄 이다. 노동 엔진은 연료로 TM-185를 사용하고 산화제로는 AK-27I를 사용했으며, 노동 엔진의 해면 고도에서 비추력(Isp)은 230초이고 진공 중에서 비추력은 264초로 추정된다.[317] TM-185는 가솔린 20%와 등유 80%의 혼합물이고, AK-27I는 사산화이질소(N_2O_4) 27%와 질산(HNO_3) 73%의 혼합물을 말한다. R-27은 노동의 연료보다 고에너지 연료인 UDMH를 사용하고 산화제는 IRFNA(또는 AK-27P)를 사용한다. IRFNA(Inhibited Red Fuming Nitric Acid)는 84% 질산, 13% 사산화이질 소, 3% 물에 약간의 불화수소(HF)를 섞은 산화제이다. 그 결과 R-27 엔진의 해면 고도에서 비추력은 274초, 진공 중에서 비추력은 296초로 노동 엔진의 비추력보다 10%가량 더 높으며,[318] R-27의 구조물은 아주 가볍다. 제3단 엔진은 이란에서 인공위성 '오미드(Omid)'를 발사할 때 사용했던 사피르-2(Safir-2) 발사체의 상단 모터를 사용했다고 가정했는 데, 사피르-2의 상단 로켓은 R-27의 보조 로켓(Vernier Rocket) 2기로 이 루어진 로켓이다. 참고로 사피르-2 보조 로켓의 진공 중에서 비추력은 255초이지만,[319] 포스톨은 은하2호 모델 시뮬레이션에서 제2단과 제

[317] No-dong-A, Ghauri-II, & Shahab-3, Technical Data,
http://www.globalsecurity.org/wmd/world/dprk/nd-a-specs.htm.
[318] R-27/SS-N-6 SERB & SS-NX-13,
http://www.globalsecurity.org/wmd/world/russia/r-27-specs.htm.
[319] The Old Soviet SLBM "R-27",
http://www.b14643.de/Spacerockets_1/Diverse/R-27/index.htm.

3단의 비추력을 두 경우 다 300초로 잡았다.[320]

포스톨은 북한이 방송한 은하2호 이륙 장면 동영상에서 은하2호의
초기 가속도가 0.345G가 되는 것을 계산해냈다.[321] 즉 총추력과 은하
2호의 이륙 중량비가 1.345가 되기 때문에 제1단 로켓의 추력을 알면
이륙 중량을 계산할 수 있다. 포스톨은 발사지점으로부터 연소종료한
은하2호 제1·2단의 실제 낙하지점까지의 거리, 궤도 진입 속도 및 발
사지점에서 지구 자전 속도로 인한 연소종료속도 증가 효과 0.352km/s
를 시뮬레이션에 입력 데이터로 사용하였다. 포스톨은 이러한 정보와
은하2호 모델의 비행 특성이 일치하도록 각 단의 특성을 조절하여 〈표
5-1〉에서 보는 은하2호 모델을 제시하였다.[322]

〈표 5-1〉에 제시한 은하2호 모델의 이륙 중량은 0.9t의 투사량을
포함해 91.6t에 이른다. 투사량은 인공위성, 위성 장착 및 분리 장치,
보호 덮개 분리장치 등을 모두 포함한 무게로 인공위성의 무게는 이 중

표 5-1_ 포스톨이 제시한 은하2호 모델(Technical Addendum On Iran's Ballistic Missile Program)[323]

단	연료를 채운 중량 (t)	공중량 (t)	연소종료 중량 (t)	공중량/연소 전 중량 (t)	연소 후 연료 잔량 (%)	비추력 (초)	연소시간 (초)
제1단	74.05	5.924	8.649	0.080	0.04	220(SL)	118
제2단	13.55	1.287	1.655	0.095	0.03	300	122
제3단	3.10	0.279	0.465	0.090	0.03	300	274

[320] Theodore Postol, "Technical Addendum on Iran's Ballistic Missile Program", p.49, http://docs.ewi.info/JTA_TA_Program.pdf.
[321] 1G는 지표상에서 주력 가속도를 나타내는 부호로 9.8m/s²의 가속도를 의미한다.
[322] Theodore Postol, "Technical Addendum on Iran's Ballistic Missile Program", p.49, http://docs.ewi.info/JTA_TA_Program.pdf.
[323] 포스톨의 'Table 3'에 있는 제2단의 공중량과 연소종료 중량에 오타가 있는 것을 〈표 5-1〉에서 바로잡았다.

25~30% 전후인 220~300kg으로 추정할 수 있다.

포스톨은 은하2호 모델의 제1·2단을 사용해 제작한 2단 로켓 대포동2호(TD-2)는 1.8t의 탑재물을 5000km까지 운반할 수 있고, 1.6t의 탑재물은 6000km까지 운반할 수 있음을 보여주었으며, 1.0t 무게의 탄두를 탑재할 경우에는 사거리가 9000km까지 늘어난다는 것을 보여주었다. 포스톨은 은하2호를 거의 그대로 탄도탄으로 사용하는 3단 로켓 대포동2호는 구조를 보강해야 할 것으로 내다보았으나, 은하2호를 보강 없이 사용하는 것이 가능하다고 가정할 경우 1t 무게의 탑재물을 1만 500km까지 운반할 수 있다고 했다.[324] 다시 말해 은하2호의 기술을 완전히 확보하게 되는 날 북한은 미국 본토의 상당 부분을 사거리 내에 두는 ICBM급 운반체를 보유하게 된다는 것이 라이트나 포스톨의 결론이다.

그러나 〈표 5-1〉에 포스톨이 제시한 은하2호 모델은 몇 가지 문제점을 안고 있다. 〈표 5-1〉의 제2단 무게 13.55t은 R-27의 무게 14.2t에서 탄두 무게 0.65t을 뺀 무게다. 즉 R-27의 구조물은 전혀 보강되지 않았다는 의미다. 원래 R-27은 0.65t 무게의 탄두를 탑재하는 데 적합한 구조를 가지도록 가볍게 설계된 데 반해 은하2호의 제2단은 제3단과 위성 등 4t 무게의 하중을 견뎌야 한다. 은하2호의 제2단 로켓은 구조 보강을 하지 않은 R-27을 사용했기 때문에 포스톨의 은하2호 모델은 실제 상황에서는 하중과 스트레스를 견딜 수 없는 모델이라고 생각된다. 이에 더해 제2단과 제3단 사이를 연결하고 분리하는 데 필요한 연결부(Interstage) 구조물의 무게도 빠져 있다.

---

[324] Theodore Postol, "Technical Addendum on Iran's Ballistic Missile Program", p.49, http://docs.ewi.info/JTA_TA_Program.pdf.

게다가 은하2호의 제3단이 R-27의 보조 로켓으로 구성되었다면 진공 중에서 비추력은 300초가 아니라 255초가 되어야 한다. 따라서 포스톨의 시뮬레이션에 사용된 3단의 비추력 300초가 인쇄 오류가 아닌 이상 그의 시뮬레이션에서 은하2호 제3단의 성능은 많이 부풀려진 것이 틀림없다. 라이트의 시뮬레이션에서는 페이로드(유효 탑재물) 보호 덮개(Fairing 또는 Shroud)의 무게가 따로 고려되었으나, 포스톨의 시뮬레이션에서는 보호 덮개에 대한 항목이 없다.

제원을 결정하기 위해 사용한 몇 가지 데이터에 의심스러운 점이 있기 때문에 구체적인 제원은 받아들이기 곤란하지만, 포스톨의 은하2호 모델의 제2·3단 구성은 상당한 타당성이 있다고 본다. R-27 또는 R-27K는 노동 미사일에 비하여 구조적으로 최적화된 시스템이고, 고에너지 추진제를 사용하는 등 거의 모든 면에서 우월하다. 제2단으로 R-27K를 사용한다면 노동을 사용할 때보다 대포동2호의 성능이 향상될 것으로 판단되고, 북한은 R-27을 응용할 수 있는 능력을 보유하는 것이 된다. 따라서 은하2호의 제2단은 구조를 보강한 R-27일 가능성이 아주 높다고 본다. 사피르-2의 제2단은 이란이 오미드 위성 발사에서 이미 성공적으로 사용한 시스템이다. 더구나 북한과 이란이 지금까지 미사일 및 미사일 기술 분야에서 활발하게 교류해왔음을 상기하면 북한이 사피르-2의 제2단을 은하2호의 제3단에 사용했을 것이라고 생각하는 것은 당연하다. 포스톨은 은하2호의 제1단에 북한이 '베이스 로켓(Base Rocket)'으로 개발한 노동 미사일의 엔진 4기를 묶은 클러스터 엔진을 사용했다고 가정하였다.

2
가상 은하2호

앞에서 우리는 라이트와 포스톨의 은하2호 모델을 소개하였고, 그들이 시뮬레이션에 사용한 데이터의 타당성 여부도 살펴보았다. 그 결과 은하2호의 구성과 비행 특성을 분석하기 위해서는 알려진 모든 자료와 부합하는 새로운 은하2호의 기준 모델(Baseline Model)과 직관적으로 명백한 새로운 분석 방법이 필요하다는 결론에 도달하였다. 필자는 공개된 자료만 이용하여 은하2호의 기준 모델을 구상하고, 공개된 비행 특성 데이터를 만족시키도록 기준 모델의 제원을 정하고자 한다.

2009년 4월 5일 은하2호 발사를 전후하여 은하2호에 대해 상당히 의미 있는 자료들이 인터넷을 통해 일반에 공표되었다. 공공 영역에서 구할 수 있는 자료의 출처는
- 북한이 국제기구에 통보한 자료와 방송을 통해 발표한 자료
- 이란이 언론에 공개한 자료

- 미국과 일본이 은하2호의 낙하물을 추적한 결과
- 기타 인터넷 자료

등으로 분류할 수 있다. 이 자료들을 눈여겨 분석하고 종합해보면 알려진 은하2호의 비행 특성과 일치하고 실제 은하2호에 근접하는 모델을 제안하는 것이 가능하다고 본다. 이렇게 제시한 은하2호 모델이 북한에서 개발한 실물 은하2호와 물리적으로 같다는 말은 아니다. 다만 겉모양과 치수(Dimension)가 거의 일치하고, 비행 특성이 거의 비슷한 '가상 은하2호'를 제안한다는 뜻으로 받아들이면 될 것이다. 가상 은하2호로 '가상 위성'을 발사하면 북한이 발사한 인공위성 광명성2호가 목표로 했던 궤도를 돌게 될 것이며, 연소종료한 가상 은하2호의 제1·2단은 실제 은하2호의 제1·2단이 낙하한 지점 근방에 낙하하게 될 것이다. 연소종료한 가상 은하2호와 실제 은하2호 각 단의 탄도계수(Ballistic Coefficient: β)는 별 차이가 없을 것이므로 각 단의 연소종료속도만 같으면 가상 은하2호와 실제 은하2호의 각 단은 같은 곳에 떨어질 것이다.[325] 가상 은하2호와 실제 은하2호에서 각 단의 연소종료속도가 같다는 의미는 가상과 실제 은하2호에서 연소 전후 각 단의 중량비가 같다는 뜻이다. 따라서 우리는 가상 은하2호와 실제 은하2호는 겉모양과 치수만 거의 같을 뿐 아니라 가상과 실제 각 단의 연료 대 구조물 무게의 비율도 거의 같도록 가상 은하2호의 제원을 구할 수 있다는 기대를 할 수 있다.

---

[325] 겉모양과 치수, 무게가 비슷하도록 정했기 때문에 공기저항계수 C_D도 비슷할 것이고 단면적도 비슷할 것으로 추정되므로 $\beta = W/C_D A$로 정의되는 탄도계수 β도 거의 같을 것이다. 여기서 W와 A는 연소종료한 각 단의 무게와 단면적이다.

북한이 공표한 은하2호의 자료

은하2호와 관련해 북한이 발표한 자료는 세 가지로 분류할 수 있다. 하나는 은하2호를 발사하기 위해 국제민간항공기구(ICAO)와 국제해사기구(IMO)에 통보한 '낙하물 위험 지역' 자료이고, 또 하나는 발사 후 방송과 언론을 통해 발표한 '광명성2호의 위성 궤도'와 '은하2호의 처음 20초간 동영상' 자료다.

2009년 2월 24일 북한의 조선중앙통신은 광명성2호라는 시험용 통신위성을 은하2호라는 발사체를 이용해 발사할 준비를 하고 있다고 밝혔다. 이어서 3월 12일 북한은 광명성2호를 발사할 때 수반하는 낙하물 위험 해역을 ICAO와 IMO에 통보했는데,[326] 위성 발사는 4월 4일과 8일 사이에 있을 예정이며 발사 가능 시간대(Launch Window)는 매일 오후 2시에서 7시 사이라고 밝혔다.

북한이 공표한 위험 해역은 은하2호를 분석하는 데 꼭 필요한 세 가지 중요한 데이터의 범위를 제공했다. 첫 번째는 은하2호의 발사 방위각이 정동쪽이라는 것이고, 나머지 두 가지는 은하2호의 제1단과 제2단의 연소종료속도의 범위를 낙하 지역 데이터를 통해 예측할 수 있다는 사실이다. 인공위성을 정동쪽으로 발사하면 마지막 로켓의 연소종료속도에 발사장이 지구 자전에 의해 도는 속도만큼 득을 보게 된다. 북한의 동해 우주 발사장의 위도가 40.6도이므로 지구 자전에 의해 얻는 속도의 득은 0.352km/s이며, 위성 궤도의 경사각(Inclination)은 40.6도로 고정된다.

---

[326] ICAO Officially Advised of DPRK Plans for Rocket Launch,
http://legacy.icao.int/icao/en/nr/2009/pio200902_e.pdf.

　　북한은 2009년 4월 5일 현지 시각으로 오전 11시 20분(GMT는 오전 2시 20분)에 화대군에 있는 위성 발사장에서 은하2호를 발사하였고, 오전 11시 29분 2초에 위성이 궤도에 성공적으로 진입했다고 발표했다. 북한은 광명성2호의 위성 궤도를 '경사각 40.6도', '근지점 490km', '원지점 1426km'이며 주기는 104분 12초라고 발표하였다. 그러나 이러한 궤도에서 470MHz로 노래를 방송하는 위성은 발견되지 않았다. 이날 발사한 은하2호가 위장된 탄도탄시험이 아니라는 가정을 전제로 제1·2단은 예정대로 작동했지만, 제2단이 분리된 후 제3단 점화에 실패한 것으로 추정할 수 있다. 미국과 일본의 관측에 따르면 제1단 엔진이 연소종료한 후 성공적으로 분리되어 무수단리 발사장에서 540km 떨어진 대화퇴 북단에 떨어졌고, 제2단의 연소도 성공적으로 완료되었으나 제2단이 3단으로부터 분리되지 못하고 발사장에서 3846km 떨어진 태평양에 추락한 것으로 판단한다.

　　비록 위성 발사에는 실패했다고 해도 북한이 발표한 광명성2호 위성의 궤도 파라미터는 은하2호의 성능 분석에 중요한 역할을 한다. 은하2호의 제3단이 완벽하게 작동했다면 위성이 진입했을 궤도이므로 은하2호의 설계 성능을 예측하는 데 꼭 필요한 데이터다. 이것으로부터 제3단이 연소종료될 때 고도가 490km이고 실제 속도가 지표면에 평행한 방향으로 7.862km/s가 되면 위성은 근지점 490km, 원지점 1426km가 되는 궤도에 진입한다는 것을 알 수 있다.[327] 즉 7.862km/s가 북한이 기대했던 궤도로 진입시키는 데 필요한 근지점에서 속도, 즉

---

[327] $v_i = \sqrt{2\mu\left(\dfrac{1}{r_p} - \dfrac{1}{r_p+r_a}\right)}$, 여기서 $\mu = 398600.4419\,m^3/s^2$, r_p와 r_a는 지구 중심에서 근지점과 원지점까지를 m로 표시한 거리다. $r_p = 6861000m$이고 $r_a = 7800000m$이다.

궤도 진입 속도가 되는 것이다.

북한은 은하2호가 이륙하여 '20여 초간 비행하는 모습'을 방송하였다. 이 동영상을 통해 여러 가지 궁금증을 풀어주는 데이터를 얻을 수 있다. 은하2호 각 단의 길이와 직경 등을 추정할 수 있고, 처음 몇 초간 은하2호의 운동을 분석함으로써 은하2호의 초기 가속도를 얻을 수 있었다. 포스톨은 은하2호가 이륙한 후 5초간의 운동을 분석하여 은하2호의 초기 가속도가 0.345G라고 계산하였다.[328]

〈그림 5-1〉은 포스톨이 추정한 은하2호의 초기 상승 고도와 시간 관계식을 나타낸 것이다. 이 곡선으로부터 은하2호의 초기 가속도는 0.345G로 계산된다. 은하2호가 1G의 가속도로 지구 중심으로 끌리는 상황에서 위로 0.345G로 가속된다는 것은 은하2호의 전체 질량(이륙 질량)이 제1단 엔진의 추력에 의해 1.345G로 가속되고 있다는 것을 뜻한다. 제1단 엔진의 추력을 알면 이것을 1.345G로 나눔으로써 은하2호의 이륙 질량이라고 부르는 이륙 당시의 총질량을 구할 수 있다. 발사대 높이의 정확한 치수도 모르는 상황에서 동영상을 보고 분석한 시간 대 상승한 높이의 데이터에 어느 정도 오차가 있을 수 있다. 이러한 오차는 계산한 가속도를 통해 은하2호의 이륙 중량의 불확실성으로 이어질 것이지만, 지금으로서는 포스톨의 데이터가 유일한 가속도에 대한 정보다.

북한은 노동 미사일을 베이스 로켓으로 개발했을 것이기 때문에 장거리 로켓에는 당연히 노동 엔진 클러스터를 제1단 엔진으로 사용할

---

[328] Theodore Postol, "Technical Addendum on Iran's Ballistic Missile Program", pp.53~55, http://docs.ewi.info/JTA_TA_Program.pdf; 1G는 지면에서 평균적인 중력 가속도 9.8066m/s²을 표시한다.

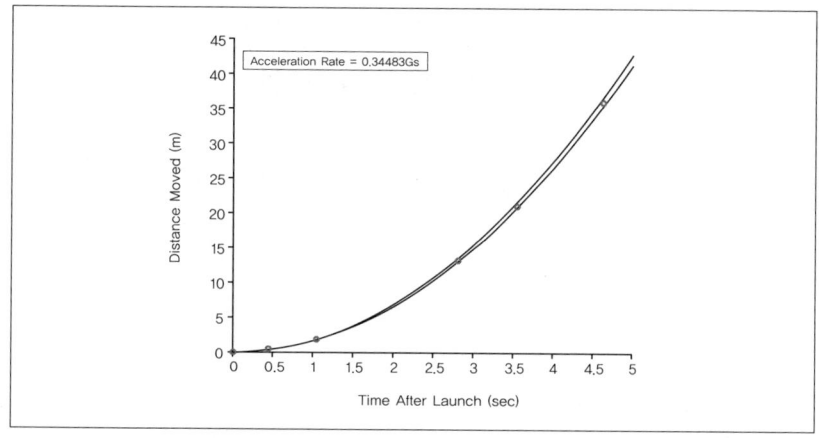

그림 5-1_ 포스톨이 동영상을 통해 계산한 것으로 은하2호가 상승한 거리(m) 대 시간(초)을 나타내는 그래프. 은하2호의 초기 가속도는 0.34483G로 계산된다.[329]

것이고, 고공에 적합하도록 개조한 노동 엔진을 제2단 엔진으로 사용할 것이라고 예측해왔다. 이러한 예측은 이란 정부가 공개한 위성 발사체 '시모르그(Simorgh)'의 엔진과 북한이 공개한 은하2호의 이륙 장면 동영상에 의해 확인됐다고 볼 수 있다.

---

[329] Theodore Postol, "Technical Addendum on Iran's Ballistic Missile Program", p.55.

3
가상 은하2호의 구성

　이란은 2010년 2월 1일 인공위성과 함께 자국의 새로운 우주 발사체 '시모르그'의 엔진을 공개하였다.

　〈사진 5-1〉의 시모르그 엔진은 각각의 터보펌프와 터빈가스 배출구를 가진 4기의 노동 엔진으로 구성된 클러스터 엔진이었다. 로켓 분석가들에게는 다행스럽게도 추력을 로켓 기체로 전달해주는 구조물인 '스러스트 프레임(Thrust Frame)'을 부착한 채 전시되었다. 이로써 스러스트 프레임의 직경이 2.4m인 것을 추론해낼 수 있었다.[330] 스러스트 프레임의 직경은 대략 제1단 로켓의 직경과 같다. 이란은 전시한 시모르그 로켓이 100kg의 위성을 500km 궤도에 올릴 수 있으며 이륙 중량은 85t이라고 발표하였다. 지금까지 북한이 이란에 기술 수출한 노동이

330　Norbert Brügge.: 스러스트 프레임의 직경이란 프레임이 힘을 전달하는 '견고점(Hard Point)'을 연결한 원의 직경을 말한다.

사진 5-1_ 노동 엔진 4기 클러스터로 구성된 시모르그 엔진 [331]

'샤합-3(Shahab-3)'에 배치되었고, 이란의 '사피르(Safir)' 위성 발사체와 북한의 대포동1호 제1단은 노동 엔진 1기였다는 사실을 보더라도 시모르그와 은하2호의 제1단 추진기관은 똑같이 4기의 노동 엔진으로 구성된 클러스터 엔진일 가능성이 매우 높고, 스러스트 프레임의 치수로부터 제1단 로켓의 직경은 2.4m일 것으로 추정할 수 있다. 이란이 전시한 시모르그 모형의 제1단 직경은 2m이고, 제2단의 직경은 1.25m였다. 이러한 데이터가 의미하는 것은 이란이 전시한 시모르그 모델(Mockup)은 실제 로켓의 1.2:1 축소 모델일 가능성이 크다는 것이다.

---

[331] Norbert Brügge,

http://www.b14643.de/Spacerockets_1/Diverse/Simorgh-IRILV/index.htm.

전시된 모형이 시모르그 또는 은하2호의 축소 모델이었다면 실제 로켓의 직경은 제1단이 2.4m, 제2단은 1.5m가 된다. 이란은 시모르그가 길이 27m, 중량 85t, 엔진은 추력을 32t까지 낼 수 있는 엔진 4기를 묶은 것이며, 추력 15t의 '컨트롤 엔진(Control Engine)'을 별도로 가지고 있다고 발표하였다.[332] 이러한 정보로부터 우리는 노동 엔진의 진공에서 추력이 32t이고, 시모르그 제2단 엔진의 진공에서 추력이 15t인 것을 추론할 수 있다. 해면 고도에서 추력은 이보다 대략 10~30% 정도 적은 것이 보통이다.[333] 따라서 노동 엔진의 해면 고도 추력이 진공에서의 추력보다 10% 정도 적다고 가정하면 제1단 엔진의 해면 고도 추력은 29t 내외가 되는 것을 알 수 있다. 시모르그 로켓의 실제 치수가 전시 모델보다 1.2배 크다고 보면 제2단의 직경은 1.5m가 된다. 1.5m는 R-27 또는 무수단의 직경과 일치한다. 북한이 베이스 로켓으로 개발한 노동 미사일을 개조하여 제2단으로 사용할 수도 있겠으나 노동 미사일의 직경은 1.32~1.35m로 1.5m보다 많이 작다. 따라서 노동은 제2단의 후보에서 제외할 수 있다.[334]

1992년 12월 20여 명의 마케예프 설계국 기술자들이 셰레메티예보-2 공항에서 러시아 보안 당국에 의해 북한행을 저지당했을 때 엔지니어 한 명이 "……상업용 위성을 궤도에 올릴 작은 운반체를 개발한다는 이야기가 오갔다"라고 전했다. 마케예프 설계국 기술자들은 '지브'

[332] Norbert Brügge,
http://www.b14643.de/Spacerockets_1/Diverse/Simorgh-IRILV/index.htm.
[333] 진공에서 추력과, 해면 고도에서 추력의 차이는 노즐 단면의 면적에 배기가스 압력과 대기압 차이를 곱한 것과 같다.; George Sutton and Oscar Biblarz, "Rocket Propusion Elements" (John Wiley & Sons, INC., New York, 2001) p.33, p.272.
[334] Nodong, http://www.fas.org/nuke/guide/dprk/missile/nd-1.htm.

라는 암호명을 가진 로켓 개발에 관련되었던 것으로 전해진다.[335] 이때부터 북한이 R-27을 '지브'라는 암호명을 가진 우주 발사체로 개조하려 했다면, 그것은 발사체의 부스터가 아닌 제2단을 염두에 두었을 것으로 판단할 수 있다. 물론 개조된 R-27은 그 자체로 훌륭한 IRBM이될 것은 말할 필요도 없다. R-27을 개조해 만든 로켓을 우리는 무수단, 노동-B, 미림 또는 지브 등 다양한 이름으로 부르고 있다. 이러한 배경을 이해하고 본다면 은하2호의 제2단은 〈사진 2-5〉에서 보는 것과 같은 직경이 1.5m, 길이가 ~12m 정도이고 R-27의 탄두부를 가진 지브일 것으로 추정할 수 있다.

 북한이 낙하물 위험 지역 두 곳을 지정한 것의 의미는 은하2호가 3단 로켓이라는 뜻이다. 제1단과 제2단은 연소가 종료하는 대로 낙하하지만, 제3단은 인공위성과 함께 궤도로 들어가기 때문이다. 물론 페이로드를 감싸고 있는 페어링은 제2단 엔진이 연소종료하기 전에 분리되어 낙하하지만, 큰 위험 부담이 없기 때문에 별도의 위험 영역은 지정하지 않았을 것으로 생각한다. 제3단 로켓의 후보로는 이란이 사피르 제2단으로 사용한 R-27의 '버니어 엔진(Vernier Engine)' 2기만을 사용한 저추력 엔진과 북한이 이미 기술을 보유한 KN02의 고체로켓 모터, 혹은 중국이 외국에 수출하고 있는 FG-28M2를 꼽을 수 있다. 고체로켓을 제3단으로 사용할 경우 제2단의 연소가 종료되고 나서 충분한 고도에 도달할 때까지 '코스팅(Coasting)'을 해야 하지만, 궤도 진입용 '킥모터(Kick Motor)'를 작동하기 전에 올바른 궤도에 진입할 수 있는 자세제어가 필수적이다. 무수단을 제2단으로 사용한다면 별문제가

---

[335] North Korea Missile Chronolog, p.253.
http://www.nti.org/media/pdfs/north_korea_missile_2.pdf?_=1327534760.

되지는 않는다. 주 엔진이 멈춘 후에도 버니어 엔진을 사용해 자세제 어를 할 수 있기 때문이다. 그러나 제3단을 장시간 작동할 수 있는 액 체 엔진을 사용한다면 코스팅 없이 동력비행만을 사용해 궤도에 진입 할 수 있다.

제1단과 제2단 엔진은 연소되는 시간이 130초 내외로 예측되고, 후보로 거론되는 것과 같은 소형 고체로켓의 연소시간은 더욱 짧아 20초 전후 이상 작동할 수 없다. 고체로켓의 역할은 고도를 높이는 데 있는 것이 아니고 예상하는 위성 궤도의 근지점(Perigee)에서 짧은 시간 작동하여 궤도 진입에 필요한 속도로 가속시키는 '페리지 킥모터(Pe-rigee Kick Motor)' 다. 은하2호의 제2단이 연소종료할 것으로 추정되는 고도 ~300km는 페리지 킥모터를 동작시키기에는 고도가 너무 낮아 북한이 발표한 궤도의 근지점 490km, 원지점(Apogee) 1426km에 진입 시킬 수가 없다. 물론 이 문제는 제2단 로켓이 연소종료한 후 장시간 무동력비행을 하게 함으로써 해결할 수 있다. 제2단이 연소종료한 후 수분간 무동력비행을 하는 경우 궤도 계산을 위한 프로그램을 사용하 지 않고서는 비행 궤도 분석이 어려워진다. 그러나 필자의 의도는 궤도 계산 프로그램이 없어도 비교적 간단한 방법으로 위성 발사체나 탄도 탄의 개략적인 궤도 특성을 분석할 수 있다는 것을 보여주는 데 있다. 포스톨과 마찬가지로 은하2호의 제3단은 R-27에서 주 엔진을 제거하 고 2개의 저추력 보조 엔진만 사용해 장시간 작동하는 액체 엔진을 은 하2호의 제3단 모델로 선택하겠다.

따라서 우리는 무수단의 버니어 엔진으로 추진되는 제3단은 추진 제를 3t 전후 탑재하며 모터 케이스, 구조 보강재, 노즐 등의 질량과 페 이로드의 합을 M_{s3}라고 하겠다. 연소 후 질량은 M_{s3} + '잔여 추진제' 가 되며 연소 전 질량은 M_{s3} + 추진제 질량(M_{p3})이 된다. 요즘의 로켓 기술로는 잔여 연료를 1~2% 이하로 줄일 수 있기 때문에 우리는 그냥 무시하고 잔여 연료는 M_{s3}에 포함되는 것으로 취급하겠다. 마찬가지 논리로 제1단과 제2단에서도 연소종료 후 잔여 연료는 비활성 구조물 질량 Ms에 포함시켜 생각하겠다. M_{s3}는 제3단에 부착되는 페어링을 제외한 모든 구조물과 엔진은 물론 페이로드 질량도 포함한 질량이다.

진공에서 비추력과 추력은 R-27K 엔진과 같지만, 추진제 중량(M_{p2})과 비활성 중량(M_{s2})은 미리 정해지지 않은 완전히 새로운 로켓을 제2단 로켓으로 선택하겠다. M_{s2}는 제2단의 케이스, 구조 보강재, 엔진, 노즐, 펌프 등 추진제를 제외한 모든 비활성 물질의 총질량으로 정의한다.

마지막으로 은하2호의 제1단 엔진은 해면 고도에서 추력 29t과 비추력 247초를 가진 엔진 4기로 구성된 클러스터 엔진으로 추진하는 새로운 로켓으로 가정한다. 마찬가지로 제1단의 추진제 질량 M_{p1}과 비활성 부품 및 구조물의 질량 M_{s1}은 제1단 엔진과 제1·2단 연결부와 관련해 연료를 제외한 모든 부품과 구조물의 무게를 M_{s1}라고 하겠다. 물론 가상 은하2호의 제1단 엔진 추력과 비추력을 이렇게 잡은 이유는 은하2호의 제1단 엔진이 〈사진 5-1〉에서 보는 4기의 노동 엔진일 것이라는 믿음이 있기 때문이다.

이상에서 열거한 은하2호의 개략적인 구성을 〈표 5-2〉에 요약하였다. 최근에 필자는 은하2호의 제1단이 DF-3A에서 사용하는 YF-2A 엔진 4기의 클러스터로 구성되었다는 가정 하에 은하2호를 분석한 바 있다.[336] 이때는 제1단 엔진 추력과 비추력으로 112t과 242초를 택하고 DF-3A 기체를 보강하여 사용하는 것으로 가정하였다.

---

[336] 정규수, 「대포동2호 이야기」(《과학과 기술》, 2011. 10.~2012. 2).

표 5-2_ 은하2호의 비행 특성을 재현하는 가상 은하2호의 구성

		만재 중량 (t)	연소 후 중량 (t)	추력 (t)	비추력(Isp) (초)
제1단	4×노동 엔진	$M_{p1}+M_{s1}$	M_{s1}	116.00	247(해면)
제2단	1×R-27K 엔진	$M_{p2}+M_{s2}$	M_{s2}	29.10	291(진공)
제3단	2×무수단 버니어 엔진	$M_{p3}+M_{s3}$	M_{s3}	2.74	255(진공)
은하2호 이륙 중량		Mt	Mt = $M_{p1}+M_{p2}+M_{p3}+M_{s1}+M_{s2}+M_{s3}$		

이상에서 가정한 특성을 가진 3단 로켓을 앞으로 '가상 은하2호'라고 부르겠다. 〈표 5-2〉에서 M_{p1}, M_{s1}, M_{p2}, M_{s2}, M_{p3}, M_{s3}는 아직 정해지지 않은 미지의 질량들이지만, 우리는 북한이 발표한 자료를 사용해 이들 질량을 결정하려 한다. M_{p1}와 M_{p2}, M_{p3}에서 Mp는 '가용 추진제'의 질량을 나타내고 뒤에 붙은 숫자는 각 단을 나타내는 번호다. 여기서 가용 추진제란 각 단의 로켓이 연소종료할 때까지 사용된 추진제의 양을 말한다. 통상적으로 탑재한 모든 추진제가 다 연소되는 것은 아니다. 일부는 탱크 벽면을 적시는 데 낭비되고, 일부는 펌프가 다 빨아들이지 못해 탱크에 남아있기도 하고, 일부는 펌프와 파이프에 남아 있다. 각 단마다 이렇게 사용되지 못하고 남는 추진제는 추진제로 취급하지 않고 마치 비활성 물질의 질량처럼 Ms에 포함시키겠다.

M_{s1}은 제1단의 엔진, 기체, 파이프, 컨트롤 메커니즘, 스러스트 프레임, 제2단과의 연결부 등 제1단의 총질량에서 M_{p1}을 뺀 모든 비활성 구성품의 질량을 포함한다. M_{s2}와 M_{s3}는 M_{s1}과 마찬가지로 제2·3단의 모든 비활성 물질의 질량과 비가용 추진제의 질량을 포함한다. M_{s2}는 제2단과 제3단의 연결부 질량과 제2단이 작동 중에 떨어져 나갈 페이로드 덮개인 '페어링(Fairing)'의 질량도 포함하고 있다. 편의상 페어링은 제2단이 연소종료한 후 제2단과 함께 분리된다고 가정하겠다. 특히

M_{s3}는 제3단의 비활성 부품과 구조물의 질량뿐만 아니라 탑재할 페이로드(위성)와 페이로드를 탈착하는 데 필요한 구조물과 부품의 질량을 포함하고 있다. 제3단의 연소가 종료되면 인공위성은 물론 위성과 관련된 부품들과 함께 제3단의 엔진, 기체, 남은 추진제도 모두 궤도에 진입하기 때문에 제1단과 제2단의 낙하지점이나 위성 궤도와 같은 궤도 정보로는 제3단의 연소종료 후 질량과 페이로드 질량을 정할 수 없다. 〈표 5-2〉에서 보듯이 알려진 궤도 정보와 동영상 정보만을 가지고 결정해야 할 미지수는 여섯 개다. 각 단의 가용 추진제 질량 3개와 비활성 물질 질량 3개 등 도합 6개의 미지수가 있는데, 이들을 제한하는 조건은 5개뿐이다. 5개의 제한 조건이란 제1단, 제2단이 낙하하는 위치 정보, 위성궤도 파라미터가 주는 조건, 은하2호의 초기 가속도와 북한이 발표한 총 동력 비행시간을 말한다.

4
가상 은하2호의 역설계

〈표 5-2〉의 M_{p1}, M_{p2}, M_{p3}, M_{s1}, M_{s2}, M_{s3} 등은 아직 모르는 양이고, 이들 6개의 미지수를 정하는 것은 은하 2호의 비행 데이터를 이용해 가상 은하2호를 역설계하는 것과 같다. 6개의 미지수를 정하기 위해 우리가 쓸 수 있는 조건은 연소종료한 제1단의 낙하지점 540km, 제2단의 실제 낙하지점 3846km,[337] 궤도 진입 속도 7.87km/s, 이륙 초기 가속도 0.345G 및 동력비행시간 $t_B = 543$초 등 5개다. 이것이 수학 문제라면 우리는 6개의 미지수를 5개의 조건으로 유일하게 결정할 수는 없다. 그중 하나는 임의 값을 가질 수 있기 때문이다. 따라서 얼핏 보면 해답이 없는 문제처럼 보인다. 하물며 로켓의 설계 데이터를 비행 데이터 몇 개로 구하고자 시도하는 것 자체가 무모해 보인다. 설사 우리가

---

[337] "North Korean Rocket Flew Further Than Earlier Thought", http://spaceflightnow.com/news/n0904/10northkorea/.

한 개의 조건을 더 구해서 6개의 미지수에 6개의 조건이 있다고 해도 유일한 답은 기대하기 힘들다. 답을 구했다고 쳐도 구한 값의 일부가 음의 숫자가 나와도 안 되며 지나치게 작아도 안 된다. 모든 질량이 상식적으로 이해할 수 있는 합리적인 수치가 나올 때에만 구한 답을 신뢰할 수 있게 된다. 그러나 문제를 잘 살펴보면 의외로 문제가 쉽게 풀릴 수 있음을 알 수 있다. 우리가 사용하려는 데이터 중 가속도 데이터는 총질량을 결정하는 데 쓰이고, 나머지 3개의 조건은 모두 치올콥스키 로켓 방정식으로 정해지는 각 단의 속도 증분 δv에 대한 조건으로 변환할 수 있다. 우리는 로켓 방정식을 중력도 없고 공기도 없는 우주 공간에서 풀어 얻는 값을 $\varDelta v$로 표시하고 실제로 지구 중력과 대기 조건 하에서 소요되는 속도 증분은 δv로 표시하겠다. δv는 $\varDelta v$보다 중력에 의한 손실과 공기저항에 의한 손실만큼 더 크므로 로켓은 같은 연소종료 속도를 얻기 위해서는 우주 공간에서보다 더 높은 속도 증분을 낼 수 있어야 한다. 미지의 질량들을 어떻게 구하는지 좀 더 자세히 알고 싶은 독자는 부록 B를 참조하기 바란다. 부록 B는 5개의 조건으로 어떻게 6개의 미지수에 대한 유일한 해답을 얻을 수 있는지를 설명하고 있지만, 수식이 귀찮은 독자는 본문의 숫자를 믿고 보아주기 바란다.

　우리는 정밀한 수치 계산을 통해 가상 은하2호를 역설계하는 대신 가장 기본적인 '치올콥스키 로켓 방정식(Tsiolkovskii Rocket Equation)'[338]과 탄도비행을 하는 물체의 최대사거리(Maximum Range) 공식[339] 등을 이용한 약식 계산으로 가상 은하2호의 제원을 개략적으로 정하고자 한

---

[338] Tsiolkovsky Rocket Equation,
http://en.wikipedia.org/wiki/Tsiolkovsky_rocket_equation.
[339] Paul Zarchan, "Tactical and Strategic Missile Guidance", 4th Edition, (AIAA, Inc., 1801 Alexander Bell Drive, Reston, Virginia, 2002) pp.263~265; 부록 A에 있는 사거리 공식 참조.

다. 그러나 약식 계산을 하기 위해서는 몇 가지 추가 정보가 필요하다. 필요한 추가 정보 중 하나는 동력비행 궤도에 대한 개략적인 정보다. 제1단 엔진이 연소종료될 때 로켓은 대략 50~60km 고도에 이르고, 진행 방향으로도 발사지점에서 50여 km 떨어진 곳에 와 있다고 가정하자. 발사지점에서 보면 제1단의 충돌지점까지 거리는 540km이지만, 연소종료지점에서 보면 충돌지점까지 지표면을 따라 잰 거리는 490km에 해당한다.

같은 맥락에서 제2단의 연소종료 위치는 진행 방향으로 수평 거리 300km, 고도 300km 지점으로 가정하겠다. 따라서 제2단은 연소종료지점에서 진행 방향으로 3545km를 더 비행하고 바다에 충돌했다는 뜻이 된다. 연소종료한 제1단이 연소종료지점으로부터 490km 떨어진 곳에 낙하했다는 조건은 제1단 모터의 실제 속도 v_{1bo}가 2.03km/s 전후가 되어야 함을 의미하고, 제2단 모터의 낙하지점이 연소종료지점에서 수평 거리 3546km라는 것은 제2단의 연소종료시점의 실제 속도 v_{2bo}가 4.87km/s 전후였다는 것을 뜻한다. 이외에도 동력비행 중에 중력으로 인한 속도 손실과 공기 마찰로 인한 속도 손실의 합 v_{ag}에 대한 개략적인 값이 필요하다.

충돌지점까지의 거리 데이터와 궤도 진입 속도로부터 역산해서 얻은 각 단의 연소종료속도 그리고 이륙 중량 및 미지 중량 사이의 관계를 〈표 5-3〉에 정리하였다.

표 5-3_ 가상 은하2호가 만족해야 할 성능 특성

연소종료속도 (km/s)									이륙 중량 Mt (t)
제1단			제2단			제3단			
v_{1bo}	δv_1	v_{1ag}	v_{2bo}	δv_2	v_{2ag}	v_{3bo}	δv_3	v_{3ag}	
2.03	3.03	1.10	4.87	3.44	0.60	7.87	2.75	0.10	86.25

〈표 5-3〉에서 제1단이 내야 하는 실제 연소종료속도는 로켓 방정식이 예측하는 연소종료속도 δv_1에서 공기저항과 중력에 의해 감속된 양 v_{1ag}를 제한 $v_{1bo} = \delta v_1 - v_{1ag}$가 되고, 제2단의 실제 연소종료속도 v_{2bo}는 제1단의 실제 연소종료속도 v_{1bo}에 제2단의 속도 증분 δv_2를 더하고 2단이 가속되는 동안 공기 마찰과 중력에 의한 감속 v_{2ag}를 뺀 $v_{2bo} = v_{1bo} + \delta v_2 - v_{2ag}$가 된다.

마지막 단인 제3단의 실제 연소종료속도 v_{3bo}는 제2단의 연소종료속도에 제3단 엔진의 속도 증분 δv_3를 더하고 공기저항과 중력 손실분 v_{3ag}를 뺀 뒤 지구 자전으로 인한 속도 이득 0.352km/s를 더한 $v_{3bo} = v_{2bo} + \delta v_3 - v_{3ag} + 0.352$km/s가 된다.

정확한 계산에서는 지구 중력과 고도에 따른 공기 밀도의 변화, 가상 은하2호의 공기저항 계수와 동력비행 궤적 등을 고려해야 하지만 우리가 염두에 두고 있는 약식 계산에서는 이 효과들을 뭉뚱그려 얻은 개략적인 수치를 사용하였다. 우리가 각 단의 실제적인 연소종료속도를 계산할 때 사용한 중력 및 공기저항으로 인한 감속 v_{ag}값을 〈표 5-3〉에 제시하였다.[340] 제3단 엔진은 아주 긴 시간 동안 작동해야 하므로 초고공임에도 중력 손실분을 0이 아닌 0.1km/s 정도로 추정했다.

한편 포스톨은 뒤의 〈그림 5-3〉과 같이 은하2호 발사 동영상을 분석하여 은하2호의 초기 가속도가 0.345G인 것을 계산해냈다.[341] 따라서 은하2호의 추력은 발사 중량의 1.345배가 된다는 것을 알 수 있다.

---

[340] Steve Fetter, "A Ballistic Missile Primer"의 Table3 참조.
http://www.armscontrol.ru/course/articles/primer.pdf.
[341] Postol, A Technical Assessment of Iran's Ballistic Missile Program,
http://docs.ewi.info/JTA_TA_Program.pdf, pp.53~55; 여기서 G는 중력 가속도 9.8m/s²을 의미한다.

이로써 은하2호의 초기 가속도와 4기의 노동 엔진으로 구성된 제1단의 추력 116t으로부터 은하2호의 이륙 중량이 86.25t이라는 것을 알 수 있다.[342]

부록 B의 공식 (B-4) 및 (B-5)와 〈표 5-3〉의 데이터를 사용하여 주어진 조건들을 만족하는 가상 은하2호의 6개의 질량과 엔진 작동시간을 구했다. 이렇게 구한 각 단의 질량과 연소시간을 〈표 5-4〉에 정리하였다. 여기서 흥미로운 사실은 제1단에서 필요로 하는 추진제 양 M_{p1}은 제1단 엔진의 추력 116t과 가속도 1.345G에 의해 유일하게 결정된다는 것이다.

표 5-4_ 연소종료 후 제1단은 540km 지점에, 제2단은 3846km 지점에 낙하하고, 위성을 근지점 490km, 원지점 1426km가 되는 타원 궤도에 진입시킬 수 있는 가상 은하2호의 구성과 성능 특성.

	질량 (t)	공질량 (t)	추진제 (t)	추력 (t)	비추력 (초)	연소시간 (초)
1단	67.35	4.79	62.55	116.00	243.0(해면)	133.21
2단	14.44	1.23	13.24	29.10	291.0(진공)	132.39
3단	4.46	1.48	2.95	2.72	255.0(진공)	277.40
탑재물(Mtw)	1.48	궤도 진입 질량: 위성+위성 장착대+위성 분리장치+연결부+3단 로켓 구조물				
보호 덮개(Msh)	–	M_{s2}에 포함: 2단 연소종료 시 분리 가정 (실제로는 2단 엔진의 작동 중에 분리될 것으로 예상)				
이륙 질량(Mt)	86.25	1단+2단+3단+탑재물+보호 덮개				

우리는 가상 은하2호를 구성할 때 노동, 무수단, 또는 어떤 특정한 기존 미사일의 케이스 무게나 추진제 무게 등에 대한 데이터를 전혀 가정하지 않았다. 다만, 북한이 제1단 엔진으로 사용했을 것으로 믿어지는 노동 미사일의 해면고도 추력과 비추력을 가상 은하2호 엔진의 추력과 비추력으로 가정하였다. 마찬가지로 제2단과 제3단의 추력과 비

---

[342] DF-3A의 추력 116t을 초기 가속도 1.345G로 나누면 은하2호의 중량은 86.25t이 된다.

추력은 진공 중의 R-27K의 주 엔진 및 보조 엔진의 진공 중에서 추력
과 비추력을 가정하였다.

〈표 5-4〉로 요약되는 가상 은하2호가 북한에서 개발한 은하2호와
얼마나 비슷한지는 알 수 없지만, 적어도 가상 은하2호를 이용하면 무
게가 M_{s3}인 탑재물과 연소가 끝난 3단 로켓을 근지점 490km, 원지점
1426km인 타원 궤도에 진입시킬 수 있고, 연소종료한 후 분리된 제1단
은 발사대에서 540km 전후, 제2단은 3850km 전후인 지점에 낙하하여
실제 은하2호의 비행 데이터를 개략적으로 재현할 수 있고 은하2호의
동력비행시간은 543초가 된다고 본다. 궤도에 진입하는 총질량 중 얼마
가 위성 무게인지는 제3단 로켓의 공중량을 추정할 수 있는 별도의 정
보가 필요하다. 포스톨은 「A Technical Assessment of Iran's Ballistic
Missile Program」에서 R-27의 버니어 엔진을 사용하는 제3단의 연소종
료 후 질량을 0.47t 정도로 보았다.[343] 그러나 포스톨이 사용한 제3단은
1t을 상회하는 탑재물을 싣기 위해서는 더 보강되어야 할 것으로 짐작한
다. 따라서 위성 장착대, 위성 분리장치, 기타 탑재물과 연관된 구조물
과 제3단 보강재의 무게를 0.5t 정도로 잡으면 위성의 무게는 500kg 전
후가 될 것으로 추정한다.

각 단의 연소시간은 제1단이 133.21초, 제2단이 132.40초, 제3단
이 277.40초로 계산되어 북한이 발표한 543초의 동력비행시간과 맞도
록 제2단의 비행시간을 조절하였다. 연소시간은 추진제의 질량을 매초
소모되는 추진제 양으로 나누면 구할 수 있고, 초당 소모되는 추진제
중량은 추력 나누기 비추력으로 구할 수 있다.

---

[343] Theodore Postol, "Technical Addendum on Iran's Ballistic Missile Program", p.49.
http://docs.ewi.info/JTA_TA_Program.pdf.

우리가 결정한 $M_{p1}=62.56t$은 은하2호의 제1단이 사용하는 가용 추진제 질량이다. 통상적으로 액체 엔진인 경우 탑재한 추진제를 97% 에서 99.7%까지 연소시킬 수 있다.[344] 은하2호의 제1단 잔여 추진제 양을 1~1.5%(평균 1.25%) 사이로 잡으면 M_{s1}에 포함된 잔여 추진제 양이 약 0.78t이고, 은하2호의 M_{p1}은 63.3t이 되어 노동 엔진의 연료탱크를 확장해서 설계한 노동A1의 추진제 양으로 추정한 15.58t의 4배인 63.4t 과 아주 근접하다.[345] 엔진의 작동시간 한계를 생각해서 4기의 노동A1 의 엔진이 안전하게 소모할 수 있는 양의 추진제를 탑재한 것으로 추정 할 수 있는 근거다. "거위처럼 걷고, 거위처럼 생겼고, 거위같이 꽥꽥 거리면, 거위일 가능성이 높다"는 말이 있다. 이러한 정황으로 미루어 은하2호의 제1단은 노동A1엔진 4기와 4기 분량의 추진제를 탑재하는 것으로 잠정 추정한다. 제2단의 가용 추진제 양은 $M_{p2}=13.24t$으로 계 산되었지만, 잔여 추진제까지 합치면 제2단의 추진제는 13.4t 정도가 될 것으로 판단한다. 애초에 필자는 은하2호의 제2단은 무수단일 것으 로 예측했으나 이러한 예상은 빗나갔고, 결과는 무수단이 아닌 R-27의 연료량 12.2t에 가까운 것으로 나타났다. 제3단의 가용 추진제 양은 2.98t으로 결정되었지만 잔여량을 가정하면 3t이 좀 넘게 되어 포스톨 이 제시한 3.1t과 근접한 값을 보였다.

가상 은하2호의 역설계를 통해 우리는 은하2호의 제1단은 아마도 노동 엔진 4기로 구성된 클러스터 엔진을 장착하였고, 제2단은 탄두를 제거하고 고고도에 적합하게 노즐을 개조한 R-27 1기를 사용했다는 결 론을 내릴 수 있다. 제1단에 노동 엔진 4기와 추진제 63.3t을 탑재하고,

---

[344] Paul Zarchan, "Tactical and Strategic Missile Guidance", 4th Edition, (AIAA, Inc., 1801 Alexander Bell Drive, Reston, Virginia, 2002) p.212.
[345] Norbert Brügge, http://www.b14643.de/Spacerockets_1/Diverse/Nodong/index.htm.

제2단에 R-27을 사용한다면 비행시간이 165초에 끝나기 때문에 근지점 490km에 도달할 수가 없다. 따라서 277초 동안 지속적으로 저출력으로 작동하는 액체 엔진을 사용했다고 본다. 하지만 은하2호를 대포동2호로 전환할 경우 이러한 저출력 3단 엔진은 짐이 될 뿐이다.

2009년 4월 5일 북한이 발사한 은하2호의 비행 특성을 재현할 수 있는 가상 은하2호 모델의 성능을 바탕 삼아 은하2호의 탄도탄 버전인 대포동2호의 성능을 예측해보자.

5
ICBM 대포동2호

    그동안 대포동2호(TD-2: Taepodong-2)로 불리는 북한의 ICBM을 놓고 무성한 추측과 주장이 있었지만, 지금까지도 대포동2호의 성능은 물론 대포동2호가 2단 로켓인지 3단 로켓인지조차도 알 수가 없다. 그러나 2009년 4월 5일 은하2호 발사 후 은하2호의 몇 가지 핵심적인 비행 특성이 알려졌고, 이란의 사피르-2 발사체나 새로운 우주 발사체 시모르그의 사진을 통해 은하2호의 각 부분이 조금씩 윤곽을 드러내고 있다. 우리는 이러한 단편적인 데이터를 모아서 은하2호의 개략적인 설계 데이터와 성능을 재현해보았다. 지금부터는 북한이 발사한 은하2호가 대포동2호로 개발한 ICBM을 위성 발사체로 개조한 '전환 발사체(Converted Launch Vehicle)'였다는 가정 하에 가상 은하2호의 성능 특성으로부터 거꾸로 대포동2호의 구조와 페이로드 대 사거리 관계식을 구해보기로 한다.

    필자는 수치적으로 정확한 대포동2호의 성능을 계산하고자 하는 것이 아니다. 정확한 계산을 하고 싶어도 필요한 데이터가 없으니 할 수도 없지만, 정확한 계산을 한다고 해도 별 의미가 없다. 다만 2009년에 실시한 은하2호의 비행시험에서 밝혀진 일반적인 궤도 특성 등을 통해 대포동2호의 구조와 개략적인 성능을 예측할 수 있다는 것을 보여주고자 할 뿐이다.

대포동2호 탄도탄이 2단 로켓이냐, 아니면 3단 로켓이냐 하는 질문은 쉽게 대답하기 힘들다. 탄도탄 분석가들은 2단이냐 3단이냐에 답하는 대신 1000kg의 탄두를 탑재할 때 2단이면 사거리가 얼마이고, 3단이면 사거리가 얼마라는 식으로 추정해왔다. 필자는 가상 은하2호를 대포동2호 탄도탄으로 개조할 경우 3단 로켓이 아닌 2단 로켓이 될 수밖에 없다고 판단한다. 더 나아가 2단 로켓 대포동2호의 투사량 대 사거리 능력은 중국의 DF-4A(CSS-3)를 크게 상회할 것으로 추정한다. DF-4A의 탄두 중량은 2t이고 사거리는 5500~7000km로 추정하지만,[346] 탄두 무게를 500kg 정도로 대폭 줄이면 1만 km 이상의 사거리도 가능할 것으로 생각한다.

은하2호를 3단 로켓으로 추진되는 탄도탄으로 개조할 경우와 3단을 제거하고 2단 로켓 탄도탄으로 개조할 경우에 해당하는 두 가지 탄도탄을 생각해보자. 편의상 2단 로켓 대포동2호(TD-2)를 TD-22라고 하고 3단 로켓 대포동2호를 TD-23이라고 부르겠다. 은하2호를 탄도탄으로 개조할 때 우선 단일 탄두를 탑재할 것인가, 아니면 다탄두를 탑재할 것인가를 먼저 결정해야 하지만 가까운 시일 내에 북한이 다탄두 미사일을 개발할 것이라고는 생각하지 않기 때문에 TD-22나 TD-23

---

[346] DF-4 [The "Chingyu" Missile],
http://www.globalsecurity.org/wmd/world/china/df-4.htm.

는 모두 단일 탄두탄도탄이라고 가정하였다.

인공위성같이 예민하고 취약한 탑재물을 싣거나 또는 공기 마찰을 줄이기 위해서 위성 발사체나 다탄두탄도탄에는 페어링 또는 슈라우드라고 하는 유선형 보호 덮개를 로켓의 탄두부(Front End 또는 Warhead Section)에 부착해야 한다. 그러나 단일 탄두용 탄도탄은 보호 덮개를 사용하지 않고 원뿔형이나 트리콘형의 RV를 직접 탄두부에 부착할 수 있다. RV 자체가 재돌입 시의 충격과 열에 견디게 설계되었고, 모양도 공기저항을 적게 받는 형태이기 때문에 은하2호를 탄도탄으로 전환할 경우 은하2호에는 필수적이었던 보호 덮개는 더 이상 필요가 없다.

우리는 은하2호의 제1·제2·제3단을 모두 사용한 3단 로켓 TD-23와 제1·제2단만 사용한 2단 로켓 TD-22를 모두 생각해보겠다. 은하2호를 대포동2호로 전환하는 단계로 제3단의 구조물 중량 M_{s3}에서 약 0.48t을 제3단 로켓의 케이스와 로켓 모터 구조물의 무게로 취급하고, 제3단 위에 중량 W_{hd}의 RV를 케이스나 페어링 없이 장착하는 것으로 가정하겠다. 2단 대포동 ICBM은 은하2호에서 제3단 로켓을 제거하고 그 자리에 RV를 장착함으로써 ICBM으로 전환이 끝난다. 은하2호를 ICBM으로 전환할 때에는 M_{s2}에 포함된 페어링의 중량만큼 탄두를 더 무거운 것으로 싣거나 아니면 그만큼 무게를 줄일 수도 있다.

〈그림 5-2〉는 은하2호를 ICBM으로 전환한 대포동의 투사량에 따른 연소종료속도를 계산하여 그래프로 나타낸 것이다. 실선은 2단 대포동을, 점선은 3단 대포동을 나타내고 있다. 속도 7.8km/s를 기준으로 놓고 보면 2단 대포동과 3단 대포동의 투사량은 0.6t과 0.8t으로 차이가 좀 나지만, 투사량이 커질수록 그 차이는 점점 줄어들고 투사량이 2t을 넘으면 차이가 전혀 없다.

R-27의 탄두 무게가 0.65t임을 상기해보면 2단 대포동이 북한의

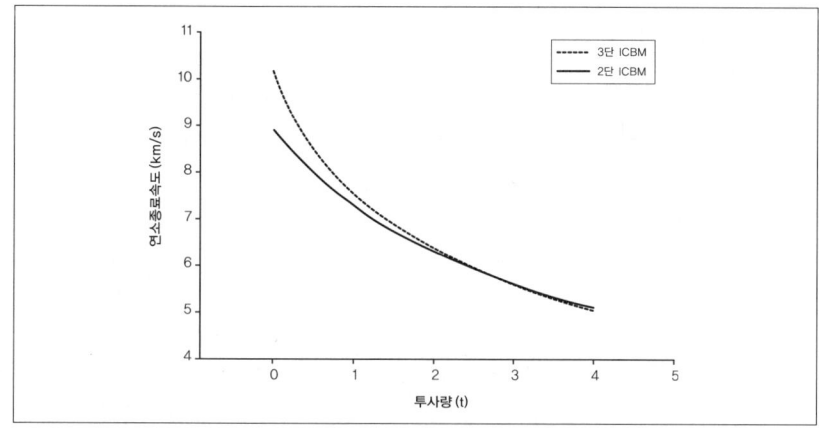

그림 5-2_ 은하2호를 ICBM으로 전환했을 경우 투사량 대 연소종료속도의 관계

요구를 다 충족할 수 있으므로 굳이 복잡하고 비싼 3단 대포동을 개발할 이유가 없다고 판단된다. 위성 발사에는 3단으로 된 은하2호가 필요하지만, 3단 로켓 대포동2호는 ICBM으로는 전혀 고려 대상이 아니라고 생각된다.

대포동 ICBM의 연소종료속도와 투사량의 관계는 〈그림 5-2〉에서 알 수 있다. 하지만 정작 우리가 알고 싶은 것은 대포동2호가 과연 얼마나 무거운 탄두를 싣고 어디까지 날아갈 수 있느냐 하는 것이다. 탄도탄의 사거리를 결정하는 중요한 요소는 탄도탄의 추진기관이 연소종료할 때 속도(속력, 각도)와 위치 (S_{bo}, h)다. 여기서 S_{bo}와 h는 발사대에서 각각 지표면을 따라 표적 방향으로 잰 거리와 고도를 의미한다. 통상적으로 1만 km 밖의 표적을 향해 최대사거리 궤도로 발사할 경우 액체로켓 탄도탄의 연소종료는 대략 240초 후에 일어나고, 위치는 대략 S_{bo}=540km, 고도는 h=180km이다. 고체로켓 ICBM인 경우 연소종료는 발사 후 170초 전후에 일어나고, 거리는 S_{bo}=500km 미만, 고도

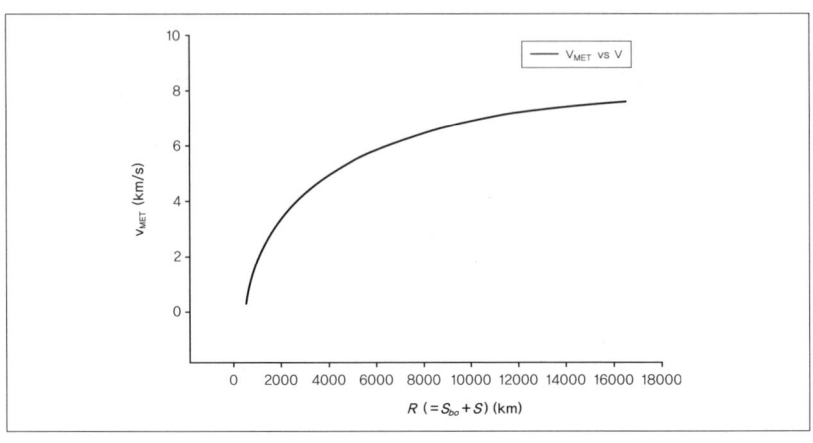

그림 5-3_ 대포동2호의 사거리 대 MET 속도의 관계 그래프(물리량의 정의는 부록 A의 그림 A-1 참조)

는 액체와 마찬가지로 $h=180$km 되는 지점에서 일어난다.[347] 위치 (S_{bo}, h)에서 연소종료한다는 가정 하에 탄도탄이 도달할 수 있는 최대 사거리와 연소종료속도의 함수를 그래프로 그리면 〈그림 5-3〉과 같다. R는 발사대에서 표적까지 지표면을 따라 잰 거리이고, S는 연소종료 한 위치에서 표적까지 지표면을 따라 잰 거리다. 속도를 정하면 그래프 에서 해당하는 최대사거리를 읽을 수 있다.

〈그림 5-3〉에서 궁금한 투사량에 대한 연소종료속도를 읽고 〈그림 5-3〉에서 이 속도에 해당하는 사거리를 읽으면 원하는 투사량에 대한 최대사거리를 얻을 수 있다. 〈그림 5-2〉에서 투사량 1t에 해당하는 2단 대포동의 속도는 7.25km/s 근방이고, 〈그림 5-3〉을 통해 이 속도는 사 거리 1만 2000km에 해당하는 것을 알 수 있다. 2단 대포동에 2t의 탄두

---

[347] D. K. Barton et al, Rev. Mod. Phys. 76, S1 (2004), pp.49~50.

표 5-5_ 평양에서 미국의 주요 도시까지 대원을 따라 잰 거리   (단위: km)

샌프란시스코	로스앤젤레스	시카고	뉴욕	워싱턴 D.C.	휴스턴	마이애미
9021	9569	10434	10952	11073	11284	12342

를 탑재할 경우에는 약 7000km를 사거리 안에 둘 수 있다. 사거리 1만 2000km에 해당하는 연소종료속도 7.25km는 특별한 의미를 지닌다.

북한은 2t 무게의 탄두를 탑재하고 7000km 이상을 비행할 수 있는 하나의 탄도탄을 개발하되, 별도의 개조 없이 탄두만 1.0t짜리로 교환할 경우 1만 2000km를 비행할 수 있기를 원할 것이다. TD-22는 확실히 이러한 조건을 만족한다.

TD-22를 선택할 것인가, TD-23를 선택할 것인가의 문제는 TD-2의 임무(Mission)와 경제성에 따라 달라진다. 2단 TD-2로 북한이 원하는 모든 표적을 커버할 수 있다면 굳이 3단 TD-2를 개발할 필요가 없을 것이다. 〈표 5-5〉는 평양에서 미국의 주요 도시까지 대원을 따라 잰 거리다. 북한이 워싱턴, 뉴욕, 로스앤젤레스, 샌프란시스코 등을 잠재적인 표적으로 삼는다면 최대사거리는 워싱턴까지의 거리로 1만 1100km가 된다. TD-22가 1.0t 무게의 탄두를 1만 2000km까지 운반할 수 있다면 마이애미를 제외한 모든 주요 도시를 사정권 안에 둘 수 있으므로 북한은 당연히 간편하고 경제적인 TD-22를 ICBM 모델로 택할 것이 확실하다.

북한이 필요로 하는 TD-2의 연소종료속도 상한인 7.2km/s는 TD-2가 만족해야 할 두 가지 조건 중의 하나다. 나머지 한 가지 조건은 투사량이다. 연소종료속도 상한과 투사량이 정해져야 TD-2의 목표 성능을 정할 수 있다. 투사량은 북한이 어떠한 탄두를 탑재하느냐, 또는 RV를 얼마나 가볍게 만들 수 있느냐에 따라 결정되는 양이다. 지금

표 5-6_ 가상 은하2호를 전환한 2단 가상 대포동2호의 제원

	이륙 중량 (t)	추력 (t)	비추력 (초)	연소시간 (초)
제1단	67.35	116.0	247.0	133
제2단	14.44	29.1	291.0	132
총 로켓 질량	82.27	페이로드 제외		
페이로드	1.0(혹은 2.0)	탄두/RV+탄두/RV의 장착 탈착 메커니즘		

까지 북한이 개발해온 무수단과 노동A1의 RV 모양으로 미루어 북한은 0.65t 무게의 R-27 탄두/RV 결합체를 중·장거리 탄도탄의 기본 탄두/RV 결합체로 생각하고 있는 듯하다. 따라서 북한의 ICBM TD-2에도 같은 탄두/RV 결합체를 사용할 것이라 가정할 수 있다. R-27에 탑재할 때에는 0.65t이었지만 ICBM에 탑재할 때에는 더 빠른 재돌입 속도에서 견디기 위해 RV의 질량이 증가할 것이나 ~1t을 넘지는 않을 것이다. 그러나 북한의 탄두 제조 능력이 구소련(러시아)에 못 미칠 것을 감안하면 적어도 얼마간은 1.0t 이상의 탑재 능력을 가정하는 것이 옳다고 생각한다.

이상에서 살펴보았듯이 대포동2호는 3단 로켓으로 만들 이유가 없다. 가벼운 인공위성을 발사하기 위해서는 3단 로켓이 필요한 것도 사실이지만, 탄도탄으로 적용하는 데에는 2단 로켓 TD-22의 활용 가치가 훨씬 더 크다고 판단한다. 북한이 대포동2호를 3단이 아닌 2단 로켓으로 설계했다는 가정 하에 지금까지 분석을 통해 유추해본 가상 대포동2호(가상 TD-22)의 개략적인 제원을 〈표 5-6〉에 제시했다.

지금까지의 분석으로 미루어 북한의 은하2호는 2단 탄도탄으로 운용할 경우 1t의 페이로드를 탑재하면 1만 2000km 이상의 사거리를 가질 것으로 추정한다. 0.8~1.0t의 페이로드는 노동A1과 무수단, TD-22가 같은 탄두를 공용으로 사용할 수 있다는 뜻도 된다. 단순히 페이로

드 대 사거리의 관계만 가지고 논한다면 북한은 R-27급 탄두로 세계 어느 곳이든 공격할 수 있는 ICBM급의 2단 로켓을 개발할 수 있는 것으로 판단할 수 있다. 더구나 2009년 4월 5일 발사한 은하2호의 비행시험은 실패했지만, 이것을 2단 TD-2의 비행시험으로 본다면 2단 TD-2는 비행시험에 완전한 성공을 거둔 것으로 볼 수 있다. 지금까지 우리는 대포동2호의 탄두 무게와 사거리의 관계만 고려하여 북한의 ICBM 능력 보유 여부를 판단해보았다. 하지만 이것만 가지고 북한이 현실적으로 ICBM 능력이 '있다, 없다'를 판단하는 것은 무리가 있다.

우리의 분석은 북한의 기술 능력이 은하2호나 2단 액체로켓 ICBM을 개발할 수 있다는 뜻이지, 가까운 시일 내에 여기에 탑재할 수 있는 R-27의 메가톤급 탄두를 개발할 수 있다거나 액체로켓 ICBM이 유용한 무기라는 뜻은 아니다. 오늘날처럼 탐지 능력이 발달한 세상에서 미사일의 반응시간이 길다면 전략무기로서의 가치는 매우 떨어진다. 2단 로켓인 TD-2는 은하2호의 비행시험을 통해 확인된 상태이기는 하나, 재돌입체 비행시험은 시도조차 한 적이 없다. 하지만 지금까지 북한의 미사일 개발 추세로 보아 개발 계획이 저지당하지 않는 한 머지않아 북한은 명목상으로나마 SRBM, MRBM, IRBM, ICBM의 개발 능력을 모두 갖추게 될 것이 확실하다. 미국의 국방장관 로버트 게이트(Robert Gates)는 앞으로 5년 내에 북한이 미국 본토를 공격할 수 있는 능력을 확보할 것이며, 미국에 심각한 위협이 될 것이라고 발표하였다.[348]

지금까지 필자는 공공 영역의 데이터를 이용해 북한의 ICBM 능력을 유추해보았다. 북한의 ICBM은 낚시꾼이 놓친 물고기처럼 사람들이

---

[348] Gates Warns of North Korea Missile Threat to U.S.,
http://www.nytimes.com/2011/01/12/world/asia/12military.html?_r=1.

분석할 때마다 투사량과 사거리가 증가하며,[349] 특히 사거리는 분석하는 기관과 사람에 따라 달라지는 특징도 있다.[350] 이러한 배경에는 북한의 ICBM에 대한 공개된 데이터가 워낙 없는 데다 북한의 기술 능력에 대한 가정이 기관마다 또는 사람마다 다르기 때문이 아닌가 생각한다. 시간이 흐르면서 조금씩 구체적인 정보가 새어 나옴에 따라 북한이 동원할 수 있는 기술 수준에 대한 평가도 상향 조정되었고, 이에 따라 사거리와 투사량도 상향 평가되고 있다.

이러한 분석에 필자가 이용한 데이터가 틀린 것일 수도 있고, 필자가 한 가정이 사실에서 벗어난 것일 수도 있다. 이러한 가능성에도 불구하고 투사량 대 사거리의 관계에 입각한 분석 결과가 많이 달라지지는 않을 것으로 판단한다. 설사 투사량에 대한 추정이 20% 틀리더라도 북한의 ICBM이 주는 위협이 사라지는 것은 아니다. 1만 1000km까지 1t 무게의 탄두를 운반하는 대신 0.8t 무게의 탄두를 운반한다고 해도 TD-2는 여전히 위협적이다.

---

[349] Taepodong-2(TD-2) Design Evolution, Shahab-5, A,B, C/6,
http://www.globalsecurity.org/wmd/world/dprk/td-2-specs.htm.
[350] Official Estimates of the Taepodong-2,
http://38north.org/2011/01/estimates-of-taepodong-2/.

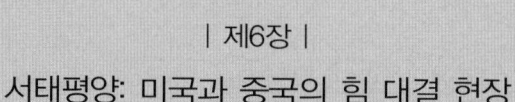

| 제6장 |

서태평양: 미국과 중국의 힘 대결 현장

"冷静观察, 站稳脚跟, 沉着应付, 韬光养晦, 善于守拙, 绝不当头."
"Observe calmly; secure our position; cope with affairs calmly; hide our capacities and bide our time; be good at maintaining a low profile; and never claim leadership."

-덩샤오핑(Deng Xiaoping)

1
미국의 핵 정책 변천사

미국은 1960년도에 7000발의 핵무기를 보유했지만, 이때까지만 해도 자국의 정책을 반영하는 국가적인 통합 핵전략을 가지고 있지 못했다. 핵을 사용하는 주체인 육군, 해군, 공군과 해병대가 상호 협의나 협력을 배제한 상태에서 각자 표적을 선정하고 거의 독립적으로 핵 사용 계획을 수립해왔기 때문이다.

히로시마와 나가사키 폭격 이후 핵 운반 수단은 폭격기로 인식하였고, 따라서 핵무기는 대형 장거리 폭격기를 보유한 공군의 독과점 품목이 되었다. 1950년대에 들어서 기술 발달에 힘입어 핵무기가 급격히 소형 경량화됨에 따라 소형 전투폭격기나 어뢰에도 탑재할 수 있게 되었고, 대포로도 발사할 수 있게 되었다. 이에 따라 항모 전단을 운용하는 해군과 해병대도 자신들의 몫을 주장하였으며 육군과 특수부대도 핵무기 보유를 주장하였다. 미국과 구소련의 핵무기 경쟁 외에도 미국은 자국의 육해공군과 해병대 사이에서 치열한 '핵 경쟁'을 벌이게 된 셈이다. 1950년대 중반에 공군은 전략무기, 육군과 해군은 전술무기라는 틀이 정착되는 듯 보였으나 ICBM과 SLBM이라는 새로운 운반 수단이 등장하면서 해군도 전략무기의 주체로 떠오르게 되었다. 날로 증가하는 핵무기 비축량과 ICBM, SLBM의 등장은 기존의 핵전략을 근본적으로 점검하지 않을 수 없게 하였다.

　B-36, B-52와 같은 전략폭격기가 미국 본토를 출발해 소련 중심부를 폭격할 때까지는 10여 시간이 걸렸고, 날로 발전하는 대공 무기로 인해 임무 완수에 대한 확신이 줄어들고 있었지만 전략 공군은 막강한 물량 공세로 언제든지 소련을 압도할 수 있다고 자신만만해 하였다. 또 10여 시간의 비행시간을 소련과의 마지막 협상에 활용하여 전쟁 상황을 원활하게 통제하는 데 사용할 수도 있었다. 하지만 ICBM과 SLBM의 등장은 인류가 오랜 시간에 걸쳐 뼈아픈 경험을 통해 습득했던 전쟁 개념을 한순간에 바꿔놓았다. ICBM은 30~40분 내에 상대편의 주요 도시를 완전히 폐허로 만들 수 있지만, 방어할 방법 또한 없었다. SLBM은 비행 거리가 짧은 관계로 비행시간이 더욱 짧아져서 15~20분 안에 표적을 공격할 수 있으므로 완벽한 기습 공격용 무기가 되었다. ICBM이 등장하기 전까지 미국은 상대적으로 몹시 열악한 소련의 폭격기만 염려하면 되었기 때문에 폭격기 방어에 많은 투자를 하고 있었다. 그러나 소련이 ICBM을 개발함에 따라 미국은 갑자기 소련의 공격에 속수무책으로 노출되었음을 깨달았다.

　1957년 소련이 스푸트니크를 발사한 후 소련의 ICBM에 대한 미국인의 공포는 미국 사회 전반을 흔들어놓았고, 각 군과 전략공군사령부(SAC: Strategic Air Command)는 독자적인 전쟁 수행 계획을 정비하고 국방부에 각종 요구를 하게 되었다. 위기 상황을 맞은 미국 정부는 최고위층의 지침에 따른 일관되고 통합된 핵전략이 절실하게 필요해졌다.

1959년 8월 미국 합동참모본부(JCS: Joint Chiefs of Staff)의 네이선 트와이닝(Nathan F. Twining) 의장은 SAC에 '국가전략표적목록(National Strategic Target List)'을 만들게 하고 '단일통합작전계획(SIOP: Single Integrated Operational Plan)'을 세우겠다고 국방장관 닐 맥엘로이(Neil McElroy)에게 보고하였다. 그러나 합동참모본부 내에서도 의견이 통일되지 않은 관계로 1960년도 전반은 별 진전 없이 흘러갔다. 맥엘로이의 후임인 토머스 게이츠(Thomas Gates) 국방장관은 트와이닝의 제안을 드와이트 아이젠하워(Dwight D. Eisenhower) 대통령에게 보고하였고, 군 통수권자의 결정을 요구함으로써 문제 해결의 실마리가 풀리기 시작했다.

1960년 12월, 미국 합동참모본부는 'SIOP-62'로 알려진 첫 번째 단일통합작전계획을 승인하였다. SIOP-62는 급히 서둘러 마련한 계획으로 '소련과 핵전쟁이 시작되면 미국은 보유한 모든 핵무기를 한꺼번에 다 쏟아붓는다'는 오직 한 가지 전략과 여기에 필요한 한 세트의 표적 목록만 포함하고 있었다. 표적 목록에는 소련과 중국의 거의 모든 군사 및 산업 기지를 포함하고 있었으며, SIOP-62를 시행했을 경우 사망자 수는 적게는 3억 6000만 명에서 많게는 5억 3000만 명으로 예상하였다.[351]

1961년 대통령에 취임한 존 케네디(John F. Kennedy)는 SIOP-62가 선택의 폭이 전혀 없는 경직된 계획이고, 결과가 너무 참담하다고 판단하였다. 이러한 분위기를 반영하여 국방장관 로버트 맥나마라(Robert McNamara)는 대통령이 취할 수 있는 여러 가지 옵션을 포함한 SIOP-63를 내놓았다. SIOP-63는 가급적 인구가 밀집한 도시의 공격을 억제하

---

[351] Matthew G. McKinzie, et al., "The U.S. Nuclear War Plan-A Time for Change", p.6, http://www.nrdc.org/nuclear/warplan/index.asp.

고 군사적 목표, 특히 적국의 핵전력을 주요 표적으로 삼는 '카운터포스(Counterforce)' 공격을 강조한 전략 계획이었다. 1950년대의 전략과 SIOP-62가 도시에 대한 대량 보복으로 전쟁을 막는 이른바 '카운터밸류(Countervalue)' 전략이었다면, SIOP-63은 공격을 받으면 상대방의 핵전력과 군사 목표를 공격한다는 카운터포스 개념이 주를 이루었다. 그러나 상대방이 미사일을 발사하여 전쟁이 시작되었을 경우 이미 빈 사일로에 보복 공격을 한다는 것은 별 의미가 없었다. 따라서 보복 공격으로 전쟁을 억제한다는 SIOP 개념과는 모순된 점이 있었다. 이러한 이유로 SIOP-63은 선제공격을 염두에 두고 만든 계획으로 간주되었다. 하지만 맥나마라는 '확실한 파괴'를 SIOP의 목표로 설정하되, 무기 사용은 상황에 맞게 통제할 수 있는 것이 SIOP-63이라고 주장하였다. 이후 이러한 전략은 케네디 정부에서 존슨(Lyndon B. Johnson) 정부로 그대로 이어져왔다.

SIOP-63를 채택하면서 필요한 전략무기 수가 대폭적으로 늘어났다. 이는 군사시설, 산업시설, 핵무기 생산 및 저장 시설, 전략무기 발사대 등 표적 수가 도시 수보다 훨씬 많기 때문이었다. 각 군은 무기의 수량을 늘리기 위해 훨씬 많은 예산과 새로운 무기에 대한 개발 요구를 봇물처럼 토해냈다. 1974년 1월 17일, 4년간의 치밀한 검토 끝에 리처드 닉슨(Richard Nixon) 대통령은 NSDM-242를 발표하였다.[352] NSDM-242는 '제임스 슐레진저 독트린(James Schlesinger Doctrine)'이라고 불렸으며, 전략무기의 제한적인 사용 옵션(Limited Employment Option)이 핵심이었다. 교전 중인 국가에게 미국의 의도를 확실하고 신빙성 있게 전

---

[352] National Security Decision Memorandum 242, "Planning the Employment of Nuclear Weapons", http://www.gwu.edu/~nsarchiv/NSAEBB/NSAEBB173/SIOP-24b.pdf.

달할 수 있는 수준으로 공격의 강도와 범위, 기간을 제한한다는 개념이다. 적이 가장 소중하게 여기는 대상 중의 하나를 다음 공격목표로 남겨둠으로써 협상을 유도하고, 모든 정치적·군사적 방법을 동원해 확전되지 않도록 노력하지만, 일단 본격적인 전쟁으로 진행된다면 적국의 지휘부와 경제 중심, 군사 자원을 파괴하여 미국과 동맹국에게 유리하게 만든다는 내용이다. 이러한 작전에는 지휘와 통제 그리고 통신(Command, Control, and Communication) 시스템이 필수 요소가 되었다.

NSDM-242의 지침에 맞도록 카운터포스부터 카운터밸류에 이르는 여러 가지 옵션을 내포한 작전 계획이 SIOP-5다. 적국의 군사력에 대한 선택적 보복부터 시작하여 전장의 추이에 따라 점진적으로 확전할 수 있는 옵션을 가지고 있다. 적어도 처음에는 특정 표적들 또는 표적을 공격에서 제외함으로써 적국에게 전쟁을 끝낼 합리적 명분을 만들어준다는 내용이었다. 이 계획대로 전쟁에 이기기 위해서는 적국의 협조(?)가 절실히 필요할 것으로 생각한다.

이후 지미 카터(Jimmy Carter) 대통령의 '대통령 지휘 서신-59(PD-59: Presidential Directive-59)'과 로널드 레이건(Ronald Reagan) 대통령의 '국가 안보 결정 명령(NSDD-13: National Security Decision Directives-13)'에 의해 SIOP는 더욱 정교하고 세밀해졌다.[353] PD-59은 한마디로 '전쟁 수행용 교리'다. 상황에 따라 전쟁 중에 핵 공격 계획을 바꿔 재래식 무기와 전략무기를 같이 쓸 수도 있는 몹시 유연성 있는 계획이라고 할 수 있다. NSDD-13는 총 5쪽 중 "대통령은 우리나라(미국) 핵전력의 배치와 사용 및 생산에 대해 다음과 같이 지시하였다"라는 문장과 "이 지

---

[353] PD-59, http://www.fas.org/irp/offdocs/pd/pd59.pdf.

침은 PD-59을 대체한다"는 두 문장만 빼고는 아직도 비밀로 분류되어 글씨가 모두 까맣게 지워져 있다.[354] '비핵 탄도탄 방어망(Star Wars)', '스텔스 폭격기(Stealth Bomber) B-2', 생존 가능한 초정밀 ICBM과 SLBM 등 레이건 정부의 무기 개발 추이를 살펴보면 NSDD-13에 의해 다시 카운터포스 쪽으로 SIOP가 되돌아간 것을 짐작할 수 있다.

"레이건 행정부의 SIOP는 미국의 핵 억지력에도 불구하고 전쟁이 일어날 경우, 미국은 장기간에 걸친 지속적 핵전쟁에서 우세한 전력으로 전쟁을 이끌어 미국에 유리한 조건으로 종전을 유도한다"는 정책을 담고 있다. 이러한 레이건 정부의 SIOP에는 '지휘부 제거 공격(Decapacitation Strike)'도 중요한 내용으로 포함되어 있음을 의미한다.[355] 장기전에서는 각 레벨의 지휘 체계를 모두 무력화시키고도 지속되는 전쟁과 종전 후의 보복을 막기 위해 항상 충분한 수의 예비 전략무기를 남겨놓는 것이 중요하다고 판단하였다. 따라서 레이건 행정부가 수립한 SIOP의 목표를 달성하기 위해서는 엄청난 수의 전략무기가 요구되었다. 이러한 정책은 냉전이 끝나고도 한동안 지속되었다. 빌 클린턴 2기 행정부는 장기전에서 우세를 유지한다는 조항을 삭제함으로써 당시 준비하고 있던 START-III가 요구하는 2500기의 전략 탄두 수를 맞추려고 노력했지만, 대부분의 전쟁 수행 교범은 그대로 유지하였다.

1967년 미국은 3만 2000발의 핵탄두를 보유했는데, 그중 3분의 1이 전략 탄두였다. 1987년 탄두 수는 2만 3500발로 줄었지만, 전략 탄두 수는 오히려 늘어났다. 2만 3500발 중 3분의 2가 전략 탄두로 전략

[354] http://www.fas.org/irp/offdocs/nsdd/nsdd-013.htm.
[355] Mattew G. McKinzei, et. al., "The U.S. Nuclear Warplan: A Time for Change", http://www.nrdc.org/nuclear/warplan/index.asp.

탄두 수는 1967년에 비해 오히려 5000여 발이 증가하였다. 1987∼1996년 사이 탄두 수는 1만 300여 기로 줄었고, 조지 부시 대통령이 2002년 NPR-2002를 발표하고 핵무기 의존도를 줄이는 '신삼원전략(New Triad)'을 채택함으로써 2002∼2008년 사이에 핵무기 수는 다시 반으로 줄었다. 2003년에 효력을 발생하는 SIOP를 준비하는 과정에서 STRATCOM(United States Strategic Command: 미국 전략사령부) 사령관 제임스 엘리스(James Ellis) 제독은 SIOP의 '단일(Single)'이란 단어가 새로운 작전 계획을 제대로 표현하지 못한다고 생각했고, 그리하여 SIOP 대신 OPLAN(Operations Plan) 또는 '작전 계획 8044(Operations Plan 8044: 또는 OPLAN 8044)'라고 불렀다. OPLAN 8044 Revision 03는 대량 살상 무기(WMD: Weapons of Mass Destruction)로 무장한 지역 국가들을 공격하는 옵션을 포함하고 있었다. 2004년 10월에는 더욱 보완한 OPLAN 8044 Revision 05를 발효시켰다.

신삼원전략은 핵 의존도를 낮추고 대량 살상 무기의 확산을 재래식 무기로 막기 위해 새로운 재래식 공격무기 시스템을 포함하는 것이 특징이다. 원래의 삼원전략은 핵 삼원전략을 의미하며, 핵전력의 근간은 ICBM과 SLBM 그리고 핵 폭격기의 세 축으로 구성된 것을 의미하였다. 그러나 신삼원전략은 이것을 대폭 확장하여 핵 및 재래식 공격력, 능동·수동적 방어력과 변화하는 국방 요구에 즉시 반응하는 국방 인프라(Responsive Defense Infrastructure)의 세 축으로 구성된다. 원래의 삼원전략은 신삼원전략의 한 축인 핵 및 재래식 공격력의 일부인 핵 공격 능력 부분으로 역할이 축소되었다. 러시아나 중국 같은 군사 강국, 대량 살상무기를 보유한 군소국들, 테러리스트 같은 비국가 단체로부터 국가를 방위하기 위해 오로지 핵에만 의지한다면 현실적으로 사용할 수 있는 옵션이 별로 없다는 판단에 따라 부시 행정부가 신삼원정책을

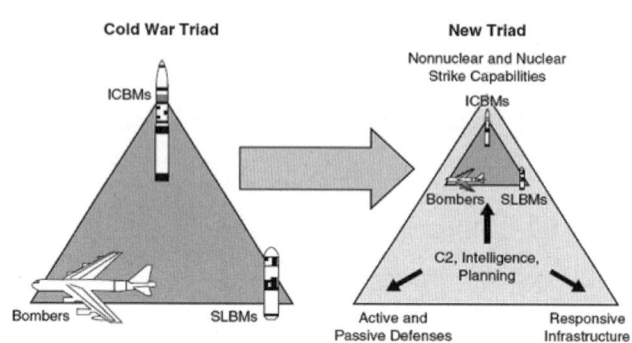

그림 6-1_ 삼원전략(왼쪽)과 신삼원전략(오른쪽). 냉전 시대의 SIOP를 받쳐주던 '삼원전략(Nuclear Triad)'과 '신삼원전략'을 나타낸다. 핵과 재래식으로 무장한 공격무기, 능동·수동적 방어 및 사태 변화에 즉각 대응할 수 있는 기술, 인력 및 물적 인프라를 포함하는 것이 색다르다.[356]

내놓게 된 것이다(그림 6-1 참조).

핵 강국, 군소 핵 보유국 및 테러 집단으로 대변되는 냉전 이후 다변화된 전략 환경에서 핵무기에만 의존하던 냉전 시대의 전략은 현실성이 없어졌다. 정확한 실시간 표적 정보 획득 기술의 발달로 초정밀 장거리 재래식 무기 시스템은 핵무기를 대신해 대량 살상무기를 제거하고, 시간이 관건인 표적을 무력화하며, 재래식 전쟁이 핵전쟁으로 확전하는 것을 막아주는 수단으로 떠올랐다. 이러한 재래식 무기 시스템 중의 하나가 '재래식 초장거리 신속 타격(CPGS: Conventional Prompt Global Strike)'이라고 알려진 초고속·장거리·초정밀 무기다. 미군과 연합군의 전진 배치가 없어도 CPGS는 세계 어느 곳의 표적도 15~60분 사이에 무력화시키는 것을 목표로 하고 있다. CPGS는 재래식 탄두를 탑재한 탄도탄이나 폭격기에서 발사하는 장거리 극초음속 기체가

---

[356] http://www.airpower.maxwell.af.mil/airchronicles/apj/apj09/win09/harvard.html.

될 수 있고, 시간을 다투는 극히 중요한 목표를 표적으로 삼는다. 견고한 지휘 통제 센터, 테러리스트 집합장소, 방공망, 탄도탄 발사대, CBRNE[357]의 생산과 보관 장소 및 운반체가 CPGS의 주요 표적이다. CPGS는 미군이 전진 배치되지 않은 지역에서도 거의 실시간으로 작전을 수행할 수 있는 장점이 있다.

버락 오바마(Barack Obama) 정부가 들어서면서 미국의 핵 정책(Nuclear Policy)은 다시 한 번 변화를 겪게 되었다. 오바마 대통령은 OPLAN 8010에 서명하였다. 핵무기 외에는 사용할 수단이 없었던 SIOP에 비해 OPLAN 8010은 동맹국이 신뢰할 수 있을 뿐 아니라, 적대 세력에게는 적대 행위를 단념하도록 압력을 가할 수 있고 필요한 경우 적을 제압하는 데 현실적으로 적용할 수 있는 재래식 무기 옵션이 중요한 역할을 담당한다. OPLAN 8010은 처음으로 SIOP에서 완전히 벗어난 개념의 전쟁 계획이고, 냉전 종식 후 열일곱 번째의 전쟁 계획이며 OPLAN 8044 Revision 05를 대체하였다.[358] OPLAN 8010에서 핵 공격은 군사력(Military Forces), 대량 살상무기의 기반, 군과 정부 지도자, 전쟁을 지원하는 기반을 표적으로 삼는다.

클린턴 행정부는 SIOP에서 러시아와의 장기적 핵전쟁을 배제하였고, 부시 행정부는 러시아와의 핵전쟁은 별로 현실성이 없는 것으로 판단하고 SIOP를 OPLAN으로 전환하였다. 이러한 배경에서 클린턴과 부시 행정부는 핵무기의 역할을 축소하고 핵무기 수를 줄일 것을 약속하였다. 그 대신 계획 수립자들은 더 넓은 지역의 더 많은 표적에 대한 더

---

[357] CBRNE는 'Chemical, Biological, Radiological, Nuclear and high-yield Explosives'의 머리글자를 딴 것으로 화학, 생물, 방사능, 핵 및 고위력 재래식 화약을 뜻한다.
[358] Obama and the Nuclear War Plan,
http://www.fas.org/programs/ssp/nukes/publications1/WarPlanIssueBrief2010.pdf.

많은 공격 옵션을 만들어야 했다. 이러한 전략의 변화는 군축 회담에서 많은 수의 핵탄두와 운반 수단을 제거할 수 있는 여유를 만들어주었고, 그 결과 뉴스타트(New START)의 조인이 가능해졌다. 미국 국방부는 2009년까지만 해도 OPLAN 8010의 목적을 달성하기 위해서는 최소한 모스크바 협약(SORT)의 상한인 2200기의 전략 탄두를 배치할 필요가 있다고 주장하였으며, 이 가운데 900발은 갑자기 일어날 수 있는 위기에 대처하기 위해 즉각 실전에 투입할 수 있는 경계 상태를 유지해야 한다고 주장했었다.

그러나 2010년 뉴스타트 조약을 맺은 후 미국과 러시아는 각국에 허용된 총 전략 탄두 발사대(Launcher) 수를 800기로 제한했고, 이 중 700기만 핵탄두를 탑재한 이른바 '작전 배치된 발사대(Deployed Launcher)'로 허용하였다. 전략 탄두 수는 어느 운반체에 몇 기를 탑재하느냐에 상관없이 총 1550발만 허용했다. 그러나 작전 배치된 중폭격기(Heavy Bomber)는 무조건 탄두 1발만 탑재하는 것으로 카운트함으로써 스타트-I/II와는 탄두 수의 계산 개념이 다르다. 따라서 OPLAN 8010의 목표도 이 허용된 수량 한도 내에서 달성하는 방법을 찾아야 한다. 미국이 CPGS 시스템을 ICBM이나 SLBM을 이용해 구축하려면 700기의 운반 수단 한도 내에서 찾거나, 아니면 '작전에서 배제된' 폭격기에서 발사할 수 있는 극초음속 재래식 순항미사일과 같이 뉴스타트 카운트 규약에 어긋나지 않는 방법을 찾아야 한다. 그러나 INF 조약과 맞물려 폭격기를 이용한 극초음속 순항미사일 사용도 쉽지 않을 듯싶다.

2
미국의 대중국 핵전략과 중국의 대미국 핵전략

　　미국의 대중국 핵전략과 중국의 대미국 핵전략은 경우에 따라 정도 차이는 있지만 항상 대만 문제로 복잡하고 위험하게 얽혀 있다. 중국은 대만이 중국의 일부이고 따라서 중국과 대만은 통일되어야 한다고 생각하는 반면, 대만 국민들의 생각은 본토와 통일되기를 원하는 쪽과 자주성을 가진 독립국가로 남아야 한다는 쪽으로 나뉘어 있다. 중국이 힘으로 대만을 통일하려고 하는 경우 미국은 대만을 지켜주겠다는 의지를 보였고, 이것이 미국과 중국이 정치·외교·군사적으로 계속 꼬여갈 수밖에 없는 요인이 되었다. 냉전 시대의 중국-대만 문제는 미국엔 많은 현안 중의 하나였지만, 중국에는 국가의 위신이 달린 제일 중요한 문제였고, 대만에는 국가의 존망이 달린 심각한 문제였다.

　　대만을 둘러싼 미국과 중국의 관계가 지난 60여 년간 중국의 국방정책 수립과 전략무기를 개발하고 운용하는 틀을 형성했다고 봐도 무리가 아니다. 1949년 마오쩌둥 측 군에게 패해 200여 만 명의 본토인들이 장제스를 따라 대만으로 피신했으며, 이때부터 중국은 대만을 중국의 영토로 생각하게 되었다. 중국이 대만을 즉각 탈환하지 못한 것은 1950년 한국전쟁이 발발하자 해리 트루먼(Harry S. Truman) 대통령이 대만해협에 제7함대를 보내 무력 충돌을 방지했기 때문이다. 1950년 미국은 대만을 지켜주겠다고 약속했고, 1954년에는 상호 방위조약에 서명하였다. 그 결과 1950년대와 1960년대 대만의 안보가 유지될 수 있었다. 1960년대에는 원주민들을 중심으로 대만이 독립하려는 움직임이 일었지만, 본토 출신들이 장악한 국민당이 정권을 잡고 있어서 별문제 없이 넘어갔다.

1970년대 초 미국은 대만이 중국의 일원이라는 중국의 주장을 인정하고 중국과 외교 관계를 맺었으며, 대만은 유엔에서도 축출되었다. 1971년 미국의 탁구팀이 중국의 초청을 받아들이고, 1972년 닉슨 대통령이 중국을 방문한 데 이어 1973년 중국과 미국은 연락 사무소를 개설하였다. 중국과 미국은 우호 관계로 돌아서기 시작했으며, 1979년에는 대사급 외교 관계를 맺게 되었다. 1970년대와 1980년대는 중국이 미국보다 구소련을 더 큰 위협으로 생각하던 시기였기 때문에 대만 문제는 접어두고 미국과 중국은 대소 공동전선을 형성하였다. 그러나 1987년 원주민 출신인 리덩후이(李登輝, Lee Teng Hui)가 총통에 당선되면서 대만 분리주의가 다시 고개를 들기 시작하였다. 1990년 6년 임기로 재선된 리덩후이는 서방 세계, 그중에서도 특히 미국과 좋은 관계를 유지하였다. 1996년 3월 중국은 대만에서 분리주의 운동이 일어나는 것을 경고하기 위해 대만 주변 해역에 미사일을 발사하는 등 대대적인 무력시위를 감행하였다. 중국의 경악스러운 행위에 클린턴 미국 대통령은 대만해협에 2척의 항모 전단을 파견하여 무력으로 대만 문제를 풀려는 중국의 정책에 반대한다는 강한 의지를 드러냈다.

358

대만해협의 위기가 가시자마자 미국은 일본-미국 안보 선언에 서명하였다. 중국은 이러한 일련의 사태를 미국이 자국을 봉쇄하려는 의도로 받아들였다. 더욱이 앞으로 대만을 둘러싼 무력 충돌이 발생했을 때에는 중국 본토에 대한 핵 공격도 배제하지 않겠다는 '핵태세검토보고서-2002(NPR-2002)'를 발표하자 중국은 큰 충격을 받았다.[359] 'NPR-2002'가 완성되는 동안 미국 국방부는 중국의 공격으로부터 대만을 방어하기 위한 OPLAN 5077을 세웠다. 2003~2005년 사이에 OPLAN 5077은 더욱 정교해졌으며, 대만해협에서 상륙 부대를 차단하고 중국 본토에 대한 공격과 정보 전쟁, '논-키네틱(Non-Kinetic)' 옵션과 핵 공격 가능성까지 배제하지 않았다.[360]

이러한 사태의 변화에 당면한 중국은 전반적인 안보의 우선순위를 재검토하고, 특히 대만 문제에서 미국을 억제할 수 있는 방법을 모색하기 시작했다. 최근 들어 '중국 위협'은 미국 정계에서 공공연한 사실이 되었다. 미국의 이러한 걱정은 사실무근이 아니었다. 중국은 앞으로 발생할지도 모를 중국-대만 충돌에 대비한 준비를 착실하게 진행하고 있기 때문이다. 중국은 앞으로 미국이 중국-대만 문제에 무력으로 개입할 경우 그 대가가 너무 클 것이라는 것을 미국에 확신시킬 수만 있다면 현 상황을 중국에 유리한 방향으로 이끌 수 있다고 판단하였다.[361] 미국이 장차 대만 문제에 개입할 경우를 대비한 중국의 준비에는 핵무기와 재래식 무기가 모두 포함되어 있다.

[359] Emerson Niou, "Nuclear Deterrence Over Taiwan",
http://www.duke.edu/~niou/teaching/Nuclear%20Deterrence%20Over%20Taiwan.pdf.
[360] Non-kinetic Option이란 레이저, 마이크로웨이브 또는 음파를 사용하는 무기 시스템을 의미한다.
[361] http://www.fas.org/programs/ssp/nukes/publications1/WarPlanIssueBrief2010.pdf.

중국은 1996년 이후 2003년만 빼고 매년 국방비를 10% 이상씩(인플레이션을 제하고도) 늘리면서 꾸준히 군사력을 증강시켜왔다. 특히 전략무기의 현대화와 함께 국경 밖 1000~1500km까지 힘을 과시할 수 있는 재래식 무기 시스템을 개발하는 데 주력했다. 그 결과 2006년 2월 미국 국방장관은 미국에 가장 위협을 주는 국가 목록의 첫자리에 러시아가 아닌 중국을 올렸다. 2006년에 미국 국방장관이 의회에 보고한 'QDR-2006(The Quadrennial Defense Review 2006)'에는 "세계의 주요 국가와 새로 등장하는 국가 중에 중국이 미국과 군사적으로 경쟁할 수 있는 가능성이 가장 높으며, 중국은 파괴적인 군사기술을 배치하여 시간이 흐르면 그간 미국이 전통적으로 누려왔던 우위를 상계시켜버릴 수 있다"라고 기술되어 있다.[362]

중국의 전략무기 현대화 계획은 고체로켓으로 추진되는 도로 이동식 SRBM, MRBM, IRBM, ICBM의 개발과 ICBM급 SLBM을 개발하는 것이 핵심이다. 현재 이러한 계획은 완성되어 DF-15, DF-21A, DF-31, DF-31A를 배치하고 있다. DF-31의 수중 발사용인 JL-2는 아직 개발 중에 있고, 현재 10~20기를 배치한 DF-31A와 20기를 배치한 DF-5A는 대미 핵 억지력의 상징이 되어 있다.

다른 한편으로는 〈그림 4-5〉에서 소개한 제1해양방어선 안쪽에 미국 항모 전단이 들어오는 것을 통제하기 위해 중국은 세계 최초로 지상 발사 탄도탄으로 항공모함을 격침시킬 채비를 해왔다. 중국은 이미 우리가 설명한 바 있는 ASBM인 DF-21D의 개발 완료 단계에 있다. ASBM은 미사일의 정확도만 가지고 가능한 것이 아니다. 넓은 바다에

362 The Quadrennial Defense Review 2006, p.29, http://www.comw.org/qdr/qdr2006.pdf.

서 항공모함을 찾고, 실시간으로 추적하고, 탄도탄 발사에 필요한 데이터를 실시간으로 계산하고, 탄도탄이 항공모함 근처에서 RV를 분리하면 RV는 항공모함으로 종말 유도해야 한다. 이러한 준비를 위해 중국은 실시간으로 정보, 탐지, 추적, 계산, 유도를 할 수 있는 인프라를 구축하고 있는 것으로 보인다. ASBM 외에도 중국은 재래식 탄두를 탑재한 초정밀 탄도탄 DF-21C를 2010년 중국 중서부 지역에 배치하였고, DH-10(東海-10)이라는 대지 공격용 순항미사일(LACM)을 50~250기정도 배치한 것으로 알려졌다. 괌을 사거리에 두는 이 미사일은 사거리가 2000km 이상이고 CEP는 10m 정도로 추정하고 있다. 탄두는 재래식 고폭탄 혹은 20~90kt의 핵탄두로 추측할 뿐 아무것도 분명하게 밝혀진 것은 없다.

지금까지 살펴본 것과 같이 중국은 모든 사거리를 커버할 수 있는 각종 이동식 고체 추진 핵탄도탄, DF-21C와 DH-10 같은 대지 공격용 장거리 초정밀 재래식 미사일, DF-21D와 같은 항공모함 공격용 탄도탄을 구비하고 있다. 그러면서도 중국이 줄기차게 주장하는 핵 정책은 '선제 핵 사용 포기 정책(No First Use Doctrine)'이다. 선제 핵 사용 포기 정책이란 상대방이 핵을 먼저 사용할 경우 보복 공격용으로만 핵을 사용한다는 원칙이다. 2005년 무렵까지만 해도 중국은 선제 핵 사용 포기 정책을 잘 지켜온 것으로 보인다. 하지만 미국의 항모 전단을 차단할 수 있고, 제1해양방어선 내의 해역을 필요한 경우 '거부해역(Sea Denial Area)'으로 만들 능력이 생긴 지금도 중국의 핵 정책이 바뀌지 않았는지 알아보는 것은 한반도의 안보 측면에서 매우 중요한 일이다.

첫째, 중국은 선제 핵 사용 포기 정책을 일관되게 주장해왔다. 선제 핵 사용 포기 정책이란 미국이나 서구에서 사용하는 용어로는 '최소 억지력(Minimal Deterrence)'에 해당한다. 최소 억지력은 선제공격을 견더내고도 상대방이 가장 중요한 가치를 두고 있는 표적에 보복 공격을 할 수 있는 능력이 있음을 적에게 확신시켜 적이 선제공격을 하지 않도록 설득하는 데 필요한 최소한의 핵 공격 능력을 의미한다. 중국은 기회가 있을 때마다 언제 어떤 상황에서도 핵을 절대로 먼저 사용하지 않을 것이라고 천명해왔다. 둘째, 중국은 어떤 조건 하에서도 비핵 보유국에 핵을 사용하거나 핵으로 위협하지 않겠다고 천명해왔다. 셋째, 중국은 확장된 핵 억지력(Extended Nuclear Deterrence)에 반대하였다. 즉 중국은 어느 나라에도 핵우산을 제공하지 않겠다고 했고, 실제로 어느 나라에도 핵우산을 제공한 적이 없다. 넷째, 중국은 핵무기를 자국 영토 밖에 배치하지 않겠다고 천명했다. 이것 역시 지켜왔다고 본다.

아직까지는 중국이 선제 핵 사용 포기 정책을 일관되게 지켜왔지만, 1995년 이후 중국의 군사력과 전략무기의 현대화가 본격화되면서 이러한 정책이 과연 유지될 수 있을지 의문이 간다. 물론 2005년에 중국이 발표한 '무기 감축에 대한 백서'에서도 선제 핵 사용 포기 정책을 절대로 바꾸지 않을 것이라고 천명한 것은 사실이다.[363] 그럼에도 중국의 핵 정책 중 의문스러운 점이 나타나고 있다.

중국이 선제 핵 사용 포기 정책을 설명할 때 사용한 '어떤 상황 하에서도'라는 구절이 어디까지 의미하는지 알 수 없다. 중국보다 월등히 우세한 재래식 무기로 무장한 군대가 중국 본토를 침공해 중국의 패망이 눈에 보여도 핵을 사용하지 않을 것인가 하는 문제다. 중국이 핵무기를 개발하게 된 이유가 자기 나라를 지키기 위해서지 적국의 핵을 억제만 하기 위해서는 아니었을 것이다. 또 다른 문제는 대만과 관련된

---

[363] China Publishes White Paper on Arms Control,
http://www.china.org.cn/english/2005/Aug/140343.htm#3.

사항이다. 중국은 대만을 중국의 일부라고 생각하기 때문에 중국이 주장하는 '비핵 국가'가 아니다. 따라서 대만과의 문제가 커졌을 때 자국인 대만에 핵을 사용할 것인가 하는 점이다. 마지막으로 우리의 안보와도 직결된 문제가 있다. 어떤 비핵 국가에도 무조건 핵을 사용하지도, 위협하지도 않겠다는 약속이다. 한국이나 일본과 같이 비핵 국가 내에 미국의 비핵 기지가 있을 때 중국은 이 기지들을 핵으로 공격하지 않겠다는 약속을 과연 지킬 것인가 하는 점이다.

1990년대 중반 이후 중국은 전력 현대화 작업의 일환으로 DF-5A 외에는 거의 모든 탄도탄을 이동식 고체로켓 탄도탄으로 교체하고 있다. DF-5A도 선제공격에서 그리 취약하지 않은 방법으로 배치되었고, 이동식 고체 연료 탄도탄은 발사되기 전에 발견하기도 힘들 뿐 아니라 반응시간이 짧고 현대화된 카운터메저를 탑재할 경우 DF-5A가 미국의 탄도탄 방어망을 돌파할 확률도 높다고 생각한다. 게다가 초정밀 재래식 유도탄도 보유하고 있다. 중국이 핵을 개발하기 시작했을 시점에는 최소 억지력 확보가 목적이었고, 아직까지는 더 강력한 핵을 갖고 싶은 유혹을 중국이 잘 뿌리쳐왔다고 생각한다. 그러나 국력이 세계 1~2위를 다투고 현대화된 막강한 재래식 전력을 보유하게 되어도 과연 선제 핵 사용 포기 정책을 유지할 것인지는 두고 봐야 할 사항이다. 힘을 가지면 행사하고 싶은 것이 역사의 교훈이 아니었던가?

3
미국과 중국 간의 제한적 핵전쟁 모의실험

지금 현재 중국은 20기의 DF-5A와 10기 이상의 DF-31A를 미국을 겨냥해 배치한 상태이고, 미국은 DF-5A 기지를 제거할 수 있는 트라이던트-IID5를 탑재한 트라이던트 잠수함 8척을 태평양에 배치한 상태이다. 2006년 한스 크리스텐센 등은 중국과 미국 간의 핵전쟁을 가정한 두 가지 시나리오를 설정하고 이에 대해 상당히 현실적인 시뮬레이션을 실시하였으며, 그 결과를 '중국의 핵전력과 미국의 핵전쟁 계획(Chinese Nuclear Forces and U.S. Nuclear War Planning)'이라는 보고서로 발표하였다.[364]

미국 본토에서 중국을 ICBM으로 공격하려면 러시아 상공을 지나야 하기 때문에 불완전한 러시아 조기 경보 체계를 건드려 미국과 러시

---

[364] Hans M. Kristensen, et al., Chinese Nuclear Forces and U.S. Nuclear War Planning, pp.175~196, http://www.fas.org/nuke/guide/china/Book2006.pdf.

아 사이의 우발적 전쟁으로 확대될 가능성이 있다. 러시아 상공을 지나지 않고도 중국 전 지역을 커버할 수 있는 미국의 전략무기는 트라이던트 잠수함과 괌 또는 미국 본토에서 발진하는 전략폭격기밖에 없다. 그러나 전략폭격기는 목표에 도달하기 위해 중국의 방공망을 돌파해야 하고, 비행에 긴 시간이 소요되어 타이밍(Timing)을 놓칠 수 있다. 이러한 이유로 트라이던트-D5가 중국을 견제할 수 있는 유일한 전략무기로 남게 된 것이다. 현재 총 288기의 트라이던트-D5 SLBM에는 384발의 W88/Mk5, 200발의 W76-1/Mk4A, 568발의 W76/Mk4가 탑재되어 있다. W76-1/Mk4A RV는 W76-1/Mk4에 비해 훨씬 정밀해졌고, 충격신관 옵션을 가지고 있어 견고한 점표적 공격이 가능해졌다. 나머지 568발의 W76/Mk도 5~6년 내에 모두 W76-1/Mk4A로 교체될 전망이다.

2010년 현재 미국은 서태평양 지역을 초계하기 위해서 8척의 오하이오급 SSBN을 워싱턴 주의 키트샙 해군 잠수함 기지(Kitsap Naval Submarine Base)에 배치하고 있다. 14척 중 나머지 6척의 SSBN은 대서양에서 활동하기 위해 조지아 주의 '킹스베이 해군 잠수함 기지(King's Bay Naval Submarine Base)'에 배치하고 있다. 냉전 시대에 최신형의 SSBN과 더 많은 수의 SSBN이 대서양을 초계하도록 배치했던 것과는 대조되는 상황이다. 그만큼 러시아로부터 위험은 감소한 대신 서태평양에서 커버해야 할 위험이 증가했다는 반증이기도 하다. 14척의 SSBN 중 2척은 항상 오버홀(Overhaul)을 하도록 전략이 짜여 있어 뉴스타트 조약에서는 12척만이 실전 배치된 SSBN으로 취급한다. 태평양에 배치한 SSBN 중 2척은 항상 고도의 경계 태세를 유지하고 있으며, 발사 명령을 접수하면 15분 내에 표적을 향해 D5를 발사할 수 있다. 각 SSBN은 24기의 D5를 탑재하며 각 D5 탄도탄은 4기의 RV를 탑재하고 있다.

크리스텐센 등은 중국 허난 성(Henan Province) 뤄닝(Luoning)의 산속에 깊이 묻혀 있는 20기의 DF-5A 사일로를 7000km 떨어진 곳에서 각 사일로당 1발의 W88/Mk5 RV를 겨냥하는 것을 첫 번째 시나리오로 잡았다. DF-5A 사일로의 견고도(Hardness)를 알 수 없기 때문에 크리스텐센 등은 DF-5A 사일로가 소련의 제1세대 또는 제2세대 사일로와 같은 견고도를 가진다고 가정하였으며, 표적의 파괴 확률을 높이기 위해 지표 폭발로 신관을 세팅했고 사일로와 사일로 사이의 거리는 10km로 잡았다.

사일로를 파괴하기 위해 지표 폭발을 선택했기 때문에 화구(Fire Ball)는 지상의 모든 흙먼지를 다 빨아들여 최악의 방사능 낙진을 만들게 된다. DF-5A 사일로는 도시에서 떨어진 산속에 분포되었기 때문에 폭발로 인해 민간인이 직접적인 피해를 받는 일은 별로 없을 테지만, 멀리 떨어진 민간인도 치명적인 방사능 낙진을 피해갈 수는 없다. 사실 DF-5A를 공격함으로써 발생한 사상자의 대부분은 방사능 낙진에 의해 생길 것이다. 크리스텐센 등이 실시한 모의실험에 따라 20발의 W88로 뤄닝의 DF-5A 사일로를 공격했을 경우 폭발로 생긴 낙진 패턴은 폭심에서 1000km에 걸쳐 길게 분포한다는 것을 알았다. 48시간 내에 방사선 조사량이 450rem이 넘는 지역의 넓이는 3만 8000km², 600rem이 넘는 지역은 1만 4000km²로 계산되었다. 450rem 지역의 과반수 사람이 사망하게 되고 600rem이 넘는 지역의 사람들은 거의 다 사망한다고 보면 된다. 이들은 계절에 따른 뤄닝 지역의 풍속·풍향 데이터를 이용하였다. 사람들이 집 안이나 대피소에 있었느냐, 야외에 있었느냐에 따라서도 피해 정도는 많이 달라진다.

20발의 W88 공격 결과, 사망자 수는 평균 350만 명, 부상자 수는 평균 770만 명으로 추정되었다. 크리스텐센 등은 사용한 탄두 수를 60발의 W88로 늘려서 같은 모의실험을 진행하였다. 그 결과는 평균 사망자 1100만 명, 부상자 1520만 명으로 계산되었다. 낙진의 양은 폭발력에 의해 결정되므로 사용된 폭발력이 증가하면 낙진 사상자 수도 증가한다. 크리스텐센 등은 100kt 위력의 W76-1 60발로 20곳의 DF-5A 사일로를 공격하는 모의실험도 진행하였다. 그 결과는 사망자 130만 명, 부상자 400만 명으로 나타났다.

크리스텐센 등은 20기의 DF-5A로 미국의 가장 인구가 많은 도시 순으로 카운터밸류 공격을 할 경우를 가상한 모의실험도 진행하였다.[365] 미국의 전략이 카운터포스 공격인 데 반해 중국의 전략은 선제공격을 당한 후 카운터밸류 공격으로 최대한의 피해를 주는 것이다. DF-5A의 최대사거리는 1만 3000km로, 북극권을 넘는 최단거리로 사격할 경우 미국의 모든 지역을 커버할 수 있다. 미국이 중국을 공격할 때와 마찬가지로 러시아 상공을 비행하게 되나, 러시아는 중국이 공격당한 것을 이미 알고 있으며 중국의 의도를 러시아도 알 것이기 때문에 별문제는 없을 것이다. 크리스텐센 등은 4Mt의 폭발력을 가진 탄두를 탑재한 20기의 DF-5A로 미국의 인구가 많은 도시 20개를 공격하는 시나리오에 따라 사상자 수를 계산하였다.

DF-5A에 지표 충격신관 옵션이 가능한지는 알려져 있지 않다. 따라서 크리스텐센 등은 낙진 발생을 최대화할 수 있는 지표 폭발 대신 충격파에 의한 피해 범위를 극대화할 수 있는 고도에서 폭발시키는 것으로 정하였다. 대부분이 콘크리트 건물인 점을 고려해 10psi 초과압력을 기준으로 폭발 고도를 설정하였다. 도시 공격에서는 초과압력이나

---

[365] 카운터밸류 공격(Countervalue Attack)이란 적국이 가장 중요한 가치를 부여하는 표적을 말한다. 인구 밀집 지역과 산업시설 등이 여기에 속한다. 카운터포스 공격(Counter Force Attack)이란 상대방의 핵전력, 지휘부, 군부대, 군시설 등 상대방의 군사력에 대한 공격이 여기에 속한다.

방사선에 의한 피해보다도 열선에 의한 발화로 생긴 화재가 화염 폭풍(Fire Storm)으로 번져 발생하는 사상자 수가 훨씬 많다. 특히 수 Mt 이상의 탄두에서는 화염 폭풍 효과가 살상의 주원인이 될 것으로 판단한다. 워싱턴, 뉴욕, 로스앤젤레스 등을 포함한 20개 도시에 대한 공격 결과는 대략 1500만~2600만 명이 사망하고, 4100만 명 정도의 사상자가 날 것으로 계산되었다. DF-5A 탄두의 위력을 3~5Mt으로 바꿔도 사상자 수는 10% 이상 바뀌지 않는다. DF-5A 탄두 1기당 사망자 수는 평균 80만 명이고, 사상자 수 평균은 200만 명으로 탄두 몇 기를 요격한다고 해서 사상자 수가 받아들일 수 있을 만큼 줄어들지 않는다는 것을 알 수 있다.

미국은 DF-5A의 기지 대부분을 제거할 수 있고, 선제공격에서 살아남아 미국으로 발사된 미사일은 미국이 보유한 탄도탄 방어망으로 처리할 수 있다는 확신을 가지기 전에는 선제공격을 감행할 수가 없다. 이러한 결과는 미국도 알고 중국도 아는 사실이다. 따라서 중국의 DF-5A는 충분한 억지력을 가지고 있다고 본다. 나머지는 중국이 핵 공격을 받았을 경우 중국 지도자들이 DF-5A를 사용해 보복할 의지가 있다는 것을 미국이 믿느냐 하는 문제뿐이다. 중국의 도시나 DF-5A 기지가 공격을 받아 수백만 명의 사상자가 났을 경우 중국이 모든 무기를 동원하여 보복할 것이라는 데는 의심할 여지가 없다. 그러나 미국이 DF-21D로 자국의 항공모함을 공격하는 중국 내 미사일 기지를 소형 핵무기로 파괴할 경우 중국은 보복 차원에서 20개의 미국 도시에 DF-5A를 발사할 것인가 하는 질문에 대답하기는 쉽지 않다. 앞에서 크리스텐센 등의 모의실험을 통해 보았듯이 중국이 이러한 공격을 감행한다면 미국은 4100만 명 이상의 인명 손실을 입을 것이다. 이 경우 미국의 보복 공격은 카운터포스 공격이 아닌 중국의 인구 밀집 지역에 대한 분노의 공격을 감행할 것이고, 동원한 탄두 수도 적게는 수백 발에서 많게는 1000 여 발 이상이 될 것이므로 중국을 넘어 어쩌면 지구의 종말을 맞게 될 수도 있기 때문이다. 사실 이것이 최소 억지력이 가지는 모순점이라고 볼 수도 있다.

엄밀한 의미에서 최소 억지력은 선제공격을 받을 경우 최대한의 전력으로 카운터밸류 공격을 할 것이니 작건 크건 핵 공격은 하지 말라는 뜻이다. 만약 중국이 kt급 핵탄두로 항공모함을 공격해 격침시키거나 미군 기지 한 곳을 골라 파괴한다면 중국은 최소 억지력으로 핵을 보유한 것이 아니고 전쟁을 수행하는 수단으로 핵을 보유하는 '제한 억지력(Limited Deterrence)' 개념으로 보는 것이 맞다. 일단 상대방의 공격보다 좀 더 강도를 높여 보복하고 추이를 살펴가며 확전할 것인지 아니면 협상을 통해 종전할 것인지 판단하는 것이 제한 억지력이다. 적어도 제한적 영역 내에서라도 한 국가의 핵무기의 질과 양은 물론 재래식 무기에서도 교전 상대국과 엇비슷하게 균형이 잡히면 전면전에서 잃을 것도 많기 때문에 최소 억지력은 좀 더 유연성이 있어 보이는 제한 억지력으로 대체할 가능성이 높아진다. 중국은 최소 억지력에 필요한 수의 DF-5A를 보유하고 있음에도 핵무장한 SRBM, MRBM, IRBM을 현대화하고 많은 수를 배치하기 시작했다. 이러한 단·중거리 미사일들은 최소 억지력이라기보다는 제한 억지력으로 보는 것이 더 합리적이다. 사실 중국은 '선제 핵 사용 포기'라고 선언했을 뿐 최소 억지력으로 핵을 보유한다고 선언한 적은 없다. 중국의 선제 핵 사용 포기가 최소 억지력이라고 생각하는 이유는 DF-5A 수가 최소 억지력에 부합하는 수 이상으로 증가하지 않았고, 이러한 정책이 20년 이상 변함없이 지속된 데 있다고 본다.

그러나 최근에 DF-31A의 배치가 계속되고 있고, 초정밀 재래식 탄도탄 DF-21C와 DF-21D, 순항미사일 DH-10의 배치는 서태평양 지역에서 앞으로 일어날지도 모를 전쟁에서 꼭 승리하겠다는 의도가 있는 것으로 해석할 수 있다. 즉 중국은 최소 핵 억지력 전략에서 제한 핵 억지력 전략으로 바꾸고 있다고 생각된다. 하지만 중국이 대만을 중국의 일부라고 생각하는 것은 외부에서 생각하는 것 이상으로 심각한 것 같다. 2005년 7월 중국의 국방대학(National Defense University) 학장 주청후(朱成虎, Zhu Chenghu) 중장은 외국 언론인을 상대로 다음과 같은 주장을 펴 모두를 경악시켰다.[366] "만약 미국이 대만-중국 문제로 시작된 전쟁에서 재래식 무기로라도 중국 영토를 공격하면 중국은 핵으로 반격할 수밖에 없다." 이는 물론 중국이 오랫동안 주장해온 선제 핵 사용 포기 정책에 정면으로 반하는 주장이다. 주청후는 재래식 전쟁에서 미국에 패배하여 대만을 잃게 되면 핵 사용의 문지방을 넘어 수백 개의 미국 도시에 대해 선제 핵 공격을 감행하는 것 외에는 다른 선택이 없다는 것이다. 물론 이러한 주청후의 주장은 중국 내에서도 비판을 받았고, 국외에서는 상당히 심각한 반향을 불러일으켰다. 그도 그럴 것이 비록 주청후의 주장이 사견이라고는 하지만, 1960년대 초 커티스 르메이(Curtis LeMay)의 '선데이 펀치'를 연상시켰기 때문이다.[367] 국제적 비난에 직면한 중국 정부는 정식으로 주청후의 발언을 거부하고, 문제가 된 발언은 주청후 개인 의견일 뿐이며 중국의 공식 입장은 선제 핵 사용 포기 정책임을 밝혔다. 중국 정부는 그해 10월 중국을 방문한 미국

---

[366] General Zhu and Chinese Nuclear Preemption, http://www.chinasecurity.us/index. php?option=com_content&view=article&id=257&Itemid=8.

[367] 전략 공군 사령관과 합동참모본부 부참모장을 지낸 르메이가 "모든 핵무기로 소련을 선제공격하여 전쟁이 시작된 것을 소련이 알기도 전에 전쟁을 끝낸다"고 주장한 것을 '선데이 펀치'라고 한다.

국방장관 도널드 럼스펠드(Donald Henry Rumsfeld)에게 주청후의 발언과 관련한 중국 정부의 입장과 변함없는 선제 핵 사용 포기 정책을 확인해주었다.[368]

　　주청후는 최근 20여 년에 걸쳐 일어난 군사기술 혁명은 미국의 재래식 군사력을 압도적으로 강하게 만들었고, 대만 문제를 둘러싸고 미국과 중국 간에 군사적 충돌이 생길 경우 중국의 재래식 군사력은 단시간 내에 패배할 것으로 판단하였다. 대만을 지키기 위해 모든 군사적 방법을 동원한다는 원칙을 포기하든가, 아니면 마지막 수단인 핵무기를 사용할 수밖에 없다고 판단한 듯하다. 중국이 핵으로 미국 도시들을 선제공격하는 순간, 미국은 수천 발의 핵탄두로 중국을 멸망시킬 것이라는 사실을 그가 몰랐을 수는 없다. 1993년 재래식 무기의 열세를 인정한 러시아는 선제 핵 사용 포기 정책을 '포기'했다. 중국이 재래식 무기에서 일방적으로 열세에 몰린 사정은 소련 붕괴 후의 러시아 사정과 몹시 유사하다. 다른 점이 있다면 러시아의 핵전력은 미국과 맞먹는 수준이지만 중국은 미국과 비교할 수도 없게 소규모라는 점이다. 그리고 중국의 재래식 전력은 나날이 현대화되고 있다는 것이 러시아와는 또 다른 점이다.

　　주청후의 발언 의도가 무엇이었든 상관없이, 전시에는 중국이 미국 도시에 선제공격을 감행할 것이라는 강박관념을 심어주었고, 처음으로 중국이 러시아를 제치고 미국에 가장 위협적인 국가로 지목되게 하는데 한몫하였다.[369] 주청후는 선제 핵 사용 포기 정책을 포기하는 대

---

[368] Military Power of the People's Republic of China 2009, pp.1~2,
http://www.defense.gov/pubs/pdfs/China_Military_Power_Report_2009.pdf.
[369] ibid.

신 대만을 둘러싼 군사적 충돌에서 육해공군의 재래식 전력을 미국의
신 대만을 둘러싼 군사적 충돌에서 육해공군의 재래식 전력을 미국의 재래식 전력과 맞먹는 수준으로 향상시켜야 한다고 주장했어야 했다. 사실 중국은 이러한 전략을 이미 채택했으며, 목적을 달성하기 위해 엄청난 투자를 해오고 있다.

4
미래의 재래식 초정밀 탄도탄: 중국편(DF-21D: ASBM)

미국의 항모 전단은 막강한 재래식 핵 억지력이며 미국 국력의 상징이다. 이러한 항모 전단 때문에 중국은 대만 합병을 이룰 수 없었다. 1990년대 중반 대만에 분리주의가 일어나자 중국은 1996년 대만 인근 해역에 DF-15를 발사하며 위협했지만, 미국은 이에 대한 무력시위로 '인디펜덴스(Independence)'와 '니미츠(Nimitz)' 2개의 항모 전단을 대만해협으로 파견하였다. 미국 국방장관 윌리엄 페리(William Perry)는 "이 지역으로 항공 전단을 보낸 것은 서태평양의 안정과 안보가 미국의 국익에 직결되며, 미국은 국익을 지킬 강력한 힘이 있음을 뜻한다"고 말했다.[370]

미국 항모 전단이 대만해협 가까이 들어오는 것을 막을 능력이 없

---

[370] http://www.people.fas.harvard.edu/~johnston/GOV2880/ross3.pdf.

다면 대만 문제를 중국에 유리한 방향으로 해결할 수 없다고 판단한 중국은 미국 항모 전단의 '접근 저지 및 영역 거부(A2AD: Anti-Access Area Denial)'를 달성할 수 있는 재래식 무기 개발에 집중적인 노력을 기울이기 시작했다. 1990년대 중반에는 중국의 경제력과 군사기술이 초보적인 A2AD 개발을 시작할 수 있을 만큼 성장하였고, 때마침 불어닥친 대만 독립운동과 미국의 중국 견제가 대함탄도탄(ASBM) 개발의 촉진제로 작용하게 되었다.

중국의 ASBM의 개발은 대만 문제를 자국에 유리한 입장으로 끌고 가기 위한 대대만 대책으로 시작되었으나, 지금은 중국 국경으로부터 1500~2000km 내에 있는 모든 영역에서 가상 적의 접근을 저지하고 영역을 거부할 수 있는 수단으로 그 개념이 바뀌고 있다. ASBM은 단독으로도 위협적이지만 공격용 잠수함, 대함 크루즈미사일(대함 순항미사일), 장거리 최신 전투기, 지상 표적용 SRBM과 MRBM 및 항공모함을 주축으로 하는 해상 함대와 통합 운영될 조짐을 보이면서 미국 7함대에 대해서도 아주 위협적인 무기 시스템으로 변모하고 있다. ASBM은 대만 인근 해역과 남사군도, 한반도, 일본 주변 1500여 km를 위협하고 있다. 따라서 DF-21을 근간으로 개발한 제1세대 ASBM만 해도 대만과 서태평양의 미국 항모 전단에 위협이 될 뿐만 아니라 한국, 일본, 대만, 필리핀, 말레이시아, 인도네시아 등이 위협에 무방비로 노출되었다. 물론 중국은 적대 관계가 아니면 안심해도 된다고 하겠지만, 국가 간의 안보 문제는 약속과 선언에 의해 해결되는 것이 아니고 능력 본위(Capability Base)로 평가해야만 하기 때문에 중국의 A2AD 전략을 바라보는 주변 국가들은 불편하고 불안해질 수밖에 없다.

미국은 중국의 ASBM이 2010년 12월경에 초기 운용 능력(IOC: Initial Operational Capability) 수준에 도달한 것으로 판단하고 있다.[371]

2010년에도 여러 번의 시험비행이 있었던 것으로 알려졌지만, 아직도 실제 상황과 같은 해상표적실험은 하지 않았다. 2010년에 미국 국방부가 국회에 보고한 '중국 국방 및 안보 개발 계획 2010(Military and Security Developments Involving the People's Republic of China 2010)'에 따르면 중국이 개발한 ASBM은 MRBM으로 개발한 DF-21(Dongfeng 21)의 재래식 탄두용으로 개량된 DF-21D(CSS-5 Mod 5) 버전으로 밝혀졌다.[372] DF-21D의 사거리는 1500km 이상이고 기동성 탄두(MaRV)를 탑재하며, GPS급의 정밀도를 가진 것으로 추정하고 있다. 최근 미국 태평양 사령부(USPACom: United States Pacific Command) 사령관 로버트 윌러드(Robert F. Willard) 제독은 2010년 12월 아사히 신문과의 회견에서 DF-21D의 개발 현황을 미국식으로 평하면 초기 운용 능력 단계에 해당한다고 말했다.[373]

1999년 봄 중국은 베오그라드 중국 대사관이 폭격당한 후 ASBM을 포함한 몇 가지 중요한 항공 우주 사업의 개발을 긴급히 서둘렀으며, 2002~2003년 사이에 ASBM의 개념 설계 확인이 끝난 것으로 보인다.[374] 2002년에는 직원 5000명을 둔 제4연구원(The Fourth Academy)을 창설하고 DF-21와 각종 파생형 모델의 설계와 개발, 제조를 책임지게

---

[371] Andrew Erickson and Gabe Colloins, "China Deploys World's First Long-Range, Land-Based Carrier Killer", http://www.chinasignpost.com/wp-content/uploads/2010/12/China_SignPost_14_ASBM_IOC_2010-12-26.pdf.

[372] DOD Annual Report to Congress on China Military 2010, http://www.defense.gov/pubs/pdfs/2010_CMPR_Final.pdf.

[373] "China Deploys World's First Long-Range, Land-Based Carrier Killer", http://www.chinasignpost.com/wp-content/uploads/2010/12/China_SignPost_14_ASBM_IOC_2010-12-26.pdf.

[374] Mark Stokes, "China's Evolving Conventional Strategic Strike Capability"의 주석 81 참조, http://project2049.net/documents/chinese_anti_ship_ballistic_missile_asbm.pdf.

하였다. 파생형 중에는 DF-21의 ASBM 모델인 DF-21D와 위성 발사체 KT 및 위성 요격미사일 KT ASAT 모델도 포함된다.[375]

　　ASBM은 보통의 탄도탄처럼 항공모함이 발견된 지점을 향해 발사되고 로켓 모터의 연소가 종료되면 발사 당시 항공모함이 있던 장소를 향해 탄도비행을 시작한다. 탄도비행 중에도 인공위성의 추적 센서와 지상의 '초지평선 레이더(Over the Horizon Radar)'는 움직이는 항공모함의 위치와 속도를 계속 추적하여 MaRV의 유도 컴퓨터에 내장된 표적 데이터를 계속 갱신해주고, MaRV는 공력 핀 또는 플랩을 이용하여 새로운 항공모함의 위치로 궤도를 조정한다. 항공모함에 가까이 다가간 후에는 MaRV에 부착된 개구 레이더(SAR: Synthetic Aperture Radar) 또는 적외선 센서를 이용한 종말 유도를 시작해 궁극적으로는 항공모함에 충돌하여 폭발하거나 자탄을 분포해 갑판 위의 비행기들을 파괴한다.

　　각종 언론의 DF-21D에 대한 요란한 소개와 설명에도 모든 DF-21 모델의 사진은 캐니스터와 TEL을 보여줄 뿐 정작 미사일 본체의 모습을 보여주는 사진은 없다. DF-21 미사일의 모양은 그동안 중국이 개발해온 미사일의 설계 경향을 미루어 짐작할 수밖에 없다. DF-21과 DF-21A는 핵탄두를 장착한 모델이고, DF-21C는 재래식 탄두를 장착하도록 설계되었다. DF-21C에 기동성 재돌입체인 MaRV를 탑재하고, 적절한 해상 탐색·추적·계산·지휘 통제 시스템과 결합하면 계속 움직이는 배, 특히 항공모함을 공격하는 것이 가능한 ASBM DF-21D가 된다. DF-21의 가장 최신 재래식 버전인 DF-21D의 MaRV는 SAR에 의한 종말 유도를 할 것으로 추정하고 있다.

---

[375] Mark Stokes, "China's Evolving Conventional Strategic Strike Capability", p.20, http://project2049.net/documents/chinese_anti_ship_ballistic_missile_asbm.pdf.

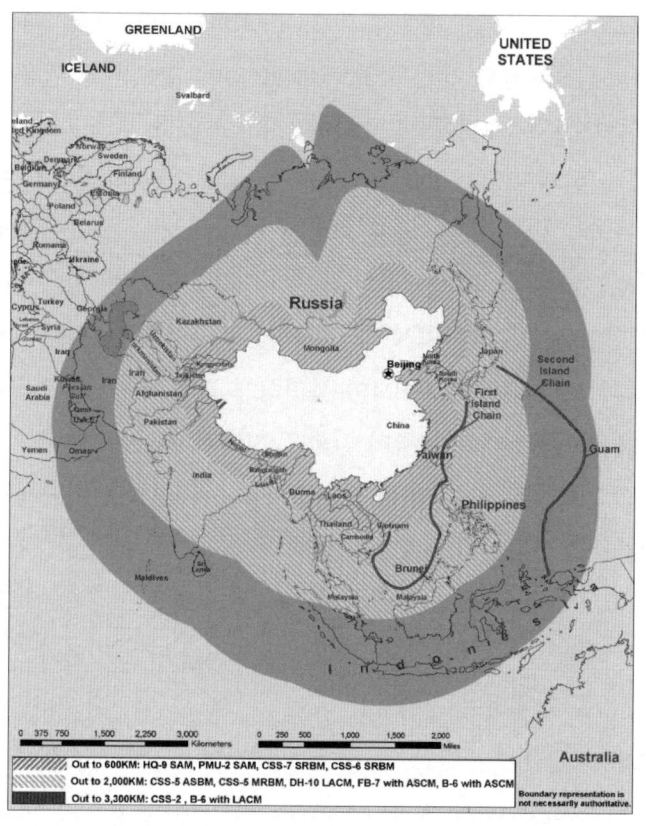

그림 6-2_ 중국의 재래식 탄도탄과 재래식 순항미사일 그리고 ASBM에 의해 커버되는 서태평양 지역
[미국 국방부]

　　〈그림 6-2〉는 중국이 배치하고 있는 DF-15B, DF-21C와 같은 재
래식 탄두 탄도탄, 재래식 순항미사일 DH-10과 대함 탄도탄 DF-21D
로 커버되는 사선 및 역사선 표시 지역과 재래식 탄두를 장착한 짙은
음영 표시의 DF-3A 위협 지역을 표시한 지도다. 오스트레일리아를 제
외한 서태평양 지역의 모든 국가와 인도, 파키스탄과 그 주변 해역이
위험 지역 안에 포함된다. 대만 주변 해역을 항공모함 거부 해역(Sea

Denial)으로 만들기 위해 개발한 것이 DF-21D이지만, 중국 지도자들은 DF-21D는 남중국해와 센카쿠 열도(따아오유따이 군도)의 주권을 뒷받침 하는 군사력으로도 제격이라는 것을 인지하고 있다.

더구나 현재 보유한 DF-11과 DF-15 같은 단거리 탄도탄의 탄두 와 유도장치를 DF-21D를 위해 개발한 탄두와 유도 방법으로 대체할 경우 이 탄도탄의 사거리 안에 외국 군함이 중국의 승인 없이 들어오는 것은 큰 위험을 감수해야만 한다. 이 경우 중국의 해안선에서 1500km 거리까지의 모든 해역이 ASBM의 사거리에 들어가게 된다. 이것은 비 단 대만을 방어하겠다는 미국의 약속을 지키기 어렵게 할 뿐만 아니라 지역 내의 다른 국가들에 대한 방위조약도 신뢰성이 떨어지게 만들어 역내 국가들을 긴장시키는 것이 사실이다.

DF-21D의 후속 모델은 필경 사거리를 괌까지 연장할 것이며, 방 어를 곤란하게 만들기 위해 좀 더 세련된 궤도를 따라 비행하고 정교한 카운터메저를 탑재하여 방어망을 교란할 것으로 보인다. 이미 중국에 서 발표된 기술적 논문들은 전 세계를 커버할 수 있는 재래식 초정밀 유도무기(Global Precision Strike Capability)의 개념 설계를 논하고 있고, 중국은 이러한 무기를 장기적 개발 목표로 삼아 예비 검토를 하고 있는 것이 분명하다.[376]

DF-21D는 제1단계 ASBM으로 중국 본토에서 1500km 거리를 커 버하는 수단이며, 11차 5개년 계획이 끝나는 2010년을 개발 완료시점 으로 잡았던 것 같다. 다음 단계는 제12차 5개년 계획이 끝나는 2015년 을 목표로 사거리가 3000km에 이르는 고체로켓으로 추진되는 ASBM

---

376 Mark Stokes, "China's Evolving Conventional Strategic Strike Capability", p.1, http://project2049.net/documents/chinese_anti_ship_ballistic_missile_asbm.pdf.

을 개발할 것으로 본다. 2020년에서 2025년까지 사거리 8000km와 1만 3000km 이상의 CPGS를 개발하는 것이 아마도 중국의 최종 목표로 보인다. 이러한 중국의 목표는 현재 미국이 연구하고 있는 CPGS와 일맥상통한다고 볼 수 있다.

5

미래의 재래식 초정밀 탄도탄: 미국편(CPGS)

부시 정권의 재래식 초장거리 신속 타격 미션에 대한 관심은 NPR-2001에도 나타나 있고, 2003년 미국 국방부(DoD)는 해외 전진 기지가 없어도 지구상의 어느 곳이건 1시간 내에 공격할 수 있는 재래식 정밀 무기인 CPGS에 관심이 있음을 확인해주었다. DoD는 전쟁 초기 혹은 전쟁 중에 고가치 표적과 긴급한 표적을 제거할 수 있는 미국의 CPGS가 적을 제압하거나 억지력을 가져다줄 것이라고 주장하였다. 그러나 중국과는 달리 미국은 아직 어떠한 CPGS 시스템 개발을 착수조차 하지 못하고 있다. 미국 국회는 CPGS의 개념 자체는 찬성해 CPGS를 계속 연구하도록 독려하고는 있지만, CPGS 개발을 위한 어느 특정 프로그램에 예산을 배정하는 것은 거부하고 있다.

2010년 오바마 정부의 NPR-2010 또한 장거리 재래식 정밀 타격무기가 미국의 지역적 억지력과 역내 국가들에게 방위조약에 대한 확신을 심어줄 수 있다고 주장하였다. ICBM 탄두를 재래식 탄두로 교체하고 정밀 유도 방식을 택하거나, 아니면 SLBM의 RV를 정밀 유도하는 재래식 MaRV로 바꾸는 것이 이상적인 CPGS 모델이라고 판단되지만, 두 경우 다 현재보다 훨씬 정밀한 유도 방식이 필요하다. 미국의 전략가들은 CPGS가 GPS급 정밀도를 갖게 되면 현재 미국의 '전쟁 계획(War Plan)'에서 핵무기에 배정한 표적 중 10~30%를 CPGS의 표적으로 대체할 수 있다고 주장한다.[377] 통상적으로 핵무기를 써야 하는 긴급한 상황에서 CPGS 옵션이 있다면 핵무기의 사용을 피할 수 있다는 의견이 지배적이다. 그러나 이러한 접근에 우려의 목소리도 적지 않다. ICBM과 SLBM을 CPGS로 전환했을 경우 상대방 입장에서는 발사된 미사일이 CPGS인지, 동종의 핵미사일인지 확신할 수 없기 때문에 상대방은 핵으로 반격할 수 있다는 것이다. 핵 사용 문지방을 높이려고 도입하는 CPGS가 오히려 우발적인 전면 핵전쟁을 촉발하는 요인으로 작용할 수도 있으며, CPGS는 억지력 효과가 없기 때문에 핵무기를 대체해서는 안 된다는 의견도 있다.

이러한 문제 외에도 미국과 러시아는 중국에는 없는 두 가지 제약을 더 가지고 있다. 미국과 러시아는 1987년 사거리가 500~5500km에 이르는 모든 중거리 전술(Tactical)과 전역(Theater) 미사일을 폐기하기로 합의한 '중거리 핵전력(INF)'에 서명하였고, 양국이 조약을 성실히 준수한 결과 미국과 러시아는 중국과 같은 MRBM이나 IRBM이 없다. 미사일이 핵탄두를 탑재하건 재래식 탄두를 탑재하건 상관없이 미국과 러시아는 사거리가 500~5500km인 지상 발사미사일을 보유해선 안 된다. 조약을 바꾸지 않는 한 이러한 미사일을 개발하거나 생산해서도

---

[377] Amy F. Woolf, "Conventional Prompt Global Strike and Long-Range Ballistic Missiles: Background and Issues", p.7, http://www.fas.org/sgp/crs/nuke/R41464.pdf.

안 된다. 또 다른 문제는 2010년 4월 8일에 조인한 뉴스타트 조약에 의한 제약이다. 따라서 미국은 CPGS를 개발하더라도 뉴스타트 조약 규정 내에서 추진해야 한다. 배치하지 않은 B-1 같은 중폭격기에 탑재할 극초음속 순항미사일을 이용하든가, 아니면 뉴스타트가 허용하는 범위 내에서 재래식 ICBM 또는 SLBM을 이용해야 한다.

뉴스타트 조약은 ICBM 및 SLBM과 폭격기의 수가 아닌 ICBM 및 SLBM 발사대와 폭격기의 수를 묶어서 제한하고 있다. 발사대란 ICBM 사일로, 이동식 ICBM TEL, SSBN의 발사관과 중폭격기를 의미한다. 숫자 제한에서 실전 배치가 되었느냐 아니냐를 구분하고 있다. 발사대에 미사일(또는 폭격기의 경우 핵폭탄 및 핵을 탑재한 순항미사일)이 장착되어 있으면 실전 배치된 것이고, 미사일이 장착되어 있지 않으면 실전 배치되지 않은 것(Non-Deployed)으로 계산한다. 뉴스타트 조약은 실전 배치되었거나 되지 않은 발사대의 총수를 800기로 제한하였다. 이 중 700기의 발사대에만 ICBM 및 SLBM 또는 핵무장한 중폭격기를 허용한다. 즉 실전 배치할 수 있는 ICBM 및 SLBM과 폭격기의 수는 다 합쳐서 700기 이하라는 뜻이다. 실전 배치하지 않은 발사대는 시험 발사용, 훈련용, 우주 발사용 발사대 혹은 발사관에 SLBM을 탑재하지 않은 발사관을 말한다.

따라서 미국이 본토에 기지를 둔 탄도탄을 이용해 CPGS를 개발하려고 한다면 실전 배치하지 않고도 보유할 수 있는 최대 100기의 발사대 할당량 안에서 수십 기를 이용하든가, 아니면 핵미사일에 할당된 발사대의 일부를 CPGS로 돌리는 방법 외에는 마땅한 방법이 없다고 본다. 그러나 이 방법은 미국이 배치할 수 있는 전략 핵미사일 수를 그만큼 줄이는 결과를 초래하여 핵 억지력의 약화를 가져올 수도 있다.

이 외에도 본토에서 발사하는 CPGS는 지형학적 이유로 제한을 받을 수밖에 없다. 미국의 ICBM 기지 내에 배치한 CPGS로 중국 내의 기지를 공격하려면 러시아 상공을 통과해야 한다. 소련연방이 와해된 후 조기 경보 위성과 레이더망이 많이 취약해진 러시아로서는 발사된 미사일이 핵미사일인지, 자국을 겨냥한 것인지, 자국의 상공을 지나 중국이나 북한으로 향하는 것인지를 제대로 파악하기 힘든 이른바 핵 모호성(Nuclear Ambiguity) 때문에 핵 공격으로 착각해 반격을 할 가능성도 있다. 중국의 CPGS도 미국을 공격할 때에는 지형학적으로 같은 상황을 겪게 되지만, 중국은 뉴스타트가 요구하는 제약이 없기 때문에 핵미사일 기지가 아닌 별도의 CPGS 기지를 지정하여 사용한다면 이러한 오해를 피할 수 있다고 본다. 따라서 미국이 지형학적 제약을 피할 수 있는 CPGS 모델은 개조한 재래식 트라이던트-IID5인 CTM(Conventional Trident Modification)이다. 그러나 CTM도 핵 모호성 문제는 피할 수 없다.

미국의 공군과 해군은 재래식 탄두를 장착한 장거리 탄도탄에 대한 연구를 10여 년 이상 지속해오고 있다. 국방부 국방과학위원회(DSB: Defense Science Board)는 2009년 3월 보고서에서 신속 대응 공격을 요하는 다섯 가지 시나리오를 제시하였다.[378]

- 대우주 공격무기의 초보 단계에 있는 국가가 미국의 인공위성을 공격하려 하는 경우
- 테러 단체가 특수 핵물질을 포함한 짐을 중립적인 국가로 수송할 경우
- 소량의 대량 살상무기가 중립적인 국가의 교외 지역에 임시로 저장

---

[378] Amy F. Woolf, "Conventional Prompt Global Strike and Long-Range Ballistic Missiles: Background Issues", http://www.fas.org/sgp/crs/nuke/R41464.pdf.

된 경우

• 테러 단체 지도자들이 중립적인 국가의 알려진 장소에 모여 있을 경우

• 핵 보유 불량 국가가 미국의 동맹국을 핵으로 공격하겠다고 위협할 경우

위에 열거한 각 시나리오마다 미국은 지역 국가와의 전쟁 또는 충돌의 시작 및 진행 단계에서 CPGS를 사용할 수도 있다는 것이다.

미국 공군은 1995년 ICBM에 뾰족한 텅스텐 탄두부를 부착한 채 발사하여 화강암층을 10m 정도 침투하는 데 성공했다. 미국 해군 역시 트라이던트 SLBM을 이용하여 비핵 침투탄을 연구해왔다. 공군이나 해군은 핵탄두 없이 지하의 견고표적을 무력화시키기 위해서는 1990년대의 MM-III(미니트맨-III)나 트라이던트-IID5보다 훨씬 정확한 미사일이 필요하다는 결론을 내렸다.

트라이던트-D5 정확도 향상 프로그램에 참가하고 있는 록히드 마틴(Lockheed Martin)사는 '효율 향상 계획' E2(Enhanced Effectiveness)를 눈에 띄지 않게 조용히 추진해왔다. E2 재돌입체는 기존에 사용하던 관성측정장치(IMU)와 GPS를 통합하여 비행시간 동안 GPS 신호를 받아 정확도를 보정받도록 개조한 Mk4 재돌입체다. 통상적인 Mk4의 정확도와 표적에 접근하는 각도를 조정하기 위해 스티어링 능력이 필요했으며, 이러한 목적으로 Mk4에 플랩을 첨가해 조종할 수 있도록 개조하였다. E2의 스티어링 시스템을 미국 해군은 '확장 등짐(Backpack Extension)'이라고 불렀고, 크기는 원래 Mk4보다 상당히 커져서 D5의 Mk5와 비슷해졌다. 따라서 E2 MaRV를 트라이던트-D5에 탑재하는 데에는 아무런 문제가 없다. E2를 탑재한 트라이던트-D5의 정확도는 고

정된 표적을 중심으로 10m 내외로 추정된다. 이러한 정확도라면 핵탄두의 파괴력을 한층 높여줄 뿐 아니라 재래식 탄두나 비활성 탄두를 탑재하더라도 표적을 파괴할 확률이 상당이 높다고 볼 수 있다. E2는 예산만 뒷받침된다면 2012년에는 실전 배치를 완료하여 2척의 트라이던트 잠수함이 작전에 나설 수 있었지만, 국회는 E2 프로젝트에 예산을 배정해주지 않고 있다.

미국 국방부는 2009년 '수명 연장을 위한 시험대' LETB-2(Life Extension Test Bed-2)라는 재돌입체를 현재 사용 중인 트라이던트 D5에 탑재해 비행시험하기로 했으며, 2009년도 예산에 PGS 예산 중의 일부를 배정하였다. 사실 LETB-2는 E2 프로젝트에서 진화된 MaRV로 성능은 앞에서 설명한 것과 같다. 미국 해군은 2006년부터 CTM에 대해 공개적으로 발표하고 있다. 배치한 트라이던트 SSBN 12척의 24개 발사관 중 2개에만 CTM을 탑재하고, 나머지 22개의 발사관에는 핵탄두 D5를 탑재하여 이전의 핵탄두 D5만 탑재했을 때와 마찬가지로 초계 항해를 하겠다는 구상이었다. 따라서 대서양에 2척, 태평양에 2척이 항상 초계 중이지만, 임의 표적을 CTM으로 공격할 수 있는 해역에 SSBN이 있을 확률은 1~2척뿐이다. 만약 이러한 계획이 실현된다면 2기 혹은 4기의 CTM이 항상 작전 배치 중이라는 뜻이 된다. CTM으로는 두 종류의 탄두를 고려하고 있는데, 그중 한 가지는 '플레셰트(Flechettes)'라고 부르는 텅스텐 꼬챙이로 구성되었고 다른 한 가지는 '지하 침투탄'이다. 두 가지 탄두 모두 E2 프로그램에서 개발한 MaRV 안에 탑재된다.

미국 해군이 개발 가능성을 연구하는 CPGS는 CTM 외에도 CTM-2라고 부르는 트라이던트 SSBN에서 발사하는 IRBM(SLIRBM)이 있다. CTM은 현용 트라이던트-IID5로 발사하는 MaRV다. D5는 3단 모터가 탄두부 가운데를 뚫고 장착된 관계로 탑재할 수 있는 RV의 직경과 무게가 작을 수밖에 없었다. W88 핵탄두를 탑재할 경우에는 CEP가 100m, 폭발력이 450kt 이상으로 임무 수행에는 지장이 없었지만 CPGS로 사용하기에는 무게와 크기가 너무 작은 편이었다. E2의 중량은 360kg, 직경은 55cm를 넘지 못한다. 이 문제를 해결하기 위한 방안으로 해군은 2단 SLBM CTM-2의 개발을 검토하였다. CTM-2는 900kg의 탄두를 탑재하고 2400km 이상의 사거리를 가질 것으로 추정하며, 비행시간은 15분을 넘지 않는다. CTM-2의 크기는 D5에 비해 작기 때문에 트라이던트 잠수함에 탑재할 수 있고, 각 발사관마다 2~3기의 CTM-2를 탑재할 수 있다. 24개의 발사관을 사용한다면 1척의 트라이던트 잠수함에 최대 72기의 CTM-2를 탑재할 수 있다는 계산이 나온다.[379] E2보다 중량이 훨씬 큰 CTM-2는 지하에 있는 견고 시설을 파괴하는 데에도 효과적이다. 이 외에도 CTM-2의 나중 모델인 CTM-2(UAV)도 검토하였다. 이 모델은 CTM-2에 탄두 대신 무인 항공기(UAV: Unmanned Aerial Vehicle)를 탑재하여 정찰용으로 사용할 수 있는 것이다.

해군의 CPGS인 CTM 시리즈와는 별도로 공군은 2003년 미국 방위고등연구계획국(DARPA: Defence Advanced Research Projects Agency)과 함께 '팰컨(FALCON: Force Application and Launch from Continental United States)'이라고 부르는 프로젝트를 추진하였다. 팰컨 프로젝트에서는 극초음속 재돌입체 CAV(Common Aero Vehicle)의 개발을 추진하였다. CAV는 이름과 같이 탄도탄으로 가속된 후 극초음속 비행체처럼 글라이딩으로 재돌입하거나 우주에 배치된 후 재돌입하는 등 여러 가지 운반 수

---

[379] Amy F. Woolf, "Conventional Prompt Global Strike and Long-Range Ballistic Missiles: Background Issues", p.11, http://www.fas.org/sgp/crs/nuke/R41464.pdf.

단에 탑재되거나 응용될 수 있는 활강하는 재돌입체로 CPGS의 모든 요구를 만족시키는 페이로드 시스템이다. CAV의 특징은 ICBM 사거리를 가지며 횡방향(Cross-Range)으로 5500km나 이동할 수 있기 때문에 러시아의 상공을 지나지 않고도 세계 어느 곳의 표적도 공격할 수 있다. 그뿐만 아니라 CAV는 비행 중에 실시간으로 들어오는 탐색과 정찰 정보에 따라 표적을 바꿀 수 있는 유연성도 가지고 있다. CAV 개발 과정에서 발사체와 CAV의 중요성 외에 표적을 긴급하게 타격하기 위해서는 이른바 C4ISR의 필요성이 대두되었다. C4ISR는 지휘, 통제, 통신, 계산, 첩보, 탐색 및 정찰을 의미하는 영어 단어의 머리글자를 딴 용어다. CAV는 무동력 기동성 재돌입체로 원뿔형 몸체에 날개를 붙여 활강할 수 있으며, 450kg 정도의 탄두나 페이로드를 탑재할 수 있다.

공군은 CAV 외에도 미니트맨-II에 250~450kg의 재래식 탄두를 탑재하는 문제와 피스키퍼에 2.7~3.6t의 재래식 탄두를 탑재하는 문제도 검토해왔다. 피스키퍼의 RV는 지상에 충돌할 때 속도가 3.4km/s에 이르기 때문에 폭약을 싣지 않아도 표적을 파괴할 수 있다. 미국 공군은 전략무기 감축 계획에 따라 1990년대 초에 MM-II를 모두 퇴역시켰고, 2005년에는 배치하고 있던 피스키퍼 50기도 퇴역시켰다. 지금은 약 450기의 MM-II와 50여 기의 피스키퍼를 잉여 미사일로 보유하고 있으며, 이 미사일들을 CPGS로 활용하거나 우주 발사체로 이용할 계획을 가지고 있다.

2008년 미국 국방부는 CPGS의 '대안 분석(AoA: Analysis of Alternatives)'을 실시하였다. AoA는 짧은 시간 내에 배치 가능한 '단기 시스템'과 개발에 중간 정도의 시간이 소요되는 '중기 시스템' 그리고 장기적으로 고려해야 하는 '장기 시스템'으로 나누어 검토했다. 단기 시스템은 CTM을 지칭하며 2년 후에는 IOC에 도달할 것으로 보았다. 미국 본토에 기지를 두게 될 재래식 타격 미사일(CSM: Conventional Strike Missile)은 원래 CTM의 뒤를 이을 중기 시스템으로 생각했으나 국회가 CTM 개발을 거부함에 따라 CSM이 단기 시스템으로 자리 잡게 되었다. CSM은 육상에서 발사되는 '부스트-활강(Boost-Glide)' 재돌입체를 이용하는 시스템으로 재래식 페이로드를 지구 어느 곳에나 1시간 내에 운반할 수 있는 CPGS 시스템이다. 부스트-활강 재돌입체란 탄도탄에 의해 극초고속으로 가속된 후 대기권으로 다시 들어오면 공기역학적인 양력의 도움을 받아 활강을 하는 시스템으로, 사거리를 늘리고 방향 전환 등을 비교적 자유롭게 할 수 있으며 표적과 충돌 각도를 임무에 맞춰 변경할 수도 있다. 이때 활강 RV는 자체 동력을 가질 수도 있고 안 가질 수도 있다. CSM은 핵탄두를 탑재한 ICBM의 최대사거리탄도(MET)와는 많이 다른 극저 궤도를 따르고, 페이로드 운반체(PDV: Payload Delivery Vehicle)가 부스터에서 분리된 후에는 표적을 향해 기동한다. 제3국의 상공을 피하기 위해 우회할 수도 있고, 요격을 피하기 위한 회피운동도 할 수 있다. CSM의 이러한 특징은 '핵 모호성'을 완화하고 제3국의 개입 문제를 해결해줄 수도 있다.

미국 국방부는 CSM을 피스키퍼 탄도탄을 개조한 '마이너토-IV(Minotaur-IV)' 발사체와 현재 록히드 마튼사에서 개발 중인 극초음속 시험비행체 HTV-2의 무기 버전과 결합하여 설계하고 있다. 록히드 마튼사는 CTM의 E2 탄두를 개발할 때 사용한 기술을 바탕으로 HTV-2를 개발하고 있다. 2010년 4월 22일 미국 국방부는 반덴버그 공군 기지에서 마이너토-IV를 이용해 HTV-2를 콰잘린 시험장으로 발사하였다. DARPA에 따르면 HTV-2는 발사된 후 대기 중에서 통제된 비행을 하고 있었으나 약 9분 후에 통신이 두절되었다고 한다. 그러나 부스터는 순조롭게 작동했고 HTV-2의 분리도 성공적이었지만, 예정했던 30분간

그림 6-3_ 마이너토-Ⅳ(Minotaur Ⅳ)에 의해 발사된 후 HTV-2를 감싸고 있던 페어링이 벗겨지면서 HTV-2가 드러나고 있다. 로켓 상단에서 아직 분리되지 않은 HTV-2가 보인다. [DARPA]

의 비행에는 실패하였다. 2011년 8월 11일, 두 번째 팰컨 극초음속 기술 실증기 HTV-2를 발사했지만 음속의 20배로 비행하던 비행체는 그 전해와 마찬가지로 9분 후에 데이터 링크가 깨졌고, 비행체는 태평양 어딘가에 추락한 것으로 보인다.[380] 〈그림 6-3〉에서 HTV-2의 개념을 알 수 있다. 음속의 20배의 속도에 도달하면 HTV-2는 로켓에서 분리된 후 표적을 향해 자유낙하를 시작하고 대기권에 들어온 후에는 활공 비행을 한다.

　이상이 미국이 개발을 추진하고 있는 CPGS의 현황이다. CTM, CTM-2, MM-Ⅱ, 피스키퍼, CSM 등 기술적으로는 2~15년 사이에 개발을 완료할 것으로 보인다. 핵 모호성과 뉴스타트 조약의 조건 때문에

380 DARPA's Falcon HTV-2 Hypersonic Aircraft Launches Today, does New York to L.A. in 12 Minutes, http://www.engadget.com/2011/08/11/darpas-falcon-htv-2-hypersonic-aircraft-launches-today-does-ne/.

아직도 해결해야 할 문제가 많다. 많은 문제들 중에서도 특히 제일 답이 보이지 않는 것이 정치적 문제가 아닌가 싶다. CPGS에 관해 지금까지 살펴본 것보다 더 많은 옵션과 복잡한 정치, 외교, 군사 및 기술적 문제에 관심이 있는 독자는 미국 '과학아카데미(National Academy of Sciences)'에서 펴낸 『U.S. Conventional Prompt Global Strike』를 참조하기 바란다.[381]

---

[381] National Academy of Sciences, "U.S. Conventional Prompt Global Strike: Issues for 2008 and beyond", (National Academies Press, Washington, D.C., 2008).

맺음말

우리는 지금까지 한반도를 둘러싸고 일어나는 위험하고 불안정한 상황을 탄도탄이라는 특정 무기 시스템을 중심으로 분석해보았다. 우리에게 직접적으로 위협이 되는 북한의 탄도탄과 한반도에 영향력을 행사할 수 있는 중국, 미국, 러시아가 보유한 탄도탄의 과거와 현재, 미래를 비교적 소상히 살펴보았다.

북한은 중국을 따라 표적 지향적(Target Oriented) 탄도탄 개발 방식을 추구해왔다. 또한 우리나라 전역을 사거리 안에 두기 위해 Kn02ㆍ화성5호ㆍ화성6호 탄도탄을 개발하였으며, 한반도에서 전쟁이 재발할 경우 병참(兵站) 역할을 할 수도 있는 일본을 커버하기 위해 노동과 노동의 발전형을 개발했다. 서태평양의 괌은 유사시 북한과 중국을 커버하는 미국의 전략적 요충지로 트라이던트 잠수함의 전초 기지이며 동시에 전략폭격기 기지다. 북한은 괌을 공격할 수 있는 무수단 IRBM을 보유하고 있으며, 대포동2호 ICBM을 모체로 하는 은하2호 위성 발사체도 개발 중이다. 이로써 북한이 보유한 탄도탄은 우리나라는 물론 일본과 미국에도 실질적인 위협이 되고 있다. 여기서 IRBM이나 ICBM은 전쟁 억지력으로 생각할 수도 있으나 Kn02와 화성5호ㆍ화성6호는 전쟁 수행용이지 전쟁 억지용은 아니다.

중국 역시 우리나라와 일본, 괌과 하와이 등을 커버하기 위한 핵탄도탄 DF-21과 DF-21A 그리고 DF-31을 배치하였고, 미국 본토를 커버하기 위한 DF-5A와 DF-31A를 보유하고 있다. 미국에 대한 더욱 견고

한 핵 억지력을 확보하기 위한 수단으로 중국은 DF-31을 잠수함 발사용으로 전환한 JL-2를 개발 중에 있다. 그뿐만 아니라 핵미사일과 더불어 중국은 자국 영토에서 2000km 이내의 영역을 커버하는 초정밀 재래식 탄도탄 DF-15B와 DF-15C, DF-21C와 대함탄도탄 DF-21D, 순항미사일 DH-10을 배치하여 항공기 및 잠수함과 함께 서태평양에서 제해권을 확보하려 하고 있다. 중국이 보유한 핵 억지력과 함께 서태평양상에서 미국 함대의 자유로운 작전을 견제할 수 있는 중국의 재래식 전력은 미국의 동아시아 전략에 수정을 강요할 것으로 보이며, 이는 다시 우리나라의 안보와도 직접 관련된다.

물론 우리에게 당장 위협을 가하고 있는 탄도탄은 북한의 탄도탄뿐이다. 중국이 탄도탄으로 우리를 직접 공격할 가능성은 현재로선 없다고 본다. 그러나 중국의 탄도탄이 간접적으로 우리에게 지대한 영향을 미치고 있는 것은 사실이다. 소련연방이 와해된 후 급격한 경제성장을 이루고 군사력 현대화에 성공한 중국은 세계 전략에서 자연히 미국과 이해관계가 얽힐 수밖에 없고, 그러한 첫 번째 지역이 서태평양이다. 대만을 둘러싼 중국 대 미국의 자존심과 군사력이 첨예하게 대립하는 서태평양에서 긴장이 고조되는 것은 어쩌면 당연하다고 본다. 만약 서태평양에서 중국이 미국의 재래식 전력보다 월등한 재래식 전력을 확보하고 그 영역을 넓혀 괌까지도 포함하게 될 경우 긴장은 최고조에 달할 것이다. 따라서 중국의 탄도탄도 서태평양에서 미국과 중국의 대결 양상에 따라 한반도 안보에 지대한 영향을 미치게 된다.

한반도, 또는 더 나아가 서태평양에서 미국과 중국이 어떻게 서로 조화롭게 균형을 잡아가느냐에 따라 한반도와 일본의 안위도 결정된다. 중국은 자국의 전략무기 성능, 배치 상황, 무기 개발 계획 또는 미래 전략 등에 대해 전혀 발표하지 않고 있다. 따라서 중국의 전략무기 성능이나 군사력, 미래 계획 등은 미국 정보기관이 예측한 추정치만 나돌고 있을 뿐인데 그 추정치의 신뢰도가 그리 높지 않은 것도 사실이다. 중국의 전략무기와 미래 전략을 주변국에 투명하게 알리는 것이 상호 신뢰를 구축하는 데 크게 도움이 될 것이며, 주변 지역의 안정과 평화에도 기여하는 일이 될 것이다.

범세계적으로는 긴장과 대결이 완화되고 있지만, 유독 한반도 주변에서는 탄도탄의 배치와 현대화가 가속되고 있으며 우리는 그 한가운데에 놓여 있다. 우리의 선택만으로 현재 상황을 완전히 역전시킬 수는 없겠지만, 우리의 안전과 미래를 손 놓고 지금처럼 기다릴 수만은 없을 것이다.

탄도탄의 조준과 사거리

탄도탄이 표적을 명중하기 위해서는 마지막 로켓모터의 연소가 종료되는 위치에서 시작된 탄도탄의 탄도는 반드시 표적의 위치를 지나가도록 정해져야 한다. 이것이 바로 탄도탄이 표적에 명중하기 위한 필요조건이다. 만약 공기의 존재와 로켓 연소시간을 무시한다면, 지구 중심을 하나의 초점으로 가지며 발사지점과 표적지점을 지나는 모든 타원 궤도가 표적을 명중시키는 탄도탄의 탄도가 된다. 우리가 통상적으로 쓰는 명중이란 말은 탄환이나 화살같이 움직이는 물체가 표적을 관통하는 것을 의미한다. 발사된 탄도탄은 유한한 속도로 움직이는 관계로 일정한 비행시간 TOF(t_F: Time of Flight)가 지나야 표적에 도달할 수 있다. 표적의 위치 자체는 시간에 무관하게 고정되어 있지만, 탄도비행체는 유한한 속도로 이동하므로 비행체가 표적에 명중하는 시간은 속도에 따라 달라진다. 탄도가 표적에 도달하기까지 걸리는 비행시간, 즉 TOF의 값을 명시해야 비로소 탄도가 유일하게 결정될 수 있다. 따라서 탄도탄이 원하는 시간에 표적에 명중할 필요충분조건은 탄도비행의 시작 시점 $t=0$에서 초기 위치를 지나고, $t=$TOF에서 표적 위치를 지나는 조건이다. 통상적인 물리 교과서의 탄도 문제는 '초기 조건 문제

(Initial Value Problem)'였지만, 같은 문제라도 탄도탄에서는 '경계 조건 문제(Boundary Value Problem)'로 바뀐 것을 알 수 있다. 정해진 시각 t =TOF에 표적 위치를 지나가기 위해 필요한 초기 속도를 미리 알 수 없기 때문에 '초기 조건 문제'로 탄도탄의 '표적 조준' 문제를 풀 수가 없는 것이다.

탄도탄의 '표적 조준' 또는 '표적 겨냥' 문제는 탄도탄이 미리 정한 시각에 표적을 명중시키기 위해 필요한 초기 속도를 구하는 문제라고 정의할 수 있다. 탄도비행의 시작시점과 명중시켜야 할 표적 위치를 정해놓은 비행시간에 지나가는 탄도 문제를 풀고, 역으로 필요한 초기 속도를 구하는 것이 탄도탄의 표적 조준 방법이다. 즉 탄도비행을 시작하는 '초기 위치'와 '초기 속도'를 구하고, 탄도탄이 이러한 조건에 도달했을 때 추진 로켓을 강제로 종료시키고 탄두를 포함한 재돌입체(RV)를 연소가 끝난 로켓으로부터 분리하여 탄도비행을 시작하도록 한다면 탄도탄은 표적에 명중할 것이다. 탄도탄의 '조준'이란 그 위치에서 내려놓은 RV의 탄도가 표적지점을 통과할 수 있도록 속도와 각도를 맞춰주는 것을 말한다. 즉 RV의 탄도가 RV에 할당된 표적지점을 지나가는 데 필요한 RV의 속력 v_L과 각도 Θ_L에 도달하도록 유도조종을 한 뒤 RV를 살그머니 방출하는 것으로 '표적조준'이 끝난다고 할 수 있다.

설명에 필요한 물리량들을 〈그림 A-1〉에 정의하였다. 그러나 실제로 v_L과 Θ_L을 찾는 것은 쉽지 않은 문제다. 역사적으로는 시간 t_1과 시간 t_2에 각각 위치 1과 위치 2를 지나는 케플러 궤도(Kepler Orbit)를 구하는 문제로 시작되었다. 맨 처음 이 문제를 연구한 람베르트의 이름을 따서 이러한 문제를 '람베르트 문제(Lambert Problem)'라고 하며, 위치 2를 시간 t_F (= t_2-t_1) 후에 지나가기 위해 필요한 위치 1에서 속력 v_L과 속도가 국지 수평면과 만드는 각 Θ_L을 각각 람베르트 속력과 람베르트

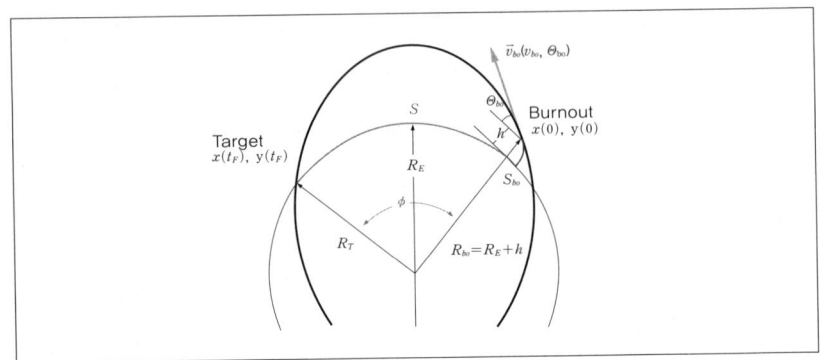

그림 A-1_ 탄도탄의 사거리를 정의하는 데 필요한 각종 물리량의 정의. 사거리는 $R=S+S_{bo}$, 연소종료 속도는 (v_{bo}, Θ_{bo}), 연소종료(Burnout) 시의 고도는 h, $\phi=S/R_e$. S는 각 ϕ에 대응하는 지표면 상의 거리 이고, S_{bo}는 탄도탄이 발사된 후 엔진이 컷오프(Cut-off)될 때까지 표적 방향으로 움직인 지표면 상의 거리이다. 여기서 연소종료속도(v_{bo}, Θ_{bo})는 람베르트 속도(v_L, Θ_L)와 같다.

각도라고 부른다.

연소종료고도 h, 연소종료 시 속도와 수평면과 이루는 각도 Θ_L, 탄도비행거리 S에 대응하는 연소종료속도 v_L은 다음과 같다.[382]

$$v_L=\sqrt{\frac{GM_eR_e(1-\cos\phi)}{(R_e+h)^2\cos^2\Theta_L-R_e(R_e+h)\cos(\Theta_L+\phi)\cos\Theta_L}} \qquad \text{(A-1)}$$

S는 탄도비행이 시작되는 위치에서 표적까지 지표면을 따라 잰 거리이고 $S=R_e\phi$로 주어진다. 여기서 $G=6.672\times10^{-11}\,\mathrm{m^3/(kg\cdot s^2)}$, $R_e=6378.137$km, $M_e=5.976\times10^{24}$kg은 각각 만유인력 상수와 지구 반경 및 지구 질량이다. 탄도탄의 실제 사거리 R는 발사지점에서

382 Steven L. Nelson and Paul Zarchan, "Alternative Approach to the Solution of Lambert's Problem", Journal of Guidance, Control, and Dynamics, Vol. 154, No. 4, July–August, 1992, p.1003; Paul Zarchan, "Tactical and Strategic Missile Guidance", 4th Edition, (AIAA, Inc., 1801 Alexander Bell Drive, Reston, Virginia, 2002) pp.263~265.

표적까지 지표면을 따라 잰 거리 S_{bo}와 S의 합으로 정의된다.

일반적인 TOF에 대해서는 v_L과 각도 Θ_L의 값을 얻기 위해 컴퓨터를 이용한 수치 해를 구할 수밖에 없다. 방정식 (A-1)에서 보듯이 v_L은 Θ_L, S와 탄도비행 시작시점 h의 함수인 반면 t_F는 v_L, S와 Θ_L의 함수로 정의된다. 일반적으로 v_L과 Θ_L을 t_F, S와 h만으로 표시하는 명시적인 해석 해(Analytic Solution)는 존재하지 않는다. 탄도탄의 속도가 (v_L, Θ_L)이 되는 순간에 로켓엔진을 강제로 종료시키면 탄도탄의 탄두는 t_F 시간 후에 표적에 충돌하게 되지만, 이러한 속도(v_L, Θ_L)의 값은 컴퓨터를 이용해 수치적으로 구할 수밖에 없다.

최대사거리 조건은 방정식 (A-1)로 정의된 v_L식에서 S를 고정하고 운동에너지가 최소가 되는 조건 $(dv_L^2/d\Theta_L)_S = 0$에서 구할 수 있다. 방정식 (A-1)로부터 최대사거리 조건은

$$\sin(2\Theta_M) = \frac{R_e}{R_e + h}\sin(\pi - 2\Theta_M - \phi) \qquad \text{(A-2)}$$

가 된다. 위의 식을 Θ_L에 대해 해석적으로 풀 수는 없지만, 연소종료고도 h가 지구반경 R_E에 비해 아주 작은 경우($h \ll R_e$), 위의 식은 $\sin(2\Theta_M) = \sin(\pi - 2\Theta_M - \phi)$로 바뀌고 이 식을 Θ_L에 대해 풀면 수식

$$\Theta_{MET} \simeq (\pi - \phi)/4 \qquad \text{(A-3)}$$

가 해답이 된다.[383] 특별히 $\Theta_L = \Theta_{MET}$인 탄도를 최소 에너지 궤도(MET: Minimum Energy Trajectory)라고 부르는데, 이는 특별한 의미를 가지고

---

[383] 각도는 라디안(Radian)으로 표시한다. 1 라디안은 57.296도에 해당한다.

있다. 주어진 거리를 비행하는 데 운동에너지, 즉 속도가 최소인 탄도는 다른 관점에서 보면 주어진 속도로 가장 멀리 나가는 탄도라는 뜻이 된다.

다시 말해 최소에너지 탄도는 최대사거리 탄도와 동일한 의미를 가진다. 사거리가 지구 반경 R_E에 비해 무시할 정도로 작아지면 $\phi \rightarrow 0$이 되므로 Θ_{MET}는 45도가 되어 우리가 이미 잘 알고 있는 편평 지구(Flat Earth) 탄도에서 최대사거리 조건과 같아진다. 운동장에서 야구공을 멀리 던지기 위해서는 45도 각도로 던져야 한다는 것은 누구나 알고 있다. 그러나 1만 km 이상의 거리로 던지고자 한다면 각도는 23도 이하로 던져야 한다. 최대사거리 조건 $(dv^2_L/d\Theta_L)_S = 0$은 최대사거리 궤도로 발사할 경우 조준 각도 Θ_{MET}에 필연적으로 들어오는 오차 $\delta\Theta_{MET}$가 사거리 오차에 미치는 영향은 $\delta\Theta_{MET}$의 2차 항 이상만 영향을 주게 되어 오차는 최소가 된다.

사거리가 정해지면 Θ_{MET}이 S만의 함수가 되고, 따라서 v_{MET} 역시 S만의 함수가 된다. 이 경우 v_{MET}는 캘큘레이터만 가지고도 쉽게 계산할 수 있다. 중력과 공기저항에 대한 경험적인 데이터를 사용하면, 방정식 (A-1), (A-2)와 치올콥스키 로켓 방정식만을 사용해도 다단로켓의 개괄적인 성능을 평가할 수 있다.

$$\delta v_1 = GI_{sp1} \ln \frac{(M_1 + M_2 + M_3)}{(M_{s1} + M_2 + M_3)} = GI_{sp1} \ln(1 + \frac{M_{p1}}{(M_{s1} + M_2 + M_3)}), \qquad \text{(B-1)}$$

$$\delta v_2 = GI_{sp2} \ln \frac{(M_2 + M_3)}{(M_{s2} + M_3)} = GI_{sp2} \ln(1 + \frac{M_{p2}}{(M_{s2} + M_3)}), \qquad \text{(B-2)}$$

$$\delta v_3 = GI_{sp3} \ln \frac{M_3}{M_{s3}} = GI_{sp3} \ln(1 + \frac{M_{p3}}{M_{s3}}). \qquad \text{(B-3)}$$

각 단의 질량들에 관한 간편한 식을 유도하기 위해 다음과 같은 상수를 정의하자.

$$a_1 = \frac{\delta v_1}{GI_{sp1}}, \ a_2 = \frac{\delta v_2}{GI_{sp2}}, \ a_3 = \frac{\delta v_3}{GI_{sp3}}.$$

치올콥스키 로켓 방정식 (B-1), (B-2)와 (B-3)를 이용해 M_{p1}은 다음과 같이 정해지는 것을 알 수 있다.

$$M_{p1} = (1 - e^{-a_1})M_t. \qquad \text{(B-4)}$$

$$M_1 = \frac{e^{a_1}}{e^{a_1} - 1} M_{p1} - \frac{e^{a_2}}{e^{a_2} - 1} M_{p2},$$

$$M_2 = \frac{e^{a_2}}{e^{a_2} - 1} M_{p2} - \frac{e^{a_3}}{e^{a_3} - 1} M_{p3} ,$$

$$M_3 = \frac{e^{a_3}}{e^{a_3} - 1} M_{p3} .$$

즉, 제1단 로켓의 추진제 질량은 총 중량 M_t에 의해 완전히 결정되며 M_t는 이륙 시 초기 가속도와 제1단의 추력에 의해 유일하게 결정된다. 여기서 $M_1 = M_{p1} + M_{s1}$, $M_2 = M_{p2} + M_{s2}$, $M_3 = M_{p3} + M_{s3}$이라는 것을 상기하면, 남은 미지수는 M_{p2}와 M_{p3}뿐이다. 여기서 우리는 또 하나의 조건, 각 단의 연소시간 $t_{boi}(i=1, 2, 3)$의 합 t_B가 543초라는 것을 알 수 있다. 각 단의 연소시간은 추진제 질량과 다음과 같이

$$M_{pi} = \frac{T_i}{GI_{spi}} \times t_{boi}, \quad (i=1, 2, 3), \tag{B-5}$$

연결되어 있다. M_{p1}은 알고 있기 때문에 t_{bo1}도 결정되었다. 따라서 $t_B = t_{bo1} + t_{bo2} + t_{bo3}$ 관계식을 통해 t_{bo1}과 t_{bo2} 중 하나만 구하면 나머지는 자동적으로 결정된다는 것을 알 수 있다. 여기서 우리는 제2단의 연소시간 t_{bo2}를 조절 가능한 파라미터로 취하고 t_{bo2}를 변화시키면서 알고자 하는 각 단의 추진제 질량과 비활성 질량은 물론 연소시간을 구하고, 이렇게 구한 값이 현실적으로 받아들일 수 있는지를 검토하겠다.

- A2AD(Anti-Access Area Denial) : 접근 저지 및 영역 거부.

- ABL(Air-borne Laser) : (미사일 격추용) 항공기탑재레이저. 공중발사레이저.

- ABM(Anti-Ballistic Missile) : 대탄도탄 요격미사일.

- AoA(Analysis of Alternatives) : CPGS 대안 분석.

- ARPA(Advanced Research Project Agency) : (미국) 국방성 고등연구계획국.

- ASAT(Anti-Satellite) : 공격위성. 킬러 위성.

- ASBM(Antiship Ballistic Missile) : 대함탄도탄.

- AVSA(Avionics and Supersonic Aerodynamics) : (동경대) 항공 및 초음속 공기역
  학 그룹.

- BMD(Ballistic Missile Defense) : 탄도탄 방어(망).

- BPI(Boost Phase Intercepter) : 부스트 단계 요격시스템.

- CBRNE(Chemical, Biological, Radiological, Nuclear and high-yield
  Explosives) : 화학, 생물, 방사능, 핵 및 고위력 재래식 화약.

- CEA(Commissariat à l'énergie atomique) : (프랑스) 원자력청.

- CEP(Circle of Error Probable) : 원형공산오차.

- CIS(Commonwealth of Independent States) : (소련 붕괴 후 조직된) 독립국가연방.

- C4ISR(Command, Control, Communications, Computers, Intelligence,
  Surveillance and Reconnaissance) : 지휘, 통제, 통신, 컴퓨터, 정보, 감시 및 정찰.

군 작전의 효율적 수행을 위해 C4I에 감시와 정찰을 유기적으로 결합한 용어.

- COIL(Chemical Oxygen-Iodine Laser) : 화학 산소-요오드 레이저.
- CPGS(Conventional Prompt Global Strike) : 재래식 신속 글로벌 타격. 재래식 초장 거리 신속 타격무기시스템.
- CPSU(Communist Party of the Soviet Union) : 소련공산당.
- CSM(Conventional Strike Missile) : 비핵공격미사일. CPGS의 미국 공군 버전.
- CTBT(Comprehensive Test Ban Treaty) : 포괄적 핵실험금지조약.
- CTM(Conventional Trident Modification) : (미국의 초정밀 유도 재래식 탄두 탑재를 위한) 트라이던트-IID5 미사일을 개조하는 계획.
- CTRP(Cooperative Threat Reduction Programs) : 위협 감소 협력 프로그램.
- DARPA(Defence Advanced Research Projects Agency) : (미국) 방위고등연구계획국.
- DASH(Demonstrator of Atmospheric Reentry System and Hypervelocity) : (일본의) 고속재돌입실험기.
- DFT(Developmental Flight Tests) : 개발비행시험.
- D5LEP(D5 Life Extension Program) : 트라이던트-IID5의 수명 연장 계획.
- DoD(Department of Defense) : (미국) 국방부.
- DoE(Department of Energy) : (미국) 에너지부.
- DSB(Defense Science Board) : (미국) 국방과학자문위원회.
- DSP(Defense Support Project) : (적외선으로 탄도탄발사를 탐지하는 조기경계위성에 의한) 방위지원계획.
- DT(Depressed Trajectory) : 저궤도탄도.
- EKV(Exoatmospheric Kill Vehicle) : 외기권에서 RV를 요격하는 탄두, 운동에너지 탄두.
- EMD(Engineering and Manufacturing Development) : 공학 설계 및 제작 기법 개발.
- EMP(Electro-Magnetic Pulse) : 전자기 펄스.

- EPA(Environmental Protection Agency) : (미국) 환경보호청.

- EV(Entry Vehicle) : 진입체.

- EXPRESS(Experiment Re-entry Space System) : (일본 우주과학연구소) 재진입 연구를 위한 시험 인공위성.

- FALCON(Force Application and Launch from Continental United States) : 극초음속 순항기(HCV)와 HCV를 순항속도로 가속해주는 발사체 개발 계획 코드명.

- FEBA(Forward Edge of Battle Area) : 최전선.

- FSW(Fanhui Shi Weixing: Recoverable Test Satellite) : (중국) 회수 가능 정찰위성.

- GBI(Ground Based Intercepter) : 지상발사요격미사일.

- GEMS(General Energy Management Steering) : 에너지관리조종기법.

- GLCM(Ground Launched Cruise Missile) : 지상발사순항미사일.

- GLONASS(Global Navigation Satellite System) : 글로나스. (러시아) 위성항법시스템.

- GRP(Guidance Replacement Program) : 유도장치교체프로그램.

- GSP(Gyro Stabilized Platform) : 자이로 안정화 플랫폼.

- HIBEX(High Boost Experiment) : (미국) 400G 이상으로 급가속하는 요격용 미사일 연구프로젝트.

- HTPB(Hydroxy Terminated Polybutadiene)_탈수산화부타디엔.

- IAEA(International Atomic Energy Agency) : 국제원자력기구.

- ICAO(International Civil Aviation Organization) : 국제민간항공기구.

- ICBM(Intercontinental Ballistic Missile) : 대륙간탄도탄.

- IGY(International Geophysical Year) : 국제지구물리관측년.

- IMO(International Maritime Organization) : 국제해사기구.

- IMU(Inertial Measurement Unit) : 관성측정장치. 관성감지장치.

- INF(Intermediate-Range Nuclear Forces) : 중거리핵전력.

- INS(Inertial Navigation System) : 관성항법장치.

- IOC(Initial Operational Capability) : 초기운용능력.

- IR(Infrared) : 적외선.

- IRBM(Intermediate Range Ballistic Missile) : 중거리탄도탄

- ISAS(The Institute of Space and Astronautical Science) : (일본) 우주(비행)과학 연구소.

- Isp(Specific Impulse) : 비추력.

- JAXA(Japan Aerospace Exploration Agency) : 일본우주항공연구개발기구.

- JCS(Joint Chiefs of Staff) : (미국) 합동참모본부.

- KGB(Committee for State Security) : (구소련) 국가보안위원회.

- KKV(Kinetic Kill Vehicle) : (미사일 또는 RV를 요격하는) 운동에너지탄두.

- LACM(Land Launched Cruise Missile) : 지상 발사 순항미사일.

- LCC(Launch Control Facility) : 발사통제시설.

- LEO(Low Earth Orbit) : 저궤도. 고도 160~2,000km 사이의 위성궤도.

- LF(Launch Facility) : 발사시설.

- LITVC(Liquid Injection Thrust Vector Control) : 액체 분사식 추력벡터조종장치.

- LT(Lofted Trajectory) : 고궤도탄도.

- MAF(Missile Alert Facility) : 미사일발사통제시설. LCC의 새로운 명칭.

- MaRV(Maneuverable RV) : 기동성 RV. 기동식 재돌입체.

- MD(Missile Defense) : 미사일 방어(망).

- MDA(Missile Defense Agency) : (미국) 탄도탄방어국.

- MET(Minimum Energy Trajectory) : 최대사거리탄도; 최소에너지탄도.

- MGCS(Missile Guidance Control System) : 미사일유도조종장치.

- MGS(Missile Guidance Set) : 미사일유도장치.

- MGS(Missile Guidance System) : 미사일유도(장치)시스템.

- MIRV(Multiple Independently-targeted Reentry Vehicle) : 다탄두 (독립목표) 재돌입체.

- MIT(Massachusetts Institute of Technology) : (미국) 매사추세츠공과대학교.

- MITT(Moscow Institute of Thermal Technology) : (구소련) 모스크바에 있는 고체 로켓 ICBM 설계국.

- MRBM(Medium Range Ballistic Missile) : 준중거리탄도탄.

- MRV(Multiple Reentry Vehicle) : 다탄두유도탄

- NAL(National Aerospace Laboratory of Japan) : (일본) 항공우주연구소.

- NASDA(National Space Development Agency of Japan) : (일본) 우주개발기구.

- NATO(North Atlantic Treaty Organization) : 북대서양조약기구.

- NCA(National Command Authority) : 발사 명령권자.

- NOTS(Naval Ordnance Test Station) : (미국 해군) 병기시험장.

- NPR(Nuclear Posture Review)_핵태세검토보고서.

- NPT(Nuclear Non-Proliferation Treaty) : 핵비확산조약.

- NSDD-13(National Security Decision Directives-13) : (레이건 전 미국 대통령의) 국가안보결정명령.

- NTI(The Nuclear Threat Initiative) : 핵위협방지구상.

- OFT(Operational Flight Tests) : 작전용 비행시험.

- OPLAN(Operations Plan) : 오플랜. (미국의 SIOP를 대체하는) 핵전쟁계획.

- OREX(The Orbital Re-entry Experiment) : (일본) 재진입 실험위성 프로젝트.

- PAL(Permissive Action Link) : 핵무기 사용 권한을 국가 최고지도부에만 한정하는 시스템.

- PBV(Post Boost Vehicle) : ICBM용 MIRV를 탑재하는 최종단부. MIRV를 장착, 겨냥 하고 방출하는 구조물과 장비들.

- PD-59(Presidential Directive-59) : (카터 전 미국 대통령의) 대통령 지휘서신-59.

- PDV(Payload Delivery Vehicle) : 페이로드 운반체.

- PLA(Peoples Liberation Army) : (중국) 인민해방군.

- PRP(Propulsion Replacement Program) : (미니트맨) 추진기관교체프로그램.

- PSRELEP(Propulsion System Rocket Engine Life Extension Program) : PBV 추 진기관 수명연장프로그램.

- RAM(Radar Absorbent Material) : 레이더파 흡수 페인트.

- RAND(Research ANd Development) : (미국 군대의) 연구 개발 전담 연구소.

- REACT(Rapid Execution And Combat Targeting service life extension) : 통신 및 표적 지정 능률향상프로그램.
- RV(Reentry Vehicle) : 재돌입체. 해군에서는 RB라고 함.
- RVSN(Strategic Missile Force) : (러시아) 전략미사일부대.
- SAB(Science Advisory Board) : (미국 공군) 과학자문회의.
- SAC(Strategic Air Command) : (미국) 전략공군사령부.
- SALT-I(Strategic Arms Limitation Talks-I) : 제1차 전략무기제한협정.
- SAR(Synthetic Aperture Radar) : (합성)개구레이더.
- SDI(Strategic Defense Initiative) : (미국의) 전략방위구상.
- SERV(Safety Enhanced Reentry Vehicle Program) : RV 안전성 증대프로그램. MK12A/W78을 Mk21/W87로 교체하는 프로그램 코드명.
- SIOP(Single Integrated Operational Plan) : (미국) 단일통합작전계획.
- SLBM(Submarine Launched Ballistic Missile) : 잠수함발사탄도탄.
- SOB(Strap On Booster) : 보조 부스터. 제1단 로켓 외부에 부착되는 탈착식 부스터.
- SORT(Strategic Offensive Reductions Treaty) : 전략공격무기감축협정.
- SRB(Solid Rocket Booster) : 고체 부스터 로켓.
- SRBM(Short Range Ballistic Missile) : 단거리탄도탄.
- SSBN(Submersible Ship Ballistic-missile Nuclear-powered) : 탄도탄잠수함. 잠수함발사탄도탄을 발사할 수 있는 잠수함.
- START(Strategic Arms Reduction Treaty) : 전략무기감축협정.
- STRATCOM(United States Strategic Command) : 미국전략사령부. 전략공군사령부(SAC)의 후속 기관.
- STSS(Space Tracking Surveillance System) : 우주추적감시시스템. DSP를 대체할 후속계획.
- TEL(Transporter-Erector Launchers) : (미사일의) 이동식 발사대. 자주식 발사대.
- TERCOM(Terrain Contour Matching) : 테르콤. 지형비교항법.
- THAAD(Theater High Altitude Area Defense) : 전구고고도지역방어; 대탄도탄 미사

일 방어체계.

- TOF(Time of Flight) : 비행시간. 발사된 탄도탄이 표적에 닿을 때까지 걸리는 시간.

- TPS(Thermal Protection System) : 열차폐시스템.

- TTP(Thrust Termination Port) : 추력중단배기구.

- TVC(Thrust Vector Control) : 추력벡터조종장치.

- UDMH(Unsymmetrical Dimethylhydrazine) : 비대칭 디메틸하이드라진.

- UN(United Nations) : 국제연합.

- USPACom(United States Pacific Command) : 미국 태평양사령부.

- WMD(Weapons of Mass Destruction) : 대량살상무기.